Klimaneutralität – Hessen geht voran

Luise Hölscher • Franz Josef Radermacher (Hrsg.)

Klimaneutralität – Hessen geht voran

Springer Vieweg

Herausgeber
Prof. Dr. Luise Hölscher
Hessisches Ministerium der Finanzen,
Wiesbaden, Deutschland

Prof. Dr. Dr. Franz Josef Radermacher
FAW/n Ulm, Universität Ulm,
Ulm, Deutschland

ISBN 978-3-8348-2609-1
ISBN 978-3-8348-2610-7 (eBook)
DOI 10.1007/978-3-8348-2610-7

Die Deutsche Nationalbibliothek verzeichnet diese Publikation in der Deutschen Nationalbibliografie; detaillierte bibliografische Daten sind im Internet über http://dnb.d-nb.de abrufbar.

Springer Vieweg

Lektorat: Ralf Harms, Annette Prenzer
Einbandabbildungen:
Links oben: CO_2 in der Luft, © Torsten Rauhut - Fotolia.com
Rechts oben: Frankfurt, Germany (April 2011), © Kristan - Fotolia.com
Links unten: Waldweg, © Jonas Glaubitz - Fotolia.com
Rechts unten: Erneuerbare Energien 3, © Thaut Images - Fotolia.com

Dieses Buch wurde klimaneutral produziert.

Springer Vieweg ist eine Marke von Springer DE. Springer DE ist Teil der Fachverlagsgruppe Springer Science+Business Media.
www.springer-vieweg.de

Inhalt

Teil 2
Projektaktivitäten in Hessen – Beispiele

Teil 3
Klimaneutralitätsaktivitäten der Netzwerkpartner des Projekts

Anhang

Vorwort der Herausgeber

Die Weltgemeinschaft hat sich im Bereich des Klimaschutzes die Einhaltung des 2-Grad-Ziels auf die Fahnen geschrieben. Dieses Ziel verlangt, dass die mittleren Temperaturen weltweit keinesfalls um mehr als 2 °C gegenüber der vorindustriellen Zeit ansteigen. Aufgrund wissenschaftlicher Analysen des Intergovernmental Panel on Climate Change (IPCC) bestehen genau dann noch gute Chancen, die Klimaveränderungen ohne katastrophale Rückwirkungen für die Menschheit zu bewältigen. Gemäß der Weltklimakonvention aus dem Jahr 1992 in Rio de Janeiro geht es dabei darum, in gemeinsamer, aber geteilter Verantwortung zwischen den Staaten dieser Welt den Risiken einer unkontrollierten Veränderung der Atmosphäre Herr zu werden. Aber die Einhaltung dieses Zieles fällt alles andere als leicht, denn Wohlstand ist aus nachvollziehbaren Gründen ein Ziel der Menschen dieser Welt. Und gerade für die ärmeren Nationen erfordert das massives wirtschaftliches Wachstum. Wohlstand und Wachstum sind aber bis heute eng mit der Nutzung von fossilen Energien verknüpft und diese wiederum verursachen die hohen Klimagasemissionen. Eine Einigung zwischen den Staaten der Welt über eine Reduktion der Gesamtemissionen fällt daher schwer; bisher ist in dieser Hinsicht viel zu wenig passiert. Umso mehr Verantwortung lastet auf allen Akteuren auf sämtlichen nicht-staatlichen Ebenen, selber etwas zu tun, seien es Organisationen, Unternehmen oder Individuen. Aber auch Bundesländer wie Hessen stehen in der Verantwortung, obwohl sie in die internationalen Klimaverhandlungen nicht direkt eingebunden sind.

Prof. Dr. Luise Hölscher

Prof. Dr. Dr. Franz Josef Radermacher

In dieser Situation hat sich das Land Hessen 2009 dazu entschlossen, das Ziel der **Klimaneutralität der Landesverwaltung** ab 2030 zu erreichen, und geht damit weit über die bestehenden gesetzlichen Verpflichtungen hinaus. Das Land hat zwischenzeitlich dieses Ziel in seiner Nachhaltigkeitsstrategie systematisch und in Verbindung mit weiteren Aktivitäten verfolgt. Es handelt dabei im eigenen Bereich im Wesentlichen bei seinen Liegenschaften, aber auch bei den Dienstreisen der Beamten und öffentlichen Angestellten und das Land bewirkt noch viel mehr in der Wechselwirkung mit zahlreichen Akteuren in Hessen auf allen Ebenen.

Dabei folgt der hessische Ansatz im eigenen Verantwortungsbereich einem konsequenten Dreiklang von (1) Energieeinsparungen, insbesondere auch durch Effizienzgewinne, aber auch durch Anregung zu Lebensstilveränderungen, (2) dem Übergang zu „grünem Strom“ bzw. „grüner Energie“, wo immer möglich, und schließlich da, wo die beiden anderen Wege zu vernünftigen Kosten nicht mehr weiterführen, (3) Schritten in Form globaler Kompensation.

Für die Position des Landes Hessen ist aus Sicht vieler Beobachter bemerkenswert, dass hier offen die globale Kompensation thematisiert wird, und zwar da, wo finanziell anderes nicht mehr vertretbar ist. Wir tun dies in Hessen nicht nur mit Blick auf finanzielle Erfordernisse. Wer sich tiefer mit der globalen Klimafrage beschäftigt weiß, dass globale Kompensation, inklusive finanzieller Transfers, ohnehin unverzichtbar sind, wenn das 2-Grad-Ziel noch erreicht werden soll. Denn das Einbinden der aufholenden Nicht-Industriestaaten ist ein Muss für das Erreichen des angestrebten 2-Grad-Ziels. Dort kann aus nachvollziehbaren Gründen ein Vielfaches an Klimagasemissionen hinzukommen im Verhältnis zu dem, was wir heute emittieren und damit maximal einsparen könnten. Ohne Transfers in Wohlstands- und Wachstumsförderung ist in der Wechselwirkung mit diesen Ländern eine Partnerschaft im Klimabereich nicht zu erreichen.

Das 2-Grad-Ziel ist bei dieser Ausgangslage grenzwertig und nur mit enormen Anstrengungen erreichbar. Es gibt in diesem Bereich viel zu tun. So sieht das mit Bedauern auch der neue Club of Rome-Bericht von Jørgen Randers für 2052. Nur eine intelligente Verknüpfung von Beiträgen der reichen Welt und der sich entwickelnden Länder kann heute unter Umständen noch Zielerreichung ermöglichen. Dabei ist Zeitgewinn zum wachstumsverträglichen Umbau der Industriegesellschaft wie zur Förderung der Aspiration der ärmeren Länder eine dringende Notwendigkeit. Dieser Zeitgewinn ist vor allem möglich über massive Aufforstung im Süden des Globus auf heute marginalisierten Flächen. Es geht in der UN-Diskussion bis 2020 um die Wieder-in-Wert-Setzung von 1,5 Millionen km^2, bis 2050 um 5 Millionen km^2 Fläche – das ist die Größe der EU. Hinzu kommt die Option Grünlandmanagement und Humusbildung. Jede Tonne Humus bindet 1,83 Tonnen CO_2.

Die Kosten für derartige ambitionierte Programme müssen vor allem Organisationen, Unternehmen und Individuen aufbringen, die über die nötige Finanzkraft verfügen, denn die Staaten der reichen Welt können dies offensichtlich nicht leisten. Leistungsfähige Akteure haben die finanziellen Mittel und können im Gegenzug einen Teil an Klimaneutralität zu tragbaren Kosten erreichen, wie dies auch das Land Hessen selbst in haushaltswirtschaftlich schwieriger Zeit richtigerweise versucht zu entwickeln.

Hessen ist sich bewusst, dass die Vorgaben der Schuldenbremse bis 2020 den haushaltswirtschaftlichen Spielraum für neue Aufgaben, wie der CO_2-Kompensation, sehr eng begrenzen. Das Hessische Ministerium der Finanzen nimmt diese haushaltspolitische Aufgabe sehr ernst und entwickelt Wege, um eine Kompensation der CO_2-Restmengen zu ermöglichen. Hier steht das Land in einem grundsätzlichen Zielkonflikt mit wenig Geld möglichst viel zu tun. Dennoch nimmt Hessen die Herausforderung an, zusätzliche Mittel für Kompensation der CO_2-Restmengen der Hessischen Landesverwaltung einzuplanen, um ab 2030 eine CO_2-Neutralität der Verwaltung zu gewährleisten.

Dies ist eine Win-Win-Partnerschaft, denn im Süden fördert dieser Ansatz Wohlstand, Wachstum, Verbesserung der Biodiversität, Erhöhung der Nahrungsproduktion, Schaffen von Arbeitsplätzen, Förderung erneuerbarer Energien, stabile Wasserverhältnisse, mehr genetische Vielfalt und Schutz vor Wüstenbildung.

Ziel muss es insbesondere sein, dass sich die wohlhabendere Gruppe der Menschen auf dieser Welt, die als kleine Klasse von Premiumkonsumenten in allen Ländern, arm wie reich, zu finden ist und besonders hohe Klimagasemissionen bewirkt, mit ihren Geschäftspartnern, Unternehmen und Dienstleistern in die Finanzierungserfordernisse einbringt, z. B. als Teil von Corporate Social Responsibility. Verwiesen sei an dieser Stelle auf den Beitrag der Deutschen Bank in dieser Veröffentlichung, die sich ab 2013 völlig klimaneutral stellen will, und auf den Ethikaufruf (Berliner Appell) im Anhang dieses Buches, der sich an engagierte Individuen wendet. Gleichzeitig wird auf dem oben thematisierten Wege neben der Gerechtigkeitslücke reiche/arme Länder auch die zwischen leistungsstarken und weniger leistungsstarken Konsumenten zum Wohle aller geschlossen.

Der vorliegende Text beschreibt eine spannende Entwicklung in einer schwierigen Zeit. Dies beinhaltet Beiträge vor Ort und weltweite Beiträge von herausragender Qualität. Klimaneutralität ist eine Idee, die zündet. Sie hat wohl auch aus diesem Grunde so viel Unterstützung gefunden. Der vorliegende Band zeigt das in Hessen erreichte Spektrum von Aktivitäten zum Thema auf, das uns als Herausgeber besonders freut, dokumentiert das Geleistete und bettet dies in den globalen Kontext ein. Wer hätte vor drei Jahren gedacht, dass so viel in dieser kurzen Zeit möglich sein würde.

In dem Buch kommen nach dem Grußwort von Prof. Dr. Dr. h.c. mult. Klaus Töpfer, der zu unserer Freude die **Schirmherrschaft** für das Buchprojekt „Klimaneutralität – Hessen geht voran“ übernommen hat, zunächst **Ministerpräsident Volker Bouffier**, **Staatsminister Dr. Thomas Schäfer** und **Staatsministerin Lucia Puttrich** mit ihrer Sicht auf das Projekt zu Wort.

Im **Einführungsteil** wird das Thema vorab international positioniert und zwar durch Prof. Dr. Dr. h.c. mult. Klaus Töpfer. Er ist in Bezug auf globale Positionierung der Klimathematik der wohl profilierteste Politiker Deutschlands, früherer Untergeneralsekretär der Vereinten Nationen, wesentlich eingebunden in die globale Umwelt- und Nachhaltigkeitspolitik, insbesondere auch im Entstehungs- und Umsetzungsprozess der Rio-Konferenz vor 20 Jahren. Aktuell ist er als Direktor des Institute for Advanced Sustainability Studies e.V. (IASS) in Potsdam und schließlich auch in seiner jüngsten Funktion als Mit-Vorsitzender der von der Deutschen Bundesregierung eingesetzten Ethikkommission für eine sichere Energieversorgung nach Fukushima auch tief in die deutsche Energiewende eingebunden.

Auf Prof. Dr. Dr. h.c. mult. Klaus Töpfer folgt die Vorsitzende des Rats für nachhaltige Entwicklung, Frau Marlehn Thieme. Bundesumweltminister Peter Altmaier zeichnet in seiner Verantwortung für die deutsche Umweltpolitik das Bild nach dem von Deutschland veranstalteten Bonn Challenge im September 2011 und der Weltklimakonferenz in Durban vom Februar 2012. Hinweise darauf, wie trotz der insgesamt schwierigen Ausgangslage, das 2-Grad-Ziel doch noch vielleicht erreicht werden kann, folgen in einem Beitrag von Dr. Estelle Herlyn und Prof. Dr. Dr. Franz Josef Radermacher. Großflächige weltweite Aufforstung spielt in dieser Konzeption eine große Rolle. Das führt über zu dem nachfolgenden Beitrag von Dr. Christoph Brüßel. Er beschreibt die Aktivitäten der Welt Wald Klima Initiative in diesem Kontext, Herr Dr. Gerhard Dieterle flankiert dies mit der Positionierung der Weltbank. Die sehr erfolgreichen Aktionen im Aufforstbereich von Kindern und Jugendlichen um Felix Finkbeiner in der „Plant for the Planet“-Initiative mit ihrer weltweiten Ausrichtung folgen und runden damit den Gesamtrahmen ab, in den sich die vielfältigen Aktivitäten im Klimabereich in Hessen einordnen, die in den nachfolgenden Beiträgen genauer beschrieben werden.

Teil 1 CO_2-Neutralität als Strategie des Landes Hessen

Elmar Damm vom Hessischen Ministerium der Finanzen ist Leiter des Projekts „CO_2-neutrale Landesverwaltung Hessen“. In einem gemeinsamen Beitrag mit Prof. Dr. Dr. Franz Josef Radermacher wird einerseits der Rahmen für diesen zentralen Teil des Projekts in der Verantwortung des Landes beschrieben, ferner wird der Dreiklang aus **Reduktion**, **Substitution** und **Kompensation** herausgearbeitet, der charakteristisch für das Projekt ist. Er ist in Zusammenarbeit zwischen dem Finanzministerium Hessen, dem Forschungsinstitut für anwendungsorientierte Wissensverarbeitung (FAW/n) in Ulm und zahlreichen weiteren Partnern des Projekts entstanden.

Prof. Dr. Dr. h.c. Volker Mosbrugger und Prof. Dr. Bernhard Stribrny ordnen den Klimaschutz in Hessen wissenschaftlich ein. Peter Eichler, zuständig für die Bauten des Landes, beschreibt, wie die erste CO_2-Bilanz des Landes gebildet wurde. Er beschreibt auch die Fortschreibungsprozesse und die jüngere

Entwicklung in diesem Bereich. Es folgen vier Beiträge zu „Standards im Staatlichen Hochbau in Hessen“ (Neubauten, Bestandsbauten, PPP-Projekte, Hochschulen) von Elmar Damm, Peter Eichler, Hans-Ulrich Hartwig, Thomas Platte; Georg Engel, Bernd Zahn und Manfred Balg, die das Thema detaillieren. Schließlich folgen Beiträge zur CO_2-neutralen Beschaffung in Hessen von Ralf Schwarzer, ebenfalls vom Hessischen Ministerium der Finanzen, und zur CO_2-neutralen Mobilität in Hessen von Dr. Bernd Schuster vom Hessischen Ministerium für Wirtschaft, Verkehr und Landesentwicklung.

In **Teil 2** des Buches werden die **begleitenden Projektaktivitäten** in Hessen vorgestellt. Beschrieben wird der Energiesparwettbewerb der Landesverwaltung von Regina Förster und Anke Merziger. Es ist dies ein sehr intelligentes Aktivierungsprojekt. Viele Kräfte zur optimalen Energienutzung und zu Beiträgen zum Klimaschutz in Gebäuden des Landes werden so in Gang gesetzt. Im Folgenden findet, als übergreifende Koordinierungsaktivität weit über die Landesverwaltung hinaus, die Vorstellung des Lernnetzwerkes Hessen durch Hans-Ulrich Hartwig statt.

Schließlich sei im letzten Beitrag dieses Teils eine junge Künstlerin hervorgehoben, **Jennifer Braun**, die mit Ihrem **Nachhaltigkeitssong** Menschen auf ganz besondere Weise mit dem Thema in Verbindung bringt. Es spricht für die Akteure im Finanzministerium Hessen, dass ihnen auch dieser Brückenschlag in eine ganz andere Welt so gut gelungen ist. Ein großes Kompliment von dieser Stelle aus an die Künstlerin.

In **Teil 3** des Buches kommen die **Netzwerkpartner des Projektes** zu Wort. Das betrifft viele Unternehmen und Unternehmergruppen in Hessen, die sich der Landesinitiative angeschlossen haben. Klimaneutrales Hessen ist nämlich dank der Strategie des Landes Hessen mittlerweile viel mehr als das, was die Landesverwaltung in eigener Verantwortung in ihrem eigenen Wirkungsbereich tut. Darauf weist Prof. Dr. Dr. h.c. mult. Klaus Töpfer in seinem Einführungsbeitrag auch ausdrücklich hin. Es sind vor allem die Unternehmen und Menschen in Hessen und die vielen Partner, die mit ihren Projekten insgesamt große Wirkung erzeugen, wie eine hohe Welle, die sich fortpflanzt und ausbreitet. Denn mit den Projekten der Partner werden wieder viele weitere Menschen eingebunden, die mit diesen Projekten verbunden sind und die ihrerseits durch die hessische Klimaneutralitätsstrategie beeinflusst werden. Bedeutende Unternehmen agieren in diesem Bereich fast im Gleichklang, so die Deutsche Bahn AG, die Deutsche Bank AG, die Deutsche Post AG.

Das gilt entsprechend auch für Unternehmen wie die Deutschen Amphibolin-Werke von der Robert Murjahn Stiftung & Co. KG, die Mainova AG, die Unternehmensgruppe Nassauische Heimstätte/ Wohnstadt und die Viessmann Werke GmbH & Co. KG. Genannt seien des Weiteren die Beiträge der Senckenberg Gesellschaft für Naturforschung, der Ingenieurkammer Hessen, der Städte Frankfurt und Rüsselsheim, der Forest Carbon Group AG und der Stiftung Forum für Verantwortung. Sie alle sind mit informativen Beiträgen über ihr Tun und teilweise beachtlichen Anstrengungen zur Erreichung der Klimaneutralität (bis zu 100 %) und mit Firmenprofilen präsent und zeichnen ein buntes Bild von ihren Aktivitäten.

Die Netzwerkpartner leisten Ihren Betrag mit zum Teil überraschenden und phantasievollen Ideen, etwa die Jugendherberge Marburg, die sich auf das Thema Essen konzentriert, der Landessportbund Hessen mit seinen vielen bereits erfolgten oder anstehenden Sanierungen der vielen Sportstätten im Land oder auch das Institut Wohnen und Umwelt GmbH, das nun selber in einem Gebäude residiert, das von ihm selbst konzeptionell mit passivhaustauglichen Komponenten modernisiert wurde. Das Passivhaus Institut, das für Neubauten auch die Landesaktivitäten unterstützt, stellt sich vor, ebenso 1-Global Climate Cent e.V. mit einem interessanten Beitrag zur Nutzung von Biokraftstoffen, nämlich die Nutzung der Jatropha-Pflanze im Norden Brasiliens, die in diesem Fall in der Sache nicht in Konkurrenz zu anderen Nutzungen der jeweiligen Böden steht. Nicht zu vergessen ist der Beitrag zum

Erneuerbare Energien-Konzept der Deutschen Umwelthilfe e. V.

Herr Elmar Damm schließt diesen Band mit einem herzlichen Dank an alle Mitwirkenden ab.

Wir freuen uns als Herausgeber dieses Bandes und als Beteiligte in der Strategieentwicklung zu sehen, was ein Land wie Hessen an Wirkung entfalten kann. Es ist schön, dass so viele Organisationen, Unternehmen und Menschen zum Mitmachen gewonnen werden konnten. Es ist auch schön zu sehen, wie das Denken geöffnet wird in der richtigen Balance zwischen globalen Maßnahmen und Maßnahmen vor Ort. Es muss dabei mit Blick auf die ökonomischen Implikationen gelingen, mit der Hälfte des – nicht bezahlbaren – Aufwands für ausschließlich regionales Handeln im Klimaschutz das Doppelte an Wirkung für den Klimaschutz weltweit zu entfalten, und das in regional-globaler Partnerschaft, dies auch noch mit positiver Wirkung in allen anderen Nachhaltigkeitsdimensionen. Dabei geht es auch darum, aufholende Länder zu Partnern im Umweltschutz zu machen, um gemeinsam das 2-Grad-Ziel zu erreichen. Das, was an Vorleistungen dazu in Hessen geschieht, stärkt die Glaubwürdigkeit, ohne die eine solche Partnerschaft von vorneherein aussichtslos wäre.

Insgesamt entwickelt sich so über den ganzen Band die Leitidee, unter der **Klimaneutralität** operiert. In Hessen wird sie Wirklichkeit. Wir freuen uns als Herausgeber, Teil dieses Prozesses zu sein. Wir haben uns bemüht, das vielfältige Material geeignet aufzubereiten. In diesem Buch finden sich dazu viele Teile eines Puzzles, das die Welt zum Positiven verändern kann. Wir hoffen auf viele interessierte Leser und auf viele weitere Akteure, die sich zum Mitmachen und Nachahmen motivieren lassen, damit das Projekt weiterhin erfolgreich ist und weit ausstrahlt, nach Deutschland und Europa und darüber hinaus!

Die Herausgeber:

Wiesbaden, im Juli 2012

Prof. Dr. Luise Hölscher
Staatssekretärin im Hessischen
Ministerium der Finanzen

Ulm, im Juli 2012

Prof. Dr. Dr. Franz Josef Radermacher
Universität Ulm, FAW/n Ulm

Editors' preface

Prof. Dr. Luise Hölscher

Prof. Dr. Dr. Franz Josef Radermacher

The world community is championing the 2 °C target in the cause of climate protection. To achieve this target, the mean temperature must in no case rise by more than 2 °C as compared to the pre-industrialised era. Scientific analyses made by the Intergovernmental Panel on Climate Change (IPCC) indicate that this precise value would still provide a good chance for coping with climate change without any catastrophic consequences for mankind. According to the Convention on Climate Change adopted in Rio de Janeiro in the year 1992, the key point is that the countries of the world should protect the climate system for the benefit of present and future generations of humankind, on the basis of equity and in accordance with their common but differentiated responsibilities and respective capabilities. But this turns out to be anything but easy, as prosperity is an objective that the people of the world are pursuing for understandable reasons. And this requires massive economic growth, particularly for the poorer nations. Prosperity and growth are, nonetheless, to this day still closely associated with the use of fossil energy which, in turn, causes high quantities of greenhouse gas emissions. This makes it difficult to bring the nations of the world to an agreement on the reduction of total emissions; too little has happened in this regard so far. This places even greater responsibility on the shoulders of all those actively involved at every non-governmental level - whether organisations, companies or individuals - and requires them to take action on their own initiative. But federal states like Hesse also bear responsibility, even though they are not directly involved in international climate negotiations.

In this situation, the State of Hesse resolved in 2009 to reach the target of **climate neutrality in the State's administration** by 2030, thus going far beyond any existing statutory obligation. In the meantime, the state has been pursuing this target on a systematic basis and in combination with further activities which are part of its sustainability strategy. The actions taken by the state in its own area mainly concern the buildings it owns or uses, but also involve official trips made by civil servants and other government employees. However, the state achieves even greater results when working together with many other parties active at all levels throughout Hesse.

In general, Hesse is following a consistent, three-way approach within its own sphere of responsibility. This comprises: (1) energy savings obtained, in particular, through efficiency gains, but also by promoting changes in lifestyles, (2) a transition towards „greener power" or „greener energy" whenever possible, and (3) steps to be taken by way of global compensation if the other two ways do not lead to any further results at reasonable costs.

Many observers consider it to be remarkable that the State of Hesse is taking an open-minded approach to the issue of global compensation at just the time when other options are no longer financially viable. But, in Hesse, we are not only doing this with a view to financial needs. A closer look at the question of global climate reveals to everyone that there is no alternative to global compensation, which will also include financial transfers, if the 2 °C objective is still to be reached. In order to achieve the 2 °C target, it is essential to involve emerging non-industrialised countries. For understandable reasons, these countries together may increase their total greenhouse gas emissions to a level many times higher than our current emissions and the maximum reductions we could possibly achieve. A cooperative partnership cannot be made with these countries on the issue of climate unless transfers are made to promote growth and prosperity.

Starting from this initial situation, the 2 °C objective is close to the limit and may not be reached unless enormous efforts are made. Many things still need to be done to ensure this. The new Club of Rome Report by Jørgen Randers also regretfully states that for the year 2052. Only an intelligent combination of contributions to be made by both the rich world and the developing countries might now still enable this objective to be achieved. Gaining time is an urgent need in order to facilitate the growth-compatible conversion of industrialised society and to support the aspirations of poorer countries. Such time could be gained, initially by massive afforestation of marginal areas in the southern part of the planet. According to discussions held in the UN, this would involve rehabilitating an area of 1.5 million km^2 by 2020, and 5 million km^2 by 2050. That is an area the size of the EU! Additional options available include grassland management and humus formation. Every ton of humus can bind 1.83 tons of CO_2.

The money to pay for such ambitious programmes first of all has to be raised by the organisations, companies and individuals who have the financial strength to do so, as the nations of the rich world are obviously unable to provide such funding. Powerful players do have the financial resources and may, in return, achieve partial climate neutrality at acceptable costs, in the same way the State of Hesse correctly tries to develop even in a time marked by budgetary difficulties.

Hesse is aware that the targets imposed by Germany's debt brake until 2020 place very tight limits on the scope available in the budget for assuming new duties like CO_2 compensation. The Hessian Ministry of Finance is taking this problem of budgetary policy very seriously and is developing ways to allow the compensation of the residual CO_2 quantities. The fundamental trade-off the state has to deal with in this regard is to try and achieve as much as possible while spending only a small amount of money. Nonetheless, Hesse is accepting this challenge and includes additional funds in its plans in order to compensate the residual quantities of CO_2 caused by the Hessian state administration so as to guarantee its CO_2 neutrality from 2030 on.

This is a win-win partnership, as this approach would promote growth and prosperity, improve biodiversity, increase food production, create jobs, promote renewable energy, stabilise water conditions, increase genetic diversity and protect against desertification in the South.

The objective must be for wealthier groups, together with their business partners, companies and service providers, to contribute towards the funding required, e.g., as a part of their corporate social responsibility. The groups to be addressed consist, in particular, of the small numbers of premium consumers in each country - whether rich or poor - who are responsible for an exceptionally large quantity of greenhouse gas emissions.

At this point, reference should be made, firstly, to the contribution of Deutsche Bank to this publication which intends to become completely climate-neutral by 2013. And secondly to the ethics appeal (Berlin Appeal) addressed to committed individuals, and published in the appendix to this book. At the same time, the approach outlined above would, for the benefit of everyone, help to reduce the degree of unfairness concerning climate gas emissions, not only between rich and poor countries, but also between high and low quantity consumers.

This text describes exciting developments which are occurring during a difficult time. It contains contributions of outstanding quality which are being made at both local and world levels. Climate neutrality is an idea which inspires people. This may well be one of the reasons why it has met with so much support. The book presented here illustrates the range of activities developed in connection with this issue in Hesse, which gives us a great deal of hope as editors. This volume documents the results achieved, and places it all in a global context. Who would have thought three years ago that so much would be possible in such a short time? It documents the results achieved, and places it all in a global context.

The opening address is written by Prof. Klaus Töpfer. We were delighted when he agreed to become the **patron** of this book project, which is entitled „Klimaneutralität – Hessen geht voran“ (Hesse takes the lead in climate neutrality). **Minister-President Volker Bouffier**, **Minister of State Dr Thomas Schäfer** and **Minister of State Lucia Puttrich** also express their views on this project.

In the introductory section, Prof. Klaus Töpfer initially describes the international dimension of the issue. He is certainly the politician with the highest profile in Germany when it comes to the global position of climate-related issues. He was Under-Secretary General to the United Nations, and played a vital role in environmental and sustainability politics at world level, which included, in particular, the origin and implementation process of the Rio Conference 20 years ago. He is now the Director of the Institute for Advanced Sustainability Studies e. V. (IASS) in Potsdam, Germany. He is also deeply involved in the transformation of the German energy sector, as he recently became co-president of the ethics commission, which was set up by the German Federal Government to ensure a safe energy supply after Fukushima.

Prof. Klaus Töpfer‘s contribution is followed by that of Ms Marlehn Thieme, chairperson of the German Council for sustainable development. Peter Altmaier is the Federal Minister of the Environment, and is responsible for German environmental policy. He describes the situations after the Bonn Challenge organized by Germany in September 2011 and after the World Climate Conference held in Durban in February 2012. The article written by Dr Estelle Herlyn and Prof. Franz Josef Radermacher considers how the 2 °C objective might possibly be reached, even though the initial situation is generally difficult. The afforestation of large areas around the world plays a major role in this concept. This is followed by a contribution from Dr Christoph Brüßel. He describes the activities carried out by the World Forest Foundation in this context, while Dr Gerhard Dieterle complements this by presenting the position of the World Bank. This is followed by an account of the very successful actions performed in the field of afforestation by children and young people organised by Felix Finkbeiner under the „Plant for the Planet“ initiative. That rounds off the overall framework, into which the many different climate-related activities taking place in Hesse can be interpreted. They are described in greater detail in the subsequent articles.

Part 1: CO_2 neutrality as a strategy pursued by the State of Hesse

Elmar Damm, from the Hessian Ministry of Finance, is the manager of the „CO_2 Neutral State Administration in Hesse“ project. A joint article written with Prof. Franz Josef Radermacher describes the framework of this central part of the project, for which the State is responsible. The article also highlights the project‘s characteristic three-way approach to climate protection, consisting of **Reducing**, **Substituting** and **Compensating**. This approach was developed jointly by the Hessian Ministry of Finance, the Forschungsinstitut für anwendungsorientierte Wissensverarbeitung (FAW/n) (Research Institute for Application-Oriented Knowledge Processing) based in Ulm, and a number of other project partners.

Prof. Dr. Dr. h. c. Volker Mosbrugger and Prof. Bernhard Stribrny analyses climate protection in Hesse in a scientific context. Peter Eichler, who is in charge of state-owned buildings, describes how the state's first CO_2 balance sheet was drawn up. He also describes the follow-up processes and recent developments underway in this area. This is followed by 4 contributions dealing with „Standards in building construction in the State of Hesse" (new structures, existing structures, PPP projects, colleges and universities) by Elmar Damm, Peter Eichler, Hans-Ulrich Hartwig, Thomas Platte, Georg Engel, Bernd Zahn and Manfred Balg. They look into this topic in more detail. Finally, Ralf Schwarzer, who is also from the Hessian Ministry of Finance, presents a paper on CO_2 neutral procurement in Hesse, and Dr Bernd Schuster from the Hessian Ministry of Economy, Transport and Regional Development writes on CO_2 neutral mobility in Hesse.

Part 2 of this book introduces the **activities accompanying the project** in Hesse. An article by Regina Förster and Anke Merziger describes the energy saving competition organised by the state administration. This is a very smart project intended to stimulate people to take action. It helps generate great momentum to promote the optimum use of energy and make a contribution to climate protection in state-owned buildings. After this, Hans-Ulrich Hartwig presents the Hesse Learning Network as a comprehensive, coordinating activity, which reaches out far beyond the state administration itself.

Finally, **Jennifer Braun** should be mentioned in the last contribution to this part of the book. She is a young artist whose **sustainability song** brings people in touch with this subject matter in a very special way. Having succeeded so well in building this bridge to a completely different world is another point in favour of the people in charge at the Hessian Ministry of Finance. And, of course, we would also like to pay a great compliment to the artist.

The **network partners active in this project** have their say in **Part 3** of the book. They include many companies and groups of businessmen who have joined the state initiative in Hesse. It is exactly this which, in the meantime, has enabled the climate-neutral strategy pursued by the State of Hesse to go far beyond the actions implemented by the state administration within its own sphere of activity and under its own responsibility.

Prof. Klaus Töpfer also mentioned this specifically in his introduction. The people and companies in Hesse, together with their many partners, are the main actors who, through their projects, are producing a huge combined effect. It is propagating and extending itself like a giant wave as the projects run by these partners get more and more people involved and consequently convinced by the Hessian strategy for climate neutrality. Major corporations, such as Deutsche Bahn AG, Deutsche Bank AG and Deutsche Post AG, are working in this area almost in unison.

This also applies to other companies, such as Deutsche Amphibolin-Werke von Robert Murjahn Stiftung & Co. KG, Mainova AG, Unternehmensgruppe Nassauische Heimstätte/Wohnstadt (a group of housing companies) and Viessmann Werke GmbH & Co. KG. In this context, we would also like to mention the contributions made by Senckenberg Gesellschaft für Naturforschung (Senckenberg Nature Research Society), Ingenieurkammer Hessen (chamber of engineers), the cities of Frankfurt and Rüsselsheim, Forest Carbon Group AG and the Forum für Verantwortung Foundation. They are all featured here in corporate profiles and reports providing information about their actions and efforts to achieve climate neutrality. These are sometimes quite considerable (up to 100 %), and present a vivid picture of the activities in progress.

Surprising and very imaginative ideas are sometimes found in the contributions the networking partners have made to these efforts.

These include, for example, the Marburg Youth Hostel which focuses on food issues, the Hessian State Sports Federation and its renovation work, which is in progress or planned in many sports facilities throughout the State, and the Institut Wohnen und Umwelt GmbH (Institute for Housing and Environment). This institute is now located in a building that has been modernised according to the institute's design, and includes components suitable for passive houses. The Passive House Institute is also assisting the state government's activities for new buildings, and it is presented here, as is the 1-Global Climate Cent e. V. Association. This makes an interesting contribution on the use of biofuels obtained from the jatropha plant, grown in the north of Brazil. By its nature, this plant does not compete with other uses of the corresponding land. An interesting contribution made by the Deutsche Umwelthilfe e.V. association for environmental protection to the renewable energy concept is also included.

At the end of this volume, Mr Elmar Damm expresses his sincerest thanks to all participants.

As the editors of this book and a party involved in strategy development, we are very pleased to see the effects that a State like Hesse can achieve. It is a great success to have won over so many organisations, companies and people. It is also wonderful to see how new ways of thinking are developing to find the right balance between global and local action. Considering the economic implications, we need to succeed in bringing about an effect for worldwide climate protection which is twice as great as the invaluable efforts being made by actions to promote climate protection on an purely local level. This has to be done by regional and global partnerships, which should also have positive effects in all other dimensions of sustainability. In this regard, another aim is persuade emerging countries to become partners and combine our efforts to protect the environment in order to achieve the 2 °C objective. The preliminary work undertaken to this effect in Hesse helps to strengthen credibility, as otherwise there would be no point in even starting such partnerships.

This is the way the central theme underlying **climate neutrality** develops throughout this book. It is coming true in Hesse. We, the editors, are happy to be a part of this process. We have tried to present the many facets of this material in a suitable way. Readers will find many parts of a puzzle in this book, which may help to make this world a better place. We hope that this book finds many interested readers and motivates many more people to join in, emulate and keep up the success of this project, and so spread this idea even further throughout Germany, Europe and beyond.

The editors:

Wiesbaden, July 2012

Luise Hölscher

Prof. Dr. Luise Hölscher
Hessian Ministry of Finance

Ulm, July 2012

F. J. Radermacher

Prof. Dr. Dr. Franz Josef Radermacher
University Ulm, FAW/n Ulm

Grußwort des Schirmherrn

Das Projekt „CO_2-Landesverwaltung Hessen“ und die dazu erfolgende Buchveröffentlichung „Klimaneutralität – Hessen geht voran“ sind spannende Aktivitäten für jeden, der an nachhaltiger Entwicklung und Klimaschutz in internationaler Perspektive interessiert ist. Deshalb habe ich als früherer UN-Unterstaatssekretär des United Nation Environmental Programs und Vorsitzender der Commission on Sustainable Development, des Weiteren als früherer deutscher Umweltminister, jetziger Direktor des Institute for Advanced Sustainability Studies e.V. (IASS) in Potsdam und schließlich auch in meiner jüngsten Funktion als Vorsitzender der von der Deutschen Bundesregierung eingesetzten Ethikkommission für eine sichere Energieversorgung nach Fukushima gerne die Schirmherrschaft für die vorliegende, anspruchsvolle Buchproduktion übernommen. Mich begeistert an diesem Projekt, dass das Land Hessen weit über die gesetzlichen Anforderungen hinaus aktiv wird. Das kann viele andere Akteure motivieren, ähnliche Aktivitäten zu entfalten.

Einerseits geht es dabei um einen signifikanten Beitrag der Landesverwaltung zum Klimaschutz, andererseits um die gut gelungene Aktivierung zahlreicher weiterer Potentiale in Hessen zum Thema, von Organisationen und Unternehmen bis hin zu Vereinen und engagierten Individuen.

Besonders hervorhebenswert erscheint mir in dem Projekt auch die klare doppelstrategische Orientierung auf dem Weg zur Klimaneutralität. Einerseits werden erhebliche Anstrengungen vor Ort unternommen, z.B. in Richtung erhöhter Effizienz, Nutzung von „grünem Strom“ und Veränderung von Verhalten. Das Land Hessen hat sich außerdem dazu bekannt, die CO_2-Restmengen zu kompensieren. Ich begrüße das. Mit der Nutzung globaler Kompensationsmöglichkeiten für die schließlich nicht mehr kostenadäquat erreichbaren Rest-Reduktionserfordernisse wird zugleich der globalen Dimension Rechnung getragen. Als Mittel der Kompensation sind z.B. die Nutzung von CDM-Projekten oder Projekte im Rahmen eines weltweiten Aufforstungs- und Landschaftsrestaurierungsprogrammes, wie es die Vereinten Nationen unter ihrem REDD+ Programm verfolgen, denkbar. Hierdurch wird der Mitteleinsatz optimiert, zugleich werden weltweite Partnerschaften ermöglicht und finanziert, ohne dic das Klimaproblem ohne nicht gelöst werden kann.

Das Projekt „CO_2-neutrale Landesverwaltung“ ist vorbildlich, von der politischen Steuerung wie von der administrativen Seite her. Das Finanzministerium des Landes hat wichtige Inputs geleistet. Und die Einbeziehung wissenschaftlicher Beratungskapazität, u.a. durch das Forschungsinstitut für anwendungsorientierte Wissensverarbeitung (FAW/n, Ulm) mit Prof. Dr. Dr. F. J. Radermacher, Mitglied des Club of Rome und Co-Editor dieses Buches, hat das Thema weiter befördert.

Ich wünsche allen Lesern dieses Buches, vor allem auch den adressierten Mitarbeitern der Dienststellen des Landes Hessen, aber auch den vielen Partnern im Handeln für den Klimaschutz und eine nachhaltige Entwicklung, wie den Sponsoren und Autoren dieses Buches, dass dieses Werk das Denken vieler Menschen verändert und viel Gutes bewirkt, für Hessen, Deutschland, Europa und die Welt.

Berlin, im Juni 2012

Prof. Dr. Klaus Töpfer
Exekutivdirektor Institute for Advanced Sustainability Studies (IASS)

Vorwort

Klimawandel, Globalisierung, Ressourcenknappheit und die Abkehr von fossilen Energieträgern sind globale Herausforderungen, mit denen wir tagtäglich konfrontiert werden. Allein kann niemand diesen Herausforderungen begegnen – sie fordern ein gemeinsames, aufeinander abgestimmtes Handeln auf allen Ebenen. Entscheidungen auf globaler Ebene, wie sie beispielsweise beim Weltgipfel in Rio getroffen wurden, geben für dieses Handeln den Rahmen vor. Die Umsetzung dieser Leitlinien kann jedoch nicht nur auf globaler Ebene erfolgen, sondern muss vielmehr auch regional und lokal vorangetrieben werden.

Hessen hat mit seiner Nachhaltigkeitsstrategie gezeigt, wie dieser politische und gesellschaftliche Prozess angestoßen und umgesetzt werden kann: Im Zentrum stehen dabei gemeinsam erarbeitete Ziele, die sich an den Vorgaben auf europäischer und nationaler Ebene orientieren, teilweise aber auch darüber hinausausgehen. Schwerpunkte werden außerdem bei Themen gesetzt, die eine hohe Relevanz für Hessen aufweisen. Beispielhaft dafür war der hessische Energiegipfel, auf dem Ziele und Umsetzung bei einer zentralen Zukunftsfrage unseres Landes - sichere, saubere und bezahlbare Energie - im Dialog mit allen Beteiligten festgelegt wurden. Dieses Vorgehen stellt sicher, dass uns insbesondere solche Maßnahmen der gemeinsamen Vision näher bringen, die auf Landesebene relevant und umsetzbar sind sowie langfristig Wirkung entfalten.

Die Nachhaltigkeitsstrategie des Landes Hessen hat eine Plattform für die breite Beteiligung aller Akteure und der Bürgerinnen und Bürger geschaffen: Sie zeigt, wie moderne Politik funktioniert und setzt auf ressort- und fachübergreifende Zusammenarbeit. Alle Entscheider sitzen an einem Tisch, tragen ihre Erfahrungen und Perspektiven in die Debatten hinein, treffen gemeinsame Vereinbarungen und setzen die Maßnahmen in einem koordinierten Vorgehen um. Dass damit viel erreicht werden kann, zeigen die vielfältigen Erfolge der Nachhaltigkeitsstrategie Hessen. Hier seien nur einige wenige Beispiele genannt: Die Inanspruchnahme von Flächen in unserem Land ist rückläufig, und die Emission von Treibhausgasen nimmt ab. Die Beschaffung in der öffentlichen Verwaltung wird an nachhaltigen und fairen Kriterien ausgerichtet. Mehr als 100 Kommunen und mehr als 100 Unternehmen engagieren sich genauso wie über 10 000 Bürgerinnen und Bürger aktiv für den Klimaschutz.

Eine vielbeachtete und herausragende Rolle im Rahmen der Nachhaltigkeitsstrategie Hessen nimmt das Projekt „Hessen aktiv: CO2-neutrale Landesverwaltung“ ein. Mit diesem Projekt nimmt die Landesverwaltung ihre Vorbildfunktion wahr und zeigt auf eindrucksvolle Art und Weise, wie das Engagement für nachhaltige Entwicklung in Hessen in die tägliche Politik und Verwaltungsarbeit einfließt. Das Ziel ist ambitioniert: Bis 2030 will die Landesverwaltung klimaneutral arbeiten. Damit geht sie weit über die gesetzlichen Vorgaben hinaus. Ich bin sehr zuversichtlich, dass dieses Ziel erreicht werden kann. Viele Liegenschaften engagieren sich und zeigen bereits jetzt, beispielsweise in Energiesparwettbewerben, zahlreiche messbare Erfolge auf. Darüber hinaus wird der Austausch und das voneinander Lernen im Rahmen des Projektes groß geschrieben - und das nicht nur innerhalb der Verwaltung. Über das Lernnetzwerk fließen auch Erfahrungen aus Wirtschaft und Wissenschaft in den Prozess ein und unterstützen den Projekterfolg.

Das vorliegende Buch unter dem Titel „Klimaneutralität – Hessen geht voran“ setzt ebenfalls genau an diesem Erfolgsfaktor an: Strategie, Erfahrungen und gute Beispiele werden vorgestellt und regen zur Nachahmung an. So gelingt es uns, das Engagement für Klimaschutz und Nachhaltigkeit auf eine noch breitere Basis zu stellen und gemeinsam mit allen, die sich bei der Erreichung dieser Ziele einbringen wollen, an der Gestaltung einer lebenswerten Zukunft in unserem Land zu arbeiten.

Ich danke den Initiatoren und Autoren des Buches für ihr Engagement und freue mich auf eine weitere gute und erfolgreiche Zusammenarbeit für ein nachhaltiges Hessen. Den Leserinnen und Lesern wünsche ich viel Freude bei der Lektüre. Lassen Sie sich anregen, werden Sie selbst aktiv und gestalten Sie gemeinsam mit uns ein nachhaltiges, zukunftsfähiges Hessen in der Mitte unseres Landes als Teil von Deutschland, Europa und der Welt, damit wir alle heute und morgen hier gut leben und arbeiten können und damit die ganze Welt eine gute Perspektive hat.

Wiesbaden, im Juli 2012

Volker Bouffier
Hessischer Ministerpräsident

Vorwort

Im Jahr 2008 hat die Hessische Landesregierung die Nachhaltigkeitsstrategie Hessen gestartet. Ihr Leitmotiv ist der sparsame und effiziente Umgang mit nicht erneuerbaren oder nur begrenzt verfügbaren Ressourcen, denn nur ein nachhaltiges und zukunftsfähiges Handeln sichert den Wohlstand unseres Landes auch für die zukünftigen Generationen. Mit dem vom Hessischen Ministerium der Finanzen betreuten Projekt „CO_2-neutrale Landesverwaltung" wurde ein Prozess angestoßen, der in enger Kooperation mit allen Ressorts die Energieeinsparpotenziale bei den Liegenschaften der Hessischen Landesverwaltung im Blick hat und die Möglichkeiten eines Landes im Hinblick auf Klimaschutz und Klimaneutralität ausschöpft. Vor diesem Hintergrund wollen wir einen signifikanten Beitrag zum Klimaschutz leisten und die gesamte Landesverwaltung mit rund 1 500 Dienststellen und rund 150 000 Mitarbeitern durch Minimierungs-, Substitutions- und Kompensationsmaßnahmen bis zum Jahr 2030 klimaneutral stellen.

Auf der strategischen Ebene werden in den Bereichen Hochbau, Mobilität, Beschaffung und Nutzerverhalten in einzelnen Arbeitsgruppen die Grundlagen analysiert und bewertet, um in einem Dialogprozess mit Experten auf dieser Basis Konzepte und Strategien zur Reduzierung der Energieverbräuche zu entwickeln. Die Ergebnisse dieses strategischen Prozesses werden auf der zweiten, operativen Handlungsebene in konkretes Verwaltungshandeln umgesetzt.

Eine Politik der nachhaltigen Entwicklung mit Forderungen an die Gesellschaft ist erst dann glaubwürdig, wenn Staat und Verwaltung im eigenen Aufgabenbereich beispielgebend vorangehen. Die Hessische Landesregierung nimmt mit dem Projekt „CO_2-neutrale Landesverwaltung" eine Vorbildfunktion für andere Bundesländer, für die Kommunen und letztlich für die Bürgerinnen und Bürger wahr. Dabei wird im Sinne einer umfassenden Nachhaltigkeit bei der Konzeption einer CO_2-neutralen Landesverwaltung sowohl auf die Generationengerechtigkeit als auch auf eine internationale Verteilungsgerechtigkeit geachtet. Alle Maßnahmen auf dem Weg zu einer CO_2-neutralen Landesverwaltung werden in ihren Wirkungen auf die lokale und die globale Nachhaltigkeit geprüft. Diese Verantwortung für globale Zusammenhänge ist ebenso entscheidend wie die möglichen Auswirkungen solcher Investitionen in Zeiten verengter finanzpolitischer Handlungsspielräume. Im Sinne von Nachhaltigkeit und Generationengerechtigkeit müssen die finanziellen und bilanziellen Auswirkungen von politischen Entscheidungen noch stärker in den Fokus gerückt werden.

Auf dem Weg zur Klimaneutralität sind nicht nur strategisches Denken und die Umsetzung in administrative Prozesse gefragt, sondern vor allem auch Kreativität und Phantasie. Das Aufbrechen traditioneller Denk- und Verhaltensmuster und eine nachhaltige Bewusstseinsveränderung werden nur dann erreicht, wenn der Prozess durch motivierende Impulse begleitet wird. Der erfolgreich durchgeführte Energiesparwettbewerb (Energie Cup Hessen) in 41 Landesliegenschaften in den Jahren 2010/2011 ist ein gelungenes Beispiel hierfür: Der Schlüssel zum Erfolg war hier die Motivation und Information der beteiligten Mitarbeiterinnen und Mitarbeitern, deren Erfahrungen nun landesweit weiter genutzt werden sollen. Im Anschluss an diesen Wettbewerb entwickelten 64 hessische Landesbedienstete erste Ideen zur Reduzierung des CO_2-Ausstoßes in ihren Dienststellen. Als Energie-Coach stehen 14 erfolgreiche Teams des Energie Cup Hessen künftig neuen Partnern zur Seite und geben als Multiplikatoren ihr Wissen und ihre Erfahrung weiter. Beide Partner werden als „Energiespar-Tandem“ in einen Wettbewerb treten und Konzepte zur Umsetzung von Energiesparmaßnahmen entwickeln.

Das Bewusstsein für Klimaneutralität in der Landesverwaltung kann nur dauerhaft erreicht, gestärkt und verstetigt werden, wenn es von unseren Beschäftigten täglich gelebt wird – dies bewirkt mehr als politische Steuerung und administrative Umsetzung. Ein wesentlicher Aspekt ist in diesem Zusammenhang eine möglichst breite Vernetzung der Akteure innerhalb der Verwaltung, aber auch die enge und fruchtbare Kooperation mit unseren Netzwerkpartnern. Die Liste unserer Netzwerkpartner ist beeindruckend, ihre Aktivitäten werden im Folgenden ebenfalls dargestellt. Auf diese Weise werden beständig neue Impulse in die Verwaltung getragen, um einen permanenten Innovationsprozess in Gang zu setzen.

Mit dem Verweis auf die bislang überaus erfolgreiche Projektarbeit ist auch die Entstehungsgeschichte und Konzeption dieser Publikation beschrieben, die die Chancen und Perspektiven eines Landes im Hinblick auf Klimaneutralität beleuchten soll. Dabei geht es inhaltlich und konzeptionell um die globalen Dimensionen und internationalen Ansätze genauso wie um landesweite oder regionale Strategien. Das breite Spektrum der unterschiedlichen Akteure – Verwaltung, Wirtschaft und Privatpersonen – zeigt eindrucksvoll, was heute bereits möglich, für morgen geplant ist oder als Vision für die Zukunft formuliert werden kann. Das vorliegende Buch richtet sich deshalb an Führungskräfte in Unternehmen, Verwaltungen und Organisationen gleichermaßen wie an Privatpersonen, denn Klimaschutz geht uns alle an und jeder kann hierzu einen Beitrag leisten.

Damit verbunden ist das Anliegen, das Thema so vielfältig zu präsentieren, um die Diskussion aus den Fachkreisen hinaus in die Öffentlichkeit zu tragen. Ich bin überzeugt, die hier versammelten Beiträge werden einen wertvollen Beitrag leisten, um immer mehr Menschen davon zu überzeugen, dass Klimaneutralität ein Schlüssel zur Zukunftsfähigkeit unseres Landes ist. Der britische Politiker und Schriftsteller Benjamin Disraeli (1804 – 1881) hat dies eindrucksvoll mit der Wendung „Der Mensch ist nicht das Produkt seiner Umwelt – die Umwelt ist das Produkt des Menschen“ umschrieben.

Mein besonderer Dank gilt den vielen engagierten Mitarbeiterinnen und Mitarbeitern der beteiligten Ministerien, die das Projekt konzipiert haben und voran bringen, namentlich Herrn Elmar Damm, dem Leiter des Projektes, Herrn Hans-Ulrich Hartwig, dem Stabstellenleiter des Projektes und der Leiterin der Geschäftsstelle Nachhaltigkeitsstrategie Hessen im Hessischen Ministerium für Umwelt, Energie, Landwirtschaft und Verbraucherschutz, Frau Renate Labonté. Ein herzliches Dankeschön geht an unsere Partner des Lernnetzwerkes, die in kooperativer Zusammenarbeit das Projekt nicht nur unterstützt, sondern erst ermöglicht haben.

Nachhaltigkeit und Klimaschutz stellen für uns alle eine besondere Aufgabe dar, bieten aber zugleich große wirtschaftliche Chancen und sichern Wettbewerbsvorteile Deshalb brauchen wir – mehr denn je – klare Konzepte und mehr Transparenz. Dazu wollen wir in Hessen einen wirkungsvollen Beitrag leisten. Ich wünsche allen Beteiligten auch weiterhin eine erfolgreiche und nachhaltig wirkende Projektarbeit für den Klimaschutz „Made in Hessen“.

Wiesbaden, den 28. Juni 2012

Dr. Thomas Schäfer
Hessischer Minister der Finanzen

Vorwort

ich freue mich über die Herausgabe des Buches „Klimaneutralität – Hessen geht voran“. Die vorliegende Publikation gibt einen interessanten Überblick über die Thematik des Klimawandels, die wichtige Rolle der Klimaneutralität und vor allem auch über den Beitrag des Landes Hessen zur Bewältigung der bestehenden klima- und energiepolitischen Herausforderungen.

Erfolge und Herausforderungen

Nachhaltige Entwicklung ist für die Hessische Landesregierung eine zentrale Herausforderung. Deshalb wurde im Frühjahr 2008 die „Nachhaltigkeitsstrategie Hessen“ initiiert, die bereits viele konkrete Projekte und Maßnahmen umgesetzt und initiiert hat. Dazu zählen die Klimaschutzprojekte „CO_2-neutrale Landesverwaltung“, „Beschaffung in Hessen – nachhaltig und fair“, „Modell-Land für eine nachhaltige Nutzung von Elektroautos“ sowie „100 Kommunen/Unternehmen/Schulen für den Klimaschutz“ und „10 000 Bürgerinnen und Bürger für den Klimaschutz“. Die Einbindung und der Dialog mit Kindern und Jugendlichen ist ein zentrales Merkmal der Strategie – über Kongresse und den Jugendbeirat fließen Jugendaspekte in die Nachhaltigkeitsstrategie Hessen ein und werden in vielfältigen Aktionen umgesetzt.

Nachhaltigkeit lebt vom Mitmachen – vom Engagement vieler Institutionen und vom Engagement jedes Einzelnen. Im Vordergrund steht der Anspruch, dass Nachhaltigkeit direkt bei den Menschen vor Ort erfahrbar ist. Allein beim „1. Hessischen Tag der Nachhaltigkeit“ im Jahr 2010 haben mehr als 300 Aktionen im ganzen Land gezeigt, wie sich die hessischen Bürger für Themen rund um Mensch, Natur und Wirtschaft einsetzen. Und ich freue mich bereits auf das vielfältige und bunte Programm beim 2. Hessischen Tag der Nachhaltigkeit“ am 19. September 2012 – der ganz unter unserem Motto „Bei uns hat Energie Zukunft“ stehen wird.

Auf der 4. Nachhaltigkeitskonferenz am 15. Juni 2011 wurde eine inhaltliche Neuausrichtung der Nachhaltigkeitsstrategie beschlossen: Die Fokussierung auf ein Schwerpunktthema soll dazu beitragen, das jeweilige Thema auf allen gesellschaftlichen Ebenen intensiv zu diskutieren sowie gemeinsam Lösungen zu erarbeiten und umzusetzen. Der erste inhaltliche Schwerpunkt liegt auf dem Thema Energie.

Nur durch eine nachhaltige Energieversorgung können wir den Klimawandel aufhalten und die Umwelt schützen. Die Teilnehmer des bundesweit einmaligen Energiegipfels haben sich auf den größtmöglichen Konsens auf gesellschaftlicher und politischer Ebene für eine zukunftsfähige Energiepolitik in Hessen verständigt. Ziel ist es zum Einen, den Energieverbrauch weiterhin und stetig zu reduzieren. Zum Anderen wollen wir in Hessen den Energiebedarf bis 2050 möglichst zu 100 Prozent aus erneuerbaren Energien decken. Dazu gehört auch eine stärkere Fokussierung auf die Themen: „Nachhaltige Kommune“, „Nachhaltige Unternehmen“, „Nachhaltige Vereine“ und „Nachhaltige Verwaltung“. Mit der erfolgten Ansprache vieler Gruppierungen innerhalb unserer Gesellschaft über den von uns durchgeführten Energiegipfel haben wir viele Institutionen und viele Bürgerinnen und Bürger erreicht und gleichzeitig die Vorreiterrolle der Öffentlichen Verwaltung in dieser Thematik dokumentiert. Da dies ohne die entsprechenden Technologien nicht möglich ist, engagiert sich das Land Hessen stark in Forschung und Entwicklung. Hier spielen insbesondere die Bereiche Energieeffizienz und erneuerbare Energien eine wichtige Rolle.

CO_2-neutrale Landesverwaltung

Die Hessische Landesverwaltung geht mit positivem Beispiel voran und trägt selbst aktiv zum Klimaschutz bei. Es ist unser Ziel, ab 2030 CO_2-neutral zu arbeiten. Mit neuen Standards beim Neubau, umfangreichen energetischen Sanierungen im Bestand, energieeffizienter IT und neuen Mobilitätskonzepten zeigt das Land, dass Klimaschutz sich lohnt. Die Wirkung der umfassenden Maßnahmen wird mit einer CO_2-Bilanz überwacht.

Modell-Land für eine nachhaltige Nutzung von Elektroautos

Hessen hat bei der Elektromobilität eine Vorreiterrolle inne. Das Rhein-Main-Gebiet wurde als Modellregion ausgewählt, um die nachhaltige Nutzung von Elektroautos zu testen. Studien belegen, dass schon heute Elektromobilität für die meisten Hessen eine realisierbare Alternative gegenüber der Nutzung von Verbrennungsmotoren darstellt. Dieses Potential für eine nachhaltige Mobilität müssen wir nutzen.

100 Kommunen / Unternehmen / Schulen für den Klimaschutz

Beim Klimaschutz gemeinsam mit Kommunen, Unternehmen und Schulen an einem Strang zu ziehen – das ist das Ziel der Hessischen Landesregierung. Bisher haben sich über 100 Kommunen, über 100 Unternehmen und 80 Schulen aus Hessen verpflichtet, klimaschützende Maßnahmen umzusetzen.

10 000 Bürgerinnen und Bürger für den Klimaschutz

Mindestens 10 000 Bürger in Hessen engagieren sich begeistert für einen klimabewussten Lebensstil und haben sich als „Klimatisten" bereits verpflichtet, Klimaschutz in ihrem Alltag umzusetzen. Sie sparen Energie ein, reduzieren damit ihre Energiekosten und sichern sich darüber hinaus auch selbst viele weitere Vorteile. Aktionen, Verlosungen und Vergünstigungen zeigen, dass Klimaschutz nicht nur ein wichtiger Beitrag für ein nachhaltiges Hessen ist, sondern auch Spaß macht.

In den zurückliegenden Jahren wurden in der hessischen Umwelt- und Nachhaltigkeitspolitik Erfolge verbucht und richtungweisende Entscheidungen getroffen. Dennoch liegen noch viele Herausforderungen vor uns, die wir motiviert und engagiert angehen werden und zwar gemeinsam und im Konsens. Denn nur, wenn alle an einem Strang ziehen, haben wir nachhaltig Erfolg.

Wiesbaden, den 24. Juli 2012

Lucia Puttrich
Hessische Ministerin für Umwelt, Energie, Landwirtschaft und Verbraucherschutz

Einführung

Klima als globale Herausforderung – Klimaneutralität als strategischer Ansatz

Klima als globale Herausforderung

Klaus Töpfer | Institute for Advanced Sustainability Studies (IASS)

CO_2-neutrale Landesverwaltung Hessen: Ein spannendes und wichtiges Projekt"

Bild 1
Die Entwicklung der Nachhaltigkeit [Foto: DOC RABE Media – fotolia.com]

1 Vor genau 20 Jahren trat die „Nachhaltigkeit" ihren Siegeszug durch die Welt an. Der legendäre „Weltgipfel" in Rio de Janeiro 1992, genauer „The United Nations Conference on Environment and Development" (UNCED), hatte sich das Ziel gesetzt, die Überwindung der Armut in dieser Welt durch wirtschaftliche Entwicklung so zu verwirklichen, dass dadurch die natürlichen Lebensgrundlagen der Menschen nicht übernutzt, nicht rücksichtslos ausgebeutet werden.

20 Jahre vor diesem Erdgipfel, 1972 in Stockholm, war dieser Zusammenhang zwischen Entwicklung und Umwelt noch nicht zum Gegenstand der Konferenz gemacht worden. In Stockholm bei der „United Nations Conference on the Human Environment" ging es nur um die negativen Konsequenzen menschlichen Handelns auf die Stabilität der Natur, die natürlichen Lebensgrundlagen.

Indira Gandi hat auf der Stockholmer Konferenz in einer brillanten Rede den Finger in diese Wunde gelegt. Sie hat darauf verwiesen, dass die hoch entwickelten Länder die Entwicklungsländer vor den Fehlern wortreich warnten, die sie selbst im wirtschaftlichen Entwicklungsprozess gemacht hatten. Diese Fehler, so Indira Gandi, seien allerdings eine entscheidende Antriebskraft für den jetzigen Wohlstand der hoch entwickelten Länder gewesen.

Die indische Ministerpräsidentin hatte durchaus Recht: In Europa ist die Industrielle Revolution, von England und Deutschland ausgehend, massiv subventioniert worden durch die Abwälzung von Kosten auf die Umwelt, aber auch auf die Menschen, auf ihren sozialen Zusammenhalt, auf ihre Gesundheit, auf ihre Lebenserwartung und auf die Zukunftschancen ihrer Kinder. Die Industrielle Revolution – sie wurde angetrieben von neuen Energietechniken, durch fossile Energieträger, vornehmlich Kohle. Sie ließ sich nicht aufhalten durch staatliche Maßnahmen zur Luft- und Gewässerreinhaltung, durch Klär- oder Filteranlagen. Flüsse wurden zu Vorflutern, Abwässerkanälen also. Der blaue Himmel über der Ruhr, von Willi Brandt in den 60er Jahren des letzten Jahrhunderts zum Wahlkampfthema gemacht, war nicht einmal Vision, geschweige denn angestrebte politische Strategie.

Ebenso wenig wurden die Menschen vor der Ausbeutung ihrer Gesundheit und die dramatische Verschlechterung ihrer sozialen Sicherheit geschützt. Gewerkschaften waren unbekannt, menschenwürdige Arbeitszeiten bestenfalls ein Traum, Kinderarbeit eher die Regel als die Ausnahme. Fortschritte in der Maschinentechnik brachten viele Menschen um ihren Arbeitsplatz, stürzten Familien in Not. Gerhard Hauptmann hat das in seinem Theaterstück „Die Weber" exemplarisch belegt.

2 Stockholm 1972 wurde durch Indira Gandis Rede und durch die dortigen Verhandlungen zu einem **Augenöffner**. Es wurde jedem, der mitdenken und mitsehen wollte, deutlich, dass man in dieser Welt der großen wirtschaftlichen Entwicklungsunterschiede die Umweltdimension nicht allein sehen darf, vor allen Dingen nicht allein von den hoch entwickelten Industriestaaten aus. Denn diese Fürsorge für die Umwelt in den hoch entwickelten Staaten erschien vielen in den Entwicklungsländern als ein mehr oder weniger verdeckter Versuch, den in den Entwicklungsländern dringend benötigen wirtschaftlichen Aufschwungprozess zu erschweren, indem ihnen eine Abwälzung von Kosten auf die Umwelt deswegen nicht mehr

möglich sein sollte, weil die Leistungsfähigkeit der großen Ökosysteme durch das vorangegangene **rücksichtslose Wirtschaftswachstum der Industrieländer** bereits weitgehend aufgezehrt war. Die Forderungen nach engagierter Umweltpolitik, die aus dem Norden kamen, wurden im Süden sehr oft als besonders wirksame nicht tarifäre Handels- und Entwicklungshindernisse verstanden.

3 Vor diesem Hintergrund fand der Weltgipfel in Rio 1992 statt – nur drei Jahre nach dem Fall der Mauer und dem Niederreißen des Stacheldrahts in Deutschland – dem weltweit sichtbarsten und wirksamsten Beweis für den Zusammenbruch einer bipolaren Welt durch die Implosion der Sowjetunion und damit des Warschauer Paktes. Dieser Zusammenbruch zeigt auch erneut auf, wie wirtschaftliches Wachstum manchmal massiv auf Kosten von Umwelt und sozialer Verantwortung im Wettbewerb der Systeme hochgepuscht wurde, in diesem Fall auf Seiten der Staaten des Warschauer Pakts vor dem Mauerfall. Die dramatischen Umweltbelastungen, die nach der Wiedervereinigung in der ehemaligen DDR vorgefunden wurden, belegen diese Zusammenhänge.

Bild 2
Symbol zum Schutz der Natur [Foto: Sergej Khackimullin – fotolia.com]

Auf der Suche nach einem neuen Konzept, das den realen Bedrohungen der natürlichen Lebensgrundlagen wirksam gegensteuern sollte, ohne dadurch Armut und Unterentwicklung zu zementieren und wirtschaftliche Perspektive in Frage zu stellen, hat die Generalversammlung der Vereinten Nationen zur Vorbereitung der Rio-Konferenz die Weltkommission für Umwelt und Entwicklung beschlossen und eingesetzt. Unter Vorsitz der langjährigen norwegischen Ministerpräsidentin **Gro Harlem Brundlandt** hat diese Kommission den Bericht **„Our Common Future“**, den so genannten Brundlandt-Bericht vorgestellt. Das tragende Konzept dieses Berichts für die Entwicklung der Zukunft dieser Welt lautet: **„Sustainable Development“** – **Nachhaltige Entwicklung**.

Nachhaltige Entwicklung ist im Grunde eine unmittelbar einsichtige, simple Maßgabe für menschliches Handeln! Nicht zufällig wurde es schon Jahrhunderte zuvor von einem für den Bergbau in Sachsen zuständigen Bergbaudirektor namens Karl von Carlowitz als Vorgabe für die Waldbewirtschaftung entwickelt. Die Handlungsmaxime besteht in folgender, einfach einsehbarer Überlegung: in Kreisläufen denken, nicht ausbeuten, sondern nur soviel Holz entnehmen, wie wieder nachwächst. „Bebauen und bewahren“ ist das Motto, also so handeln, wie es Genesis 2 vom Menschen für den „Garten Eden“ einfordert.

4 Dieser kurze Rückblick in die Ideengeschichte des Begriffs der nachhaltigen Entwicklung und in die Entwicklungsabläufe macht klar, dass „Nachhaltige Entwicklung“ nicht eine ausschließlich ökologische, eine auf die Erhaltung von Natur und Umwelt ausgerichtete Handlungsmaxime ist. Die Herausforderung ist wesentlich größer! Es gilt, wirtschaftlichte Entwicklung für eine Welt mit bald **9 Milliarden Menschen** zu ermöglichen und gleichzeitig die Lebensgrundlagen der Natur für den Menschen nicht nur zu erhalten, sondern, wo immer möglich, weiter intakt zu entwickeln. Aus den mahnenden Worten des früheren UN-Generalsekretärs Kofi Annans ist die Konsequenz zu ziehen: *„Wohlstand, aufgebaut auf der Zerstörung der Umwelt, ist kein*

wirklicher Wohlstand, bestenfalls eine kurzfristige Milderung der Tragödie. Es wird kaum Frieden, wohl aber noch mehr Armut geben, falls dieser Angriff auf die Natur anhält."

Nicht nur die wechselseitige Unterstützung von wirtschaftlicher Entwicklung und ökologischer Stabilität ist gefordert. Von gleicher Bedeutung ist es, diese Verbindung in einer Gesellschaft zu verwirklichen, die nicht durch soziale Brüche und Konflikte, sondern durch gerechten Zugang zu Chancen Stabilität und Lebensqualität erhält. Eine solche Gesellschaft zeichnet sich dadurch aus, dass sie Probleme auf der Basis einer Orientierung in Angriff nimmt, die durch Verantwortung und Respekt, Toleranz und ein breites Angebot von Bildung und sozialem Miteinander gekennzeichnet ist.

5 Das ist der Hintergrund, vor der die Entscheidung für die „Nachhaltigkeitsstrategie Hessen" gesehen werden muss. Ein Bundesland stellt sich der Herausforderung, wirtschaftlichen Wohlstand, soziale Verantwortung und Erhaltung der Umwelt beispielgebend und zukunftsfähig weit über die gesetzlichen Anforderungen hinaus zu realisieren. Ein föderaler Staatsaufbau ist bereits als solcher ein Beitrag zur Nachhaltigkeit, ist Teil nachhaltigen Handelns. In Hessen wird deutlich, dass es keineswegs ausschließlich oder primär die großen, zentralen, „ganzheitlichen" Lösungen von oben sind, die nachhaltiges Leben für die Bürgerinnen und Bürger attraktiv werden lassen. Im Gegenteil: Mindestens so sehr sind die dezentralen, die von den verschiedenen kleinen und großen Netzwerken in der Gesellschaft ausgehenden Überzeugungen wichtig, dass Zukunft nur möglich ist, wenn man materielle und immaterielle Kosten und Belastungen des eigenen Wohlstands nicht auf andere abwälzt – nicht auf Menschen, die gleichzeitig mit uns, aber fern von uns leben, auch nicht bereits heute als Hypothek auf die Rechnung kommender Generationen einträgt oder sie der Natur aufbürdet.

Hessen entwickelt eine Nachhaltigkeitsstrategie für ein Bundesland – nicht als Kopfgeburt von Politik und wenigen in der Zivilgesellschaft ausgedacht. Vielmehr: ein Miteinander vieler kleiner Initiativen und Veränderungen im alltäglichen Leben der Menschen. In diesen Veränderungen wachsen Einsichten in neue Möglichkeiten heran. Sie reflektieren überschaubare, transparente Kenntnisse der Auswirkungen eigenen Handelns. Die Bereitschaft, **ehrenamtlich tätig zu sein** und immer wieder neue Ideen zu entwickeln und auszuprobieren ist dabei ein wichtiges Element. Neue Ideen können durchaus auch einmal scheitern, werden aber selbst durch dieses Scheitern zur Grundlage für veränderte, wohl auch verbesserte Mitwirkungsfähigkeiten.

Die kleinen, dezentralen, keineswegs immer von Vorneherein aufeinander bezogenen, geschweige denn stringent koordinierten Lösungen sind wichtig. Sie sollen Raum für eigenes Denken und Handeln schaffen – das ist der Humus für eine dauerhaft nachhaltige Gesellschaft. So ist es ganz selbstverständlich, dass den Städten und Gemeinden eine besondere Verantwortung für eine nachhaltige Entwicklung zukommt. Dies wurde übrigens bereits in der Rio Konferenz mit der dortigen **Agenda 21** so gesehen.

Bild 3
Nachhaltige Entwicklung – Bioenergie
[Foto: Jürgen Fälchle – fotolia.com]

In den Gemeinden, auf lokaler Ebene, können Bürgerinnen und Bürger aus ihrer Alltagskenntnis heraus die Spielräume für Änderungen hin zu einem nachhaltigen Leben entdecken. Sie werden die Hürden und Hindernisse abschaffen, die der Umsetzung eigener Ideen und gemeinschaftlicher Visionen im Wege stehen. In den Gemeinden werden politisch Tätige tagtäglich von Bürgerinnen und Bürgern angesprochen, werden herausgefordert, die Erwartungen und Hoffnungen durch politische Rahmenbedingungen und eigenes Tun zu ergänzen. Es wird ein nachhaltiges Hessen nicht geben können, wenn es zu viele Städte und Gemeinden in Hessen gibt, die alles andere als nachhaltig planen und handeln. Dies gilt, um es an dieser Stelle zu ergänzen, auch im weltweiten Streben nach Nachhaltigkeit. Bald werden weltweit nahezu 70 % der Menschen in Städten und städtischen Agglomerationen leben. Ohne nachhaltige Städte kann man auch global die Ziele einer nachhaltigen Entwicklung nicht erreichen.

6 Ein etwas intensiverer Blick auf die Vielzahl der Initiativen, die seit 2008 den Prozess zur Nachhaltigkeit der Strategie Hessens kennzeichnen, belegt diese Vielfalt der Ideen, diese Breite der Mitwirkung der Bevölkerung, der Vereine und Verbände, der Gemeinden und der Unternehmen des Landes. Nachhaltigkeit wird hier nicht von oben diktiert, sondern entwickelt sich von unten her. Nicht „die Politik" und „die Politiker" müssen handeln, und wir Bürger warten, sondern: Wir Bürger legen los, fordern uns heraus, setzen eine Veränderung in Gang, die von der Politik in einer offenen Demokratie aufgenommen, die durch Politik erleichtert und gefördert wird. Nur so kann Nachhaltigkeit gelingen.

Vorangehen: Dies gilt in besonderer Weise auch für das Handeln der Landesregierung in ihrem ureigenen Zuständigkeitsbereich. Mit dem Ziel der **Klimaneutralität, bei den landeseigenen Liegenschaften**, ebenso im Beschaffungswesen des Landes, in der beständigen Weiterbildung der eigenen Mitarbeiterinnen und Mitarbeiter, in der sichtbaren Bereitschaft, ältere Menschen einzubinden, und in der Zielsetzung, dass eine immer buntere Bevölkerung sich auch in der Mitarbeiterschaft widerspiegelt.

Schwerpunkte für das Handeln in konkreten Projekten werden sich immer wieder neu aus dem Dialog mit den Bürgerinnen und Bürgern, vor allem mit den jungen Menschen sowie mit der Wirtschaft herauskristallisieren. So hat die Nachhaltigkeitskonferenz Hessen Mitte 2011 das Thema **Energie zum Schwerpunkt im Jahre 2012** erklärt. Diese Entscheidung leitet sich nahezu zwingend aus der Tatsache ab, dass der Deutsche Bundestag kurze Zeit davor nahezu einstimmig beschlossen hat, die Nutzung der Kernenergie binnen 10 Jahren zu beenden. Diese Entscheidung ist umzusetzen, ohne dass die verpflichtenden Ziele der deutschen und europäischen Klimapolitik verletzt oder gar aufgegeben werden. Diese Energiewende ist umzusetzen, ohne dass über überdurchschnittlich steigende Preise für Energie der soziale Frieden gestört oder die Wettbewerbsfähigkeit der deutschen Wirtschaft gefährdet wird. Dies lässt sich nur miteinander verbinden, wenn umfassend und von jedem in seinem Einfluss- und Entscheidungsbereich geprüft wird, wie effizienter, also sparsamer mit Energie umgegangen werden kann, wenn Lebensstile sich verändern und wenn die gemeinsame Überzeugung zum politischen Handeln wird, dass die Zukunft den erneuerbaren, den heimischen Energien gehört, dass also die Energieversorgung insbesondere auf Solar- und Windstrom und entsprechende Wärmeerzeugung umgebaut werden muss.

7 Dies sind zweifellos sehr große Herausforderungen. Sie sind nur zu bewältigen, wenn nicht ein jeder wieder auf das Handeln, das Vorangehen des anderen wartet. Nach der Entscheidung zur „Energiewende" in Deutschland war es folgerichtig, dass sich die hessische Landesregierung das Projekt „CO_2-neutrale Landesverwaltung" vorgenommen hat, ein wichtiges Leuchtturmprojekt über die gesetzlichen Anforderungen hinaus.

Dies beinhaltet bei klugem Blick auf die Kosten und auf die Notwendigkeit globaler Partnerschaft im Klimabereich, wie oben beschrieben, auch die Teilung der finanziellen Aufwendungen zur Erreichung von Klimaneutralität in Investitionen in neue **Maßnahmen vor Ort** (Effizienz, grüner Strom, Lebensstile) und in

Bild 4
Streben nach einem „Grünen Planeten" und einer sauberen Umwelt [Foto: Sergej Khackimullin – fotolia.com]

globale Kooperation, z. B. in Form von Maßnahmen im CDM Bereich. Oder Investitionen in globale Aufforstung- und Landschaftsrestaurierungsprogramme, wie sie die Weltgemeinschaft unter REDD+ propagiert. Diese **doppelstrategische** Seite des Klimaschutzes in internationaler Partnerschaft ist charakteristisch für das kluge Vorgehen in Hessen und aus meiner Sicht besonders wichtig.

Wieder gilt: Darüber kann und darf nicht nur klug geredet werden, dazu bedarf es auch mehr als schöner Hochglanzveröffentlichungen und mehr als einer besonders kreativen Werbeagentur. Dieses Projekt einer CO_2-neutralen Landesverwaltung erfordert vielmehr sehr viel Kernerarbeit in der Durchleuchtung des direkten und indirekten Energieverbrauchs in der Landesverwaltung wie der nun erforderlichen Maßnahmen. Erforderlich wird es, auch kleine und kleinste energetische Verbesserungen und Einsparungen zu identifizieren, auf ihre Wirtschaftlichkeit hin zu bewerten und konkret zu ernten sowie international die richtigen Projekte zu adressieren.

Hilfreich war und ist es, **dieses Projekt wissenschaftlich begleiten zu lassen**, zu allen genannten Fragen. Immer wieder zeigt sich nämlich, dass ein sachkundiger, wissenschaftlich abgestützter Blick von außen auf den Untersuchungsgegenstand Vieles neu und klarer sichtbar werden lässt, als es denen möglich ist, die in den Institutionen seit langer Zeit arbeiten und fest davon überzeugt sind, bereits alles höchst optimal gestaltet zu haben. Das gilt gerade auch für die Einbeziehung der in der internationalen Klimapolitik weniger entwickelten Länder und Regionen. Ihr Nutzen für das eigene Projekt sollte überprüft und öffentlich diskutiert werden, wie das in Hessen geschieht. Dazu gehören sicherlich der „**Clean Development Mechanism**" (CDM) und die oben erwähnten Aufforstungs- und Landschaftsrestaurierungsprogramme. Ebenso ist es hilfreich, vertrauensvoll mit Partnerstädten oder Partnerregionen in der Welt darüber in einen Dialog zu kommen, inwieweit bei gemeinsamem, abgestimmten Vorgehen mit demselben Einsatz von Ressourcen mehr erreicht werden kann, als wenn jeder isoliert auf seine eigenen Möglichkeiten hin optimiert.

Die „CO_2-neutrale Landesverwaltung" Hessen ist ein spannendes Projekt. Dieses Projekt kann und sollte eine Bereicherung auch für die anderen Bundesländer sein. Ein **wettbewerblicher Austausch** mit anderen Bundesländern kann dabei noch mehr bewirken. Hier können Ideen und Maßnahmen, die anderswo bereits erfolgreich eingesetzt wurden, auf die Verwendung in der eigenen Strategie hin vorurteilslos geprüft werden – eine Form von **verteilter Intelligenz**.

Der Fortschritt in der Umsetzung dieses Projekts muss laufend überprüft, relevante Indikatoren für ein „Monitoring" müssen öffentlich diskutiert und dann festgelegt werden. Erfolg, auch wenn er am Anfang nur schwer in Gang kommt und belegbar ist, motiviert Menschen zu verstärkten Anstrengungen. Intransparenz oder wechselnde Indikatoren für die Beurteilung des Projektfortschritts demotivieren dagegen und setzen schnell einen Teufelskreis nach unten in Bewegung. Solches wurde aber in Hessen glücklicherweise vermieden.

8 Es ist zu wünschen, dass dieser systematische Doppelansatz des Landes Hessen für die Nachhaltigkeit dieses wichtigen Bundeslandes erfolgreich ist: die Nachhaltigkeitsstrategie insgesamt ebenso wie das Projekt „CO_2-neutrale Landesverwaltung", das als Beitrag des Landes für eine breit entwickelte Nachhaltigkeitsstrategie **neue Spielräume** für das Mitwirken der Bürgerinnen und Bürger eröffnen soll. Der Erfolg ist vor allem entscheidend daran abzulesen, wie viele Menschen, aber auch Organisationen, Unternehmen und Unternehmer in Hessen aktiv an der Verwirklichung mitwirken und nicht nur als mehr oder weniger interessierte Zaungäste am Rande stehen und zusehen, wie „die da oben" oder „die Idealisten" voranzukommen versuchen. Diese Projekte müssen Bürgerinnen und Bürger begeistern und mitnehmen. Dann sind sie wesentlich mehr als „nur" wirtschaftlich ertragreiche, Umwelt-bezogen verantwortliche und sozial stabilisierende Beiträge für eine gute Zukunft dieses Bundeslandes. Dann sind sie ein Beitrag zu einer **lebendigen, stabilen Demokratie**, zu einem erfolgreichen Deutschland und Europa und für eine bessere Welt.

Nachhaltigkeit und Klimaneutralität – die Sicht des Rates für Nachhaltige Entwicklung der Bundesregierung

Marlehn Thieme | Rat für Nachhaltige Entwicklung

Klimaneutralität ist nachhaltig! Das ist eine Aussage, die man so oder so ähnlich immer wieder hören und lesen kann. Aber stimmt das auch?

Eine nachhaltige Gesellschaft ist sicherlich auch eine Gesellschaft, die nicht den Gefahren eines beschleunigten globalen Klimawandels ausgesetzt ist. Das bedeutet in der Konsequenz, dass nachhaltige Wirtschafts- und Lebensweisen keine den Klimawandel verstärkenden Auswirkungen haben. Oder, anders ausgedrückt, dass sie klimaneutral sind. Ich warne aber davor, Klimaschutz – und in letzter Konsequenz „Klimaneutralität" – zum Synonym für nachhaltige Entwicklung zu machen. Nachhaltige Entwicklung ist viel mehr als nur Klimaschutz.

Die Vision einer klimaneutralen Gesellschaft lässt sich leicht aussprechen. Sie sollte uns auch als Zielhorizont dienen. Aber der Weg dorthin kann eine echte Belastungsprobe für den gesellschaftlichen Zusammenhalt werden. Denn wenn wir Klimaneutralität ernst nehmen, wenn wir die Klimaschutzziele der Bundesregierung ernst nehmen, wenn wir das Ziel der Staatengemeinschaft – die Begrenzung der Klimaerwärmung um maximal 2 Grad Celsius – ernst nehmen, dann müssen wir unsere Gesellschaft umbauen. Und das ist mit Anstrengungen verbunden, die wir nur bewältigen können, wenn wir uns den Zielkonflikten stellen und Lösungen mit breiter Zustimmung der Gesellschaft dazu erarbeiten.

In den folgenden Absätzen werde ich dem Zusammenhang von Klimaschutz und Nachhaltigkeit genauer auf die Spur gehen und dabei drei wesentliche Aspekte hervorheben: den Umgang mit Zielkonflikten, die Rolle nachhaltigen Wirtschaftens und die Energiewende als zentrale gesellschaftliche Herausforderung.

Zielkonflikte benennen und nach langfristigen Lösungen suchen

Nicht immer sind alle Nachhaltigkeitsziele miteinander vereinbar. Unsere Startposition ist eine Gesellschaft, in der sich viele nicht-nachhaltige Strukturen etabliert haben, in der sich nicht-nachhaltige Lebensstile verfestigt haben. Es gibt keine Möglichkeit, zentrale Nachhaltigkeitsziele zu verordnen. Vielmehr leben wir in einer Gesellschaft, die sich zu demokratischen Prinzipien bekennt und die Vielfalt und soziale Teilhabe anerkennt. Das sind die zentralen Errungenschaften unserer westlichen Demokratien und auch die Wesenszüge nachhaltiger Gesellschaften.

Haushaltskonsolidierung und Schuldenbremse stehen scheinbar im Widerspruch zu den aus Klimaschutzsicht gebotenen Investitionen in Netzinfrastruktur, Kraftwerkspark und Gebäudesanierung. Aus dem Dilemma wird man nur dann herauskommen, wenn der Langfristnutzen der Investitionen schon jetzt sichtbar gemacht wird.

Der Rat für Nachhaltige Entwicklung hat in seiner Empfehlung zur Energieeffizienzpolitik der Bundesregierung angemahnt, verlässliche Rahmenbedingungen für Investitionen in Energieeffizienz zu schaffen. Verbindliche Langfristziele helfen dabei, den Langfristnutzen schon in der Gegenwart spürbar zu machen. Andere denkbare Mittel sind zinsgünstige Kredite oder Bürgschaften, die das Risiko für wesentliche Investitionen abfedern. Es darf nicht sein, dass Investitionen aufgeschoben werden oder gar unterbleiben, nur weil sie sich erst nach einem Zeitraum von mehr als drei Jahren rentieren.

Geeignete Rahmenbedingungen müssen dabei die öffentlichen Haushalte nicht zwangsläufig zusätzlich belasten. Geschickt gesetzt können sie aber privates Kapital mobilisieren. Jeder Fördereuro für Energieeffizienzmaßnahmen löst private Investitionen von vier bis zwölf Euro aus. Mittel- und langfristig werden dadurch Märkte für Energieeffizienz oder Energiedienstleistungsmärkte entstehen.

Ein anderes Beispiel ist der Flächennutzungskonflikt zwischen Biomasseproduktion für die energetische Verwendung und dem Öko-Landbau. Der Rat für Nachhaltige Entwicklung hat auf die Nutzungs- und Zielkonflikte hingewiesen, die mit der Biomasseproduktion für die energetische Nutzung einhergehen und fordert in seiner Empfehlung zur nachhaltigen Biomasseproduktion, dass die Produktion aller erneuerbarer Energien einer Nachhaltigkeitsprüfung unterzogen werden sollen. Ebenso fordert er, dass klimapolitisch motivierte Technologieanwendungen den harten Kriterien einer umfassenden Nachhaltigkeitsprüfung stand halten müssen. Bei Zielkonflikten zwischen dem Schutz der Biodiversität und einer nachhaltigen Biomasseproduktion sind besonders die langfristigen Folgen abzuschätzen und Lösungen zu entwickeln, die beide Ziele integrieren.

Energiewende als zentrale gesellschaftliche Herausforderung

Die Beschlüsse der Bundesregierung zur Energiewende aus dem letzten Jahr sind ein Prüfstein für die Machbarkeit von „Nachhaltigkeit und Klimaneutralität".

Die Ethikkommission Sichere Energieversorgung hat zu Recht von einem Gemeinschaftswerk Energiewende gesprochen. Der Nachhaltigkeitsrat beobachtet, dass viele Akteure auf allen Ebenen an der Umsetzung der Energiewende arbeiten. So gibt es lokale Umweltinitiativen, Bürgergenossenschaften und Kommunen, die Ihre Energieversorgung vollständig auf Erneuerbare Energiequellen umstellen. So investieren immer mehr Industrieunternehmen selbst in Kraftwerke, um die Energieversorgung für Ihre Produktion sicher zu stellen. Der Rat für Nachhaltige Entwicklung begrüßt diese vielfältigen Bemühungen. Auch im Rahmen des Oberbürgermeisterinnen und Oberbürgermeister Dialogs „Nachhaltige Stadt", den der Nachhaltigkeitsrat unterstützt

Bild 1 „RNE-live" – 3 Tage nach der Rio+20-Konferenz
Am 25. Juni 2012 wurden auf der 12. Jahreskonferenz des Rates für Nachhaltige Entwicklung mit über 1 200 Teilnehmern nur wenige Tage nach der Konferenz in Rio unter dem Titel „WegeWissenWirkungen" unter Teilnahme der Bundeskanzlerin die Fragen gestellt: Ist Deutschland auf dem richtigen Weg? Wie schaffen wir wirklich relevantes Wissen? Wirkt die Nachhaltigkeitspolitik? Welche Konsequenzen, Impulsen und Ansätze ergeben sich, wenn wir uns in Deutschland den globalen Herausforderungen stellen? Hier diskutieren Dr. Wolfgang Schuster, Mitglied des Rates, Oberbürgermeister, Vorsitzender der Europäischen Sektion des kommunalen Weltverbandes „United Cities and Local Governments", Marlehn Thieme, Vorsitzende des Rates, Olaf Tschimpke, stellvertretender Vorsitzender des Rates, Präsident des Naturschutzbund Deutschland (NABU) mit Hans-Joachim Wilms, Berichterstatter des Europäischen Wirtschafts- und Sozialausschusses für die Rio+20-Konferenz, Moderation: Hans Jessen, ARD-Hauptstadtstudio
[Foto: Rainer Lutter, Andrea Linß-Stelte, LIBOMEDIA © Rat für Nachhaltige Entwicklung]

Bild 2
Marlehn Thieme
im Portrait
[Foto: Rainer Lutter,
Andrea Linß-Stelte,
LIBOMEDIA
© Rat für Nachhaltige Entwicklung]

und begleitet, wird die Bedeutung des Klimaschutzes in den Kommunen hervorgehoben. Die konkreten Beispiele aus den Kommunen zeigen ermutigende Ansätze, die den Weg zum Fernziel Klimaneutralität verkürzen können.

Damit die Energiewende aber zu einem echten Gemeinschaftswerk wird, benötigen wir mehr als Inseln energieautarker Versorgung. Es ist gut, dass zunehmend Kooperationen beispielsweise der durch Industrieunternehmen betriebenen Kraftwerke mit Stadtwerken stattfinden. Die Koordination der einzelnen Projekte ist notwendig, um die Versorgungssicherheit aller Bürgerinnen und Bürger sowie aller Produktionsbetriebe und Dienstleistungsunternehmen sicherzustellen. Sie muss indes weiter reichen, als dies bisher der Fall ist.

Die Energieversorgungssicherheit zu gewährleisten ist und bleibt Kernaufgabe der Daseinsvorsorge des Staates. Der Staat ist aufgefordert, diese Verantwortung auch zu übernehmen. Er muss klare Signale an alle Gruppen der Gesellschaft senden: das 2-Grad-Ziel ist gesetzt, der Atomausstieg beschlossen, daran soll nicht mehr gerüttelt werden. Wenn Ziele klar formuliert sind und Zielkonflikte klar benannt werden, dann haben gesellschaftliche Akteure die Chance, sich auch darauf einzustellen und Entscheidungen für Ihre Zukunft zu treffen. Das stärkt Vertrauen in staatliche Entscheidungs- und Steuerungsprozesse und ermutigt zur Solidarität. Denn die Weigerung, sich auf zentrale Energieversorgungsstrukturen zu verlassen, und stattdessen auf energetische Selbstversorgung zu setzen ist einerseits ein Zeichen der Bereitschaft, die Energiewende anzugehen. Andererseits ist es auch ein Zeichen von Vertrauensverlust in die Steuerungsfähigkeit der Entscheidungsträger.

Unternehmen als Partner für eine nachhaltige Gesellschaft

Was für Nachhaltigkeit und Klimaneutralität gilt, das gilt auch für Nachhaltigkeit und Green Economy. Das Projekt Energiewende und umfassender Klimaschutz im Sinne nachhaltiger Entwicklung erfordert nicht nur den Umbau der Energiesysteme. Es macht darüber hinaus nachhaltiges Wirtschaften als allgemeingültiges Prinzip des Wirtschaftens notwendig.

Im Zuge des zwanzigjährigen Jubiläums der UN Konferenz zu Umwelt und Entwicklung in Rio de Janeiro hat der Begriff *Green Economy* Einzug in den Wortschatz der internationalen Staatengemeinschaft gehalten. Bisher gibt es keine Definition für *Green Economy*, die alle gesellschaftlichen Akteure sowohl in Industrie- als auch in Schwellen- und Entwicklungsländern mittragen. Das liegt vor allem an der Unsicherheit hinsichtlich des Umgangs mit Zielkonflikten, die dieser Begriff in sich birgt. Der Nachhaltigkeitsrat spricht aus diesem Grund lieber von nachhaltigem Wirtschaften. Damit wird klar, dass eine Wirtschaftsweise, die allein technischen Klimaschutzanforderungen genügt, nicht automatisch eine zukunftsfähige Wirtschaftsweise ist. Nachhaltiges Wirtschaften ist umfassender und bezieht soziale, freiheitliche und partizipative Ziele mit ein.

Der Rat für Nachhaltige Entwicklung wirkt seit Jahren darauf hin, dass Nachhaltigkeitsfaktoren im unternehmerischen Kerngeschäft verankert werden. Entsprechend verankert, kann Transparenz über ihre Nachhaltigkeitswirkung die unternehmerische Tätigkeit auch steuern.

Die Erfahrungen aus den vergangenen Jahren machen mir Mut zu behaupten, dass wir in den Unternehmen starke Partner für den Umbau unserer Gesellschaft hin zu einer nachhaltigen Gesellschaft haben. Der Staat ist aufgefordert, diese Unternehmen durch verlässliche Rahmenbedingungen in ihrer Richtungsentscheidung zu unterstützen.

Klimaneutralität erfordert gemeinsames Engagement

Entscheidend für die Bereitschaft, die Energiewende gemeinsam zu stemmen, ist die Gestaltung der Entscheidungsprozesse. Ich plädiere für Vertrauen in transparente Entscheidungsprozesse. Die Möglichkeit zur Teilhabe aller Akteursgruppen an Entscheidungsprozessen kann ausschlaggebend sein für das Gelingen von gesellschaftlichem Wandel. Wenn Teilhabe auch Mitwirkung und reelle Gestaltungsmöglichkeit bedeutet und wenn Diskurse so organisiert sind, dass sie Zeit und Raum für Fragen und die Entwicklung entscheidungsrelevanter Argumente geben, dann erhöht sich die Wahrscheinlichkeit für die Verständigung über tragfähige Ziele – und über den Weg dorthin.

Die Energiewende, der Umbau unserer Gesellschaft hin zu einer klimaneutralen und nachhaltigen Wirtschaftsweise ist eine große Herausforderung.

Sie ist aber insbesondere eine Gemeinschaftsaufgabe, an der alle Mitglieder der Gesellschaft arbeiten müssen. Dabei ist auch die internationale Dimension zu beachten und es sind Formen internationaler Kooperation in Ergänzung zu Maßnahmen vor Ort erforderlich – auch im Bereich Klimaneutralität. Zielkonflikte sollten offen benannt und abgeschichtet werden. Der Blick auf den langfristigen Nutzen ist dabei der Schlüsselbegriff. Und Nachhaltigkeit ist die Lösungsformel, weil sie Langfristigkeit mit den Zielen wirtschaftlicher, ökologischer und sozialer Tragfähigkeit ausstattet.

Es gibt immer mehr Unternehmen, die dies für sich erkannt haben und zu Vorreitern nachhaltigen Wirtschaftens geworden sind. Im Rahmen eines umfassenden Multi-Stakeholder-Dialoges von Experten aus dem Kapitalmarkt und aus der Zivilgesellschaft hat der Nachhaltigkeitsrat mit dem Transparenzstandard „Deutscher Nachhaltigkeitskodex“ (DNK) die wichtigsten Schritte auf dem Weg zu nachhaltigem Wirtschaften konkretisiert. Zuletzt hat der Nachhaltigkeitsrat mit einem Ideenwettbewerb zu nachhaltiger Unternehmensführung die Frage der methodischen Herausforderungen an die Berechnung externer nachhaltigkeitsrelevanter Kosten diskutiert und Forschungsbedarf identifiziert.

Klimaschutz und Energiewende in Deutschland – Perspektiven und Chancen für eine nachhaltige Entwicklung

Peter Altmaier | Bundesminister für Umwelt, Naturschutz und Reaktorsicherheit (BMU)

Wir erleben eine weltwirtschaftliche Dynamik, die historisch ohne Beispiel ist. Die Weltbevölkerung ist auf 7 Milliarden Menschen gestiegen, bereits 2025 werden es 8 Milliarden sein. Erstmals in der Geschichte der Menschheit leben mehr Menschen in Städten als auf dem Land. Das Wachstum von Weltwirtschaft und Welthandel hat sich innerhalb kürzester Zeit vervielfacht. Der weltweite Energieverbrauch ist seit 1990 um fast die Hälfte gestiegen. Der Wettlauf um Ressourcen und Rohstoffe hat begonnen. Für das Jahr 2020 wird im Vergleich zu 1980 eine Verdopplung des weltweiten Abbaus von Rohstoffen auf 80 Milliarden Tonnen erwartet. Ebenso wird der Energieverbrauch weltweit in den nächsten zwanzig Jahren um mindestens ein Drittel steigen.

Seit mehr als zwanzig Jahren steht fest, dass wir mit dieser Dynamik mehr verbrauchen, als der Planet regenerieren kann. Die Kohlendioxidemissionen haben sich in den vergangenen zwanzig Jahren um 45 Prozent erhöht. Wir haben die Grenzen der Belastbarkeit des Ökosystems Erde erreicht. Der Klimawandel mit seinen Folgen bedeutet heute schon für viele Menschen die Zerstörung von Lebensgrundlagen, eine Quelle von Konflikten, eine wesentliche Ursache von Flüchtlingsströmen und ist für viele nicht zuletzt buchstäblich eine Frage von Leben und Tod. Wenn die Erderwärmung ungebremst fortschreitet und auf vier, fünf oder sechs Grad steigt, dann wird das Leben auf der Erde, wie wir es heute kennen, nicht mehr möglich sein.

So muss es nicht kommen, so darf es nicht kommen. Wir können eine stabilere, eine menschlichere, eine sicherere Ordnung schaffen, wenn wir unser Denken und Handeln langfristiger orientieren und die Lebensbedingungen und Lebensperspektiven der nächsten Generation zum aktuellen politischen Entscheidungsmaßstab machen. Wir müssen Fortschritt so gestalten, dass künftige Generationen weltweit nicht nur ausreichend mit Energie und Ressourcen versorgt werden, sondern dass für sie Spielräume zur gesellschaftlichen und wirtschaftlichen Gestaltung bestehen bleiben. Heute geht es darum, die Prinzipien nachhaltiger Entwicklung umzusetzen. Diese Prinzipien sind Generationengerechtigkeit, mehr Lebensqualität, internationale Verantwortung und sozialer Zusammenhalt. Das müssen wir anpacken – mit Hilfe neuen Wissens, neuer Technologien und nicht zuletzt mit Hilfe neuer Kooperationen.

Die Klimaschutz-Agenda im 21. Jahrhundert

Eine der größten Aufgaben heutiger Politik ist es, einen funktionierenden globalen Kooperationsrahmen, ein stabiles System des fairen Interessenausgleichs für globalen Klimaschutz zu schaffen. Dafür sind in Durban jetzt die Weichen gestellt worden. Zum ersten Mal ist ein globales, rechtlich bindendes Abkommen aller Staaten zum Schutz des Klimas als Ziel beschlossen worden. Das bedeutet einen wichtigen Schritt auf dem Weg zu einem globalen Kooperationsrahmen, der alle großen Emittenten einschließt. Auch wenn die Beschlüsse in vielem noch nicht ausreichend sind, hat Durban doch gezeigt, dass der UN-Prozess trotz aller Widerstände erfolgreich sein kann und dass es dazu auch keine Alternative gibt. Deutschland engagiert sich in besonderer Weise, indem es Klimaschutzinitiativen insbesondere in den Entwicklungsländern finanziell und organisatorisch unterstützt. Der *Globale Klimafonds* wird in diesem Jahr arbeitsfähig sein. Deutschland geht hier voran mit einer Vorleistung von 40 Millionen Euro und der Bewerbung um den Sitz des Fonds in Bonn! Deutschland ist sich seiner besonderen Verantwortung bewusst. Das drückt sich u. a. in einer Steigerung der Fördermittel aus: 1,26 Milliarden Euro an Fast-Start-Mitteln werden bis 2012 gezahlt, davon waren bis Ende 2011 bereits Projekte in Höhe von etwa 850 Millionen Euro mit den Partnerländern vereinbart! Wir werden unser finanzielles Engagement für Klimaschutz in Entwicklungsländern auch nach 2012 fortsetzen und kontinuierlich und transparent ausbauen.

Eine der entscheidenden Aufgaben ist dabei der Schutz der Natur und insbesondere der Wälder, die große Mengen CO_2 speichern. Jährlich gehen fast 13 Millionen Hektar an Wäldern verloren. Das ist eine Fläche von der Größe Griechenlands. Wir dürfen das nicht akzeptieren – intakte Ökosysteme sind für uns überlebenswichtig! Der Erhalt der Naturwälder muss deshalb für uns höchste Priorität haben. Zusätzlich kann eine umfassende Wiederaufforstung einen wichtigen Beitrag zur Erreichung des Zwei-Grad-Ziels leisten. Das Potenzial für den weltweiten Wiederaufbau von Wäldern wird auf zwei Milliarden Hektar geschätzt. Auf der großen Waldkonferenz „Bonn Challenge" haben wir 2011 daher das Ziel formuliert, bis 2020 in einer weltweiten Aktion 150 Millionen Hektar an verlorenen und geschädigten Wäldern wieder aufzubauen – auch mit dem Ziel der Wiederherstellung von Ökosystemdienstleistungen. Dieses Ziel werden wir intensiv unterstützen, u. a. durch die Internationale Klimaschutzinitiative und den REDD+-Prozess (Verminderung von Emissionen aus Entwaldung und Walddegradierung). Entscheidend wird dabei auch die Unterstützung der Wirtschaft sein.

Auf dem Weg in eine „*Green Economy*"

Für den Schutz unseres Klimas ist von größter Bedeutung, dass wir unsere ressourcenverbrauchende Ökonomie konsequent zu einer intelligenten, ressourcenschonenden Ökonomie umbauen. Die Wohlstandsfrage des 21. Jahrhunderts wird darin liegen, wer es am intelligentesten schafft, mit immer weniger Einsatz von knappen, teuren Ressourcen und knapper, teurer Energie zu produzieren. Das ist der Weg in eine *Green Economy*, in eine Wirtschaft, die aus ökonomischen wie ökologischen Gründen Emissionen reduziert, Stoffkreisläufe schließt und konsequent auf Effizienz und erneuerbare Energien setzt. Sie weltweit als Ziel zu vereinbaren und dafür die Maßstäbe zu setzen, war Agenda der großen Nachhaltigkeitskonferenz der Vereinten Nationen im Sommer 2012 am symbolträchtigen Ort in Rio, wo vor 20 Jahren der berühmte „Erdgipfel" die Maßstäbe für ein neues globales Umweltbewusstsein gesetzt hat. Entscheidend ist, dass sich die Erkenntnis durchsetzt, dass eine nachhaltige Wirtschaft nicht nur eine Wachstumsperspektive für die hoch entwickelten Industrieländer, sondern gerade auch für Schwellen- und Entwicklungsländer ist. Wegen der großen Entwicklungsunterschiede gibt es allerdings keine „Blaupause" auf dem Weg in eine nachhaltige Wirtschaft, sondern jedes Land muss seinen eigenen Weg gehen. Aber gerade die weniger entwickelten Länder müssen auf die Unterstützung und Solidarität der Industriestaaten bauen können. Es geht also darum, eine Strategie der Vereinten Nationen zu vereinbaren, die es ermöglicht, dass jedes Land auf *seinem* Weg zu einer *Green Economy* gezielt unterstützt wird. Dafür brauchen wir eine institutionelle Stärkung des Umweltschutzprogramms der Vereinten Nationen, die die Bundesregierung mit Nachdruck unterstützt.

Ich bin zuversichtlich, dass der Weg hin zu einer nachhaltigen Wirtschaft im 21. Jahrhundert erfolgreich sein wird. Es ist offenkundig, dass gerade die Märkte der Energie- und Umweltwirtschaft (umweltfreundliche Energieerzeugung, Energieeffizienz, Rohstoff- und Materialeffizienz, nachhaltige Mobilität, nachhaltige Wasserwirtschaft sowie Abfall- und Kreislaufwirtschaft) zentrale Wachstumsmärkte der Zukunft sind. Das Weltmarktvolumen wird sich hier von heute schon rund 2 Billionen Euro bis zum Jahr 2020 mehr als verdoppeln. Das prognostizierte Wachstum wird voraussichtlich mehr als 5 Prozent *jährlich* betragen! Hier liegt eine große Chance gerade für deutsche Unternehmen, denn die Produktion von Umweltschutzgütern ist in Deutschland weiter überdurchschnittlich gewachsen und erreicht inzwischen ein Produktionsvolumen von fast 76 Milliarden Euro. Mit einem Welthandelsanteil von rund 15 Prozent liegt Deutschland auch hier auf einem Spitzenplatz beim Export.

Aber es geht nicht nur um die Umweltwirtschaft im engeren Sinne, gerade auch die traditionellen Industrien müssen ressourcenschonender werden. Es geht um eine grundlegende ökologische Modernisierung der Wirtschaft, die uns wettbewerbsfähiger macht, denn diese Wettbewerbsfähigkeit wird, darin sind sich fast alle Experten einig, in Zukunft nicht mehr so sehr von Arbeits-, sondern vor allem von den Materialkosten abhängen. Deutschland ist hier schon gut vorangekommen: 2011 war das Jahr mit dem niedrigsten Energieverbrauch im wiedervereinigten Deutschland – und das trotz eines

Wirtschaftswachstums um rund ein Drittel im Vergleich zu 1990! Heute werden zum Erwirtschaften der gleichen Erträge deutlich weniger Rohstoffe, Flächen und Energie benötigt und weniger Schadstoffe ausgestoßen als noch vor zehn Jahren. Zwischen 1990 und 2010 ist die Energieproduktivität der deutschen Wirtschaft um rund 39 Prozent, die Rohstoffproduktivität sogar um rund 47 Prozent gestiegen. Um dies zu unterstützen, hat die Bundesregierung ein nationales Ressourceneffizienzprogramm verabschiedet, das die Wirtschaft auf dem Weg zu einer echten Kreislaufwirtschaft unterstützt – für jeden Schritt in der Wertschöpfungskette. Es gibt bisher kaum ein Land, das ein solch umfassendes nationales Programm zur Ressourceneffizienz entwickelt hat. Im Rahmen der *Nationalen Klimaschutzinitiative* fördert das Bundesumweltministerium außerdem gezielt den Einsatz innovativer Effizienztechnologien, beispielsweise mit dem Impulsprogramm für gewerbliche Kälteanlagen oder dem *Marktanreizprogramm* zur Nutzung erneuerbarer Wärme: Allein in Hessen wurden im Jahr 2011 dadurch pro eingesetztem Euro Fördergeld über 7 Euro Investitionen ausgelöst – insgesamt waren es 56,7 Millionen Euro!

Die Energiewende ist entscheidend für den Weg in eine nachhaltige Wirtschaft

Die entscheidende Frage für den nachhaltigen Umbau der Wirtschaft ist die Energiefrage, denn sie war immer der Kern wirtschaftlicher und industrieller Entwicklung. Das wird auch in Zukunft so sein. Mit dem Energiekonzept hat die Bundesregierung 2010 zum ersten Mal eine umfassende und langfristig orientierte Strategie für den Aufbruch in ein neues Energiezeitalter der erneuerbaren Energien und der Energieeffizienz vorgelegt. Ihre Ziele sind so ehrgeizig wie notwendig: Wir wollen 40 Prozent der Treibhausgasemissionen bis 2020 im Vergleich zu 1990 einsparen, bis 2020 den Anteil der erneuerbaren Energien an der Stromversorgung von heute 20 Prozent auf mindestens 35 Prozent steigern und den Primärenergieverbrauch bis 2050 halbieren. Bis 2050 soll Deutschland mit einer Senkung der Treibhausgasemissionen um 80 bis 95 Prozent im Vergleich zu 1990 nahezu klimaneutral werden.

Wie dringlich dieser Aufbruch ist, hat uns die Nuklearkatastrophe im japanischen Fukushima im März 2011 in eindrücklicher Weise vor Augen geführt. Sie hat drastisch vor Augen geführt, dass selbst das scheinbar geringste Restrisiko zum größten anzunehmenden Unfall und damit zu unabsehbaren Folgen für uns und die nach uns kommenden Generationen führen kann. Sie ist damit zum Menetekel für das Ende des industriellen und atomaren Energiezeitalters geworden. Mit dem im Juni 2011 vom Deutschen Bundestag beschlossenen Gesetzespaket zur Beschleunigung der Energiewende hat die Politik daraus die Konsequenzen gezogen. Es verbindet den erstmals zeitlich klar festgelegten Ausstieg aus der wirtschaftlichen Nutzung der Atomenergie mit einem strategisch umfassenden Konzept für den Einstieg ins Zeitalter der erneuerbaren Energien und der Energieeffizienz. Diese Verbindung hat es so in Deutschland noch nicht gegeben. Sie schafft zum ersten Mal in der Geschichte der Bundesrepublik Deutschland in dieser politischen und wirtschaftlichen Kernfrage einen politischen Konsens, der tragfähig und dauerhaft ist.

Die Energieversorgung der Zukunft

Die Energiewende bedeutet eine grundlegende Transformation hin zu einer völlig neuen Struktur der Energieversorgung. Das heißt: Die erneuerbaren Energien werden stetig zum Hauptpfeiler der Energieversorgung ausgebaut. Bis 2050 soll ihr Anteil an der Stromversorgung mindestens bei 80 Prozent liegen. Das ist realistisch, wenn wir die Dynamik beibehalten, mit der wir es geschafft haben, ihren Anteil innerhalb der letzten zehn Jahre auf heute gut 20 Prozent zu verdreifachen. Damit geht einher, dass die Energieversorgung dezentraler wird, denn Photovoltaik, Windenergie an Land und Biomasse kommen aus den verschiedensten Quellen. Das schafft z. B. neue Chancen für Energiegenossenschaften, die sich kommunal gründen oder auch für energieautarke und regenerativ sich versorgende Städte. Die Energieversorgung wird damit auch mittelständischer strukturiert sein. Die Energieversorgung wird zugleich technologisch anspruchsvoller werden, sodass ein permanenter technologischer Lern- und Innovationsprozess in unserem Land starten wird. Schließlich wird die Energieversorgung sehr viel stärker durch die Verbraucher gesteuert werden, die nicht länger nur passive Abnehmer sein werden, sondern in Zukunft durch ein „intelligentes" Netz selber bestimmen können, wann man welchen Strom zu welchem Preis beziehen will. Wenn zum Beispiel Aluminiumhütten oder Kühlhäuser dann intensiv produzieren, wenn der Strom von den Anbietern preiswerter bereitgestellt wird, können Angebot und Nachfrage flexibler aufeinander abgestimmt werden, auch um die Energiepreise stabil zu halten. Und ganz wichtig: Wir werden unsere Energie stärker im eigenen Land produzieren, um mehr Wertschöpfung im eigenen Land zu haben. Das ist nicht zuletzt ein Gebot industriepolitischer Sicherheit. Denn die deutsche Wirtschaft ist im internationalen Vergleich in ihrer Produktion überdurchschnittlich abhängig von Energieimporten und damit besonders verwundbar bei steigenden Öl- und Gaspreisen.

Es geht also um nichts weniger als eine grundlegend veränderte Energiestruktur: Mit den Erneuerbaren als Hauptquelle, mit dezentraleren Betreiberstrukturen, mit mehr Markt und Wettbewerb, mit intelligenten Netzen und Speichertechnologien und einem echten europäischen Stromnetz, um Strom aus erneuerbaren Energiequellen innerhalb Europas reibungslos transportieren zu können. Das langfristige Ziel muss sein, dass Energie*verbraucher* wie Privathäuser, Fabriken und Fahrzeuge zugleich zu Energie*erzeugern* werden – und das miteinander verbunden in einem dezentralen und zugleich länderübergreifenden „Energie-Internet". Die Verbindung der Energiewende mit der „digitalen Revolution" ist der Schlüssel zu einer effizienten Infrastruktur aus intelligenten Netzen, Speichertechnologien und Verbrauchern, die zugleich Erzeuger sind.

Auf die Länder und Kommunen kommt es an

Den Ländern und den Kommunen kommt bei der Umsetzung der Energiewende eine immer wichtigere, ja eine entscheidende Rolle zu. Es ist großartig, dass gerade die Länder beim Ausbau der erneuerbaren Energien Tempo machen, insbesondere bei der Windenergie. Hessen will die installierte Leistung bis 2020 im Vergleich zu 2010 um den Faktor 5,5 erhöhen. Auch Bayern plant 1000 neue Windräder. Ähnliche Ausbaupläne gibt es auch in mehreren anderen Ländern. Außerdem kommt es verstärkt auf die Kommunen an, wenn Energiewende und Klimaschutz erfolgreich sein sollen. In den 14 000 Gemeinden und kreisfreien Städten und den 301 Landkreisen in Deutschland werden Energiewende und Klimaschutz konkret vor Ort umgesetzt – als Projekt der Bürgerinnen und Bürger. Viele Kommunen haben sich bereits auf den Weg gemacht. Beispielsweise sind die Nutzung regenerativer Energiequellen und der Ausbau von Kraft-Wärme-Kopplung in vielen Kommunen bereits fest etabliert und werden weiter vorangetrieben. Bereits über 1500 Kommunen haben eine Förderung des Bundesumweltministeriums für Klimaschutzprojekte in Anspruch genommen. Eine Auswahl besonders ehrgeiziger Kommunen hat sich im Förderprogramm ‚Masterplan 100 % Klimaschutz' verpflichtet, bis 2050 komplett emissionsfrei zu werden. Diese praktischen Erfahrungen werden Städten und Gemeinden bundesweit helfen, die Herausforderungen der Energiewende erfolgreich anzupacken.

Zentrale Aufgabe der Kommunen ist es überdies, das kommunale Energiemanagement zu verbessern: Angefangen beim kommunalen Fuhrpark über die Straßenbeleuchtung, die energetische Sanierung von Schulen und Bürgerhäusern bis hin zu einer umweltgerechten Verkehrsplanung und einer klimagerechten und energieeffizienten Bauleitplanung. Mehr Lebensqualität für alle vor Ort, darin besteht die große Chance: Durchdachte Verkehrskonzepte entlasten den innerstädtischen Verkehr erheblich. Eine Siedlungspolitik, die innerstädtische Brachflächen nutzt, führt zu einer Aufwertung der zentrumsnahen Strukturen – und schont dabei die Flächenressourcen. Investitionen in mehr Energieeffizienz vor Ort wirken sich positiv auf die Beschäftigung des Handwerks aus und mindern laufende Energiekosten für Kommune, private Haushalte und die Wirtschaft.

Gerade in Hessen leben schon viele Kommunen diesen Weg für mehr Lebensqualität erfolgreich vor: Die Stadt Bad Hersfeld beispielsweise geht beim Thema Klimaschutz äußerst erfolgreich voran und wurde dafür bereits beim Wettbewerb „Kommunaler Klimaschutz" des Bundesumweltministeriums ausgezeichnet. Gefördert von der *Nationalen Klimaschutzinitiative*, hat die Stadt im Jahr 2008 ein Klimaschutzkonzept entwickelt, das vor allem auf die energetische Sanierung von Altbauten aus der Zeit vor 1984 gerichtet ist, weil hier die größten Potenziale für mehr Energieeffizienz stecken, denn 40 Prozent des Energiebedarfs entfallen allein auf unsere Gebäude, die immer noch zu viel Energie verschwenden. Innerhalb von nur 20 Monaten konnte so der Anstoß für eine energetische Sanierung von rund 50 Gebäuden und weit mehr als 100 Wohneinheiten gegeben werden. Das zeigt, wie erfolgreich die Energiewende vor Ort umgesetzt werden kann.

Die Energiewende kann so auch neuen Schwung in die Idee der kommunalen Selbstverwaltung bringen. Der Umstieg auf regenerative Stromversorgung macht die Kommunen umso mehr zu „Playern": Die Kommunen entscheiden über die Übernahme ihrer Netze, und sie entscheiden über die kommunale Energieversorgung. Die Energiewende ebnet zugleich auch Wege, die kommunalen Haushalte zu entlasten, denn sie schafft wirtschaftliche Impulse für Landkreise, Städte und Gemeinden. Es entstehen neue Potenziale zur lokalen Wertschöpfung, neue Arbeitsplätze und mehr (Gewerbe-) Steuereinnahmen. Schon heute führt allein der dezentrale Ausbau erneuerbarer Energien in deutschen Städten und Gemeinden zu einer Wertschöpfung in einer Größenordnung von 10 Milliarden Euro – das ist gerade für strukturschwache Regionen und ländliche Räume eine große Chance!

Zukunft made in Germany

Die Vision für Deutschland im Jahr 2030 sieht für mich so aus: Die deutsche Wirtschaft ist durch eine sehr viel höhere Energie- und Ressourceneffizienz weitaus weniger abhängig von Rohstoff- und Energieimporten und damit noch wettbewerbsfähiger geworden. Deutschland ist in den wichtigsten Energie- und Umwelttechnologien ein hoch innovativer Technologie- und Marktführer. Neue Leitmärkte für Umwelt- und Effizienztechnologien sind entstanden und klassische Wirtschaftszweige durch Umweltinnovationen transformiert worden: Mit der Elektromobilität, mit einer echten Kreislaufwirtschaft, mit neuen Technologien wie den Nanotechnologien. Die Energie- und Umwelttechnologien sind zum maßgeblichen Motor des Strukturwandels in Deutschland geworden. Dadurch sind hunderttausende zusätzliche Arbeitsplätze entstanden. Deutschland hat als führende Exportnation in besonderem Maße von der Transformation der Weltwirtschaft im Energiesektor profitiert. Deutschland ist zugleich zu einer der effizientesten Volkswirtschaften der Welt geworden und hat damit auch einen wichtigen Beitrag zur Bekämpfung des Klimawandels geleistet.

Das alles ist keine Utopie. Es ist eine realistische Wachstumsstrategie. Die Energiewende ist kein Projekt der nächsten Jahre, sondern ein echtes Generationenprojekt. Ich bin überzeugt: Die Entwicklung erneuerbarer Energien, hoch effizienter Kraftwerke, intelligenter Netze, einer modernen Gebäudetechnik und energieeffizienter Produkte wird dem Land einen großen Innovations- und Wachstumsschub geben. Deutschland kann damit international zum Modell für die Verbindung von Wachstum, Ressourcenschonung, technologischen Innovationen und Nachhaltigkeit werden. Das ist Zukunft made in Germany!

Klimaneutralität und 2-Grad-Ziel – Warum globale und regionale Bemühungen miteinander verknüpft werden müssen

Estelle L. A. Herlyn | Ökosoziales Forum Deutschland
Franz Josef Radermacher | Universität Ulm, FAW/n Ulm

Einführung

Die internationale Staatengemeinschaft kommt in Bezug auf den Klimaschutz nur sehr langsam zu gemeinsamen Beschlüssen [4, 5, 6, 7]. Die weltweiten jährlichen CO_2-Emissionen steigen weiter. In 2011 erreichten sie einen neuen Höchststand, zugleich wurden erneut die höchsten jährlichen Zuwächse realisiert. In dieser Situation stellt sich die Frage, ob der aktuelle Verhandlungsstand nach den Klimakonferenzen in Kopenhagen, Cancún und Durban die Basis für einen Post-Kyoto-Vertrag sein kann, mit dem das 2-Grad-Ziel noch erreichbar ist. Diese Frage wird im vorliegenden Beitrag auf der Basis einer FAW/n-Analyse [2, 3] positiv beantwortet.

Die Erreichung des 2-Grad-Ziels erfordert komplexe, miteinander verknüpfte Entscheidungen und Maßnahmen. Diese beziehen sich einerseits auf die globale, andererseits auf die regionale Ebene. Regionale Bemühungen in den reichen Ländern sind selbstverständliche Voraussetzung für eine tragfähige Lösung, da in diesen Ländern weiterhin die höchsten Pro-Kopf-Emissionen entstehen und hier die historische Verantwortung liegt. Zudem bestehen dort die besten materiellen und technischen Voraussetzungen, die erforderlichen Veränderungen bezüglich der Klimagasemissionen zu realisieren, ohne dafür Wohlstandsverluste hinnehmen zu müssen. Wegen der Begrenztheit der Mittel ist aber auch in diesen Staaten auf eine hohe Klima-Wirksamkeit der eingesetzten Finanzmittel zu achten. Zugleich ist der besondere Hebel zu nutzen, der in globaler internationaler Kooperation liegt, denn ohne die inhaltliche, finanzielle und technische Einbindung der ökonomisch zurückliegenden Länder ist das Klimaproblem ohnehin nicht lösbar.

Bild 1
Die Erde in Bedrängnis [Foto: Posztós János – fotolia.com]

Wie in [2, 3] gezeigt und in der Folge dargestellt wird, ist ein entsprechendes Win-Win-Programm ableitbar, das zugleich auch die **reiche Konsumentenklasse** auf diesem Globus über das Instrument der Klimaneutralität von Organisationen, Unternehmen und Individuen geeignet einbindet [1]. Zu den erforderlichen Elementen der Umsetzung des beschriebenen Programms gehört insbesondere ein massives weltweites Aufforst- und Landschaftsrestaurierungsprogramm.

Das Projekt Klimaneutrales Hessen kann sowohl in seiner Breite (wie sie in dem vorliegenden Band „Klimaneutralität – Hessen geht voran" dargestellt ist) als auch in seiner engeren Fokussierung auf die Landesverwaltung, als Musterbeispiel für das gelten, was in diesem Bereich an intelligenter Strategie, Kooperation und Programmatik möglich ist. Prof. Klaus Töpfer, als Schirmherr der Buchproduktion wie auch als Autor, hebt dies in seinem Orientierungstext am Anfang des Buches entsprechend hervor. Hessen zeigt, was geht. Hessen ist ein wichtiges Beispiel dafür, dass das 2-Grad-Ziel trotz aller Schwierigkeiten noch erreichbar ist, aber nur dann, wenn unkonventionelle neue Wege beschritten und globale und regionale Bemühungen miteinander verknüpft werden. Ein rein lokaler Fokus reicht nicht aus.

Ein Vorschlag für ein neues Klimaregime

Ein neues konsensfähiges Klimaregime ist nicht unmöglich [2]. Die Weltgesellschaft muss zur Erreichung des 2-Grad-Ziels die jährlichen CO_2-Emissionen aus fossilen Quellen von heute über 30 Mrd. Tonnen auf 10 – 12 Mrd. Tonnen im Jahr 2050 absenken. Tatsächlich weisen die Trends im Moment aber eher in Richtung 60 Mrd. Tonnen. Die Absenkung auf die Zielgröße ist dabei das kleinere Problem, schwieriger ist die Einhaltung der sogenannten **WBGU-Budget-Gleichung** [6, 7] bezüglich des noch zulässigen kumulierten Volumens an CO_2-Emissionen aus fossilen Quellen in den nächsten 40 Jahren. Dieses liegt bei maximal 650 bis 750 Mrd. Tonnen, u. U. auch um 150 bis 200 Mrd. Tonnen darunter. Die Erfüllung der Budgetrestriktion erfordert aus rein rechnerischen Gründen eine sofortige massive Absenkung der CO_2-Emissionen in Form einer **grünen Emissionslinie** (mindestens 1 Mrd. Tonnen Absenkung pro Jahr in den nächsten 15 Jahren), was wiederum aufgrund vieler vorliegender Analysen (vgl. dazu die Hinweise in [2]) ohne massiven Wohlstandsverlust undenkbar ist.

Ohne Wohlstandsverlust und mit Wachstumsperspektive in der sich entwickelnden Welt, insbesondere in Ländern wie China und Indien, ist maximal eine jährliche Absenkung um etwa die Hälfte der oben genannten Größenordnung, also um 1/2 Mrd. Tonne CO_2-Emissionen über die nächsten 40 Jahre, denkbar (blaue **Grenzreduktionskurve** in **Bild 2**), wobei eine genaue Quantifizierung schwierig ist. Eine solche Absenkung erfordert weltweit den forcierten Umbau der Ökonomie, den Wechsel zu „grünem“ Strom und eine deutlich höhere Energieeffizienz, in Übereinstimmung mit der Agenda des Weltgipfels **Rio+20**.

Die genannten Zahlen und Entwicklungen werden in **Bild 2** visualisiert.

> Daraus folgt: Die Weltgemeinschaft kann selbst im günstigsten Fall das 2-Grad-Ziel nicht mehr alleine durch Konzentration auf Technik und veränderte Lebensstile erreichen, obwohl diese natürlich der Schlüssel für die Lösung des Klimaproblems bleiben und bis 2050 ein Absinken der CO_2-Werte auf ein Drittel des heutigen Niveaus erreicht werden muss.

Bis zum Jahr 2050 verbleibt aufgrund des Gesagten eine zu schließende Lücke von mindestens 150 bis 350 Mrd. Tonnen CO_2 zwischen der Grenzreduktionslinie und der grünen Emissionslinie, die der Atmosphäre entzogen werden müssen. Diese Lücke wird im Weiteren als **Sequestrierungslücke** bezeichnet. Hinzu kommt: Die Regierungen der Welt werden sich absehbar nicht auf die Grenzreduktionslinie einigen, sondern bestenfalls auf eine deutlich weniger ambitionierte **Kopenhagen-Cancún-Durban-Linie** (mit grundsätzlichem Verlauf wie die schwarze Linie in **Bild 2**). Hier ist dann eine zweite Lücke von etwa 300 Mrd. Tonnen CO_2-Emissionen bis 2050 zu schließen, die sogenannte **Verhandlungslücke**. Ein in dieser Logik entwickelter Vertragsvorschlag wird nachfolgend in 4 Punkten vorgestellt.

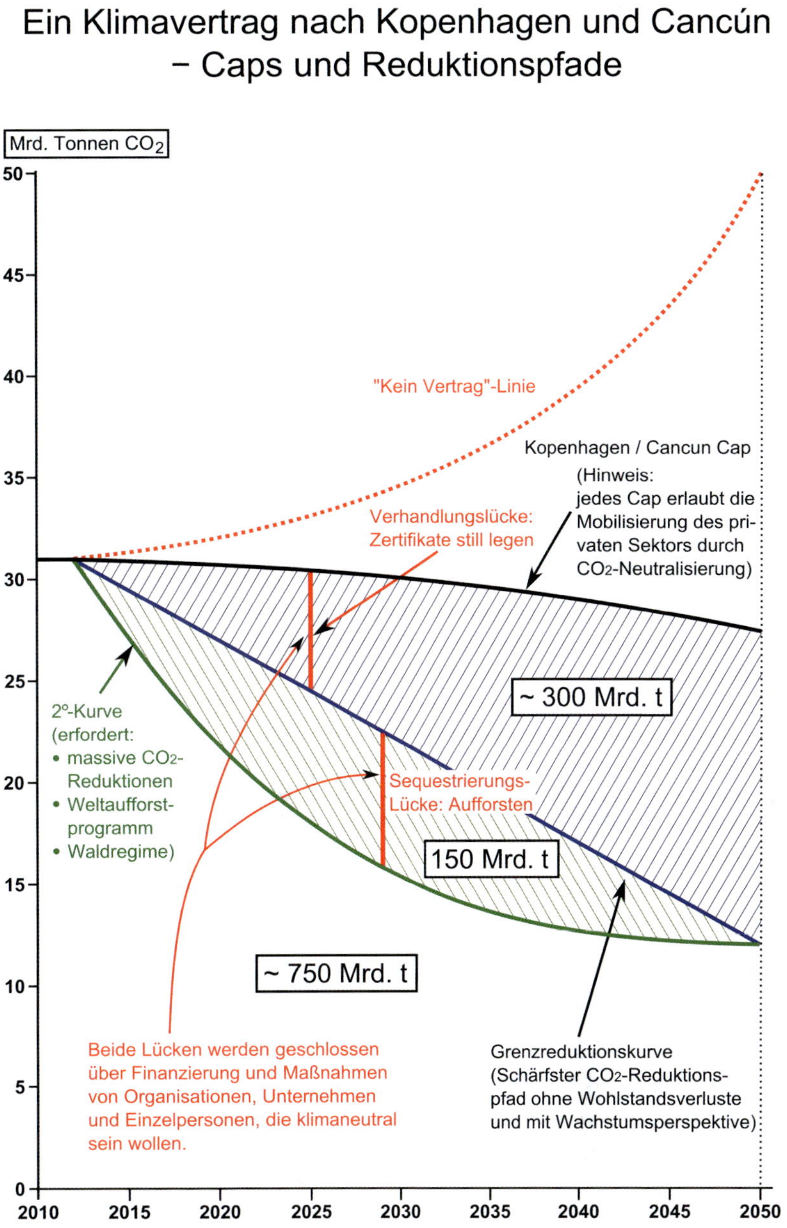

Bild 2
CO_2-Reduktionspfade

1 Verabredung eines **weltweiten (parametrisierten) Cap begrenzter Qualität** für CO_2-Emissionen, möglichst vor 2015, u. U. aber auch erst für 2020, entlang der **Kopenhagen-Cancún-Durban-Kompromissformel:** *Industrieländer senken ihre Emissionen absolut ab; erklären selber wie viel. Nicht-Industrieländer* *senken ihre Emissionen relativ zu ihrer wirtschaftlichen Wachstumsrate ab; erklären selber wie viel.*

2 Schließung der **Verhandlungslücke**, also der Lücke zwischen einem Klimavertrag vom Kopenhagen/Cancún-Typ und der Grenzreduktionslinie. Die Verhandlungslücke könnte durch Organisationen, Unternehmen und Privatpersonen durch den Kauf entsprechender Volumina an Klimazertifikaten zu Stilllegungszwecken geschlossen werden.

3 Schließung der **Sequestrierungslücke** zwischen der Grenzreduktionslinie und der „**grünen Emissionslinie**“. Die Sequestrierungslücke kann durch ein mit Finanzmitteln unterlegtes Weltwaldschutzprogramm und durch ein Weltaufforst- und Landschaftsrestaurierungsprogramm geschlossen werden, das bis zum Jahr 2020 etwa 1,5 Mio. km^2 und bis zum Jahr 2050 etwa 5 Mio. km^2 degradierter Wald- und Landschaftsflächen restauriert.

4 Aktivierung der Finanzkraft und des administrativen Potentials interessierter Organisationen, Unternehmen und Privatpersonen zur Schließung der Verhandlungs- und der Sequestrierungslücke über das Angebot einer international abgestimmten Form der **Klimaneutralität** für diesen Interessentenkreis.

Der **Kopenhagen/Cancún-Kompromiss**, der auf eine Einigung zwischen den USA und China in dieser Frage zurückgeht, ist eine intelligente Formel und ist im politischen Raum (als **Minimalkonsens**) in großer Breite akzeptabel. Er ist politisch vertretbar und vergleichsweise fair. Er übersetzt die Kyoto-Formel in eine deutlich schärfere Form und könnte in flexibler Weise um einen jährlichen Beschluss der Weltgemeinschaft über die Jahr für Jahr durch Schließen der Verhandlungslücke zu fixierende genaue **Grenzreduktionslinie** erweitert werden, orientiert an der Frage, wie das vielfach geforderte Wachstum der Wirtschaft, das zunehmend ein dematerialisiertes, mit Nachhaltigkeit kompatibles („grünes“) Wachstum sein muss, noch realisiert werden kann [4, 5].

Bild 3
Erneuerbare Energien im Einklang mit der Natur [Foto: www.m-buehner.de – fotolia.com]

Verhandlungstechnisch ist der größte Vorteil eines Kopenhagen-Cancún-Cap, dass einem solchen Cap fast alle Staaten zustimmen können. Viele haben dies bereits signalisiert. Diese können dann in Absprache untereinander und **WTO-kompatibel** solche Staaten, die nach wie vor eine Beteiligung ablehnen, über die Einführung von **Grenzausgleichsabgaben** materiell dazu „zwingen“, sich ebenfalls zu beteiligen [2]. So entstünde ein **Carbon-Leakage-freies Klimaregime**, mit dem im Prinzip das 2-Grad-Ziel erreicht werden kann, ganz im Unterschied zum heutigen Zertifikatesystem in der EU. In dem beschriebenen Ansatz sind in **Arbeitsteilung** zwischen Politik und Privatsektor (Organisationen, Unternehmen und Privatpersonen) die zwei beschriebenen Lücken (Verhandlungslücke und Sequestrierungslücke) zu schließen. Ein interessanter Hebel hierzu ist das Interesse vieler Akteure, sich **klimaneutral** zu stellen. Das plant z.B. das Land Hessen bezüglich seiner eigenen Aktivitäten. In diesem Kontext ist das vorliegende Buch entstanden. Eine Vielzahl von Partnern zeigen die entsprechenden Schritte in ihrem eigenen Umfeld auf. Einzelpersonen sind gemäß der Überlegungen des Ethik-Aufrufs „**Berliner Appell: Klimaneutral handeln** (www.klimaneutral-handeln.de)“, der in den Anhang des Buches aufgenommen wurde, gefordert, individuell das Gleiche zu tun. In jedem Einzelfall kommt es dabei zu der als Grundthese geforderten Wechselwirkung zwischen regionalen und globalen Maß-

Bild 4
Forcierung von Aufforstungsprojekten [Foto links: line-of-sight – fotolia.com Foto rechts: photo-crew – fotolia.com]

nahmen, z. B. unter Einbeziehung bestimmter Formen globaler Kompensation von Klimagasemissionen.

Akteure, Zielsetzung, Flächen, Konkurrenzfragen, Win-Win-Potenzial

Eine Antwort auf die Frage, ob der beschriebene Ansatz eine Chance beinhaltet, ergibt sich u. a. aus der **Bonn Challenge Konferenz**, die am 2. September 2011 unter Beteiligung von 35 Umweltministern aus der ganzen Welt, mehreren einschlägigen UN-Sekretariaten und weiteren Partnern stattgefunden hat. Sie hatte ein Weltaufforst- und Landschaftsrestaurierungsprogramms auf 1,5 Mio. km^2 bis zum Jahr 2020 zum Gegenstand und hat dieses Anliegen wesentlich vorangebracht. Einige wesentliche inhaltliche Punkte sind nachfolgend aufgelistet:

A Die **kurzfristige Zielsetzung**, die in Bonn verabredet wurde, betraf die Weltklimakonferenz in Durban, Südafrika, Ende 2011 und den weiteren Verhandlungsprozess. Als Ziel wurde eine internationale Verabredung eines Weltwaldaufforstungs- und Landschaftsrestaurierungsprogramms auf über 150 Mio. Hektar bis zum Jahr 2020 als Teil des **REDD-Plus-Mechanismus** der UN [8] formuliert. Dies sollte ein Programm beinhalten, mit dem die betroffenen Staaten finanziell dafür entschädigt werden, jedes kompensationsfreie Abholzen von Wald sofort zu unterlassen [2] (hier geht es um etwa 6 Mrd. Tonnen zusätzlicher CO_2-Belastungen pro Jahr).

B **Wo sollen die großen Aufforstungen erfolgen** und gibt es die erforderlichen Flächen? Die Aufforstung soll primär auf Flächen in sich entwickelnden Ländern erfolgen, die früher abgeholzt wurden, und zwar in solchen Fällen, in denen die Böden heute ausgelaugt sind und eine attraktive, ökologisch tragfähige alternative Nutzung nicht mehr möglich ist. Nach Untersuchungen des World Resources Institute [8] gibt es weltweit etwa 5 bis 10 Mio. km^2 solcher Flächen. Die flächenmäßige Basis für die angedachten Programme ist also vorhanden.

C **Wie ist die Nutzungskonkurrenz?** Die betreffenden Flächen sind heute größtenteils zum Anbau von Nahrungsmitteln und Agro-Treibstoffen nicht geeignet. Insofern gibt es keine direkte Konkurrenz. Allerdings kann sich die Flächenkonkurrenz in den nächsten Jahren weiter verschärfen.

D **Weltweite Waldaufforstung und Landschaftsrestaurierung** besitzt eine Vielzahl von **Win-Win-Potenzialen** und ist insbesondere ein Projekt, das der Philosophie eines **Global Marshall Plans** [4] entspricht.

Win-Win-Potenziale reichen von einem verbesserten Wasserhaushalt über neu entstehende Infrastrukturen, von zusätzlichen Arbeitsplätzen über verbesserte Ernährung, von vielfältigen Werkstoffen und nutzbaren Materialien bis hin zu einem enormen Volumen an Biomasse und erschließbarer Formen von erneuerbarer Energie. In Bezug auf erneuerbare Energie geht es bei einer Nutzung des gesamten Aufforstvolumens im steady state in einem 40 Jahres-Erntezyklus mindestens um das Äquivalent von etwa 1,8 Mrd. Tonnen Steinkohle pro Jahr. Das ist das Volumen, das die Nicht-Industrieländer heute pro Jahr verbrauchen [1]. Wird Holz als Rohstoff genutzt, was sehr sinnvoll ist, dann kann das CO_2 der Atmosphäre noch viel länger und in noch größeren Volumina entzogen werden. Es sei darauf hingewiesen, dass es bei dem Weltaufforstungs- und Landschaftsrestaurierungsprogramm **primär um Zeitgewinn** geht [3]. Das einmalige Entziehen von CO_2 aus der Atmosphäre bleibt bei regelmäßiger Waldnutzung und sofortiger Aufforstung erhalten.

E **Sind die Kosten tragbar?** Über 40 Jahre geht es (inklusive Waldschutz) um die Stilllegung bzw. Neutralisierung von bis zu 800 Mrd. Tonnen CO_2, also pro Jahr im Mittel um etwa 20 Mrd. Tonnen, das entspricht pro Jahr etwa 2/3 der heutigen jährlichen weltweiten CO_2-Emissionen aus fossilen Quellen. Diese übersetzen sich unter Berücksichtigung der aus Aufforstprogrammen resultierenden erheblichen zukünftigen Einnahmen in ein erforderliches Finanzvolumen von 200 – 400 Mrd. Dollar pro Jahr, das von Seiten des privaten Sektors zur Erreichung von Klimaneutralität aufgebracht werden müsste. Hier sind insbesondere die **Premiumkonsumenten** auf der ganzen Welt gefordert, sich zu engagieren. Sie verursachen direkt oder indirekt die weitaus größten Klimagasemissionen [1] und profitieren am meisten von der Dynamik des weltweiten ressourcenintensiven Wirtschaftssystems. Es ist eine Frage der **Gerechtigkeit**, dass bezüglich der Finanzierung weltweiter Klimaschutzaktivitäten nicht nur eine Balance zwischen reichen und ärmeren Staaten, sondern auch zwischen „Premiumkonsumenten" und den übrigen Menschen herbeigeführt wird, wobei zu beachten ist, dass es mittlerweile gerade auch in ärmeren Ländern viele solcher superreichen „Premiumkonsumenten" gibt.

Wenn gemäß der beschriebenen Logik die Gruppe der 1 – 2 Prozent höchstverdienenden Personen auf diesem Globus – dies sind 100 Mio. Menschen – je 2 000 – 4 000 Dollar pro Jahr direkt oder indirekt (über nachgefragte Güter und Dienstleistungen) für Klimaneutralität aufbringen, wäre das benötigte Finanzierungsvolumen bereits erreicht. Tatsächlich ist die Basis für eine Mit-Finanzierung sogar deutlich größer und insofern sind die Aussichten auf die Erreichung des 2-Grad-Ziels nicht schlecht, wenn die internationale Politik die entsprechenden Voraussetzungen in **reputationsrisikofreier** Form schafft, z. B. in Form des hier vorgeschlagenen Ansatzes.

Bild 5
Weiter steigende CO_2-Emissionen [Foto: Androm – fotolia.com]

Einordnung und Ausblick

Es geht bei dem beschriebenen weltweiten Waldaufforstungs- und Landschaftsrestaurierungsprogramm nicht um eine Alternative zum Umbau der Industriegesellschaft zu immer mehr „grüner" Energie und zu daran angepassten Lebensstilen. Diese Veränderungen müssen in jedem Fall erfolgen, wenn das 2-Grad-Ziel in politisch konsensfähiger Weise erreicht werden soll. Es geht vielmehr darum, in einem Parallelprozess die erforderliche Zeit für eine maximale Ausschöpfung der Möglichkeiten im organisatorisch-technischen Bereich und bezüglich der Lebensstile zu gewinnen, unter dem Motto: „**Einmal Klimaschutz ist nicht genug**". Ohne die Erschließung eines Zeitgewinns ist das 2-Grad-Ziel nicht mehr erreichbar. Die Zeitnot resultiert daraus, dass die Staaten der Welt schon viel zu lange keine Einigung bzgl. eines tragfähigen Klimavertrags zustande gebracht haben. Klimaneutralität und biologische Sequestrierung sind der (Finanzierungs-)Schlüssel zur Erreichung des beschriebenen Ziels und damit das Gegenteil von „**Freikauf**", wie Aufforstung manchmal abqualifiziert wird. Aufforstung und Grünlandmanagement erlauben es, der Atmosphäre CO_2 im großen Stil wieder zu entziehen – daraus resultiert die Möglichkeit eines Zeitgewinns für die erforderlichen Anpassungen. Beide Handlungsstränge, also Umbau der Industriegesellschaft und Zeitgewinn durch biologische Sequestrierung, müssen parallel mit höchster Kraft verfolgt werden. Da der Staatengemeinschaft die Zeit unwiederbringlich davon läuft, sind massive Schritte erforderlich. Die Tatsache, dass auch in Durban die Ratifizierung eines verbindlichen Klimavertrags verschoben wurde, vergrößert die Notwendigkeit zur Aufforstung. Durch zeitnahe nochmals forcierte Aufforstung ist es noch möglich, die eingetretenen weiteren Zeitverzögerungen auszugleichen. Schon in 10 Jahren könnte uns selbst der „Joker Wald" die Chance für das 2-Grad-Ziel nicht mehr eröffnen [3]. Wir müssen rasch handeln oder das 2-Grad-Ziel aufgeben.

Anmerkung

Der Beitrag stellt eine Fortschreibung des Aufsatzes „Wege zum 2-Grad-Ziel – Wälder als Joker" von F. J. Radermacher, erschienen in Politische Ökologie 127 (2011), S. 136–139, dar.

Literatur

[1] *Chakravarty, S.; Chikkatur, A.; de Coninck, H.; Pacala, S.; Socolow, R.; Tavoni, M.*: Sharing global CO_2 emission reductions among one billion high emitters. PNAS Published online before print July 6, 2009, doi: 10.1073/pnas.0905232106; PNAS July 21, 2009 vol. 106 no. 29 11884-118882009

[2] *Radermacher, F. J.*: Weltklimapolitik nach Kopenhagen: Umsetzung der neuen Potentiale. FAW/n-Report, 2010

[3] *Radermacher, F. J.*: Klimapolitik und 2 °C-Ziel: Uns läuft die Zeit davon. FAW/n-Bericht, 2010

[4] *Radermacher, F. J.; Beyers, B.*: Welt mit Zukunft – Die Ökosoziale Perspektive. Murmann Verlag, Hamburg, 2011

[5] *Radermacher, F. J.; Riegler, J.; Weiger, H.*: Ökosoziale Marktwirtschaft – Historie, Programm und Perspektive eines zukunftsfähigen globalen Wirtschaftssystems. oekom verlag, 2011

[6] Wissenschaftlicher Beirat der Bundesregierung für Globale Umweltveränderungen (WBGU) (Hrsg.): Kassensturz für den Klimavertrag – Der Budgetansatz. Sondergutachten, 2008

[7] Wissenschaftlicher Beirat der Bundesregierung für Globale Umweltveränderungen (WBGU) (Hrsg.): Welt im Wandel: Gesellschaftsvertrag für eine Große Transformation. Hauptgutachten, 2011

[8] World Resources Institute: Global Map of Forest Landscape Restoration Opportunities. Online at: http://www.wri.org/map/global-map-forest-landsape-restoration-opportunities. Washington DC, 2010

Wiederaufforstung als „Joker" zur Erreichung des 2-Grad-Ziels

Christoph Brüßel | Institut für gemeinwohlorientierte Politikberatung e. V.

Es ist die Atmosphäre. Die Atmosphäre ist es, die so viel mit dem Erfolg der Welt Wald Klima Initiative verbindet.

Die Atmosphäre wird durch zu viel CO_2 belastet und beschleunigt so die Erderwärmung, was zu den bekannten katastrophalen Folgen für den Planeten und die Lebewesen führt. Es gehört zum elementaren Wissen, dass Pflanzen und Bäume, also Wälder auf natürlichem Wege der Atmosphäre CO_2 entziehen und sehr lange speichern, sie generieren zudem Sauerstoff. Nicht ohne Grund werden Wälder als „grüne Lunge" bezeichnet. Neben der erforderlichen Reduktion des CO_2-Ausstoßes, können (zusätzliche) Wälder durch ihre biologische Funktion den Treibhauseffekt der Erde mindern helfen.

Atmosphäre nennt man aber auch Stimmungen und Bedingungen eines Umfeldes, die Denkströmung von Gruppen, Gesellschaften. Eine solche Atmosphäre ist auch wichtig zur Erreichung von Vorhaben und Zielen. Die Atmosphäre für Gedanken des Klimaschutzes in unserer Gesellschaft ist gegenwärtig günstig. Spürbar ist eine Affinität zu Umweltgerechtigkeit und Nachhaltigkeit. Die Menschen, Konsumenten, Klienten, beachten klimagerechte Produktangebote, unterscheiden nicht alleine in Preis und Volumen.

Die Gesellschaft und die Wirtschaft entdecken die Verantwortung für eine umweltgerechte und klimagerechte Zukunft. Die Mitwirkung an einer Welt in Balance ist nicht alleine der Politik überlassen, die Atmosphäre in der Gesellschaft würdigt die Unterstützungsbemühungen bei der Bereinigung der Atmosphäre des Planeten. So bietet sich die Chance, auf die Kraft der globalen Wirtschaft als Helfer beim Klimaschutzes zu setzen.

Die vom Senat der Wirtschaft Deutschland initiierte Welt Wald Klima/ World Forest Foundation hat zum Ziel Wiederaufforstung von Wäldern aus privaten Finanzmitteln der Wirtschaft zu motivieren. Unternehmen, Organisationen/ Produkte oder auch Personen sollen die Möglichkeit erhalten, auf freiwilliger Basis Klimaneutralität zu erreichen. Dabei bleibt es das vornehmliche Ziel, zunächst einmal die Erzeugung von Treibhausgasen zu reduzieren. Die über die ehrlichen Bemühungen hinausgehenden Volumina sollen z. B. durch natürliche Formen von CO_2-Bindung kompensiert werden.

Ausgangspunkt der Initiative des Senats der Wirtschaft ist eine Analyse des Forschungsinstituts für anwendungsorientierte Wissensverarbeitung (FAW/n) in Ulm zur Möglichkeit eines Weltklimavertrags und zur Erreichung des von der Weltpolitik verfolgten 2-Grad-Ziels in der Folge der Weltklimakonferenzen in Kopenhagen und Cancún 2010. Die Studie sieht die Zielerreichung noch als möglich an, aber nur bei extremen Anstrengungen. Dabei spielt vor allem Zeitgewinn eine zentrale Rolle, da bisher in der Sache viel zu wenig passiert ist.

Ein Weltaufforstungs- und Landschaftsrestaurierungsprogramm auf 1,5 Mio. km^2 bis 2020

Bild 1
Steigende Belastung der Atmosphäre durch CO_2 [Foto: Lasse Kristensen - fotolia.com]

Bild 2
Globale Erwärmung [Foto: Spectral-Design - fotolia.com]

und 5 Mio. km^2 bis 2050 erlaubt bis 2050 die Bindung von 150 Milliarden, im Extremfall von bis zu 200 Milliarden Tonnen CO_2 aus der Atmosphäre. Dies erschließt das Potential für einen dringend erforderlichen Zeitgewinn, um über eine mit weiterem wirtschaftlichem Wachstum kompatible und zugleich praktisch machbare Reduktion der jährlichen weltweiten CO_2-Emissionen aus fossilen Quellen das 2-Grad-Ziel noch zu erreichen. Das erfordert bis zum Jahr 2050 u. a. eine Absenkung von heute etwa 31 Milliarden Tonnen CO_2-Emissionen pro Jahr aus fossilen Energiequellen auf etwa 10 Milliarden Tonnen CO_2-Emissionen pro Jahr sowie in der Summe der bis dahin anfallenden Emissionen weltweit die Einhaltung der sogenannten WBGU-Budgetrestriktionen.

Die soziale Perspektive als weiterer Pluspunkt

Der Erhalt der Wachstumspotentiale ist dabei für die politische Umsetzung entscheidend. Andernfalls werden gerade die Regionen der Erde mit enormem Wachstum der Bevölkerung noch stärker benachteiligt, da ihnen die Möglichkeit eines wirtschaftlichen Wachstums verschlossen bliebe und die Lebensgrundlage für diese wachsende Bevölkerungszahl noch dramatischer entzogen würde.

Mit neu entstehenden Wäldern hingegen ist ein, in mehrfacher Sicht lösungsbefähigter Ansatz gegeben. Klimaschutz durch CO_2-Speicherung und die Chance auf wirtschaftliche Zukunft für die regionalen Bevölkerungen durch eine umweltgerechte und nachhaltige Bewirtschaftung des Waldes und der umliegenden Felder, letzteres auch ausgerichtet auf konsequente Humusbildung und damit weitere erhebliche CO_2-Reduktion – stellen eine Win-Win Partnerschaft für alle Beteiligten dar. Das beschriebene Ziel ist nur durch eine globale und auch geregelte Anstrengung erreichbar. Bekannt ist, dass hinreichend Flächen zur Wiederaufforstung verfügbar sind. Die Mittel und die organisatorische Kraft für diese gigantische Aufgabe sind jedoch durch staatliche Instanzen alleine nicht aktivierbar. Eine partnerschaftliche Synergie mit der privaten Wirtschaft ist zwingende Voraussetzung. Sie ist auch aus anderen Gründen sinnvoll, denn der Nutzen für die Wirtschaft wird erkennbar, wenn die Bereitschaft der Konsumenten zur Bevorzugung umweltbewusster Anbieter und die Offenheit der Konsumenten zu persönlichen Anstrengungen in diesem Bereich mitbedacht werden.

Die Atmosphäre ist also gut für eine Klimainitiative der Wirtschaft. Der Senat der Wirtschaft in Deutschland nimmt hierbei die Vorreiterrolle ein, mit dem Ziel, eine praktische Umsetzung des vorhandenen Willens bei vielen Beteiligten zu organisieren. Das kann als Beispiel und Motivation für weitere Initiativen dienen und ist als global ausgerichtete Anstrengung zu sehen.

Im September 2011 wurde der Senat auf die UN Ministerkonferenz „Bonn Challenge“ eingeladen, um die Initiative vorzustellen. Der

Bild 3
Streben nach einer sauberen Erde mit sauberer Atmosphäre [Foto: Luigi Giordano – fotolia.com]

Bild 4
Aufforstung riesiger Waldflächen [Foto: chris74 – fotolia.com]

Ansatz fand auch international Beachtung und ausdrücklich Zuspruch bei verschiedenen Regierungen, der Weltbank und engagierten Umweltorganisationen. Das eröffnete Möglichkeiten für Partnerschaften und dafür, erforderliches Gehör zu finden.

Die Erfahrungen bei der Ansprache von interessierten Unternehmen führten rasch zu der Erkenntnis, dass die richtigen Rahmenbedingungen entscheidend dafür sind, dass Unternehmen gewissenhaft und professionell eine Entscheidung zur freiwilligen Investition in Wiederaufforstung zur Erreichung von Schritten in Richtung Klimaneutralität treffen können.

Die richtigen Rahmenbedingungen schaffen

Die Welt Wald Klima Initiative sieht es als vornehmliche Aufgabe, diese Rahmenbedingungen mit den Regierungen der Zielländer, der Bundesregierung und in Wechselwirkung mit operativen Organisationen zu gestalten. Sie versteht sich als Plattform für wohlmeinende Partner auf dem Weg zu gemeinsamen Lösungen. Als gemeinwohlorientierte und ohne eigenes wirtschaftliches Interesse operierende Instanz kann die Initiative unbelastet zwischen den Beteiligten moderieren.

Ganz wesentlich wird mit der Weltbank daran gearbeitet, dass Möglichkeiten zu einem im Höchstmaß sicheren Engagement bei der Wiederaufforstung eröffnet werden. Die Sicherheit bezieht sich dabei auf die richtige Verwendung der Mittel, die optimale ökologische und soziale Gestaltung der Wiederaufforstung und die angestrebt positive Bewertung durch die Umweltschutzorganisationen. Kein Unternehmen, das freiwillig in den Klimaschutz einzahlt, soll dem Risiko eines Imageschadens ausgesetzt sein. Dies muss sichergestellt werden. Weltbank und die Initiative des Senates der Wirtschaft arbeiten an einer Systematik, die eine solche Zuverlässigkeit gewährleisten soll. Zu entsprechenden Kooperationsgesprächen haben die Vizepräsidenten der Weltbank Kyte und Steer eingeladen, nachdem die Welt Wald Klima Initiative auf der Klimakonferenz in Durban gemeinsam mit der Bundesregierung einen Sideevent zur Partnerschaft zwischen Politik und Wirtschaft in diesem Themenbereich bestritten hatte.

Bei den Gesprächen über geeignete Rahmenbedingungen mit der Regierungsseite und ebenso als Basis für die Gespräche mit der Weltbank hat die Initiative klar definierte Eckpunkte, deren Einhaltung Mindestanforderungen sind: Dies betrifft sowohl alle für den Kauf in Betracht gezogenen Zertifikate (Nachfrageseite) als auch aktive Beiträge zur Marktentwicklung im Bereich benötigter Verifikate (Angebotsseite).

1. Korrekte CO_2-Berechnung
   - Abzug von Emissionen aus Verlagerung bei der CO_2-Bilanzierung
   - Abzug von Emissionen aus der Projektumsetzung
   - Die erzielten „Carbon-Credits“ (Verifikate) stellen ausschließlich Beiträge zum freiwilligen Kohlenstoff-Markt dar

2. Langfristige Sicherung der Investition
   - Erarbeitung und Umsetzung einer Risikovermeidungsstrategie
   - Höhe des Risiko-Puffers (50 %)
   - Nachweis der Zusätzlichkeit durch erweiterte Überprüfungen
   - Auffüllung des Risiko-Puffers mit Zertifikaten anderer Projekte
   - Einbezug von Risiken außerhalb des Projektgebiets

Bild 5 Wiederaufforstung neuer Waldflächen [Foto: eddygaleotti – fotolia.com]

Bild 6
Symbolhafter Ressourcenverbrauch [Foto: PinkShot – fotolia.com]

- Die Investition, die Entwicklung und das Management der Forstarbeit wird durch die deutsche Wirtschaft übernommen, jedoch immer mit Organisationen und Arbeitskräften der Regionen im Zielland. Echte Partnerschaften mit der lokalen Bevölkerung.
- Die Investoren tragen Sorge dafür, dass die Waldflächen durch eine geeignete Versicherung geschützt werden
- Seitens der lokalen Regierungen werden die erforderlichen rechtlichen Rahmenbedingungen geschaffen, um den Investoren die rechtliche Sicherheit für den vereinbarten Zeitraum zum Aufbau und zur Bewirtschaftung der Waldflächen zu ermöglichen

3. Vermeidung lokaler Konflikte
   - Alle Projekte erfolgen nach den höchsten sozialen Standards
   - Projekte werden immer gemeinsam mit der lokalen Bevölkerung langfristig aufgebaut
   - Erfassung von lokalen Land- und Nutzungsrechten (auch traditionellen)
   - Beschreibung der Entwicklung von Nutzungsrechten
   - Die erforderlichen Waldgebiete oder Landschaften werden durch den Staat und die lokale Verwaltung für einen Zeitraum von 25 – 35 Jahren zur Verfügung gestellt
   - Nach dieser Zeit sollen die Wälder durch die lokale Bevölkerung und in Abstimmung mit den jeweiligen Regierungen oder Regionen für einen Zeitraum von weiteren 15 – 35 Jahren erhalten bleiben
   - Die Verantwortung liegt langfristig bei der lokalen Bevölkerung und dem jeweiligen Staat

4. Förderung lokaler Partner
   - Positive sozio-ökonomische Gesamteffekte explizit gefordert
   - Erstellung eines Referenzszenario, einer Social Impact Analysis und eines Monitoring
   - Stärkung der Anpassungskapazität lokaler Gemeinden an den Klimawandel
   - Gerechte Aufteilung von entstehenden Vorteilen verpflichtend vorgegeben
   - Referenzszenario über Projektgebiet hinausgehend
   - Die Projekte unterstützten ausgewählte Regionen beim Wiederaufbau ihrer Waldressourcen/Ökosysteme und deren Leistungsfähigkeit
   - Verbesserung der Lebensgrundlagen, Bekämpfung der Armut, Ernährungssicherheit und Arbeitsplatzsicherung/-beschaffung

5. Schaffung ökologisch wertvoller Wälder
   - Höchste Standards der biodiversen und ökologisch nachhaltigen Forstwirtschaft; sie reflektieren die Ziele des „Übereinkommen über die biologische Vielfalt" (CBD)
   - „Close-to-nature-forest"
   - Durchführung einer Umweltverträglichkeitsprüfung (UVP)
   - Erhebung von Ausgangsdaten und Monitoring zur Artenvielfalt
   - Regelung zu invasiven Arten und gentechnisch veränderten Arten (GMO)

Bild 7
Weltweite Wiederaufforstung im großen Stil [Foto: Franck Thomasse – fotolia.com]

- Vorgaben zu Bodenbearbeitung und Wirkungen auf den Wasserhaushalt
- Priorisierung besonders schützenswerter Flächen
- Berücksichtigung des landschaftlichen Kontexts/ Verbindung von Habitaten

Zur Erreichung dieser Ziele müssen vor allem notwendige Rahmenbedingungen geschaffen werden, die in den Zielländern sicherstellen, dass die Wälder auch langfristig erhalten bleiben, die lokale Bevölkerung in Partnerschaft eine wirtschaftliche Zukunft erhält und die zur Aufforstung und Landschaftsrestaurierung investierten Gelder in den Wald auch gesichert und geordnet eingesetzt werden.

Erstmals wurden diese Eckpunkte in einer Partnerschaft zwischen der Republik Costa Rica und der privaten Wirtschaft, vertreten durch den Senat der Wirtschaft Deutschland, vertraglich festgeschrieben.

Republik Costa Rica und Senat vereinbaren Kooperation

Beim Staatsbesuch der Präsidentin Laura Chinchilla im Mai 2012 in Berlin, wurde ein Letter of Intent mit den oben beschriebenen Inhalten durch den Außenminister Enrique Castillo unterzeichnet.

In der zwischen der Welt Wald Klima Initiative des Senates und der Republik Costa Rica getroffenen Vereinbarung sichert der Staat die erforderlichen Rahmenbedingungen für die von der Initiative motivierten Projekte auf der Angebotsseite zu. Gleichzeitig erklärt die Initiative, nur solche Projekte auf der Angebotsseite zu unterstützen, die den höchstmöglichen ökologischen und sozialen Standards genügen. Die lokale Bevölkerung und lokale Organisationen sollen jeweils in einer realen und fairen Partnerschaft in die Waldprojekte, die durch private Mittel finanziert werden, einbezogen werden.

Es wird erwartet, dass bei dieser Vorgehensweise die privaten Investoren in Waldprojekte (auf der Angebotsseite) eine langfristige Sicherheit ihrer Projekte und der damit verbundenen Rechte erhalten. Die Sorge vor Zerstörung wird dadurch erheblich gemindert, da die lokale Bevölkerung an den entstehenden Waldprojekten beteiligt wird.

Mit dieser Vereinbarung ist unseres Wissen nach erstmalig eine Kooperation zwischen staatlichen und privaten Partnern geschlossen worden, die international als Vorbild für eine ökologisch und sozial optimierte Restauration von Waldflächen gelten kann. Unternehmen, die sich freiwillig klimaneutral stellen wollen, haben durch die konkreten Rahmenbedingungen eine Verlässlichkeit und Sicherheit durch die staatliche Begleitung, und zwar sowohl bei Beteiligung auf der Angebotsseite gewünschter Verifikate, als auch auf der Nachfrageseite.

Bild 8
Langfristiger Erhalt von Wald und Natur [Foto: Wolfgang Berroth – fotolia.com]

Klimaschutz wird zur „guten Story" für Unternehmen

Ganz nah und ganz praktisch gilt es aber auch, Unternehmen zur Klimaneutralität zu begleiten. Nicht alleine der Erwerb freiwilliger CO_2-Zertifikate, als Kompensation, auch die Phantasie der Chefs und Mitarbeiter können eine lohnende Triebfeder für den Klimaschutz sein.

Andreas Viehbrock, CEO der Viehbrockhaus AG, gehört zu den tatkräftigen Pionieren der Idee. Sein Unternehmen baut im Jahr etwa 800 Massivhäuser, von Niedrigenergiehäusern bis hin zu Häusern, die sich vollständig durch regenerative Energie versorgen.

Er hatte die Idee, die CO_2-Aufwendungen des Bauvorganges und zusätzlich den durch das Haus versiegelten Naturboden, durch Waldschutz zu kompensieren.

Das entsprechende Projekt mit dem Senat der Wirtschaft bestand darin, die Klimabelastungen aus dem Entstehen der ersten 100 Häuser des Jahres 2012 durch 50 Jahre Schutz und Erhalt von 500 m^2 Wald pro Haus auszugleichen. Die Käufer der Häuser werden zu Besitzern des Waldes.

Die Resonanz auf dieses Projekt war erstaunlich. Die Kunden danken dem Unternehmen für dieses Angebot offenbar so aktiv, dass die Viebrockhaus AG in der Folge beschloss, ab sofort für alle Energiehäuser den Waldschutz auf jeweils zusätzlichen 500 m^2 pro Haus dauerhaft fortzuführen. Zukünftig werden die CO_2-Belastungen im Entstehen aller Häuser des Unternehmens auf diese Weise über Waldschutz kompensiert.

Noch ein Beispiel. Schon seit Jahren sind Unternehmen der ökologisch sozialen Forstwirtschaft aktiv in der Wiederaufforstung. Die Ziele sind oft die gleichen und die Verantwortung ist Motivation. So kann die Initiative berichten, dass im Jahr 2011 von Partnern bereits mehr als 25 Mio. Euro aus privaten Mitteln in die Wiederaufforstung investiert wurden. Leider doch noch viel zu wenig, leider auch noch viel zu wenig bekannt.

Bild 9
Grünland in den Bergen von Costa Rica [Foto: bryndin – fotolia.com]

Die Welt Wald Klima/ World Forest Foundation des Senat der Wirtschaft hat das Potential, den wohlmeinenden Willen vieler Akteure zur Wiederaufforstung durch intensive Partnerschaft mit der privaten Wirtschaft zu einer Realität werden zu lassen. Als neutrale Plattform akzeptiert, von der Politik gehört und als Teil des Senates der Wirtschaft von Unternehmen verstanden, ist es das Ziel der Initiative, in Zukunft noch verstärkt eine Brücke zu Public Private Partnership für die Wiederaufforstung in großem Stil als wesentlichen Beitrag zur hoffentlich noch erreichbaren Umsetzung des 2-Grad-Ziels zu bilden.

Die Atmosphäre ist gut.

Der Ansatz der Weltbank zur Rolle der Wälder und Naturressourcen bei der Bekämpfung des Klimawandels

Gerhard Dieterle | Weltbank

Globale Notwendigleiten – Lokale Bedürfnisse

Für die Weltbank stellen Wälder ein wichtiges Element für die Erreichung der zentralen Ziele der Armutsminderung, der nachhaltigen Entwicklung und Klimaneutralität dar.

Sie sind in vielen Entwicklungsländern ein Sicherheitsnetz in Zeiten von Hunger, wirtschaftlicher Not und Missernten. Sie bieten eine Reihe von wichtigen Produkten wie Früchte, Medizin, Nüsse, Kautschuk, Brennholz und Bauholz - wichtige Güter, die zur Ernährung von Menschen und Tieren beitragen, die aber auch gegen andere Lebensmittel gehandelt werden können, wenn Ernten ausfallen.

Aber auch in guten Zeiten spielen Wälder und Bäume in der Landschaft eine wichtige Rolle zur Befriedigung elementarer Bedürfnisse von vielen Millionen Menschen auf der Erde, zumeist für die armen Bevölkerungsschichten in ländlichen Gebieten, für indigene Völker, die die letzten Reste unberührter Naturwälder schützen aber auch in zunehmendem Masse für die städtische Bevölkerung auf der Suche nach Erholung und schützender Umwelt. Wälder regulieren den Wasserhaushalt, erhalten die Bodenfruchtbarkeit, beherbergen 80% der globalen Biodiversität und leisten einen kritischen Beitrag zur Bekämpfung des Klimawandels.

Über 60 Millionen Menschen weltweit sind für die Bestreitung ihres Lebensunterhalts nahezu vollständig auf Wald angewiesen, etwa 350 Millionen Menschen, die im Einzugsbereich großer Waldgebiete leben, sind auf Wald zur Erfüllung von Grundbedürfnissen und für Einkommen angewiesen. Mehr als ein Fünftel der Weltbevölkerung leben in offenen Waldzonen und Agro-Forstsystemen, die wichtig für die Erzielung nachhaltiger landwirtschaftlicher Erträge und Einkommen sind. Etwa eine Milliarde Menschen hängen von Medikamenten ab, die aus Waldprodukten gewonnen werden. In vielen Ländern leisten Wälder einen wichtigen Beitrag zur wirtschaftlichen Entwicklung. Holz und Holzprodukte erzielen weltweit einen Marktwert von mehr als 450 Milliarden US$ pro Jahr. Holz ist mittlerweile ein international gehandeltes Gut, mit einem Handelsvolumen von etwa 200 Milliarden US$ pro Jahr.

Die sich verstärkenden Anzeichen eines beschleunigten Klimawandelns haben die

Bild 1
Erosionskontrolle in semi-ariden Zonen, Kiambere, Kenya [Foto: Flore de Préneuf]

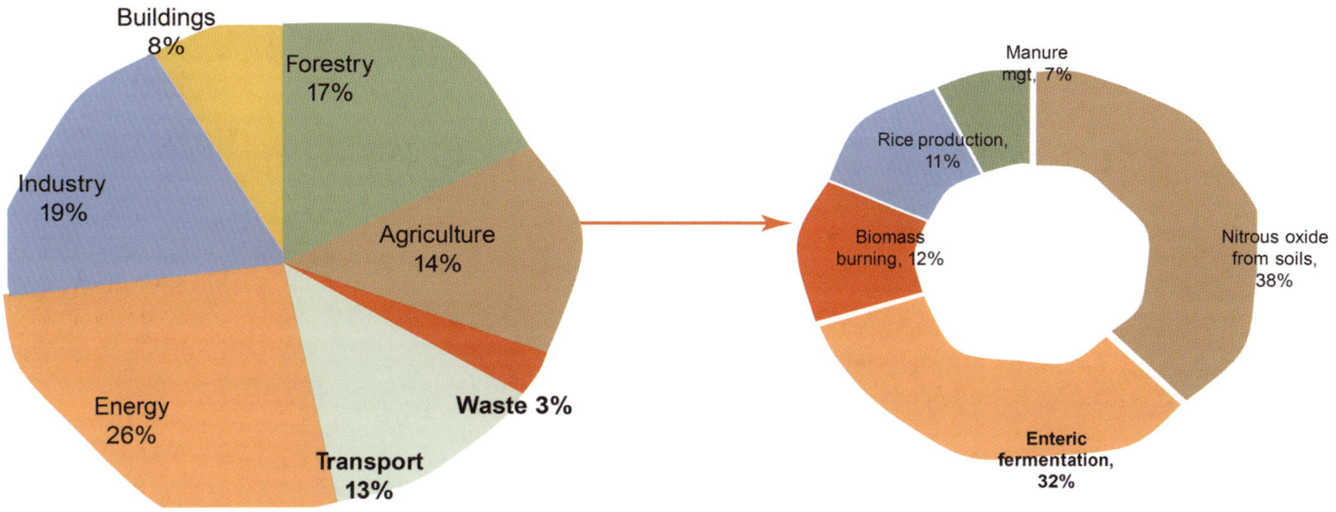

Bild 2
Links: Treibhausgasemissionen nach Sektoren
Rechts: Emissionen im Landwirtschaftssektor [Quelle: IPCC 2007; Smith et al. 2007]

Bedeutung des Waldes als ein „Global Public Good" hervorgehoben. Wälder sind durch den Klimawandel in hohem Maße gefährdet und stellen insbesondere durch die hohen Abholzungsraten eine der Hauptquellen der weltweiten CO_2-Emissionen dar. Der derzeitige Anteil der Entwaldung an der Klimaerwärmung beträgt etwa 15 %.

Mit der zunehmenden Sorge um die Erreichung von Nahrungsmittel- und Energiesicherheit ist in den letzten Jahren die Rolle von großflächigen landwirtschaftlichen Investitionen in den Vordergrund gerückt. Die zum Teil extremen Schwankungen der Preise für Rohöl und landwirtschaftliche Leitprodukte haben in den letzten Jahren zu einer regelrechten Flut von großflächigen Landakquisitionen, insbesondere in Indonesien und Afrika, geführt, was den Druck auf die Wälder weiter verstärkt und zu Abholzung und Degradierung führt. Diese Trends werden sich weiter fortsetzen und sogar verstärken. Im Jahre 2050 müssen etwa 9 Milliarden Menschen ernährt werden. Wegen des steigenden Wohlstandes und damit verbundener Änderung der Essgewohnheiten muss dafür die Nahrungsmittelproduktion weltweit um 70 %, in Afrika um etwa 100 %

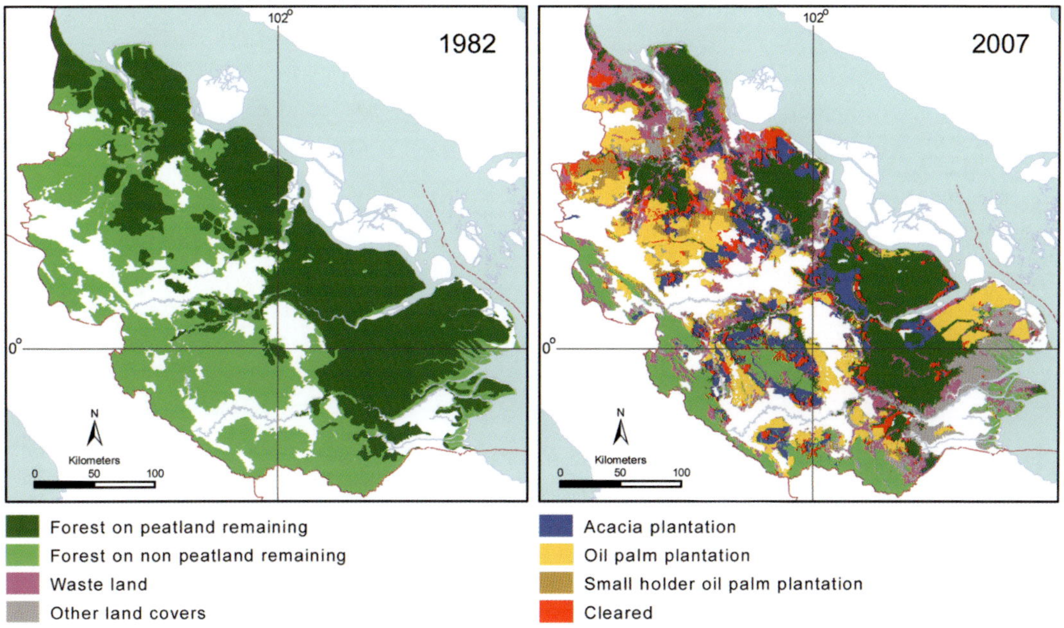

Bild 3
Auswirkung von großflächigen landwirtschaftlichen Investitionen auf Wälder am Beispiel der Provinz Riau, Indonesien

gesteigert werden und dies bei drastisch steigenden Energiekosten und zunehmender Wasserknappheit.

Strategien der Weltbank zum Klimasschutz im Bereich der Naturressourcen

Die Klimaziele der Weltbank sind in verschiedenen strategischen Dokumenten niedergelegt. Hauptziele im *Klimarahmenprogramm* von 2010 sind die Unterstützung von Entwicklungsländern beim Aufbau kohlenstoffeffizienter Wirtschaftssysteme und die Anpassung der Bevölkerung und Ökosysteme an den Klimawandel. Dabei sollen die Bekämpfung der Klimaerwärmung und die Adaptation an den Klimawandel eng miteinander verknüpft werden („adaptation-based mitigation"). Im Bereich der Naturressourcen erwähnt die *Strategie für Landwirtschaft und Ländliche Entwicklung* in zwei der fünf Hauptkomponenten sowohl die Verbesserung der sozialen Wohlfahrt und insbesondere die Verminderung von Risiken und den Schutz der Bevölkerung als Ziele, als auch die Verbesserung der Nachhaltigkeit der Naturressourcen. Die *Forststrategie* baut auf drei gleichermaßen wichtigen Pfeilern auf: (i) Die Nutzung des Potentials der Wälder zu Verminderung der Armut; (ii) die Integration der Wälder in eine nachhaltige wirtschaftliche Entwicklung; und (iii) den Schutz vitaler lokaler und globaler Umweltdienstleistungen und Werte der Wälder. Zwei der drei ineinander greifenden Ziele der Umweltstrategie haben eine direkte Beziehung zum Klimaschutz: (1) Schutz der Qualität regionaler und globaler Umweltgüter und (2) Verbesserung der Lebensqualität. Zusammen bilden diese Strategien den Rahmen für die signifikante Ausweitung des bisherigen Geschäftsfeldes der Weltbank in den Klimabereich hinein und für die Integration von Klimaaspekten in „traditionelle" Projekte. Ab 2013 wird eine Verpflichtung zur Analyse der Kohlenstoffemissionen, zunächst für alle Verkehrs-, Energie und Forstprojekte, eingeführt.

Die Identifikation effektiver Lösungsansätze für die Umsetzung dieser Ziele stellt eine enorme Herausforderung dar und verlangt eine komplementäre Vorgehensweise auf globaler, regionaler, nationaler und örtlicher Ebene. Die Weltbank kann diese Ziele nur in Partnerschaft mit anderen bilateralen und multilateralen Entwicklungsorganisationen, Nichtregierungsorganisationen, Forschungszentren und der Privatwirtschaft umsetzen. Dies ist vielleicht eine der wichtigsten Erkenntnisse der letzten Jahre, die das „doing business" Modell der Weltbank grundlegend verändert hat.

Zur Erreichung der übergeordneten Zielsetzungen der Weltbank im Bereich der Ernährungssicherheit, der Bekämpfung der Klimaerwärmung und der Förderung eines nachhaltigen Wachstums sollen im folgenden einige wenige besonders vordringliche Aufgaben im Bereich der Naturressourcen hervorgehoben werden. Diese Themen beziehen sich in erster Linie auf Partnerländer in den tropischen und subtropischen Klimazonen, sind jedoch auch für industrialisierte Länder wie Deutschland relevant.

Integrierte Landnutzungskonzepte – Restaurierung degradierter Landschaften

Nachhaltige Konzepte müssen in der Lage sein, globale Gemeinwohlfunktionen mit lokalen und nationalen Entwicklungsbedürfnissen zu verknüpfen. Das heißt, dass Maßnahmen zur Bekämpfung der Klimaerwärmung nicht alleine auf Vermeidungsstrategien aufgebaut werden dürfen sondern auch bewusst Konzepte für ressourcenschonendes „grünes" Wachstum beinhalten müssen. In gängigen REDD+ Strategien zum Beispiel wird fälschlicherweise bis heute das Hauptaugenmerk auf die Vermeidung von Abholzung und den Schutz von entlegenen Waldgebieten gerichtet anstatt dort anzusetzen, wo Nutzugskonflikte auftreten. Moderner Klimaschutz muss sektorübergreifend sein und sollte auf einem integrierten Landnutzungskonzept aufbauen. Bis vor kurzem wurde diese Notwendigkeit des Ausgleichs als ein „trade-off" Problem betrachtet. Demnach würde konsequenter Waldschutz oder der Schutz von Biodiversität substantielle Opportunitätskosten zur Kompensation alternativer lukrativerer landwirtschaftlicher oder industrieller Nutzungsformen oder zur Sicherstellung von Einkommen und Lebensunterhalt der über eine Milliarde Menschen, die von Waldnutzung abhängen, verursachen. Eine Reihe von neueren Analysen zeigt jedoch, dass sinnvolle Mittelwege gefunden werden können, die ökonomische und umweltrelevante Ziele gleichzeitig adressieren können. Solche Möglichkeiten eröffnen sich, wenn Wälder als ein Teil von breiteren Landnutzungssystemen verstanden werden, bei denen die verschiedenen Nutzungsansprüche und ihre gegenseitigen Abhängigkeiten systematisch gegeneinander abgewogen und komplementär zueinander gesehen werden.

Diese Variabilität von verschiedenen Nutzungsformen wird oft als Mosaik von Naturwäldern, Aufforstungen, Agro-Forstsystemen verstanden, das mit Landwirtschaft, Weidewirtschaft, Siedlungsflächen etc. verwoben ist. Diese erweiterte Perspektive eines integrierten Landschafts- und Wasserhaushaltsmanagements bietet signifikante praktische Vorteile im Bereich einer klima-intelligenten adaptiven Landwirtschaft und bei der Bekämpfung der Klimaerwärmung. Neuere Schätzungen gehen davon aus, dass etwa 2 Milliarden Hektar - etwa die Hälfte der weltweiten Wald- und landwirtschaftlichen Nutzfläche - degradiert sind und durch solche integrierten Maßnahmen restauriert werden könnten. Von zentraler Bedeutung dabei ist, dass das Thema der Nahrungsmittelsicherheit und der Steigerung der Nahrungsmittelproduktion als integraler Bestandteil der Bekämpfung und Anpassung an die Klimaerwärmung verstanden werden. Diese breitere Perspektive erlaubt uns zu erkennen, dass die Handlungsmöglichkeiten außerhalb des Waldes oft breiter und signifikanter sind als die waldspezifischen Optionen.

Wir müssen uns von der bisherigen Vorstellung befreien, dass insbesondere tropische Regenwälder die einzigen nennenswerten Kohlenstoffspeicher sind. Wie folgende Übersicht zeigt, sind in gemischten landwirtschaftlichen Nutzungssystemen und in Trockenwaldgebieten Lateinamerikas (Cerrado), Afrikas (Miombo) und Asiens ähnlich hohe Kohlenstoffmengen wie in tropischen Regenwäldern, vor allem in Böden, gelagert. Für den Armutsansatz der Weltbank und aus Sicht von Investoren lohnt es sich daher, in solche Gebiete zu investieren, zumal neben der Kohlenstoffkomponente weitere vielfältige Nutzen für die Umwelt, Nahrungsmittelsicherheit, Einkommen, Biodiversität, Adaptation etc. entstehen. Voraussetzung für die Erzielung solcher „multiple-win"-Effekte ist eine Neuorientierung etablierter landwirtschaftlicher Nutzungsmethoden, im englischen Sprachgebrauch als 'Climate-smart Agriculture' bezeichnet. Ressourcenschonende und produktive Landwirt-

Übersicht über die Kohlenstoffvorräte in der Vegetation und im Boden (bis 1 m) für die wichtigsten globalen Biome [Quelle: Watson, Robert, et al. (2000)]

Biom	Fläche (Mill. km^2)	Kohlenstoffgehalt (Gt C) und Anteil (%)) am Ökosystem				
		Vegetation	Anteil (%)	Böden	Anteil (%)	Total
Tropische Regenwälder	17,6	212	49,5	216	50,5	428
Temperierte Walder	10,4	59	37,1	100	62,9	159
Boreale Wälder	**13,7**	**88**	**15,7**	**471**	**84,3**	**559**
Tropische Savannen	22,5	66	20,0	264	80,0	330
Temperierte Grasflächen	12,5	9	3,0	295	97,0	304
Wüsten	45,5	8	4,0	191	96,0	199
Tundra	9,5	6	4,7	121	95,3	127
Landw. Nutzfläche	16	3	2,3	128	97,7	131
Insgesamt	151,2	466		2011		2477
Anteil (%)		19			81	100

schaft bietet zudem den Vorteil, den Druck auf verbleibende Naturwälder mit höherer Biodiversität zu vermindern.

Geberorganisationen, multilaterale Entwicklungsorganisationen, Regierungen in Entwicklungsländern und Nichtregierungsorganisationen stehen in der Umsetzung integrierter Konzepte vor enormen strukturellen Herausforderungen. Die bisherigen sektorbezogenen Vorgehensweisen und Budgetallokationen müssen dabei verstärkt in integrierte, sektorübergreifende Landnutzungskonzepte umgewandelt werden. Es wird daher besondere Anstrengungen erfordern, Anreizsysteme für Partner und Akteure im Klimaschutzbereich anzubieten, die Handlungserfolge auf dieser komplexen Ebene voll umfänglich anerkennen.

Nutzung der Produktivfunktionen der Wälder in globalen „REDD+"-Strategien

Wälder haben in der internationalen Klimadiskussion bislang eine wichtige Rolle gespielt. Wie jedoch bereits erwähnt ging diese Diskussion von der Zielvorstellung des alleinigen Wald- und Biotopschutzes aus. Die Fähigkeit der Wälder, bereits freigesetzte CO_2-Mengen wieder einzubinden, fließt erst seit kurzem in Zusammenhang mit der Diskussion zum „Grünen Wachstum" mit Gewicht und Stellenwert in die weltweiten Überlegungen ein.

Bild 4
Transportfertige Holzkohle aus Trockenwäldern, Östliche Provinz, Kenya
[Foto: Flore de Préneuf]

Ungenutzte direkte und indirekte Substitution von fossilen Energiequellen

Ebenso haben Wälder als Quelle für erneuerbare Energie und als Basis für die Substitution von fossilen, nicht erneuerbaren Energiequellen bisher eine untergeordnete Rolle gespielt. Das gleiche gilt für Kohlenstoffmengen, die dem Wald entzogen wurden aber in Form von Produkten und permanenten Strukturen (z. B. Hausbau) zum Teil über Jahrhunderte gespeichert werden. Substitution und Kohlenstoffspeicherung zusammen können potentiell alle direkten forstlichen Maßnahmen zum Klimaschutz bei weitem übertreffen.

Direkte Substitution von fossilen Energien spielt eine herausragende Rolle bei der Nutzung von Feuerholz und Holzkohle als Haushaltsenergie in Entwicklungsländern, aber auch in zunehmendem Maße in industrialisierten Ländern. Wie aus der Darstellung ersichtlich ist, sind bis zum Jahre 2030 und darüber hinaus starke Nachfragesteigerungen bei abnehmendem Angebot zu erwarten. Global nutzen etwa 2,5 Milliarden Menschen Feuerholz und Holzkohle zum Kochen, eine Zahl, die trotz alternativer Energiequellen noch weit über die Mitte des Jahrhunderts hinaus steigen wird.

In Subsahara Afrika hängen etwa 575 Millionen Menschen oder etwa 76 % der Gesamtbevölkerung von Biomasse als Haushaltsenergie ab, ein Bild, das auch für die meisten anderen Entwicklungsländer zutrifft. Dabei wird Feuerholz in urbanen Gebieten immer mehr von Holzkohle abgelöst. Global gesehen beträgt der jährliche Verbrauch von Feuerholz und Holzkohle etwa 1,9 Millionen Kubikmeter, was je nach Effizienzgrad einer Kohlenstofffreisetzung von 1,2 – 2,8 Gt CO_2 entspricht. Dieser signifikante Ausstoß an CO_2 muss zukünftig in Energie- und Entwicklungsstrategien berücksichtigt werden. Bei derzeit stark abnehmenden Waldflächen und Holzvorräten, insbesondere in Subsahara Afrika, führt die gegenwärtige Entwicklung zu einer stark negativen CO_2-Bilanz, einer massiven Zuwendung zu nicht erneuerbaren Energiequellen und enormen Umweltschäden. Gleichzeitig böte sich jedoch eine ungeahnte Chance, die Freisetzung dieser

Wald-relevante Optionen zur Bekämpfung der Klimaerwärmung

	Reduktion von Treibhausgasemissionen	Kohlenstoffeinbindung	Kohlenstoffsubstitution
Verminderungs-optionen	Reduzierung von Emissionen durch Abholzung und Degradierung von Wäldern	Aufforstung Wiederaufforstung	Direkte Substitution fossiler Energie* Indirekte Substitution von energieintensiven Materialien*
Waldbewirtschaftungsoptionen	Waldschutzgebiete – Einbeziehung in REDD Nachhaltige Bewirtschaftung von Wäldern	Holzplantagen Agro-Forstwirtschaft Waldrestaurierung	Biofuel Plantagen Holzkohle, Feuerholz, Waldbewirtschaftung Nachhaltige Holzerzeugung, Erzeugung von Nicht-Holzprodukten

* Noch nicht in UNFCCC einbezogen

fossilen Emissionen zu vermeiden, wenn es gelänge, durch ein massives Aufforstungs- und Restaurierungsprogramm ein besseres Gleichgewicht zwischen Verbrauch und Erzeugung von Bioenergie zu erzielen und so einen wichtigen Schritt in Richtung Klimaneutralität zu leisten.

Die **indirekte Substitution** beinhaltet den Ersatz von Materialien, die eine hohe Masse an fossiler Energie zu ihrer Herstellung bedürfen durch erneuerbare Materialien mit geringem Energiebedarf. Dies trifft für Konstruktions- und Isoliermaterialien, aber auch für den Innenausbau von Gebäuden zu. Derart ver-

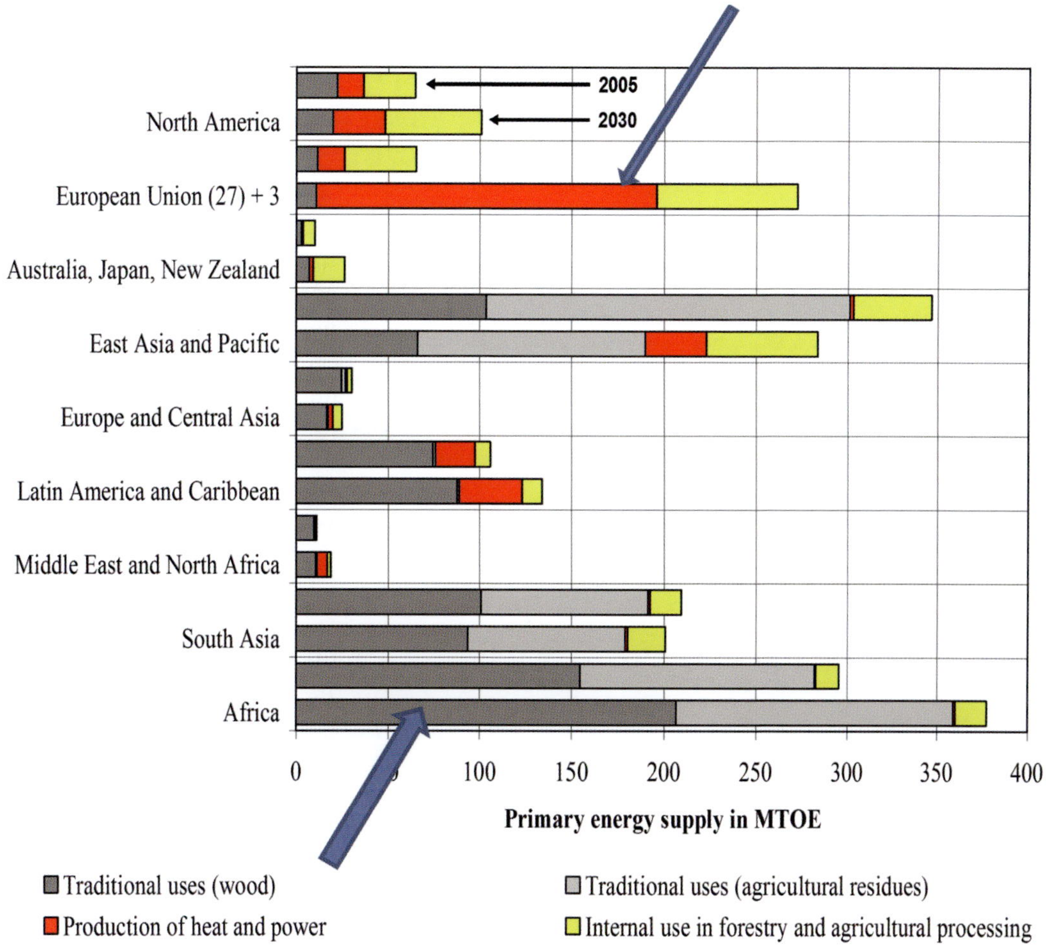

Bild 5
Projektion des globalen Bedarfs an traditionellen Energiequellen 2010 – 2030 [Quelle: Cushion, Whiteman, Dieterle 2010]

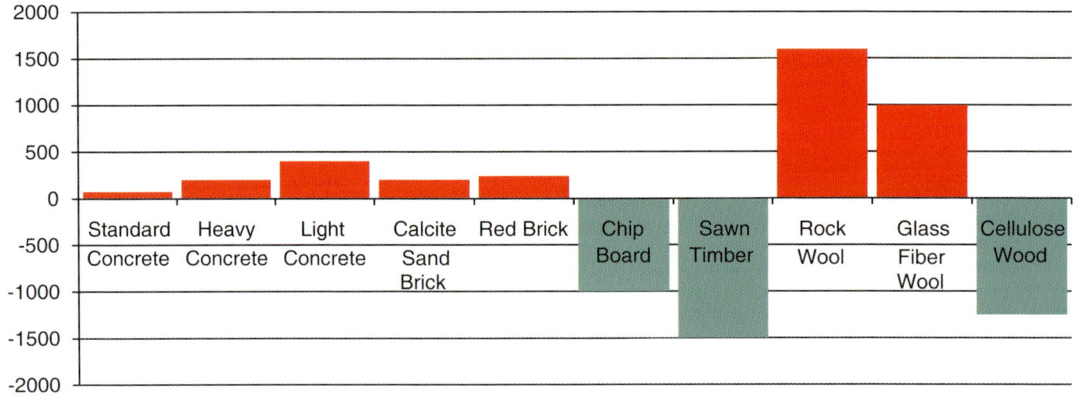

Bild 6
Nettoemissionen von Konstruktionsmaterialien über die gesamte Lebensdauer ($g\ CO_2/kg$ Material) [Quelle: RTS 1998–2001. Environmental Reporting for Building Materials; Reid et al. 2004]

baute erneuerbare Materialien erfüllen damit gleichzeitig auch eine wichtige Funktion als Kohlenstoffzwischenspeicher.

Dieser Zusammenhang ist von weitreichender Bedeutung, da viele Konstruktions- und Innenausbaumaterialien global ausgetauscht werden. Industrieländer und Entwicklungsländer sind in diesem Feld im globalen Handel eng miteinander verwoben. Nachhaltigkeits- und Legalitätsnachweise in Industrieländern, wie zum Beispiel die EU-Verordnung zum Handel mit Holz, haben somit einen hohen potentiellen Einfluss auf die Produktionsverfahren in Entwicklungs- und Durchgangsländern.

Zusammengefasst können direkte und indirekte Substitution von fossiler Energie durch nachwachsende Materialien einen signifikanten und in vielen Fällen deutlich höheren Beitrag zur Klimabekämpfung leisten als die Summe aller direkten forstlichen Maßnahmen.

Gute Regierungsführung und Bekämpfung von Korruption

Die Qualität von Regierungsführung bestimmt vielfach, ob Naturressourcen effizient, nachhaltig und gerecht genutzt werden und ob übergeordnete Entwicklungsziele erreicht werden können.

Der Begriff der guten Regierungsführung oder „Governance" geht über die Vermeidung von Verstößen gegen internationales Recht hinaus. Er umfasst vielmehr u.a., wie gut und transparent Institutionen funktionieren, wie die öffentliche Beteiligung an Entscheidungsprozessen organisiert wird und wie Finanzmittel ausgegeben werden.

Entwicklungsarbeit kann letztlich nur erfolgreich sein, wenn Schwachstellen in der Governance systematisch identifiziert und behoben und dazu Auswirkungen systematisch analysiert werden. Noch immer werden sinnvolle Investitionen und Prozesse durch Korruption und Misswirtschaft entwertet. Der jährliche

Bild 7
Kohlenstoffanteile in Wald; Substitutionspotential für fossile Rohstoffe durch Waldnutzung" [Quelle: Marland and Schlamadinger 1997]

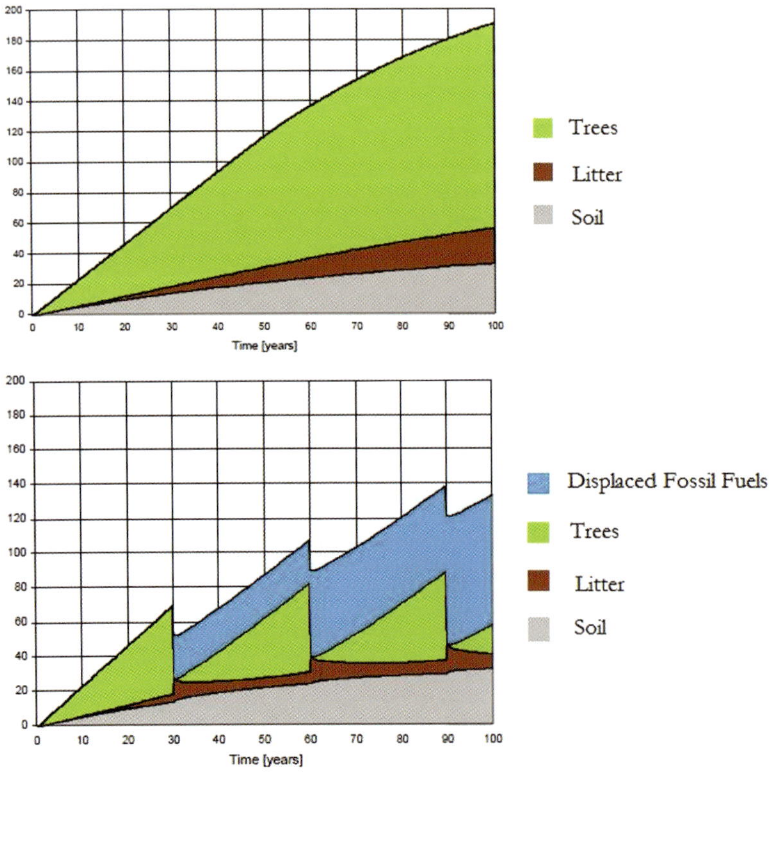

wirtschaftliche Schaden durch illegalen Holzeinschlag und -handel wird weltweit auf etwa 10–15 Milliarden US$ geschätzt. Ein weiterer Grund zur Sorge sind drastisch gestiegene großflächige Pacht- und Kaufverträge für Land in den Tropen. Analysen der Weltbank belegen, dass diese Investitionen oftmals spekulativen Charakter haben und unter grober Missachtung von guten Geschäftspraktiken abgeschlossen werden. Die Folgen sind in vielen Fällen verstärkte Armut und verstärkter Druck auf die immer weiter schwindenden Waldressourcen. Entwaldung kann deshalb nur wirksam gestoppt werden, wenn deren Ursachen, die außerhalb des Waldes liegen, mit Nachdruck angegangen werde.

Klärung von Eigentums- und Nutzungsrechten

Eng mit dem Aspekt der Governance verbunden ist das Thema der Eigentums- und Nutzungsrechte. Wie in Deutschland des ausgehenden Mittelalters, werden heute noch in vielen Entwicklungsländer Naturressourcen, insbesondere Wald, als Gemeineigentum (Almende) betrachtet, jedoch meist infolge von kolonialer Gesetzgebung oft fatalerweise dem Eigentum des Staates zugeordnet. Traditionelle Rechte von Ureinwohnern und ländlichen Kommunen werden auf diese Weise durch staatliche Ansprüche überlagert und Nutzungsentscheidungen oft ohne deren Beteiligung getroffen. Ohne Klärung solcher fundamentaler Fragen sind keine nachhaltigen Entwicklungs- und Investitionsresultate erzielbar. Dieser Aspekt ist deshalb für alle REDD+ Transfer- und Entwicklungsvorhaben von herausragender Bedeutung. In vielen Fällen sind gerade solche ungeklärten Rechtsfragen die Ursache für Entwaldung und Walddegradierung. Diejenigen, die behauptet haben, dass der schnellste und billigste Weg zur Vermeidung der Entwaldung über Finanztransfers, Kompensationszahlungen und Kohlenstoffmärkte gehen würde, sollten deshalb eines Besseren belehrt sein. Wie die Entwicklung in Europa zeigt, sind solche Fragen oft nur über lange Zeiträume klärbar. Billiglösungen sind nicht in Sicht.

Gerechte Verteilung von Wohlfahrtsleistungen und Einkommen

Die internationale Gebergemeinschaft hat sich auf dem Klimagipfel in Kopenhagen 2009 verpflichtet, signifikante Geldmittel zur Bekämpfung des Klimawandels und zur Klimaanpassung bereitzustellen. Hier stellt sich die Frage, wie solche Geldmittel effizient transferiert werden können und wer die legitimen Nutznießer sind. In Anbetracht der oftmals ungelösten oder strittigen Eigentumsfragen ist das eine schwierige Aufgabe. Nachhaltige Lösungen sind in ausschlaggebendem Maße davon abhängig, lokale Bevölkerungsgruppen von der Sinnhaftigkeit solcher Maßnahmen zu überzeugen und in partizipativer Weise Mechanismen für eine gerechte Einkommensbeteiligung sicherzustellen. Dies erfordert, wie bereits erwähnt, z. B. zu klären, wer Eigentums- und Nutzungsrechte für Land und Kohlenstoff besitzt. Zudem ist ein transparentes und kontrolliertes Verfahren zum Transfer von Geldmitteln zu entwickeln, es ist dafür zu sorgen, dass Eliten sich nicht bereichern und es ist zu messen, wie Kohlenstoffemissionen sich gegenüber der Ausgangssituation jährlich verändern.

Die obengenannten Punkte sind nur ein kleiner Ausschnitt eine komplexen Thematik. Sie zeigen auf, dass die Ursachen des Klimawandels im Naturressourcenbereich Symptome von generellen Entwicklungsproblemen darstellen und nicht von diesen zu trennen sind. Der Weg zur Klimaneutralität ist deshalb langwierig und kann durch Kompensationsleistungen alleine nicht erreicht werden. Vielversprechend sind Ansätze, solche grundlegenden Fragen mit gezielten Investitionen zur Restaurierung von degradierten Naturressourcen zu verbinden, was positive Einkommensanreize vor Ort, mehr Nahrungsmittelsicherheit und nachhaltiges Wachstum verspricht.

Ausblick

Im Jahre 2010 wurden etwa 2,9 Milliarden Tonnen CO_2 durch von Menschen verursachte Entwaldung und Walddegradation in die Atmosphäre entlassen. Etwa 1,7 Milliarden Tonnen CO_2 wurden durch Aufforstung und natürliche Regeneration wieder eingebunden, was einer Nettofreisetzung von etwa 1,2 Million Tonnen CO_2 entspricht. Wenn es gelänge, auf wenigstens einer Milliarde Hektar eine marginale Steigerung der Holzvorräte um etwa 2 Tonnen zu erreichen, könnten pro Jahr etwa 1 Milliarde Tonnen CO_2 der Atmosphäre entzogen werden. Diese würde den Wald bereits ohne Einbeziehung der Substitutionseffekte annähernd klimaneutral machen. Unter optimalen Bedingungen könnte durch gebündelte Investitionsmaßnahmen im Jahre 2050 signifikante Transformationsbeiträge in Richtung einer grünen Wirtschaft erbracht werden. Das Substitutionspotential könnte nach internen Berechnungen der Weltbank zusätzlich zu allen Waldbewirtschaftungsmaßnahmen noch einmal über 4 Milliarden Tonnen CO_2 betragen, also weit über die Bruttoentwaldung im Jahre 2010 hinaus wirken. Die Weltbank hat sich deshalb voll hinter die Forderung der „Bonn Challenge Konferenz“ zur Restaurierung von 150 Millionen Hektar bis zum Jahr 2020 gestellt und ist dabei, solche integrierten Ansätze verstärkt in ihre Programme zu integrieren. Vielleicht erlaubt das den entscheidenden Zeitgewinn, um das 2-Grad-Ziel noch zu erreichen.

Die vier großen spezifischen Klimaprogramme der Weltbank

Wie dargelegt, sind Klima-, Umwelt- und Entwicklungsprobleme oftmals eng verzahnt. In Weltbankvorhaben werden daher Maßnahmen zu Anpassung an die Klimaerwärmung und Bekämpfung des weiteren Anstieg von CO_2 immer stärker in reguläre Bankvorhaben integriert. Oben genannte Restaurierungsvorhaben und vermiedene Entwaldung werden derzeit mit einer Reihe von finanziellen und technischen Investitionsprogrammen unterstützt.

Dies schließt die ganze Palette der tangierten Nachhaltigkeitsfragen ein: Ökonomisch, ökologisch und sozial. Zu allen Themen erfolgt ein breiter Dialog mit den Regierungen vor Ort, mit Nicht-Regierungsorganisationen, mit der lokalen Bevölkerung und indigenen Gruppen und natürlich mit den Investoren, wobei die **Vermeidung von Reputationsrisiken** ein zentrales Thema ist. Die Weltbank hat die Summe ihrer Erfahrungen in **14 sogenannten Safeguards** niedergelegt, auf deren Basis alle Vorhaben einer rigorosen Prüfung der sozialen, umweltbezogenen und ökonomischen Nachhaltigkeit unterzogen werden. Dies soll sicherstellen, dass Mindestanforderungen in Bezug auf Landnutzungsrechte, insbesondere indigener Bevölkerungsgruppen, angemessene Beteiligung an Entscheidungen, fairer Wettbewerb, Ausgleich für Beeinträchtigungen, Sicherung der Biodiversität usw. eingehalten werden. Alle Projektdokumente sind grundsätzlich der Öffentlichkeit zugänglich. Für bestimmte Waldbewirtschaftungsmaßnahmen wird eine unabhängige Zertifizierung vorgeschrieben. In Zukunft soll der Carbon Footprint bei allen Projekten gemessen werden. Die von der Weltbank, zum Teil mit anderen Entwicklungsbanken implementierten globalen Klimaprogramme, werden immer stärker mit regulären Entwicklungsprojekten verzahnt

Die Weltbank hat zusätzlich zu ihren regulären IBRD/IDA Krediten und Studien in dem beschriebenen Themenumfeld mittlerweile 4 spezifische Fonds etabliert und damit eine breite Umsetzungserfahrung gewonnen. Diese werden im Folgenden näher beschrieben.

IBRD/IDA-Vorhaben

IBRD/IDA-Programme (www.worldbank.org/forests) bilden das Kerngeschäft der Weltbank. Sie unterstützen kundenorientierte Entwicklungsziele, wobei die Prioritäten durch gemeinsame Planungsprozesse identifiziert werden. Projekte werden durch den Aufsichtsrat der Weltbank, der die Mitgliedsländer der Weltbank repräsentiert, genehmigt. Obwohl der Anteil der Naturressourcen- und Forstprogramme am Gesamtumsatz der Weltbank klein ist, ist die Weltbank nach wie vor weltweit der größte Geldgeber in diesem Bereich. Im Zeitraum der letzten zehn Jahre ist der Anteil der Finanzierung von Spezialprogrammen durch Treuhandgelder jedoch stark gestiegen. Während die regulären Weltbankprojekte ein Gesamtvolumen von etwa 2,5 Milliarden erreichten, ist das

Volumen Treuhandfonds im selben Zeitraum auf etwa 1,4 Milliarden US$ angewachsen.

Thematisch hat sich die Zusammenarbeit mit Partnerländern immer stärker in Richtung einer **„climate-smarten“ integrierten Landnutzung** entwickelt. Ebenso im Vordergrund stehen Projekte, die der Steigerung der Produktivität, der Erhöhung der Widerstandsfähigkeit gegen den Klimawandel und der kohlenstoffarmen Entwicklung dienen. Die Mehrzahl dieser Kredite wird über Strukturanpassungsprogramme mit expliziten Klima- oder Umweltzielsetzungen oder über integrierte Restaurierung von Wassereinzugsgebieten abgewickelt. In diesem Zusammenhang gewinnen Agroforst-Projekte in den trockeneren Ländern der Tropen und Subtropen eine immer höhere Priorität. So gefährden z. B. im Sahel, dem südlichen Afrika, dem Cerrado in Brasilien und in Indien eine rasant steigende Bevölkerungszahl und landwirtschaftliche Anbaufläche die Umwelt- und Energiefunktionen der Wälder und Baumsavannen, die für das Überleben der armen ländlichen Bevölkerungsschichten lebensnotwendig sind. Es ist daher logisch, dass diese Projekte in der Regel auch Unterstützung für Reformprozesse beinhalten, die die rechtlichen, institutionellen und politischen Rahmenbedingungen für eine erfolgreiche Anpassung an den Klimawandel betreffen.

Forest Carbon Partnership Facility (FCPF)

Die Forest Carbon Partnership Facility (www.forestcarbonpartnership.org/fcp) wurde im Juni 2008 gegründet. Zielsetzung ist es, einen Beitrag zur Umsetzung des Bali Aktionsplans von 2007 zu leisten. Dieses mit dem Kurzbegriff REDD+ zusammengefasste Maßnahmenbündel hat zum Ziel, die Emissionen durch Entwaldung und Walddegradation zu vermindern, den bestehenden Kohlenstoffvorrat in Wäldern zu erhalten, die Wälder nachhaltig zu bewirtschaften und den Kohlenstoffvorrat in degradierten Zonen wieder anzureichern. FCPF unterstützt hiermit die Verhandlungen des Klimarates (UNFCC) durch die Demonstration von REDD+-Maßnahmen in Entwicklungsländern und durch Bereitstellung von Erfahrungswissen aus diesen ersten REDD+ Demonstrationsvorhaben.

Siebenunddreißig Entwicklungsländer (14 in Afrika, 15 in Lateinamerika und der Karibik, und 8 in Asien-Pazifik) wurden bislang für diese Partnerschaft ausgewählt. Innovativ ist die Steuerung dieses Programms, das auf einer paritätischen Zahl von je 14 Entwicklungsländern und Geberländern aufgebaut ist und durch Beobachter, die indigene Gruppen, Nichtregierungsorganisationen, internationale Organisationen, den Privatsektor, das UN-REDD Programm und das UNFCCC-Sekretariat repräsentieren, ergänzt wird. Die Weltbank hat drei Schlüsselrollen in diesem Programm inne: Treuhänder der bereitgestellten Geldmittel, Programmsekretariat und Durchführungsorgan. Die Inter-Amerikanische Entwicklungsbank und das UN Entwicklungsprogramm (UNDP) werden in Zukunft ebenfalls direkte Durchführungsaufgaben übernehmen.

FCPF ist in zwei separate Fonds aufgeteilt. Der **Readiness Fond** (umfasst zurzeit US$ 230 Millionen) bietet Unterstützung für FCPF Länder zur Entwicklung einer REDD+-Strategie, insbesondere zur Entwicklung der erforderlichen politischen und administrative Maßnahmen, von Referenzszenarios, die Messung und Überwachung von Emissionen, Berichtserstattung und Verifikation von Resultaten. Auch hier spielt die Einhaltung von sozialen und umweltrelevanten Standards der Weltbank eine Schlüsselrolle. Etwa 26 Länder haben bis zum Juli 2012 einen ausführlichen Durchführungsplan eingereicht.

Der **Carbon Fond**, ist der zweite Fond des FCPF (derzeit US$ 213 Millionen) und hat die Zielsetzung, Zahlungen für verifizierte Emissionsreduktionen durch REDD+-Maßnahmen bereitzustellen. Gegenwärtig haben sich lediglich fünf Länder für den Carbon Fond qualifiziert, was auf die enormen Herausforderungen bei der Aushandlung von REDD+-Maßnahmen hinweist.

Biocarbon Fund (BioCF)

Der BioCF (www.biocarbonfund.org) ist eine Public-Private Partnerschaft mit dem Ziel, degradierte Landschaften durch Aufforstung und Wiederaufforstung, durch Reduzierung der Emissionen von Entwaldung und Walddegradation und durch Verbesserung der Produktivität von landwirtschaftlichen Flächen zu restaurieren. Der BioCF folgt je nach Projekttyp den Standards des formellen UNFCCC Clean Development Mechanism (CDM) oder dem Mechanism des Voluntary Carbon Standards (VCS). In den letzten sieben Jahren wurden für etwa US$ 90 Millionen Kohlenstoffkredite für eine breite Palette sowohl von Auf- und Wiederaufforstungsprojekten als auch von Landschaftsrestaurierungsprojekten zugunsten von zumeist armen ländlichen Bevölkerungsschichten abgewickelt. Dabei wurden unschätzbare Erfahrungen bei der methodischen Entwicklung von Kohlenstoffkrediten bzgl. Richtlinien, Kohlenstofferfassung, Zahlungsmodalitäten und bzgl. der Verbindung von Klima- und Entwicklungswirkungen gewonnen. Der Führungsstab des Kohlenstoff-Erwerbs-Fonds, abstammend aus dem BioCarbon-Fonds, setzt sich aus denjenigen Teilnehmern (Investoren) zusammen, die zum Fond beigetragen haben. Die Teilnehmer treffen sich jährlich mit der Fonds Gemeinschaft, um ein Programm auszuarbeiten und das jährliche Budget festzulegen. Derzeit laufen die Vorbereitungen für eine neue Phase des Programms mit wesentlichen Innovationen, aufbauend auf den Erkenntnissen aus der Arbeit der bisherigen Jahre. Unter anderem betreffen diese Erkenntnisse vorgezogene Zahlungsmodalitäten unter Berücksichtigung von Kosten, um den Liquiditätsproblemen bei der Erstinvestition entgegenzuwirken, modifizierte Bewertungen von Risiken sowie die Einbeziehung von generellen Umweltwirkungen. Der Schwerpunkt soll in der neuen Phase auf die Landschaftsrestaurierung und die damit verbundene Komplexität der Kohlenstoffkreisläufe in gemischten land- und forstwirtschaftlichen oder agro-forstlichen Nutzungssystemen gelegt werden.

Bild 8
Leguminosenbäume erweitern das Futterangebot für Kühe, Rift Valley, Kenya
[Foto: Flore de Préneuf]

Climate Investment Funds (CIF)

Die Climate Investment Funds wurden im Jahre 2008 etabliert, mit der Zielsetzung, auf der Basis von Erfahrungen mit großmaßstäblichen und innovativen Investitionen die Bemühungen von Entwicklungsländern zu unterstützen, eine klimaresistente und kohlenstoffarme Entwicklung einzuleiten. Die Erfahrungen und Schlussfolgerungen aus der Implementierung der CIFs sollen bei der Gestaltung des von der Weltgemeinschaft 2009 beschlossenen **Green Funds** Hilfestellung leisten. Auch hier kommt ein neuartiger Steuerungsmechanismus zur Anwendung, mit einer paritätischen Beteiligung von Entwicklungsländern und Geberländern sowie einer breiten Beteiligung von aktiven unabhängigen Beobachtern. Neu ist auch, dass die CIFs durch eine gemeinsame Aktion der multilateralen Entwicklungsbanken, einschließlich der Weltbank implementiert werden, wobei die Safeguard-Standards und die fiduziären Regeln der Weltbank zur Anwendung kommen.

Der **Clean Technology Fund** (**CTF**) verfügt über ein Finanzvolumen von US$ 4,3 Milliarden zur Finanzierung von 14 Investitionsplänen in 13 meist Schwellenländern und einer Pilotregion, um den Übergang zu einer kohlenstoffarmen Entwicklung zu unterstützen.

Der **Strategic Climate Fund** (**SCF**) verfügt über ein Finanzvolumen von derzeit US$ 2,4 Milliarden und ist in drei Unterprogramme gegliedert. Das **Program for Climate Resilience**

Bild 9
Restaurierung stark degradierter Landschaften, Kenya
[Foto: Flore de Préneuf]

(PPCR) hat im Rahmen eines sektorübergreifenden Ansatzes zum Ziel, die von den Folgen der Klimaerwärmung erwarteten Schäden in den am stärksten betroffenen 18 ausgewählten Ländern, zu bekämpfen.

Das **Scaling-Up Renewable Energy Program (SREP)** unterstützt derzeit 6 der ärmsten Entwicklungsländer bei der Steigerung ihres Anteils am Zugang zu erneuerbaren Energien.

Das **Forest Investment Programm (FIP)** ist zusammen mit dem FCPF ein zentrales Programm zur Finanzierung von REDD+-Investitionen. Es verfügt derzeit über ein Finanzvolumen von US$ 630 Millionen. FIP bietet Entwicklungsländern die Möglichkeit, notwendige Investitionen zur Durchführung von REDD+-Reformen durchzuführen und zwar für solche Investitionen, die im Rahmen von REDD+-Strategien als prioritär betrachtet werden. Hauptziel des FIP ist die Bekämpfung der Klimaerwärmung (Mitigation), ohne jedoch sekundäre Effekte wie Klimaadaptation, Armutsminderung, die Rechte indigener und vom Wald abhängiger Gruppen und die Biodiversität außer Acht zu lassen. Der FIP finanziert Anstrengungen, die strukturellen Ursachen der Entwaldung und Walddegradation zu beseitigen. Acht Pilotländer sind für die Teilnahme am FIP ausgewählt worden: Brasilien, Burkina Faso, DR Kongo, Ghana, Indonesien, Laos PDR, Mexiko und Peru. Diese Pilotländer erarbeiten einen Investment Plan, der im Einklang mit den nationalen REDD+-Maßnahmen steht und dazu dient, prioritäre Investitionen zu identifizieren, die transformativen Charakter für die Erhaltung und Verbesserung der Wälder haben.

Bild 10
Lokale Bauern erkennen den Nutzen der Integration von Bäumen in der Landwirtschaft
[Foto: Flore de Préneuf]

Der FIP finanziert auch ein innovatives Unterstützungsprogramm, das speziell auf die Belange von indigenen und vom Wald abhängigen Gemeinschaften ausgerichtet ist. Ziel ist es, einen freien Zugang zu Informationen sicherzustellen und lokale Kapazitäten zur Beteiligung an nationalen und internationalen REDD+ Prozessen zu stärken. Dieses Programm beschreitet erstmals den Weg einer weitgehenden Selbstbestimmung der Programminhalte, um auf diese Weise sicherstellen zu können, dass Programme in einer gewissen Unabhängigkeit von der Einflussnahme der Regierungen entwickelt werden können.

Global Environment Facility (GEF)

Die Weltbank ist eine der globalen Implementierungsinstitutionen der GEF, die seit Anfang der 1990er Jahre global wichtige öffentliche Belange des Waldes und der Klimaerwärmung finanziert. Die operationellen Programme umfassen Biodiversität, Klimawandel, Landdegradation und Desertifizierung durch ein verbessertes Landschaftsmanagement. Eines der derzeit ambitioniertesten Programme ist das „Green Wall"-Programm, das den Aufbau eines Vegetationsstreifen südlich der Sahara quer durch den afrikanischen Kontinent zum Ziel hat. Hierfür wurden 108 Millionen US$ bereitgestellt.

Program On Forests (PROFOR)

PROFOR ist eine Partnerschaft zwischen verschiedenen Geberländern und der Weltbank, die zum Ziel hat durch Analysen und gemeinsame Lern- und Diskussionsprozesse den Beitrag des Waldes zur Armutsminderung, nachhaltigen Entwicklung, und Bekämpfung des Klimawandels zu steigern. Themenschwerpunkte sind Armutsminderung, gute Regierungsführung, innovative Finanzierungsmethoden und multisektorielle Entwicklungsfragen.

Zusammenfassung

Mit den beschriebenen Programmen hat die Weltbank innerhalb der letzten Jahre eine globale Führungsrolle bei der Bekämpfung des Klimawandels übernommen. Wichtig ist dabei der Fokus auf Win-Win-Strategien und biologische Sequestrierung. In diesem Kontext muss unsere Erfahrung hervorgehoben werden, dass Klimawandel in Entwicklungsländern nur im Rahmen eines breiteren Entwicklungsansatzes angegangen werden kann. Dies erfordert Phantasie, Zeit und eine kleinschrittige Vorgehensweise. Schnelle Anpassungs-und Änderungslösungen dürften eher die Ausnahme als die Regel sein.

Trotz aller Schwierigkeiten kann die Weltbank auf beeindruckende Resultate ihrer Arbeit zurückgreifen – Erfolge, die belegen, dass Wandel möglich ist und zu nachhaltiger Verbesserung für Menschen, Umwelt und Klima führen kann.

In **China**, zum Beispiel, hat die Weltbank über ein Jahrzehnt hinweg das weltgrößte Erosionskontrollprogramm unterstützt, das ein vollkommen degradiertes Lössplateau wieder in eine vitale Kulturlandschaft zurückverwandelt hat. Aufbauend auf diesem Programm haben sich für mehr als zwanzig Millionen Menschen die Lebensverhältnisse und die Ernährungssicherheit drastisch verbessert bei gleichzeitiger Verbesserung der Umweltsituation und Biodiversiät.

Ein ähnliches Beispiel aus **Albanien** zeigt, dass es durch integriertes Wald-, Weide- und Landwirtschaftsmanagement und durch Unterstützung der Initiative durch die lokale Bevölkerung gelungen ist, die dramatischen Erosionsprobleme durch Entwaldung einzudämmen und großflächige Vegetationsschäden durch unkontrollierte Weidewirtschaft zu reparieren. Auch dies ist eine Botschaft der Hoffnung und ein Beleg dafür, dass die Bekämpfung des Klimawandels mit gleichzeitig nachhaltigem Wachstum und einer generellen Verbesserung der Lebensverhältnisse vereinbar ist. Und nur in dieser Kombination sind weltweite Partnerschaften zwischen Nord und Süd in dieser schwierigen Thematik möglich.

Plant-for-the-Planet – eine weltweite Kinder- und Jugendbewegung

Felix Finkbeiner und Freunde[1] | Plant-for-the-Planet

Klimagerechtigkeit und Klimaneutralität: – zentrale Forderungen einer weltweiten Kinder- und Jugendbewegung

Vorbemerkung

Wie werden Veränderungen bewirkt? Kann der Einzelne den Lauf der Welt beeinflussen oder sind wir unserem Schicksal ausgeliefert? Der vorliegende Text zeigt einmal mehr, dass der Einzelne der Schlüssel ist – manchmal auch ein Kind. Wenn er eine zündende Idee hat und wenn er andere als Mitstreiter gewinnt. So war und ist das auch bei Felix Finkbeiner.

Felix Finkbeiner (14) teilte im Januar 2007 in der 4. Klasse mit seinen Schulfreunden seine Vision, die ihn im Februar 2011 als Redner vor die UNO-Vollversammlung nach New York bringt. Inspiriert von der Friedensnobelpreisträgerin Wangari Maathai ruft er alle Kinder und Erwachsenen der Welt auf, Bäume zu pflanzen. Bis zum Jahr 2020 sollen es 1000 Milliarden neue Bäume werden. Kinder aus über 100 Ländern folgen dem Aufruf und gründen zusammen die Plant-for-the-Planet Schülerinitiative. Bis zum Jahr 2020 wollen die heute 15 000 Botschafter für Klimagerechtigkeit eine Million andere Kinder begeistert haben. In Akademien, Ein-Tages-Workshops, bekräftigen die Kinder andere Kinder darin, dass sie die Zukunft selbst in die Hand nehmen müssen. In einer zweijährigen Konsultation entwickeln die Kinder einen 3-Punkte-Plan zur Rettung ihrer Zukunft. Verdichtet auf vier Worte wird er zum Slogan: „Stop talking. Start planting". Mit dieser weltweit funktionierenden Kampagne, dem 3-Punkte-Plan und dem Transparentmachen aller versprochenen und gepflanzten Bäume, bitten die jungen Weltbürger die Regierungschefs, Unternehmensführer und die Bürger, sie bei ihrem Kampf für ihre Zukunft zu unterstützen. Seit Dezember 2011 hat die UNEP die Verantwortung für ihre Billion Tree Campaign an die Kinder übergeben. Die Kinder führen damit den offiziellen Baumzähler der Welt mit mittlerweile 12,6 Mrd. gepflanzten Bäumen. Mit dieser Entscheidung ermächtigen die Vereinten Nationen alle Kinder der Welt zur Dokumentation des Erreichten, weil Regierungen, Unternehmen und Bürger an die Kinder berichten. Schirmherren der Plant-for-the-Planet Billion Tree Campaign und der Plant-for-the-Planet Foundation mit Sitz in Tutzing am Starnberger See sind Klaus Töpfer und Fürst Albert von Monaco. Geleitet wird die Initiative von einem nach Bevölkerungsgröße von Staaten demokratisch gewählten 28-köpfigen Kinder- und Jugend-Weltvorstand. Felix ist Gründungspräsident (www.plant-for-the-planet.org).

Bild 1
Felix Finkbeiner, Schüler, vor der UNO-Vollversammlung am 2. Februar 2011: *„Wir Kinder und Jugendlichen sind die Mehrheit. Wir dürfen nie vergessen: Ein Moskito kann nichts gegen ein Rhinozeros ausrichten, aber tausend Moskitos können ein Rhinozeros dazu bringen die Richtung zu ändern!"* [Foto: Plant-for-the-Planet (Foundation)]

Klimaneutralität und Klimagerechtigkeit – zwei zentrale Forderungen einer weltweiten Kinder- und Jugendbewegung und ein Angebot an Hessen

Wir Kinder sehen ein Kernproblem: wir können die Erwachsenen nicht in Haftung nehmen, weil sie tot sein werden, wenn wir die Probleme ausbaden müssen, die sie nicht gelöst haben. Wäre das anders, würden sich manche Erwachsene anders verhalten. Stellt Euch vor, wir Kinder könnten die Erwachsenen auf nachhaltiges Verhalten verklagen und die Unternehmen müssten in ihren Jahresabschlüssen Rückstellungen bilden für diese Prozessrisiken!

Studien von Bertelsmann[2] und Shell[3] belegen, dass 3/4 aller Kinder und Jugendlichen in Deutschland die Klimakrise und die weltweite

Armut als die beiden größten Herausforderungen der Menschheit ansehen.

In Washington DC, USA wird derzeit eine Klage Jugendlicher verhandelt.[4] Sie verlangen sowohl von der Bundesregierung der Vereinigten Staaten, als auch von den Landesregierungen eine Garantie, dass die Regierungen ausreichende Maßnahmen ergreifen, um die Klimazerstörung rückgängig zu machen, denn die Atmosphäre sei ein Gemeinschaftsgut, das allen Bürgern gehöre. Präsident Barack Obama erklärte am 1. März 2012 vor Studenten des Nashua Community College in New Hampshire: *„Let's put every single member of Congress on record: You can stand with oil companies, or you can stand with the American people. You can keep subsidizing a fossil fuel that's been getting taxpayer dollars for a century, or you can place your bets on a clean energy future."*[4]

„Klima-Gerechtigkeit" lautet zusammengefasst die Forderung vieler Kinder und Jugendlichen weltweit. Bevor wir auf die konkreten Vorschläge für das Bundesland Hessen eingehen, wollen wir Sie einladen, Zukunft aus unserer Perspektive zu sehen und Sie teilhaben lassen an unseren Gedanken.

12/11 der schwärzeste Tag

Für einige Erwachsene ist 9/11 der schwärzeste Tag. Bei diesem Terrorakt kamen 3 000 Menschen ums Leben. Wir führen deswegen noch heute Kriege. Jeden Tag verhungern 30 000 Menschen und wir fragen uns, wer kämpft für diese Menschen?

Bild 2
„Turn your back to Canada".
Am 7. Dezember 2011 bei COP 17 in Durban, Südafrika, drehen sechs junge Kanadier dem kanadischen Umweltminister während seiner Eröffnungsrede aus Protest den Rücken zu und werden daraufhin des Gebäudes verwiesen.
[Foto: Canadian Youth Delegates]

12/11 ist der schwärzeste Tag für uns Kinder. Seit 17 Jahren, länger als wir alt sind, verhandeln die Erwachsenen über das Klima mit einem klaren Auftrag, einen Anschlussvertrag zu vereinbaren für das Kyoto-Protokoll, das Ende 2012 ausläuft. Am 11. Dezember 2011 verkündeten sie das Ergebnis: 2020 soll es einen neuen Vertrag geben. In den Jahren 2013, 2014, 2015, 2016, 2017, 2018 und 2019 gibt es keinen Vertrag und jeder kann Treibhausgase rauspusten wie er möchte. An 12/11 haben die Erwachsenen ihr Versprechen gebrochen, dass die Durchschnittstemperatur nicht über 2 °C steigen wird. Diese 2-Grad-Ziel ist aber überlebenswichtig, denn die Wissenschaftler erklären uns, dass bei 2,3 °C oder 2,4 °C Anstieg der Durchschnittstemperatur ein Schwellwert überschritten wird. Bei diesem Schwellwert beginnt das Grönlandeis vollständig zu schmelzen. Wenn es mit seiner 2–3 Kilometer Dicke schmilzt, wird der Meerwasserspiegel um bis zu 7 Meter ansteigen. 40 % der Weltbevölkerung lebt in Küstennähe.

Manche von uns Kindern engagieren sich bereits auf UN-Konferenzen, denn wir haben verstanden, dass wir zur Lösung globaler Probleme verbindliche weltweite Verträge brauchen. Auf der Klimakonferenz in Cancún in 2010 haben uns die Inselstaaten beeindruckt, die sich weigerten, das 2-Grad-Ziel zu unterstützen, denn dann wären ihre Inseln schon verschwunden. Sie fordern 1,5 °C als Maximalziel. Anote Tong, der Premierminister von Kiribati, hat uns Kindern erklärt, dass er Verträge mit Australien und Neuseeland geschlossen hat, dass jedes Jahr 600 Familien umziehen dürfen, weil er weiß, dass die Kiribati Inseln bald unter Wasser sein werden. Nach Cancún hat man dann vom 2/1,5-Grad-Ziel gesprochen.

Auf unseren Plant-for-the-Planet-Akademien lernen wir Kinder eine Eselsbrücke zwischen dem CO_2-Tonnen-pro-Kopf-Ausstoß und dem Temperaturanstieg. Damit die Temperatur nicht über 2 °C ansteigt, darf jeder Mensch auf der Welt nur maximal 2 t CO_2 im Jahr ausstoßen und damit die Temperatur nicht über 1,5 °C ansteigt, nicht mehr als 1,5 t CO_2. Wir liegen heute bei 5 t CO_2/Kopf und Jahr. Keiner weiß, was +5 °C Anstieg der Durchschnittstemperatur bedeuten wird. Aber wir wissen, dass 2 km Eis über uns lagen, als die Durchschnitttstemperatur nur 5 °C niedriger war als heute.

Am 7. Dezember 2011, als der kanadische Umweltminister im Plenum der Klimakonferenz in Durban sprach, standen sechs kanadische Jugendliche auf, und drehten sich um. Hinten auf ihren T-Shirts stand: „We turn the back to Canada". Alle sechs wurden des Saales und der Konferenz verwiesen. Keine Woche später, am 13. Dezember 2011, kündigt der kanadische Umweltminister den bestehenden Kyoto-Vertrag mit folgender Begründung auf: Statt den CO_2-Ausstoß um 6 % gegenüber 1990 zu senken, hat Kanada ihn um 35 % erhöht und müsste umgerechnet 11 Milliarden Euro Strafe zahlen. Um sich dieses Geld zu sparen, kündigt Kanada den Weltvertrag auf.

Die Lehren aus 12/11

So einfach geht das. Die Zukunft von uns Kindern ist keine 11 Milliarden Euro wert. Um die Zukunft einzelner Automobilkonzerne, Banken oder Staaten zu retten, wurden und werden viel größere Summen bezahlt. Wenn man darüber nachdenkt, dass sowieso wir Kinder diese ganzen Schulden einmal zurückzahlen müssen, verstehen wir die Erwachsenen noch viel weniger. Spätestens seit 40 Jahren, seit der Club of Rome vor den Grenzen des Wachstums warnte, kann kein Mensch mehr auf die Frage: „Was habt Ihr getan?" heute noch antworten: „Wir haben es nicht gewusst". Warum aber wird dann so wenig getan? Liegt es an der unterschiedlichen Wahrnehmung von Zukunft? Oder erklärt ein einfaches Experiment mit Affen die ganze komplizierte Situation? Wenn Du einen Affen wählen lässt zwischen einer Banane jetzt und sechs Bananen später, wählt der Affe immer die eine Banane jetzt. Sollten viele Erwachsene so denken wie die Affen, dann haben wir Kinder ein großes Problem.

Nachhaltigkeit

Nachhaltigkeit ist für uns keine Floskel für Geschäftsberichte oder Sonntagsreden. Nachhaltigkeit ist das einzige Überlebenskonzept für uns Kinder. Unternehmen brauchen keine Abteilungen für Nachhaltigkeit, sondern Nachhaltigkeit muss das Ziel eines jeden Unternehmens sein. Und zwar schnell, denn sonst haben wir Kinder keine Zukunft. Die Erwachsenen sollen von den Förstern lernen, die vor 300 Jahren diesen Begriff „erfunden" haben. Alles was sie ernten, verdanken die Förster der Arbeit ihrer Vorfahren. Alles was Förster ihr Leben lang arbeiten, tun sie für die nachfolgenden Generationen. Manche Unternehmen sind stolz auf ihre Gewinne. Aber ist es eine Leistung auf Kosten von uns Kindern Gewinne einzufahren, vergleichbar dem Ernten der Bäume ohne Wiederaufforstung? Chief Shaw, Häuptling eines amerikanischen Ureinwohnerstamms, hat uns Kindern von ihrem Ältestenrat erzählt. Dieser prüft jede größere Entscheidung, ob sie auch der siebten Generation nach ihnen noch einen Vorteil bringt.

Wenn wir auch so einen Nachhaltigkeitsrat hätten, dann gäbe es weder Atomkraft, noch Verbrennen fossiler Energieträger, wir hätten die wenigsten dieser Finanzinstrumente, die sowieso keiner versteht und wir hätten auch keine Menschen, die mit Nahrungsmitteln spekulieren, während andere Menschen ver-

Bild 3
Die Umsetzung des 3-Punkte-Plans wird am 11. April 2012 zwischen dem Bürgermeister von Chetumal, Hauptstadt des mexikanischen Bundeslandes Quintana Roo und den Zukunftslobbyisten von Plant-for-the-Planet feierlich unterzeichnet. [Foto: Plant-for-the-Planet (Foundation)]

Bild 4
Kinder pflanzen vier der inzwischen 12,6 Milliarden im Rahmen der Initiative gepflanzten Bäume in einem der an der Kampagne teilnehmenden 193 Ländern [Foto: Plant-for-the-Planet (Foundation)]

hungern. Niemand konnte uns Kindern bisher erklären, wofür wir Spekulanten brauchen.

Wir haben zwei Jahre lang mehrere weltweite Konsultationen[6] durchgeführt unter mehreren Tausend Kindern und Jugendlichen aus über 100 Ländern und das Ergebnis haben wir in vier Worten zusammengefasst mit „Stop Talking. Start Planting“ und etwas ausführlicher in einem 3-Punkte-Plan[7] zur Rettung unserer Zukunft:

1. Lasst endlich die fossilen Energieträger in der Erde – Klimaneutralität bis 2050

Heute holen wir an einem Tag so viel Kohlenstoff in Form von Erdöl, Erdgas und Kohle aus der Erde, wie die Sonne in einer Million Tagen dort gespeichert hat. Dieses CO_2 als Ergebnis unserer Energieproduktion ist eine Hauptursache für die Klimaerwärmung.

Bild 5
Die Schirmherren Achim Steiner von der UNEP und Fürst Albert II von Monaco übergeben am 7. Dezember 2011 in Durban, Südafrika während der COP 17 die Billion Tree Camapign und somit den weltweiten Baumzähler an die Kinder von Plant-for-the-Planet. [Foto: Shane Doyle Photography]

Schon im Juli 2010 hat das Bundesumweltamt eine Studie[8] veröffentlicht, nach der alle Technologien die wir für 100 % Klimaneutralität brauchen, bereits existieren, teilweise jahrzehntelang. So präsentierte Gustave Trouvé ein Fahrzeug mit Elektroantrieb in Paris[9] fünf Jahre bevor Carl Benz seinen Motorwagen zum Patent anmeldete. Das Elektroauto wurde aber in den letzten hundert Jahren mehrfach getötet und wird wohl weiter zurückgehalten. Vor dem Hintergrund, dass die Erwachsenen genau wissen, dass CO_2 die Zukunft von uns Kindern zerstört, ist das ein Verbrechen an uns Kindern. In eine ähnliche Richtung geht die zum 1. Dezember 2011 in Deutschland eingeführte Umweltampel, ein angebliches Öko-Label für Autos.

Wir Kinder fordern alle Mächtigen der Welt auf, die Politiker, allen voran die nationalen Regierungen, die Landesregierungen, die Bürgermeister, die Unternehmensführer und alle Menschen, die sonst in der Gesellschaft Einfluss haben, dass sie alles unternehmen, dass unverzüglich 100 % Klimaneutralität hergestellt wird, weltweit spätestens bis 2050.

Um ein kleines Zeichen zu setzen, haben wir im Januar 2012 ein eigenes Produkt auf den Markt gebracht, so wie wir Kinder uns jedes Produkt der Welt vorstellen, nämlich gleichzeitig Fair-trade und klimaneutral. Wir haben mit unserem Lieblingsprodukt angefangen und nennen es die „Change Chocolate“ bzw. „Die Gute Schokolade“. Die Kakaobauern bekommen so viel Geld, dass sie zwischen den Kakaobäumen Edelholzer[10] anpflanzen und ihr Einkommen von US$ 4 000 auf US$ 20 000 erhöhen können. Die Kinder der Kakaobauern können so die Schule besuchen und müssen nicht für uns die Kakaobohnen ernten.

2. Bekämpft die Armut durch Klimagerechtigkeit

Um die weitere Erwärmung auf die versprochenen 1,5–2 °C zu beschränken, dürfen bis 2050 nur noch 600 Milliarden t CO_2 ausgestoßen werden.[11] Pusten wir mehr CO_2 raus, steigt die Temperatur über die 2 °C an. Teilen wir

600 Milliarden t CO_2 durch 40 Jahre, ergibt das 15 Milliarden t CO_2 pro Jahr für alle. Stellt sich nur die Frage, wie wir diese 15 Milliarden t CO_2 unter der Weltbevölkerung aufteilen? So wie heute 60 Prozent für USA und Europa? Für uns Kinder gibt es nur eine Lösung: Jeder bekommt das gleiche, nämlich 1,5 t CO_2 pro Mensch und Jahr bei 9 bis 10 Milliarden Menschen in 2050.

Und was passiert mit denen, die mehr verbrauchen oder verbrauchen wollen? Ganz einfach: Wer mehr will, muss zahlen. Wenn ein Europäer weiter 10 t CO_2 rauspusten möchte, kann er das tun, muss aber das Recht dazu von anderen Menschen, z.B. in Afrika abkaufen, die nur etwa 0,5 t CO_2 rauspusten. So sorgt das Prinzip der Klimagerechtigkeit dafür, dass auch die Armut ins Museum kommt. Denn mit dem Geld können die Afrikaner in Ernährung, Ausbildung, medizinische Versorgung und Technologie investieren. Sie müssen auch nicht den gleichen Unsinn machen wie wir mit Kohle, Erdöl und all den anderen fossilen Energieträgern, sondern können ihre Energie direkt mit Hilfe der Sonne und anderen erneuerbaren Quellen produzieren.

3. Lasst uns 1 000 Milliarden Bäume pflanzen bis 2020

Die beste Nachricht für die Menschheit: Es gibt eine Maschine, die CO_2 spaltet, in Sauerstoff umwandelt und das C speichert und daraus sogar noch leckeren Zucker herstellt. Eine einzelne dieser Maschinen heißt „Baum" und eine ganze Fabrik davon nennen wir "Wald".

Wir Kinder bitten Euch Erwachsene inständig, dass in einem ersten Schritt bis zum Jahr 2020 jeder Mensch im Durchschnitt 150 Bäume pflanzt. Wenn alle Menschen mitmachen sind das zusammen 1000 Milliarden neue Bäume. Bäume zu pflanzen und zu pflegen ist kinderleicht. In den letzten 6 Jahren haben Erwachsene und Kinder zusammen bereits 12,6 Milliarden Bäume gepflanzt. In den kommenden 8 Jahren müssen noch viel mehr Bürger, Regierungen und Unternehmen mit uns die verbleibenden 987,4 Milliarden Bäume pflanzen. Platz gibt es weltweit genug in gut erreichbaren Regionen, ohne Konkurrenz zu Landwirtschaft oder Siedlungen und ohne, dass wir in Trockengebieten pflanzen müssten. Weltweit stehen mit 3 000 bis 4 000 Milliarden Bäumen halb so viel wie vor 200 Jahren. 7 Milliarden Bäume wachsen in Deutschland (Quelle: Restoration Initiative des World Resources Institutes).

Diese neuen Bäume werden jedes Jahr 10 Milliarden t CO_2 binden, in etwa ein Viertel des menschgemachten CO_2-Ausstoßes. Damit haben wir erstens etwas Zeit gewonnen, um auf einen nachhaltigen, also völlig CO_2-freien Lebensstil umzusteigen. Außerdem können wir diese 1000 Milliarden Bäume in einigen Jahren wieder fällen, das „C" in Möbeln, Häusern, Brücken usw. lange Jahre binden oder zu Bioholzkohle verarbeiten [Quelle: Tim Flannery, Auf Gedeih und Verderb, Die Erde und wir: Geschichte und Zukunft einer besonderen Beziehung] und so unsere Böden mit Kohlenstoff anreichern. Natürlich forsten wir die 1000 Milliarden Bäume sofort wieder auf und wiederholen diesen Prozess immer wieder. Vergleichbar einem Schwamm saugen wir Teile des CO_2 aktiv aus der Luft und speichern es intelligent und langfristig.

Bild 6
Vier der 15 000 Kinder und Jugendlichen, die sich gegenseitig auf einer der 211 Akademien in 23 Ländern zu Botschaftern für Klimagerechtigkeit (8–14 Jahre) oder zu Zukunftslobbyisten (15–21 Jahre) ausbilden. [Foto: Plant-for-the-Planet (Foundation)]

Der 3-Punkte-Plan zur Rettung unserer Zukunft zusammengefasst für Hessen

Hessen will Vorreiter in Klimaneutralität werden. Hessens Wirtschaftssektoren, wie Industrie, Verkehr, Nachrichten, Finanz und Handel agieren weltweit und haben eine globale Verantwortung. Politik, Wirtschaft und Bürger Hessens könnten gemeinsam den 3-Punkte-Plan umsetzen. Einige Ideen haben wir Kinder und Jugendlichen hier gesammelt:

1. Hessen könnte eine „Eine-Milliarde-Baum"-Kampagne starten. Hessen mit seinen 6 Millionen Bürgern multipliziert mit 150 Bäumen muss ja im Rahmen unseres Programms nach unserer Logik mindestens 900 Millionen Bäume pflanzen.
2. Wir könnten eine „Hessen-Baum-Uhr" mit 75 Millionen Bäumen auf ihrem Zähler starten, wenn die 100 größten Unternehmen in Hessen als Vorbild anfangen und die knapp 500 000 Mitarbeiter ihr Soll erfüllen.
   a) Ein transparentes Ranking unter den Unternehmen wird diese Zahl wesentlich erhöhen.
   b) Die Hessen-Baum-Uhr wird damit Teil der Weltbaumuhr und kann auch mit dieser kombiniert auf allen Hessen Partnerwebseiten dargestellt werden. Alle Bäume, die hessische Unternehmen oder Bürger pflanzen, egal wo auf der Welt, addieren zum hessischen Baumzähler und gleichzeitig in die Weltbaumuhr.
3. Hessen bietet vermutlich nicht genug Platz für diese zusätzliche Milliarde Bäume, aber in Afrika, Südamerika, Asien ist genug Platz und dem Klima ist es egal, wo die Bäume stehen. Im Gegenteil, Bäume in den Tropen binden viel mehr CO_2 als Bäume in Hessen.
4. Das Verhältnis der reichen zu armen Menschen auf der Erde entspricht in etwa 1:5. Hessen kann bestehende Partnerschaften mit Ländern des Südens nutzen oder/und neue Partnerschaften mit Regionen mit mindestens 30 Millionen Bürgern begründen. Wegen der besonderen Verantwortung Europas für Afrika wäre eine Aufforstung Hessens innerhalb der Great Green Wall vorstellbar, einem 7 775 km langen und 15 km breiten geplanten Grüngürtel, der durch elf afrikanische Staaten von Senegal bis Djibouti gehen soll.
5. Aus unserem Plant-for-the-Planet Netzwerk können wir Hessen zwei Länder in Afrika als Partner vermitteln, nämlich Kenia und das Königreich Lesotho.
   a) Kenia verkündete am 19. April 2012 ein eigenes nationales Milliarden Baum Ziel. In nur sechs Jahren haben über 1400 Bürger, Unternehmen und die kenianische Verwaltung gemeinsam mehr als ein halbe Milliarde Bäume gepflanzt. Dank Wangari Maathai ist Kenia auch der Ausgangspunkt der modernen globalen Baumpflanzbewegung. In Kenia lernt jedes Kind, dass wenn es nicht eine bestimmte Menge an Bäumen gepflanzt hat, es die Luft eines anderen Menschen atmet. Durch Bäume pflanzen hat Wangari Maathai auch die Frauen in Afrika „empowert". Sie hatte auch die Idee zur Billion Tree Campaign und hat uns Kinder inspiriert. Das gemeinsame Bäume pflanzen macht uns zu einer Weltfamilie. Nur wenn wir weltweit zusammenarbeiten und uns als Weltbürger verstehen, können wir die globalen Probleme lösen.
   b) Lesotho ist mit gut zwei Millionen Einwohnern eines der finanziell ärmsten Länder der Welt. Prinzessin Senate von Lesotho ist eine von 500 Plant-for-the-Planet Botschaftern für Klimagerechtigkeit in Lesotho. Königshaus, Regierung und der Botschafter von Lesotho in Berlin, Herr Makase Nyaphisi, würden eine langfristig angelegte Partnerschaft mit Hessen sehr begrüßen.
6. Die Bürger aller Partnerländer erfüllen diese Partnerschaft mit Leben, weil die reichen und die armen, die alten und die jungen Bürger gemeinsam Bäume pflanzen an gemeinsamen nationalen und internationalen Baumpflanztagen.
7. In die Partnerschaft bringt Hessen den Technologietransfer ein, damit die Partner, dank leap frogging nicht die gleichen Fehler machen wie wir und stattdessen bildlich gesprochen, vom Fahrrad direkt auf das Elektroauto umsteigen und ihre Hütten mit

Solarenergie ausstatten. Opel bringt in die Partnerschaft eine wesentlich abgespeckte Version des Ampera zu Tata-Preisen ein. Zusammen mit seinen Partnern Kenia und Lesotho kann Hessen so die 1,5 t CO_2 Grenze dauerhaft halten.

8. Alle Bürger, Unternehmer und Politiker in Hessen werden Botschafter für diese Idee und bereichern bestehende internationale Beziehungen mit gemeinsamen Baumpflanzaktion und Plant-for-the-Planet Akademien:
   a) Unternehmen unterhalten Standorte und Geschäftsbeziehungen in vielen Teilen der Erde
   b) viele Schulen in Hessen haben Partnerschulen und
   c) Städte in Hessen halten Kontakt zu Partnerstädten.
9. Auf der Innenseite von „Die Gute Schokolade“, können wir Hessens globalen partnerschaftlichen Ansatz bekannt machen und aufzeigen, wie Hessen den 3-Punkte Plan von Plant-for-the-Planet zur Rettung unserer Zukunft umsetzt. Allein in Deutschland wird die Schokolade von Händlern in über 5 000 Läden ohne Aufschlag verkauft.

Die Zukunft ist nicht teilbar. Deswegen bitten wir jeden Erwachsenen nicht nur in Hessen, sich mit aller Kraft in seinem Bereich für Nachhaltigkeit einzusetzen in Partnerschaft mit uns Kindern und in Solidarität zu den finanziell ärmeren Regionen der Welt.

Epilog

Wir Kinder von Plant-for-the-Planet sind mit Tausenden von anderen Kinder- und Jugendorganisationen auf der Welt vernetzt. Wir treffen uns mit ihnen auf physischen Konferenzen, aber als „digital natives“ tauschen wir uns überwiegend im virtuellen Raum aus und vernetzen uns so. Jeden Tag nimmt die Zahl der jungen Menschen auf der Welt zu die begreifen, dass Bequemlichkeit und Ignoranz der Erwachsenen ihre Zukunft zu zerstören droht. Wir wissen, dass es natürlich viel Geld kosten wird ein Wirtschafts- und Finanzsystem in ein nachhaltiges Weltwirtschaftssystem umzubauen. Aber dieses Geld ist unserer Meinung nach sehr gut investiert. Wir danken der Hessischen Landesregierung, dass es uns Kinder um unsere Meinung gefragt hat und Hessen ein Vorreiter in Sachen Nachhaltigkeit werden will.

Bild 7
Prinz Albert aus Monaco ist Schirmherr von Plant-for-the-Planet. Kampagnenbild mit Adeline (12). [Foto: Plant-for-the-Planet (Foundation)]

Ein 12-jähriges Mädchen aus Kanada, Severn Suzuki, sprach im Jahr 1992 auf der Konferenz der Vereinten Nationen über Umwelt und Entwicklung in Rio de Janeiro[12]. Wir Kinder hatten uns überlegt ihre Rede wörtlich anlässlich Rio+20 im Sommer 2012 nochmals zu halten, um zu demonstrieren, dass jedes einzelne Wort auch heute noch gültig ist. Als Menschheit haben wir leider zwanzig wertvolle Jahre für unseren Umbau in die Nachhaltigkeit verloren.

Es gibt aber auch eine gute Seite: Alle Videoversionen von Severns Rede zusammen haben im Internet in 20 Jahren etwa 20 Millionen Klicks erreicht. Heute schaffen gute Videos 20 Millionen Klicks in nur zwei Tagen.

Lasst uns gemeinsam die Zukunft verändern. Das Bäume pflanzen ist nicht nur wichtig um CO_2 zu binden und die Klimaerwärmung zu verlangsamen und zu stoppen. Es ist auch eine erste wichtige, emotionale und außerdem sehr symbolträchtige Maßnahme: Jeder kann mitpflanzen, alt und jung, reich und arm, krank oder gesund, farbig oder weiß und im Grunde fast überall auf der Erde. Wenn wir als Weltfamilie die globalen Herausforderungen in einer konzertierten Aktion anpacken, dann sehen wir Kinder und Jugendlichen auch wieder eine Zukunft. Gemeinsam und in Solidarität können wir alle Herausforderungen meistern.

Zwei Tage bevor wir vor der Vollversammlung der UNO unseren 3-Punkte-Plan vorstellten haben wir am 31. Januar 2011 in New York vor 400 Schülern der United Nation International School einen Vortrag gehalten. Am Ende steht Theo, ein 10-jähriger Junge auf und sagte. „Felix wir schaffen das, die Ägypter schaffen das auch!" Das war der siebte Tag der Revolution.

Ein Jahr später haben sich 16 Kinder von Plant-for-the-Planet mit Waleed Rached getroffen, einem der Revolutionsführer in Ägypten.

Bäume zu pflanzen ist unser Ausdruck für unseren Kampf für unsere Zukunft. Wir Kinder wissen, dass ein Moskito nichts gegen ein Rhinozeros ausrichten kann, wir wissen aber auch, dass tausend Moskitos ein Rhinozeros dazu bringen können, die Richtung zu ändern.

Anmerkungen

[1] Folgende Mitglieder und Botschafter für Klimagerechtigkeit von Plant-for-the-Planet in alphabetischer Reihenfolge haben an diesem Text mitgewirkt: Alexandra, Alina, Analea, André David, Anna Be. , Anna Br., Anna-Lena, Anna-Maria, Antonia B. Antonia Sch., Carolin Alexa, Cécilia, Clara Helene, Clara Madeleine, Davide Cosimo, Emilia, Felix R. , Felix F., Fidan, Franziska, Jeanne, Jonathan, Jule, Julius, Kai, Laura, Lea, Lena Sch., Lena A., Lennart, Lykke Luzia, Maja, Manfred, Marc, Marie-Anna, Mia, Moritz, Niklas, Noah, Noam, Paula, Raphael, Rebecca, Rhoda, Rufat, Silja, Sophie Juleska, Svenja, Tamina, Timon und Timothe.

[2] Umfrage: Felix und die Sorge um die Zukunft – Aktuelle Nachrichten – Printarchiv – Familie – Berliner Morgenpost – Berlin. Aktuelle Nachrichten- Berliner Morgenpost – Berlin. N.p., n.d. Web. 9. Apr. 2012. http://www.morgenpost.de/printarchiv/familie/article1150362/Felix-und-die-Sorge-um-die-Zukunft.html

[3] Klimawandel | Deutschland. Shell in Deutschland | Deutschland. N.p., n.d. Web. 9. April 2012. http://www.shell.de/home/content/deu/aboutshell/our_commitment/shell_youth_study/2010/climate_change/

[4] The iMatter March: Kids vs Global Warming. N.p., n.d. Web. 9. Apr. 2012. http://www.imattermarch.org/#!lawsuit

[5] Obama calls for Congress to vote on oil subsidies – CNN.com. CNN.com – Breaking News, U.S., World, Weather, Entertainment & Video News. N.p., n.d. Web. 9. Apr. 2012. http://www.cnn.com/2012/03/01/politics/obama-energy/index.html

[6] Vier Kinder- und Jugendkonsultationen fanden statt 2008 in Stavanger in Norwegen, 2009 in Daejeon, Südkorea und 2010 in Bad Blumau, Österreich und Nagoya in Japan, meistens im Auftrag der UNEP. Diese Konsultationen mit mehreren Tausend Kindern und Jugendlichen aus über 105 Ländern wurden im Auftrag des UN Waldforums (UNFF) zwischen November 2010 und Januar 2011 in einer Online-Konsultation zu einem 3-Punkte-Plan zusammengefasst und auf der 9. Sitzung des UN-Waldforums in New York am 2. Februar 2011 vorgestellt.

[7] Rio+20 - United Nations Conference on Sustainable Development. Rio+20 – United Nations Conference on Sustainable Development. N.p., n.d. Web. 7. Apr. 2012. http://www.uncsd2012.org/rio20/content/documents/63Plant-for_the_planet_submission_rio20_20111028.pdf

[8] Presse-Information 2010: Energieziel 2050: 100 Prozent Strom aus erneuerbaren Quellen. Steigen Sie ein: Das Umweltbundesamt – für Mensch und Umwelt. N.p., n.d. Web. 9. Apr. 2012. http://www.umweltbundesamt.de/uba-info-presse/2010/pd10-039_energieziel_2050_100_prozent_strom_aus_erneuerbaren_quellen.htm

[9] Vgl. Mobilität heute (2010), S. 5

[10] Die Gute Schokolade | Plant-for-the-Planet | Stop talking. Start planting. N.p.,n.d. Web. 7. Apr. 2012 http://www.plant-for-the-planet.org/de/node/414

[11] WBGU: SG 2009 Budgetansatz. WBGU: Home. N.p., n.d. Web. 9. Apr. 2012. http://www.wbgu.de/sondergutachten/sg-2009-budgetansatz/

[12] Link zu Severn Suzukis Rede: www.youtube.com/watch?v=uZsDliXzyAY

Teil 1

CO_2-Neutralität als Strategie des Landes Hessen

Projekt CO_2-neutrale Landesverwaltung Hessen – Eine Strategie für Hessen: Reduktion – Substitution – Kompensation

Elmar Damm | Hessisches Ministerium der Finanzen
Franz Josef Radermacher | Universität Ulm, FAW/n Ulm

Ausgangslage

Die Nachhaltigkeitsstrategie Hessen ist im Jahr 2008 aus einem parteiübergreifenden Ansatz hervorgegangen. Sie verfolgt ein sehr breites Spektrum von Projekten und bindet neben Verantwortungsträgern und Mitarbeitern des Landes Hessen eine Vielzahl weiterer Institutionen und gesellschaftlicher Gruppen mit ein. Das Projekt „CO_2-neutrale Landesverwaltung" wurde durch die 2. Nachhaltigkeitskonferenz der Hessischen Landesregierung am 3. Juni 2009 beschlossen.

Das Land Hessen unternimmt auf diese Weise freiwillige Anstrengungen im eigenen Handlungsbereich, um für den Klimaschutz sichtbar und über die gesetzlichen Anforderungen hinausgehend, einen aktiven Beitrag zu leisten. Ziel ist es bis zum Jahr 2030 bezogen auf die Aktivitäten der Landesverwaltung den Status der Klimaneutralität zu erreichen.

Das Projekt legt einen seiner Schwerpunkte auf die von der Landesverwaltung genutzten Gebäude und die damit verbundenen Aufwendungen im energetischen Bereich für Strom, Wärme etc. Hier werden entscheidende Ansatzpunkte zur CO_2-Reduktion identifiziert. Dies entspricht der breiten öffentlichen Erörterung dieses Themas und bedeutet zugleich erhebliche finanzielle Herausforderungen in Zeiten angespannter öffentlicher Finanzen.

Einen weiteren Schwerpunkt bildet das Nutzerverhalten der Mitarbeiter in der Landesverwaltung. Hier hat der „Energie Cup Hessen", als Pilotprojekt der hessischen Landesverwaltung, verdeutlicht, wie erfolgreich allein durch Veränderungen des Nutzerverhaltens – also ohne investiven Aufwand – im beruflichen Alltag wertvolle Energie eingespart werden kann.

Zur Zielerreichung wird eine dreistufige Herangehensweise verfolgt. Erste Priorität hat die Reduktion des Energieverbrauchs, zweite Priorität ist es, den verbleibenden Energieverbrauch möglichst klimaneutral zu substituieren, z.B. durch „grünen Strom". Wenn allein durch diese Maßnahmen die Klimaneutralität – insbesondere mit Blick auf die obwaltenden finanziellen und wirtschaftlichen Rahmenbedingungen unmöglich ist, wird mit dritter Priorität die Kompensation von CO_2-Emissionen verfolgt. Die Grenzen zwischen diesen Prioritäten sind nicht absolut und müssen mit Augenmaß gesetzt werden.

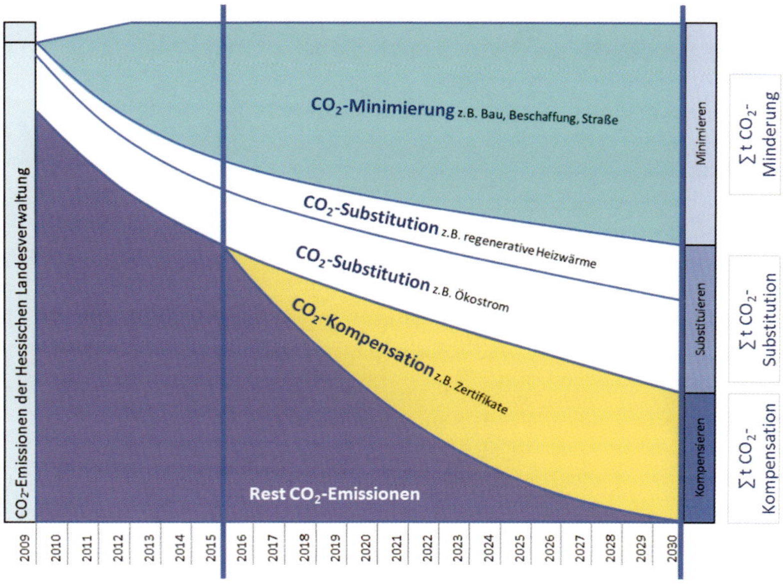

Bild 1
Schaubild zur Erreichung der Klimaneutralität

Die entscheidende Innovation des Projekts „CO_2-neutrale Landesverwaltung Hessen" besteht darin, im öffentlichen Raum einerseits über das gesetzlich Geforderte hinauszugehen, andererseits mit Blick auf die ökonomische Seite auch globale Kompensation substantiell einzubeziehen. Dieser Punkt wird über rein ökonomische Erwägungen noch wichtiger dadurch, dass ohne globale Partnerschaft das 2-Grad-Ziel mit hoher Wahrscheinlichkeit nicht erreichbar sein wird.

Internationale Klimapolitik: die große Herausforderung

Das Klimaproblem besitzt in der internationalen Politik, besonders in der europäischen und deutschen Politik, eine hohe Bedeutung. Allerdings scheint es eine enorme Diskrepanz zwischen „Erklärungen" und dem eigentlichen „Tun" zu geben. Alle Akteure sind damit konfrontiert, dass die weltweiten Entwicklungen genau den erklärten Zielen entgegenlaufen und die weltweiten Klimagasemissionen dauernd zunehmen.

Die Grundorientierung der Klimapolitik in Europa folgt in dieser Situation einem logisch stringenten Ansatz, der das 2-Grad-Ziel als archimedischen Punkt einer fast schon mechanischen Folgerungskette von Handlungsschritten der nachfolgend beschriebenen Art nimmt, wobei allerdings ausgeklammert wird, dass die übrige Welt sich dieser Sicht bisher nicht anschließt und europäische Klimaanstrengungen deshalb ins Leere laufen. Das 2-Grad-Ziel erlaubt gemäß dieser Logik ein weltweites Restbudget an CO_2-Emissionen von z. B. 600 bis 750 Milliarden Tonnen CO_2 aus fossilen Quellen bis 2050 gemäß der sogenannten WGBU[1]-Budgetrestriktion. Nach einer bestimmten Logik verbleibt davon über die nächsten 40 Jahre ein bestimmtes Volumen in Europa und im Besonderen in Deutschland. In einer primär nationalen Perspektive wird dann über die Zeitschiene ein CO_2-Reduktionsprogramm, aufgeteilt nach Sektoren der Wirtschaft, vorgeschrieben. Besonders tangiert sind dabei der Immobiliensektor, aber auch die Energieerzeugung und das Verkehrswesen.

In der Adressierung des Immobiliensektors werden sehr unterschiedliche Marktbereiche ähnlich behandelt. Das eröffnet bei Bestandsgebäuden der öffentlichen Seite, wie bei privaten Hausbesitzern und Wohnungsbaugesellschaften teilweise große Probleme. Das gilt z. B. für viele Unternehmen der Wohnungswirtschaft, die teilweise hunderttausende von Wohnungen im Wert erhalten müssen und das bei Mietern, die sich zum Teil in sozialen Schieflagen befinden und Mietpreiserhöhungen nicht ohne weiteres verkraften können. Energiepolitik und Klimaschutz kollidieren in diesem Bereich oftmals mit sozialen Aspekten[2].

Ein weiteres kommt hinzu: Alle die beschriebenen Maßnahmen leiten sich von dem 2-Grad-Ziel ab. Die weltweite Politik schließt sich aber der europäischen Logik in diesem Bereich bisher erklärtermaßen **nicht** an. Für die meisten Regierungen rund um den Globus, für große Akteure wie z. B. die USA, China, Indien, Brasilien und Indonesien sind **Wohlstandserhalt, Wachstum und Entwicklung** hier und jetzt die dominanten Themen und nicht der Klimaschutz.

Vor diesem Hintergrund ist Klimaschutz nur eine abgeleitete Größe, verbunden mit der Energiethematik und letztlich weltweit nur umsetzbar in einer **Win-Win-Strategie**, die aber wiederum erhebliche Investitionen von Mitteln der reichen Welt in den sich entwickelnden Ländern voraussetzt. Davon ist bis heute nicht ausreichend die Rede und deshalb wird das 2-Grad-Ziel über die bisher in Europa verfolgte Politik wohl **nur schwer erreicht werden können.** Insgesamt sind zukunftsweisendere Ansätze erforderlich. **Massive Transfers** vom Win-Win-Typ aus Industrieländern in sich entwickelnde Staaten gehören dazu. Zugleich soll und muss bei uns vor Ort Substantielles gerade auch im Immobiliensektor geleistet werden. Und der insgesamt erreichte Klimaeffekt soll deutlich höher sein als jetzt vorgegeben, aber kostenmäßig günstiger, dafür zugleich flexibler, ökonomischer, klüger, damit wirtschaftlich tragfähig und nicht in der Wirkung zu Lasten der ohnehin sozial Schwachen.

Der Hebel

Welche Vorgehensweise wird verfolgt, wo kann angesetzt werden? In den letzten Jahren bildet sich, ausgehend von Kopenhagen und Cancún, ein neuer Konsens in der Klimapolitik heraus. Es geht um Win-Win-Konstellationen, mit denen das 2-Grad-Ziel noch erreicht werden kann. Ein entscheidender Ansatz dabei ist es, die freiwillige Klimaneutralität von Akteuren in einer Kombination von Aktivitäten vor Ort und weltweit zu erreichen.

In solchen Ansätzen werden zunächst gemäß Pareto-Prinzip (also der Konzentration auf die mit geringeren Kosten möglichen Effekte am Anfang) mit vielleicht 25 % der Kosten die Hälfte der angestrebten Effekte vor Ort realisiert („Early Wins"). Die zweite Hälfte mit etwa 75 % der Kosten vor Ort ist ökonomisch vergleichsweise ineffizient und zudem in vielen Fällen wirtschaftlich nicht darstellbar. Mit einer zweiten Tranche von etwa 25 % der Kosten lässt sich global noch sehr viel mehr für das Klima erreichen als die 50 % Zielerreichung in Deutschland, z. B. 150 % der bisher in Deutschland angestrebten Klimaeffekte. Mit 50 % der Kosten würden so in der Summe 200 % Effekt erzielt – ein **Faktor 4** an Wirksamkeit.

Was kann auf diesem Wege erreicht werden? Hoffentlich eine weltweite **Win-Win-Partnerschaft** für das 2-Grad-Ziel, basierend auf einer klugen Kombination von Maßnahmen vor Ort und Maßnahmen weltweit. Zu reduzierten Kosten werden höhere Klimaeffekte erreicht, und das auch noch früher. Zusätzlich gelingt eine massive Förderung der internationalen Zusammenarbeit im Klimabereich bei gleichzeitiger Förderung zahlreicher weiterer Nachhaltigkeitseffekte.

Strategische Konsequenzen für das Hessische Klimaneutralitätsprojekt

Hessen lässt sich bei seinen strategischen Überlegungen von einem doppelten Ansatz leiten: Orientiert an dem 2-Grad-Ziel soll jenseits von Kostenüberlegungen regional gehandelt werden, um die vielen bestehenden Handlungsmöglichkeiten aufzuzeigen und die Bereitschaft in Deutschland (z. B. in Hessen) und Europa darzustellen, substantielle Veränderungen gegenüber dem Status Quo vor Ort in Gang zu setzen. So werden bei öffentlichen Beschaffungen einer – über die Lebensdauer gesehen – energieminimalen Alternative Chancen gegenüber einer Alternative mit geringstem Anschaffungspreis eingeräumt. Die Bürger sollen zu ähnlichem Handeln motiviert werden. Den Umfang dieser Maßnahmen bestimmen immer politische Entscheidungen, die wiederum Kosten-Nutzen-Aspekte und Balanceüberlegungen beinhalten. Denn zur Erreichung derselben CO_2-Einsparung sind Kompensationsmaßnahmen wie z. B. Aufforstung oder die Errichtung eines Windparks, jeweils im Ausland, meist deutlich preisgünstiger. Die Realisierung derartiger Maßnahmen wird derzeit von der hessischen Landesverwaltung geprüft. Ohne weltweite Partnerschaft ist das 2-Grad-Ziel mit hoher Wahrscheinlichkeit nicht erreichbar.

Umsetzungsschritte im Projekt „CO_2-neutrale Landesverwaltung"

Am Anfang stand die Bestandsaufnahme der Energieverbräuche. Hierzu wurden die Systemgrenzen definiert, Daten der Verbräuche zusammengetragen, die klimarelevanten Emissionen in einer CO_2-Bilanz ermittelt und eine Eröffnungsbilanz (2008) erstellt. Daraus leiteten sich die wesentlichen Handlungsfelder ab. Zur Unterstützung der CO_2-Reduktionsziele der hessischen Landesverwaltung wurde ein Energieeffizienzplan 2030 entwickelt. Dieser bezieht sich auf den Gebäudebereich, wobei die drei Elemente Neubau, Bestandsbau und Nutzerverhalten betrachtet werden. In der Top-Down Umsetzung wurden die oberste Führungsebene angesprochen, Beschlüsse gefasst und durch Erlasse und Verordnungen verankert. Bottom-up fand eine gemeinsame Entwicklung statt, z. B. die Entwicklung von Leitfäden und Fortbildungsmaßnahmen. Verknüpfendes Element dieser Entwicklung ist konzeptionell der Gedanke der gelebten Nachhaltigkeit. Die integrative Betrachtung ökologischer, ökonomischer und sozialer Aspekte, die Partizipation der Betroffenen an Entscheidungen und Gestaltungsschritten und die Offenheit der Konzepte für neue Erkenntnisse und Anforderungen schaffen die Voraussetzung für ganzheitliche und vernetzte Problemlösung.

Die Ergebnisse dieses Prozesses sind im Einzelnen:

1. Energieeffizienz-Standards bei Neubaumaßnahmen im Staatlichen Hochbau
   Hierzu zählt die Festlegung landesweit einheitlicher Standards für die Energieeffizienz von Neubauten mit dem mittelfristigen Ziel, im Rahmen des Hessischen Modells Verwaltungsbauten nur noch als „Fast-Nullenergiegebäude" zu errichten.
2. Energieeffizienz bei Baumaßnahmen im Bestand der Landesliegenschaften
   Auch hier wurden landesweit einheitliche Standards für die Energieeffizienz von landeseigenen Bestandsgebäuden festgelegt mit dem Ziel, bei energetischen Grundsanierungen von Gebäuden, die jeweils geltende Energieeinsparverordnung (EnEV) grund-

sätzlich ohne Abschwächung einzuhalten. Neuanmietungen für Zwecke der Landesverwaltung orientieren sich hinsichtlich der Energieeffizienz ebenfalls an den energetischen Neubaustandards.

3. Energieeffizientes Nutzerverhalten
Die Änderungen von Verhaltensweisen setzt immer eine Bewusstseinsbildung und Erkenntnisgewinn voraus. Ein Klimabewusstsein bei allen Mitarbeiter/-innen der Verwaltung ist die Basis, auf der weitere Schritte mit breiter Akzeptanz erfolgen können.
Das im Bereich des Nutzerverhaltens liegende Einsparpotential wird durch die Implementierung eines energetischen Monitoring-Systems gehoben. Hiermit können unnötige Energieverbräuche unterjährig erkannt und vermieden werden.
Mit dem in 2010/2011 bundesweit in diesem Umfang erstmals durchgeführten Energiesparwettbewerb „Energie Cup Hessen" in zunächst 40 Liegenschaften wurde die Bereitschaft bei den Landesbediensteten geweckt, sich aktiv und mit Freude an der Thematik Energieeinsparung zu beteiligen. Ein wichtiger Baustein bei der Entwicklung Klima schonender Verhaltensweisen und Arbeitsabläufe war die stetige Unterstützung der Energieteams durch eine fachliche Begleitung und Schulungen. Die hier gewonnenen Erfahrungen werden nun Schritt für Schritt in Form von Energiesparpartnerschaften an die Landesbediensteten in anderen Liegenschaften weiter gegeben.

4. Lernnetzwerk – Vernetzung mit Verbündeten
Die Bildung eines Klimaschutzbewusstseins braucht Zeit. Es kann durch kontinuierliche Information, prozessbegleitende Kommunikation und die Einbindung von Kooperationspartnern gefördert werden. Das im Projekt ins Leben gerufene Lernnetzwerk, dem Unternehmen, Kommunen und Institutionen angehören, hat hier einen wesentlichen unterstützenden Beitrag geleistet. Das Lernnetzwerk ist eine Kommunikationsplattform, um Kompetenzen bezüglich Nachhaltigkeit und Klimaschutz zu bündeln und Ideen und Wissen zur Umsetzung einer emissionsärmeren Gesellschaft auszutauschen. Die Netzwerkpartner beteiligen sich durch aktives Engagement, um neue Initiativen in Gang zu setzen, in die Wissen aus den unterschiedlichen fachlichen Bereichen der Mitglieder einfließt, um einen gemeinsamen Mehrwert zu erzeugen. Die Lernnetzwerkpartner haben darüber hinaus den oben genannten „Energie Cup Hessen" durch die Bereitstellung von Informationen und Informationsveranstaltungen über eigene Aktivitäten im Bereich CO_2-Neutralität wesentlich unterstützt.

5. CO_2-Standards in der Beschaffung
Im Bereich der Beschaffung wurden verbindliche Richtlinien für die Beschaffungsmaßnahmen der Landesverwaltung festgelegt, die die Beschaffung energieeffizienter Produkte und Dienstleistungen zum Ziel haben und die Lebenszykluskosten bei Investitionen und Beschaffungen berücksichtigen.

6. Energieträgeraustausch durch regenerative Energien
Im Bereich Substitution, dem Umstieg auf alternative Energien, wurden wichtige Meilensteine gesetzt, ohne die Anstrengungen zur Vermeidung von CO_2-Emissionen zurückzufahren. So wurde z.B. die gesamte Stromlieferung der Hessischen Landesverwaltung auf Ökostrom umgestellt, ein Pilotprojekt im Bereich Elektrofahrzeuge gestartet. Bei der Wärmeerzeugung oder -versorgung wurde mit alternativen Energieträgern begonnen.

7. Neutralisation der verbleibenden Treibhaus-Emissionen durch Kompensation
Der nach der Durchführung von Maßnahmen zur Minimierung bzw. Substitution verbleibende CO_2-Ausstoß der Hessischen Landesverwaltung wird in der CO_2-Bilanz festgestellt. Dabei wird berechnet, in welchem Umfang CO_2-Zertifikate für eine Neutralstellung der CO_2-Emissionen der Hessischen Landesverwaltung erworben werden müssten. Die Ausgestaltung der Neutralstellung soll zeitnah vorbereitet werden. Dies kann grundsätzlich durch den Erwerb von Zertifikaten bzw. in Form der Durchführung von Kompensationsprojekten in Hessen oder im Ausland ermöglicht werden.

Durch den Ankauf von CO_2-Zertifikaten würde ein erster Einstieg in die Kompensation erfolgen. Durch Kompensationsprojekte können in einem zweiten Schritt außerdem CO_2-Zertifikate sowohl aus landeseigenen, allerdings nur in sehr geringem Maße, sowie auch aus ausländischen Projekten generiert werden.
Für Zertifikate, die im Ausland erworben werden, bieten sich großflächige Aufforstungen unter Beachtung der einschlägigen internationalen Konventionen, insbesondere auch des Schutzes der Biodiversität an. Zertifikate auf Basis des Clean Development Mechanism (CDM) der Weltklimapolitik oder die Stilllegung von Zertifikaten des Europäischen Klimasystems sind weitere Optionen.

8. Vereinbarkeit von Investitionen in den Klimaschutz mit der aktuellen Situation der öffentlichen Haushalte
Hessen hat das Ziel gesetzt, ab dem Jahr 2020 grundsätzlich keine neuen Schulden mehr zur Finanzierung seiner Ausgaben aufzunehmen. Die Einhaltung dieser sogenannten „Schuldenbremse" ist allein schon eine enorme Herausforderung für das Land Hessen. Die Leistungsfähigkeit der öffentlichen Haushalte ist vor diesem Hintergrund in Zukunft stark eingeschränkt. Notwendige Investitionen in den Klimaschutz zu finanzieren, wird nicht leicht fallen. Trotzdem ist dieser Spagat erforderlich, um den verschiedenen drängenden Zukunftsfragen angemessen Rechnung zu tragen. Investitionen in den Klimaschutz müssen sorgfältig mit der Leistungsfähigkeit der öffentlichen Haushalte abgewogen werden. An dieser Stelle treffen sich zwei der wichtigsten Zukunftsthemen unserer Zeit.

Das Fernziel dieser Entwicklung ist eine Integration aller Teilziele dieser doppelstrategischen Herangehensweise in das Verwaltungshandeln und das Erreichen einer Verstetigung.

Abschätzung von Reduktion und Kompensationsmaßnahmen im Projekt

Die von Landesseite initiierten bzw. in Auftrag gegebenen Analysen ergeben folgendes Bild: Der überwiegende Anteil (über 85 %) der CO_2-Emissionen der hessischen Landesverwaltung stammt aus dem Gebäudebetrieb. Das Gebäudeportfolio schließt die Liegenschaften von Universitäten und Hochschulen ein. Zum Zweck der Erfassung und Fortschreibung wurde eine CO_2-Bilanz eingeführt, die jahresbezogen geführt werden soll. Die Eröffnungsbilanz wies für alle Gebäude inkl. Mietobjekten für das Jahr 2008 eine CO_2-Gesamtemission von 394 241 t aus.

Zur Abschätzung künftiger Emissionen wurde in Zusammenarbeit zwischen den Projektverantwortlichen im Hessischen Finanzministerium und dem projektbegleitenden Strategiepartner Forschungsinstitut für anwendungsorientierte Wissensverarbeitung/n (FAW/n) in Ulm ein Szenario aufgestellt und durchgerechnet, bei dem bauliche Maßnahmen, Beschaffungsmaßnahmen sowie allgemeine Emissionssenkungen bei der Stromerzeugung berücksichtigt wurden[3]. Wesentliche Annahmen des Szenarios:

1. Die gesamte Gebäudefläche wird bis zum Jahr 2030 in etwa gleich bleiben,

2. Es werden bis zum Jahr 2030 mindestens 500 000 m^2 und im günstigsten Fall 800 000 m^2 Bruttogeschossfläche (BGF) gemäß Standard eines „Fast Nullenergiegebäudes nach Hessischem Modell" neu gebaut und es werden weitere 500 000 m^2 bis 800 000 m^2 BGF auf etwa das doppelte Emissionsniveau des Niedrigstenergiehausstandards nach Hessischem Modell saniert.

3. Der Verbrauch an Nutzstrom („Bürostrom") kann über die nächsten 20 Jahre hinweg durch vermehrte Nutzung stromsparender Geräte, stromsparender Arbeitsplatzbeleuchtung und bewussterem Nutzerverhalten im Mittel um etwa 15 % – 20 % gesenkt werden.

Vorbehaltlich dieser Annahmen resultiert die in Abbildung 2 gezeigte obere Kurve der gesamten, durch und in den Gebäuden der Hessischen Landesverwaltung verursachten Emissionen mit Verminderung von ca. 395 000 t auf ca. **223 000 t** im Jahr 2030. Eine jährliche Kom-

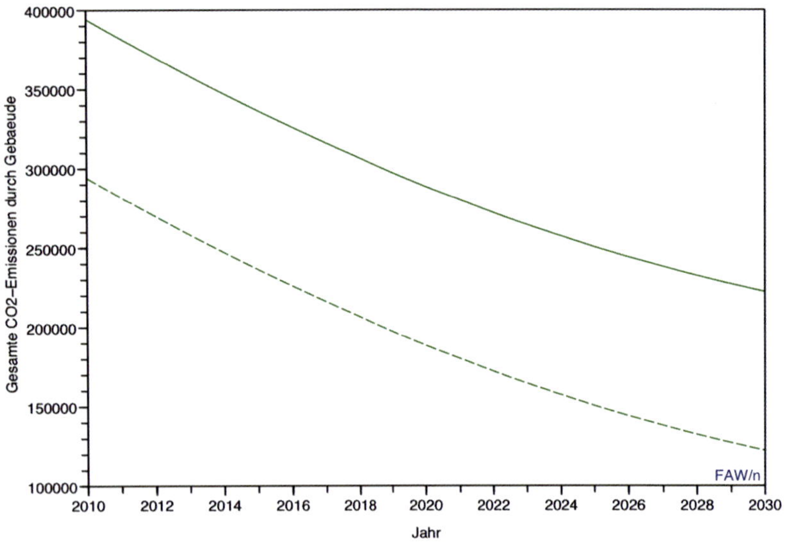

Bild 2
Möglicher Reduktionspfad der gebäudebezogenen CO_2-Emissionen bis 2030 in t/Jahr (obere Kurve) und um 100 000 t/Jahr verminderter Verlauf (untere Kurve)

pensation von 100 000 t, die über die gesamte Zeitspanne von 2010 bis 2030 zugrunde gelegt wird, ergibt entsprechend verminderte Emissionen, siehe untere Kurve in Bild 2.

Der konvexe („nach unten durchgebogene") Kurvenverlauf erklärt sich dadurch, dass Reduktionseffekte zu Beginn (sogenannte „Early Wins") eine stärkere Auswirkung haben als Reduktionen gegen Ende des Betrachtungszeitraums. Dies entspricht dem Prinzip des abnehmenden Grenznutzens.

Allerdings zeigen Variationen der Szenarioannahmen, dass der konvexe Kurvenverlauf in einen konkaven („nach oben durchgebogenen") Kurvenverlauf übergehen kann. Dies geschieht, wenn die durch Sanierung und Neubau erzielten Emissionsreduktionen durch übermäßigen Verbrauchsanstieg bei „Bürostrom" teilweise aufgezehrt werden.

Vor dem Hintergrund der getroffenen Annahmen werden sich Emissionen "aus eigener Kraft" zu vernünftigen Konditionen nur um weniger als die Hälfte mindern lassen. Kompensation als Teil der Neutralitätsstrategie tritt hier unvermeidbar auf, ist aus den oben genannten Gründen zur Beförderung globaler Partnerschaft als Voraussetzung zur Einhaltung des 2-Grad-Ziels aber sowieso geboten.

Fazit:

Die Strategieüberlegungen beim Land Hessen zur freiwilligen Erreichung der Klimaneutralität im Bereich der Landesverwaltung bis 2030 zeigen einerseits große Anforderungen, andererseits die klare Möglichkeit der Zielerreichung. Letzteres ist eine gute Botschaft in Zeiten begrenzter finanzieller Spielräume einerseits und der Notwendigkeit der Förderung von internationalen Partnerschaft im Klimabereich andererseits. Eine geschickte Kombination nationaler Maßnahmen (Effizienzsteigerung, Wechsel zu „grünem Strom", Verhaltensänderungen) und globale Kompensationsmaßnahmen eröffnen die benötigten Potentiale.

Weit über die Landesverwaltung hinaus wurden mittlerweile Partnerschaften mit der Wirtschaft, einer Vielzahl an öffentlichen Akteuren und der Zivilgesellschaft zur gemeinsamen Verfolgung einer derartigen Strategie erreicht. Das Buch „Klimaneutralität – Hessen geht voran" zeugt davon und dokumentiert Wege, die die Kompensation von CO_2-Emissionen betreffen, die ein Vielfaches der bei der Landesverwaltung anstehenden Umfänge ausmachen. Und mit dem Berliner Appell: „Klimaneutral handeln" hat das gewählte Vorgehen nun auch eine ethische Begründung bis in den Individualbereich hinein gefunden. Diese Erklärung findet sich im Anhang.

Anmerkungen

[1] Die WBGU ist der Wissenschaftliche Beirat der Bundesregierung Globale Umweltveränderungen

[2] Vgl. hierzu die Studie des FAW/n in Ulm zum Thema „Die soziale Dimension des Klimaschutzes und der Energieeffizienz im Kontext von Bau- und Wohnungswirtschaft", http://www.gdw.de/index.php?mod=article_details&id_art=3618&id_mnu=23

[3] Vgl. hierzu die Studie des FAW/n in Ulm zum Thema „CO_2-neutrale Landesverwaltung Hessen – Beiträge zur Strategie", http://www.hessen-nachhaltig.de/web/co2-projekt/presse unter Info

Klimaschutz in Hessen

Volker Mosbrugger, Bernhard Stribrny | Biodiversität und Klima Forschungszentrum BiK-F,
Senckenberg Gesellschaft für Naturforschung

Klima und Klimawandel

Das Klima ist eine statistische Beschreibung der Wetterbedingungen an einem Ort über einen längeren Zeitraum. Die Weltorganisation für Meteorologie definiert jeweils einen Zeitraum von 30 Jahren als sogenannte Klimaperiode, zum Beispiel 1961–1990 oder aktuell 1991–2020. Wandelt sich das Klima, dann verändern sich alle atmosphärischen Zustände und Vorgänge an einem Bezugsort. Dabei kann es an dieser Lokalität wärmer oder kälter, niederschlagsreicher oder trockener, stürmischer oder ruhiger werden als in dem vorangegangenen Vergleichszeitraum.

Klima ist aber nicht nur eine statistische Größe der mittleren atmosphärischen Zustände. Das Klimasystem stellt einen Teil des Systems Erde dar. Alle Teilsysteme der Erde sind wechselseitig miteinander verbunden. Lithosphäre, Pedosphäre, Hydrosphäre, Kryosphäre, Biosphäre, Atmosphäre und die Anthroposphäre fungieren dabei als Speicher oder Quellen im Rahmen der globalen Stoffkreisläufe. Austauschprozesse zwischen diesen Speichern steuern diese Kreisläufe. Der Mensch greift, insbesondere seit Beginn der Industrialisierung, zunehmend in die globalen Stoffkreisläufe ein. So stiegen im Zeitraum vom Jahre 1800 bis 2011 durch die Verbrennung von fossilen Energieträgern und durch Landnutzungsänderungen die CO_2-Gehalte in der Atmosphäre um ca. 40 % von 280 ppmV auf 390 ppmV. Anthropogen erhöhte CO_2-Gehalte in der Atmosphäre verstärken den sogenannten Treibhauseffekt und resultieren in einem Anstieg der globalen Durchschnittstemperatur. Treibhausgase, neben Wasserdampf, im Wesentlichen Kohlenstoffdioxid (CO_2), Methan (CH_4), Distickstoffmonoxid (Lachgas, N_2O), Fluorkohlenwasserstoffe und Schwefelhexafluorid (SF_6), lassen die kurzwellige Sonnenstrahlung ungehindert passieren, absorbieren aber einen Teil der von der Erdoberfläche im langwelligen Infrarotbereich abgestrahlten Energie, die sonst in das Weltall entweichen könnten, und emittieren diese an die Oberfläche zurück. Durch diesen (natürlichen) Treibhauseffekt, der zu einer Erwärmung der Erdoberfläche von etwa 33 °C beiträgt, liegt die globale Durchschnittstemperatur derzeit bei +15 °C statt bei −18 °C. Leben, so wie wir es kennen, wäre ohne den Treibhauseffekt der Atmosphäre nicht möglich. Hinzu kommt nun, durch den erhöhten Ausstoß von Treibhausgasen durch den Menschen, ein „anthropogener Treibhauseffekt", der die Erde zusätzlich erwärmt.

In Deutschland ist die mittlere Lufttemperatur zwischen 1901 und 2009 um knapp 1 °C gestiegen. Hessen hat sich im Zeitraum von 1951–2000 im Flächenmittel und im Mittel über alle Jahreszeiten um 0,9 °C erwärmt ([Hessisches Ministerium für Umwelt, ländlichen Raum und Verbraucherschutz 2007], **Bild 1**). Besonders rasant stieg hier die Temperatur in den beiden Dekaden von 1980–2000, im Winter beispielsweise um 2,3 °C. Bei einer moderaten Entwicklung der Treibhausgas-Emissionen (B2-Szenario) wird die Tagesmitteltemperatur bis 2050 um durchschnittlich 1,8 °C ansteigen [Hessisches Landesamt für Umwelt und Geologie 2007].

Die Gesamtmenge der Niederschläge in Hessen ändert sich in den kommenden Jahrzehnten voraussichtlich wenig. Die Auswirkungen des Klimawandels auf die räumliche und zeitliche Verteilung der Niederschläge sind allerdings sehr heterogen. Niederschlagszunahmen im Herbst, Winter und Frühling stehen sommerliche Abnahmen gegenüber [Hessisches Ministerium für Umwelt, ländlichen Raum und Verbraucherschutz 2007].

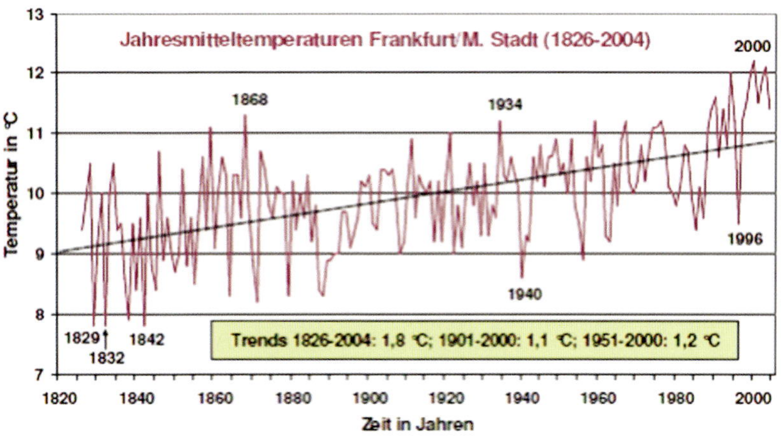

Bild 1
Jahresmittelwerte von 1826–2004 mit Gesamttrend der bodennahen Lufttemperatur im Stadtgebiet von Frankfurt am Main [Hessisches Ministerium für Umwelt, ländlichen Raum und Verbraucherschutz 2007]

Klimafolgen für Hessen

Die Auswirkungen des Klimawandels sind im Klimaschutzkonzept Hessen 2012 für unterschiedliche Sektoren zusammengefasst [Hessisches Ministerium für Umwelt, ländlichen Raum und Verbraucherschutz 2007]:

- Eine Verstärkung der mittleren monatlichen Hochwasserabflüsse wird für die Wintermonate erwartet, im Sommer kann es aufgrund des ausbleibenden Niederschlages vermehrt zu extremen Niedrigwasserständen kommen.

- In der Pflanzenentwicklung zeichnet sich ein deutlicher Trend zur Verfrühung ab. Durch die Zunahme der Häufigkeit extremer Wetterbedingungen nimmt die Variabilität der Erträge zu, die Ertragssicherheit für die Landwirte nimmt für einige Feldfrüchte deutlich ab. Das Gleiche gilt für den Obst- und Weinbau, wobei Weinqualität und Weinsorten durch die klimatischen Änderungen beeinflusst werden können.

- In der Forstwirtschaft ist die standortgerechte Fläche für Fichten rückläufig. Klimatische Extremereignisse wie Sturm und Trockenheit steigern das forstliche Produktionsrisiko erheblich. Trockene und warme Jahre begünstigen forstliche Schadinsekten, milde Winter die Ausbreitung pilzlicher Schädlinge.

- Generell sind bereits jetzt Auswirkungen des Klimawandels auf die Artenvielfalt zu beobachten.

- Auch im Gesundheitsschutz werden sich Risiken ergeben, die durch direkte Hitzewirkungen (z.B. vermehrte Ozonbildung, Hitzetote), aber auch durch Verbreitung bisher in Hessen seltener Krankheiten entstehen können

- Eine ökonomische Bewertung der Nutz- und Schadenspotentiale steht erst am Anfang.

[Mosbrugger et al. 2012] geben eine Übersicht über Auswirkungen des Klimawandels in Deutschland, die teilweise auch auf Hessen übertragbar ist. Die Grundwasserspiegel können durch den Anstieg der Jahresdurchschnittstemperatur und die Veränderung im Niederschlagsregime – in Abhängigkeit von Sommertrockenheit und Nässeperioden im Winter – in Teilen Deutschlands aufgrund einer geringeren Grundwasserneubildung absinken. Das hat tiefgreifende Konsequenzen für grundwasserabhängige Ökosysteme, wovon kurz- und mittelfristig besonders Feuchtgebiete, langfristig aber auch Landökosysteme betroffen sind. In Hessen dagegen ergeben Modellierungen des Grundwasserhaushalts zwischen der Referenzperiode 1971–2000 und dem Szenarienzeitraum 2011–2050 einen Anstieg der Grundwasserneubildungsrate von 101 mm/a auf 126 mm/a um ca. 25 % [Berthold 2005].

Die Auswirkungen der Klimaveränderung auf Böden sind sehr komplex. Eine Abnahme von winterlichem Bodenfrost beeinträchtigt die Bodenfruchtbarkeit und erhöht die Erosions- und Auswaschungsgefahr. Ein Anstieg der Bodentemperatur führt bei ausreichender Bodenfeuchte zu einem Abbau der organischen Substanz und damit zur Freisetzung von CO_2 an die Atmosphäre. Hessens Böden enthalten etwa 265 Mio t Kohlenstoff [Emmerich 2005]. Bei einem Verlust von nur 0,1 Prozent gleich 265 000 t C pro Jahr würden aus den Böden Hessens jährlich fast 1 Mio t CO_2 emittiert werden. Andererseits wirken die Verlängerung der Vegetationsperiode sowie die durch erhöhte CO_2-Konzentrationen gesteigerte Pflanzenproduktivität diesem Prozess entgegen. Die Gesamtbilanz hängt von den jeweiligen regionalen Bedingungen ab. Während die Waldböden in Deutschland (ca. 11,1 Mio ha) zwischen der Bodenzustandserhebung 1 (1987–1993) und der Bodenzustandserhebung 2 (2006–2008) mit einer jährlichen Aufnahme von 0,5 t C pro Hektar bundesweit etwa 20 Mio t CO_2 pro Jahr gespeichert haben, setzten die Ackerböden in Deutschland etwa 27 Mio t CO_2 frei [Umweltbundesamt 2011]. Bezogen auf Hessen stehen ca. 2 Mio t CO_2-Speicherung in hessischen Waldböden, Emissionen von 1 Mio t CO_2 aus hessischen Ackerböden pro Jahr gegenüber.

Auf den landwirtschaftlich genutzten Flächen Hessens kann im Zuge des Klimawandels ein Verlust an Artenvielfalt durch die Veränderung der Agrarlandschaft eintreten, beispielsweise durch die Ausweitung von Monokulturen für den Biomasseanbau und der Veränderung von landwirtschaftlichen Betriebssystemen. Zunehmender Aufwand für die Bewässerung von Feldern in Hessen stellt einen Kostenfaktor dar und vermindert zusätzlich die in manchen Regionen geringen sommerlichen Grundwasserbestände.

Als Folge des Klimawandels werden sich die städtischen Gebiete in Hessen stärker erwärmen als das Umland. In diesen Wärmeinseln werden die gesundheitlichen Belastungen durch den Anstieg an Hitzetagen zunehmen. Steigende Gesundheitsrisiken entstehen auch durch vektorübertragene Krankheiten sowie durch intensivere und verlängerte jährliche Belastungsperioden durch Allergene [Stribrny & Kuch 2009].

Klimawandel und Extremwetter sind oft unmittelbar mit Georisiken verbunden. Ein Beispiel bilden Starkregenereignisse, die Hang- oder Bergrutsche auslösen können. Auch andere Massenbewegungen wie Muren, Felsstürze bis hin zu Erdfällen können zunehmen. Gleiches gilt für Sturm-, Unwetter-, Hochwasser- und Starkschneegefahren. Auch die klimainduzierten Veränderungen der Jahresniederschläge lassen in niederschlagsarmen Hitzesommern extreme Grundwasser-Tiefstände erwarten, die zu Setzungen durch die Austrocknung von Torf- oder Tonschichten führen können. Umgekehrt treten in niederschlagsreichen Wintern vermehrt Grundwasser-Hochstände auf, die bislang mit einer 100-jährigen Eintrittswahrscheinlichkeit berücksichtigt wurden. Hier werden entsprechende Bau- und Bauvorsorgemaßnahmen in vernässungsgefährdeten Gebieten, zum Beispiel im Hessischen Ried, notwendig.

Auch positive Folgen des projizierten Klimawandels sind für Hessen zu erwarten. Trockene, warme Sommer fördern den Sommertourismus. Milde Winter führen zu einem geringeren Primärenergieverbrauch, der allerdings durch den verlängerten Betrieb von Klimaanlagen im Sommer wieder ausgeglichen werden könnte. Die heute schon beobachtbare Verlängerung der Vegetationsperiode und die sogenannte CO_2-Düngung durch gestiegene Kohlendioxidgehalte in der Atmosphäre könnten zu erhöhten Ernteerträgen und zu Qualitätsverbesserungen führen. Mittelfristig werden aber negative Klimafolgen die positiven Auswirkungen vorrausichtlich überlagern [IPCC 2007].

Klimaschutz

Die Reduktion von anthropogenen CO_2-Äquivalent-Emissionen in die Atmosphäre ist nicht nur aus Klimaschutzaspekten und aufgrund der Verknappung und Verteuerung der fossilen Primärenergieträger sinnvoll und notwendig, sie stellt auch einen wichtigen Beitrag zum Erhalt der Biodiversität und der Ökosystemdienstleistungen dar. Eine Verminderung der jährlich um etwa 2 ppmV ansteigenden CO_2-Gehalte in der Atmosphäre kann entweder durch Reduktion des Ausstoßes, Substitution von fossilen Energieträgern, Kompensation oder durch Sequestrierung erreicht werden, wobei sich biologische, chemische und technologisch-geologische Optionen anbieten. Im Idealfall wird das CO_2 über die Bio-, Pedo-, Kryo- und/oder Hydrosphäre in die Lithosphäre überführt und dort als Karbonat oder organischer Kohlenstoff langfristig eingelagert. Der verstärkte Einsatz von CO_2-neutralen oder zu mindestens stark CO_2-reduzierten Technologien in Verbindung mit dem UN-REDD-Programm (United Nations Collaborative Programme on Reducing Emissions from Deforestation and Forest Degradation in Developing Countries) werden die Umsetzung der Reduktionsziele unterstützen und damit auch die Implementierung eines Post-Kyoto-Abkommens vereinfachen.

Für das Erreichen einer CO_2-Neutralität von Ländern, Städten und Kommunen oder Industriekomplexen bieten sich folgende 6 Schritte bzw. Komponenten an ([Stribrny 2010], **Bild 2**):

1. **Bilanzieren:** Erfassung der Emissionen klimarelevanter Gase als CO_2-Äquivalente,

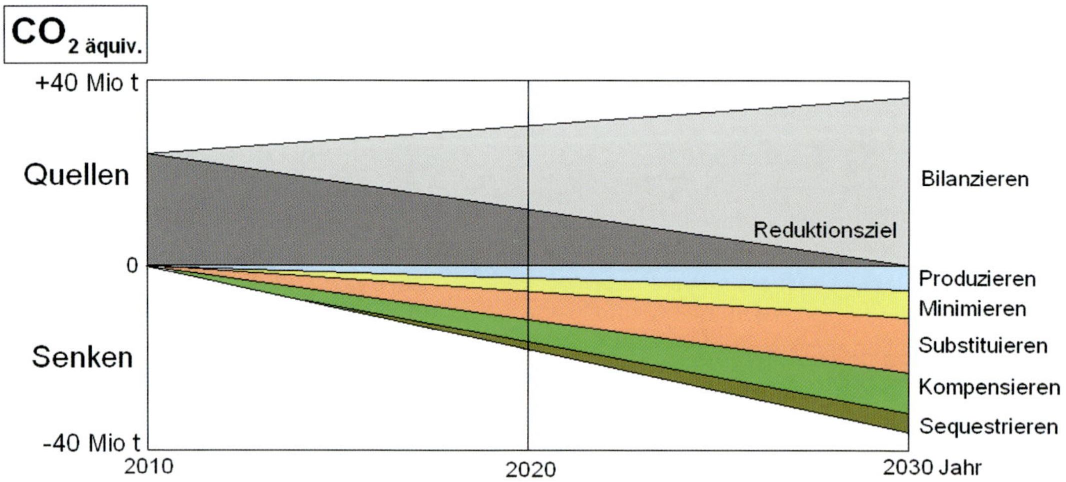

Bild 2
Schematische Darstellung der Reduktion von $CO_{2\text{äquiv.}}$-Emissionen (hellgrau) bis zur CO_2-Neutralität im Jahre 2030 (dunkelgrauer Keil) durch energieproduzierende Gebäude, Minimierung des Energieverbrauchs, Substitution von fossilen Energieträgern durch erneuerbare Energien, Kompensation von Restemissionen und die CO_2-Sequestrierung und Deponierung in Böden, Biomasse und gegebenenfalls tiefen geologischen Formationen [verändert nach Stribrny 2010].

z. B. ab 1990, als Basis für den Nachweis der Gesamt-$CO_{2\text{Äquiv.}}$-Minderung einer Einheit in einem beliebigen Zeitraum sowie zum CO_2-Monitoring innerhalb einzelner Sektoren. Bild 3 zeigt, dass die energiebedingten CO_2-Emissionen in Hessen seit 1990 zunächst erst gestiegen, dann aber mit 39.5 Mio t in 2008 unter den Wert von 1990 abgesunken sind [Hessisches Ministerium für Umwelt, Energie, Landwirtschaft und Verbraucherschutz 2011].

2. **Produzieren:** Energieproduzierende Büro-, Gewerbe- und Wohnimmobilien als Standard beim Neubau und als anzustrebendes Ziel für Sanierungen und energetische Ertüchtigungen im Bestand.

3. **Minimieren:** Emissionsminderung klimarelevanter Gase durch Reduktion des Primärenergieverbrauchs, Gebäudeertüchtigung, energiesparende Mobilitätskonzepte, Steigerung der Energieeffizienz

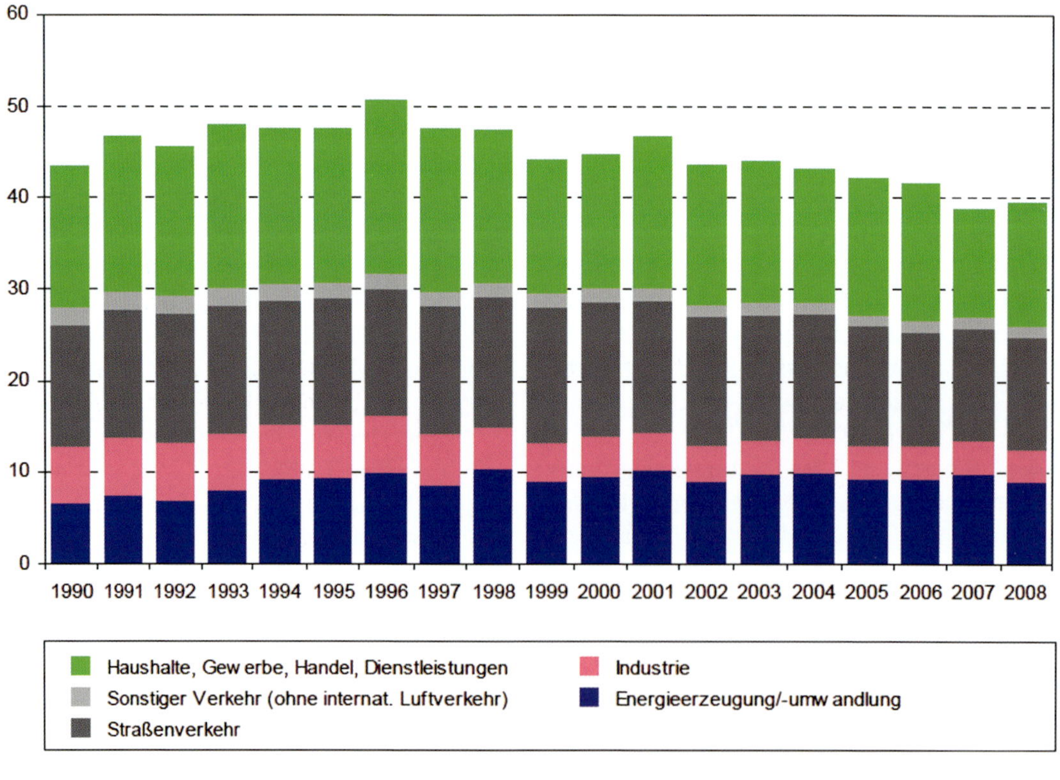

Bild 3
Entwicklung der energiebedingten CO_2-Emissionen in Hessen von 1990 bis 2008 nach Sektoren [Hessisches Statistisches Landesamt in Hessisches Ministerium für Umwelt, ländlichen Raum und Verbraucherschutz 2011]

bei allen Gebäuden (mindestens Niedrigenergie- oder Passivhaus-Standard) und Steigerung der Energieeffizienz bei allen Produktionsprozessen.

4. **Substituieren:** Ersatz von fossilen Energieträgern (z.B. Erdöl, Erdgas, Stein- und Braunkohle, Torf) durch erneuerbare oder emissionsarme Energieformen (z.B. Sonnen-, Wind- und Wasserenergie, Geothermie, thermische Verwertung von Industrie- und Haushaltsabfällen, Bioenergie aus Pflanzenabfällen oder nachhaltigem Anbau von Biomasse). Ziel der Hessischen Landesregierung ist es, bis zum Jahr 2050 den Endenergieverbrauch (Strom und Wärme) in Hessen möglichst zu 100 Prozent aus erneuerbaren Energien zu decken. Zur Substitution von derzeit ca. 40 TWh/a Strom und 89 TWh/a Wärmeenergie für Haushalte, Industrie und Gewerbe sollen folgende erneuerbare Energieformen beitragen [Hessischer Energiegipfel 2011]:
   - Biomasse ca. 13,4 TWh/a,
   - Photovoltaik ca. 6 TWh/a,
   - Geothermie ca. 0,3 – 0,4 TWh/a (Strom) sowie 0,8 TWh/a (Wärme),
   - Wasserkraft ca. 0,49 – 0,54 TWh/a
   - und Windenergie ca. 28 TWh/a, theoretisch(!), bei maximaler Ausnutzung der Potenzialflächen. Der Hessische Energiegipfel hat vorgeschlagen, geeignete und nutzbare Vorrangflächen in der Größenordnung von 2 % der hessischen Landesfläche auszuweisen.

   Damit stehen in den nächsten Dekaden ca. 30 – 40 TWh/a an erneuerbaren Energieträgern einer zu ersetzenden Energiemenge von ca. 130 TWh/a gegenüber, die bisher im Wesentlichen aus fossilen und nuklearen Energiequellen gewonnen wurde.

Kompensieren: Ersatz der Restemissionen durch Ausgleichsmaßnahmen wie den Kauf und die Stilllegung von Zertifikaten aus Klimaschutzprojekten. Hierfür können neue natürliche CO_2-Senken geschaffen oder vorhandene Senkenaktivitäten intensiviert werden [Loft & Schramm 2011]. Im terrestrischen Bereich bieten sich Möglichkeiten in der Bio-, Pedo- und Lithosphäre an. Beispiel sind Landnutzungsänderungen, Aufforstung und Walderhaltung, Wiedervernässung von Feuchtgebieten, Torf- und Humusbildung. Die Photosynthese stellt einen sehr effektiven Prozess für den Kohlenstofftransfer aus der Atmosphäre mit einem etwa 5000-fachen Anreicherungsfaktor in die Biomasse dar. Im Jahre 2009 standen deutschlandweit CO_2-Emissionen von 789 Mio t einer positiven CO_2-Bilanz von Wald und Holz in Höhe von 125 Mio t gegenüber (ca. 16 % der Gesamtemissionen, [Heuer 2011]). Die hessischen Wälder haben im gleichen Jahr 1,5 Mio t CO_2 oder 3 % der hessischen Gesamtemissionen von ca. 50 Mio t CO_2 aufgenommen [Hessen Forst 2010].
Nach [Angelsen 2008] bietet die „Forest Transition Theory“ ein Schema, das den Verlauf historischer Entwaldungsraten und das Potenzial für Wiederaufforstung in einem Land oder einer Region in Abhängigkeit von der Zeit aufzeigt.
Der Eintrag von Kohlenstoff in Böden bringt neben dem Klimaschutzeffekt häufig auch Ertragsvorteile für die Land- und Forstwirtschaft sowie für die Ökosystemdienstleistungen. Feuchtgebiete und Moore können signifikante Mengen von CO_2 aufnehmen und bei letztgenannten ist im Idealfall sogar eine langfristige Lagerung über die Torfbildung bis hin zur Braunkohle – in geologischen Zeiträumen – möglich. Zur CO_2-Kompensation kann auch der ozeanische Kohlenstoffkreislauf wesentlich beitragen. Hier sind neben der anorganischen Ausfällung von Karbonaten insbesondere die Algen- und Planktonproduktion sowie die biogene Karbonatsedimentation zu nennen.

5. **Sequestrieren:** Die CCS-Technologie (Carbon Capture and Storage) zielt auf eine technische Abtrennung von CO_2 in erster Linie in Kraftwerken, Zementwerken oder in anderen großen punktförmigen CO_2-Quellen ab, in denen das Treibhausgas vor oder nach dem Herstellungs- oder Verbrennungsprozess separiert und zur Entsorgung vorbereitet werden kann. Ob die Verpressung von CO_2 in tiefe geologische Formationen, salinare Aquifere, Salzlager oder Kohlenflöze eine nachhaltige Option zur Emissionsver-

minderung darstellt, wird gegenwärtig kontrovers diskutiert. Einerseits böte dieses Verfahren die Möglichkeit, einige Milliarden Tonnen CO_2 in den nächsten Jahrzehnten zu deponieren und damit wirklich signifikante Mengen langfristig zu entsorgen. Andererseits sind viele Fragen der Fluid/Wirtgestein-Wechselwirkungen, der Dichtigkeit, der langfristigen Überwachung und der Langzeitsicherheit derartiger Deponien noch Gegenstand von Forschung und Entwicklung. Gleiches gilt für die Verbringung in den marinen Bereich. Bislang gibt es nur wenige Studien über untermeerische „CO_2-Seen“ und die Auswirkungen von sequestriertem CO_2 auf marine Ökosysteme. Der geologische Untergrund in Hessen verfügt nur sehr begrenzt über geeignete Speichergesteinsformationen für eine langfristige Lagerung von CO_2 [Hessisches Landesamt für Umwelt und Geologie 2009]. Diese in den Bereich des „Geo-Engineering“ zu stellende Lösung stellt deshalb für Hessen allenfalls eine Übergangstechnologie für den Zeitraum dar, bis die Nutzung fossiler Energieträger durch erneuerbare Quellen zunehmend ersetzt wird.
Weitere großtechnische Sequestrierungsoptionen stellen die hydrothermale Karbonisierung (HTC) und die Pyrolyse zur Herstellung von Biokohle dar. Bei diesen Prozessen werden 50 bis 80 % des in der Biomasse enthaltenen Kohlenstoffs in Biokohle umgewandelt und mit natürlichen, ertragsarmen Böden vermischt. Der Kohlenstoff wird dabei ca. 10 bis 100 Jahre in diesen „Terra-Preta-Böden“ fixiert, die Bodenqualität und die Ertragsfähigkeit gleichzeitig verbessert [Lehmann et al. 2006].

Diskussion und Konklusion

Das Projekt „CO_2-neutrale Landesverwaltung“ der hessischen Landesregierung ist im Vergleich der Bundesländer aber auch auf europäischer Ebene beispielhaft und vorbildhaft. Schweden verfolgt vergleichbare Schritte zur CO_2-Neutralität, hält aber an der Kernenergie zur Erreichung der Emissionsreduktionen fest.

Im Energiebereich besteht die größte Herausforderung für Hessen in den nächsten Jahrzehnten darin, den Gesamtenergiebedarf (derzeit 130 TWh/a, darunter 16 TWh/a aus Kernkraftwerken) allein durch erneuerbare Energiequellen und durch Einsparung zu decken. Selbst bei einem optimalen Ausbau der erneuerbaren Energieträger, ca. 30 – 40 TWh/a, wird die Landesfläche Hessens hierfür nicht ausreichen. Dies ist, bei dem heutigen Stand der Technik, in der relativ geringen Energiedichte, der Standortabhängigkeit und nicht zuletzt durch Flächennutzungskonflikte begründet. Vergleichbar den fossilen Energieträgern wird Hessen auch erneuerbare Energie importieren müssen.

Auch für Kompensationsmaßnahmen werden innerhalb der hessischen Landesgrenzen keine ausreichenden Flächen zur Verfügung stehen. Dementsprechend hatte das Hessische Ministerium für Umwelt, Energie, Landwirtschaft und Verbraucherschutz im Jahre 2011 geplant, im brasilianischen Bundesstaat Mato Grosso do Sul ein 2 000 Hektar großes Gelände zu pachten, auf dem 20 Jahre lang nachhaltige Forstwirtschaft betrieben werden sollte. Bei einer durchschnittlichen, jährlichen Aufnahme von 13 t CO_2/ha (Durchschnittswert für deutschen Wald, Stiftung Unternehmen Wald 2012) könnten so ca. 520 000 t CO_2 in 20 Jahren an hessischen Emissionen kompensiert werden (ca. 0,06 % der energiebedingten Emissionen des gleichen Zeitraums). Ein Schritt in die richtige Richtung, der aber nicht ausreicht. Umgekehrt gerechnet müssten für die Kompensation von nur 10 % der hessischen energiebedingten Emissionen 300 000 ha (3 000 km^2) Fläche pro Jahr nachhaltig aufgeforstet werden. Eine weitere Herausforderung stellen die hessischen Treibhausgasemissionen von Landnutzungsänderungen, Landwirtschaft und sogenannten diffusen Quellen dar, die in der hessischen $CO_{2äquiv.}$-Bilanz nicht berücksichtigt sind. Handlungsbedarf zeichnet sich insbesondere hinsichtlich der Erfassung von Kohlenstoffverlusten aus landwirtschaftlich genutzten Böden in Hessen ab.

Die kurze Zusammenfassung zeigt, dass Substitutionen im Energiebereich mit dem heutigen

Stand der Technik und Kompensationsmaßnahmen, zum Beispiel durch Aufforstung, allein nicht über ein ausreichendes Potenzial verfügen, um Hessen bis 2030 CO_2-neutral zu stellen. Neben technischen Innovationen und Verbesserungen bei regenerativen Energiequellen und der Schaffung weiterer Kompensationsmöglichkeiten, zum Beispiel durch die Wiedervernässung von Mooren und Feuchtgebieten, beispielsweise in den GUS-Staaten, ist es notwendig, Einspar- und Effizienzpotenziale in allen Lebensbereichen auszuschöpfen. Darüber hinausgehende systemische Lösungsansätze für eine nachhaltige Entwicklung sind:

- der Weg von der Durchlauf- zur Kreislaufwirtschaft, zum Beispiel durch staatliche Anreize für Recycling- bzw. Cradle-to-Cradle-Technologien und Recyclingprodukte,
- Nachhaltige Nutzung und Schutz der natürlichen Ressourcen,
- Neuausrichtung der gängigen Wachstums- und Konsummuster,
- die Entkoppelung von Wirtschaftswachstum und Rohstoffverbrauch,
- die Schaffung von grünen Infrastrukturen, zum Beispiel durch grüne Korridore in der Landschaft und in den Städten, Renaturierung von Fluss- und Auenlandschaften, Vernetzung von Schutzgebieten etc.,
- Förderung von Maßnahmen zur CO_2-Neutralität in allen Bereichen von Wirtschaft und Gesellschaft, zum Beispiel CO_2-neutrale Mobilität, CO_2-neutrales Wohnen, CO_2-neutrale Produktionsanlagen oder Flughäfen Substitution von energiereichen Herstellungsprozessen und Produkten durch energiearme oder CO_2-neutrale, zum Beispiel die Verwendung von Holz als Ersatz für Stahl und Aluminium,
- In-Wert-Setzung von Natur, Ökosystemen und ökosystemaren Leistungen,
- Intensivierung von Natur-, Meeres- und Bodenschutz.

Danksagung

Die Hessische Landes-Offensive zur Entwicklung Wissenschaftlich-ökonomischer Exzellenz (LOEWE) hat die vorliegende Veröffentlichung unterstützt.

Literaturhinweise

Angelsen, A. (2008): How do we set the reference levels for REDD payments? In: Ders. (Hg.): Moving Ahead with REDD: Issues, Options and Implications. Center for International Forestry Research (CIFOR). Bogor, 53-64

Berthold, G. (2005): Flächendifferenzierte Untersuchungen zu möglichen Auswirkungen einer Klimaänderung auf die Grundwasserneubildung in Hessen. Abschlussbericht INKLIM 2012 – Integriertes Klimaschutzprogramm Wiesbaden 2005, 1-21

Emmerich, K.-H. (2005): Klimafolgen im Bereich Bodenschutz. In: Hessisches Landesamt für Umwelt und Geologie (2005): Integriertes Klimaschutzprogramm Hessen INKLIM 2012. Abschlussbericht Projektbaustein II, 58–64, Wiesbaden

Hessen Forst (2011): Nachhaltigkeitsbericht für die Geschäftsjahre 2008 und 2009. Hessen Forst 2011, 1–69, http://www.hessen-forst.de/service/download/HF_Nachhaltigkeitsbericht0809.pdf

Hessischer Energiegipfel (2011): Bericht der AG 1 des Hessischen Energiegipfels Ausbau eines zukunftsfähigen Energiemix aus erneuerbaren und fossilen Energien in Hessen. http://www.energiegipfel.hessen.de/dynasite.cfm?dsmid=16431, 1-7

Hessisches Landesamt für Umwelt und Geologie (2007): Klimawandel und seine Folgen in Hessen. Wiesbaden 2007, 1–8, http://klimawandel.hlug.de/fileadmin/ dokumente/klima/inklim/inklim_informationsblatt.pdf

Hessisches Landesamt für Umwelt und Geologie (2009): Potenziale der CO_2-Speicherung in Hessen – eine Grundlage zur klimafreundlichen geo- und energietechnischen Nutzung des tiefen Untergrundes. Wiesbaden, 2009, 1–33

Hessisches Ministerium für Umwelt, ländlichen Raum und Verbraucherschutz (2007): Klimaschutzkonzept Hessen 2012. Wiesbaden 2007, 1–94

Hessisches Ministerium für Umwelt, Energie, Landwirtschaft und Verbraucherschutz (2011): Bericht zu den CO_2-Emisionen in Hessen, Berichtsjahr 2008. Wiesbaden 2011, 1–14

Heuer, E. (2011): Kohlenstoffbilanzen – Schlüssel zur forstlichen Klimapolitik. In: AFZ-Der Wald, 17/2011, 16–18

Intergovernmental Panel on Climate Change, IPCC (2007): 4th Assessment Report – AR4, Geneva, Switzerland, pp 104

Lehmann, J., Gaunt, J. & Rondon, M. (2006): Bio-char sequestration in terrestrial ecosystems – a review. Mitigation and Adaptation Strategies for Global Change 11, S. 403–427

Loft, L. & Schramm, E. (2011): Bewertung von Waldprojekten zur Emissionsminderung hinsichtlich des gesamtökologischen und des sozialen Nutzens: Vorarbeiten für allgemein akzeptierte Leistungsindikatoren. Biodiversität und Klima Forschungszentrum BiK F, Knowledge Flow Paper, Nr. 14, 1–26

Mosbrugger, V., Brasseur, G., Becker, P., Schaller, M. & Stribrny, B. (2012): Zusammenfassung. In: *Mosbrugger, V., Brasseur, G., Schaller, M. & Stribrny, B.* (2012): Klimawandel und Biodiversität – Folgen für Deutschland. Wissenschaftliche Buchgesellschaft, Darmstadt, 2012 im Druck

Stiftung Unternehmen Wald (2012): Wie viel Kohlendioxid speichert der Wald bzw. ein Baum? http://www.wald.de/wie-viel-kohlendioxid-co2-speichert-der-wald-bzw-ein-baum/

Stribrny, B., & Kuch, U. (2009): Climate change and vector-borne diseases: Using the past to predict the future. In: Publ. Health Jour., 20, 5–7, Bayer Environmental Science

Stribrny, B. (2010): CO_2-Neutralität – Option für REDD und Post-Kyoto. In: *Korn, H., Schliep, R. & Stadler, J.* (Hrsg.): Biodiversität und Klima-Vernetzung der Akteure in Deutschland VI. BfN-Skripten 263, 16–18

Umweltbundesamt (2012): Berichterstattung unter der Klimarahmenkonvention der Vereinten Nationen und dem Kyoto-Protokoll 2011. Nur Download: http://www.uba.de/uba-info-medien/4126.html

CO_2-Bilanz des Landes Hessen

Peter Eichler | Hessisches Baumanagement

CO_2-Fußabdruck

Die CO_2-Neutralstellung der hessischen Landesverwaltung setzt voraus, dass die CO_2-Emissionen regelmäßig ermittelt werden. Grundlage zur Quantifizierung ist der so genannte CO_2-Fußabdruck, der auf der Berechnung der Emissionen von Unternehmen oder Organisationen basiert, die durch unterschiedliche Geschäftsaktivitäten entstehen. Beispiele sind im Verwaltungsbereich die Energieverbräuche durch die Nutzung von Gebäuden und Dienstfahrzeugen bzw. Dienstreisen.

Der CO_2-Fußabdruck ist ein Maß für den Einfluss der Landesverwaltung auf die weltweite CO_2-Bilanz und auf das Klima. Er kann die Grundlage für weitere Klimaschutzaktivitäten, insbesondere die Entwicklung von Minderungsmaßnahmen für den CO_2-Ausstoß oder für die spätere Kompensation der verursachten Emissionen bilden. Die Kompensation erfolgt durch Klimaneutralstellung der nach Ausschöpfung aller Minderungsaktivitäten verbleibenden Emissionen. Die Klimaneutralstellung selbst erfolgt durch den Kauf und die Stilllegung von Zertifikaten aus Klimaschutzprojekten.

Im Rahmen des Projekts „CO_2-neutrale Landesverwaltung" setzt das Land Hessen seine Strategie für einen angemessenen Klimaschutz und eine Verminderung von Treibhausgasen schrittweise um. Hierzu wurde im ersten Schritt die CO_2 -Bilanz der Hessischen Landesverwaltung für das Jahr 2008 erstellt.

Der CO_2-Fußabdruck wird mit der für 2008 entwickelten Methodik regelmäßig fortgeschrieben. Damit wird die Entwicklung der CO_2-Emissionen der Landesverwaltung nachvollziehbar dargestellt. Zwischenzeitlich wurden die CO_2-Emissionen für die Jahre 2009 und 2010 bilanziert und der CO_2-Fußabdruck der Hessischen Landesverwaltung fortgeschrieben.

Vorgehensweise

Die Erfassung und Berechnung der relevanten Daten erfolgt in Anlehnung an das „Greenhouse Gas Protocol" (GHG-Protokoll). Das GHG-Protokoll ist ein international verbreiteter Standard für die Erhebung und Berechnung von Treibhausgasemissionen. Die Berechnung der für den Fußabdruck relevanten Emissionen erfolgt in folgenden Schritten:

- Emissionsquellen für die Bilanz festlegen (Systemgrenze)
- Primärdaten erheben
- Tätigkeits- und quellenspezifische Emissionsfaktoren festlegen
- Tätigkeits- und quellenspezifische Emissionen berechnen
- Gesamtemissionen berechnen (Fußabdruck)

Das GHG-Protokoll definiert drei unterschiedliche Bereiche (sog. Scopes):

- In **Scope 1** sind die direkten Emissionen umfasst, die unmittelbar in einem Unternehmen oder einer Organisation durch die Nutzung eigener Heizkessel oder des eigenen Fuhrparks oder durch sonstige Emissionen aus Produktionsprozessen entstehen.
- In **Scope 2** werden die indirekten Emissionen berücksichtigt, die mittelbar durch Energiebereitstellung (Strom, Wärme) durch Dritte entstehen.
- In **Scope 3** werden übrige Emissionen erfasst, die mit der Unternehmenstätigkeit im direkten Zusammenhang stehen. Dazu gehören Dienstreisen, Emissionen aus der Verbrennung oder Deponierung von Abfall beziehungsweise aus den Abwässern, aus der Nutzung von Papier etc.

Die Scope-3-Emissionen entziehen sich zum Großteil dem Einflussbereich der Landesverwaltung, so dass die Erhebung von Daten dazu erschwert oder gar unmöglich ist. Nach dem GHG-Protokoll sind Scope-3-Emissionen im Gegensatz zu den Scope-1- und Scope-2-Emissionen kein verpflichtender Bestandteil einer CO_2-Fußabdruck-Bestimmung. In Übereinstimmung mit dem GHG-Protokoll wurde die Systemgrenze für die Bilanzierung der Landesverwaltung so gewählt, dass aus dem Bereich der Scope-3-Emissionen lediglich die Emissionen aus Dienstreisen in die Bilanz aufgenommen wurden.

Systemgrenze

Die Erstellung des CO_2-Fußabdrucks umfasst rund 2000 Gebäude und etwa 100000 Mitarbeiter/-innen der Hessischen Landesverwaltung. Kommunale Bereiche, wie beispielsweise der Schulbereich, sind in dieser Bilanz nicht enthalten. Die Systemgrenze umfasst alle Stufen der unmittelbaren Landesverwaltung sowie Landesbetriebe und Hochschulen.

Die energiebezogenen Emissionen sind an Gebäude und Liegenschaften gebunden und in Bezug auf die Datenerfassung und Zuordnung unabhängig von den Dienststellen, die die Gebäude nutzen. Die Fuhrpark- und Dienstreisedaten haben einen stärkeren Bezug zu den Beschäftigten und werden daher den entsprechenden Behörden bzw. Dienststellen zugeordnet bzw. erfasst.

Bei der Datenerfassung und der Datenberechnung wird zwischen „Liegenschaft" und „Dienststelle" unterschieden. Der Begriff Liegenschaften bezeichnet dabei alle Gebäude der Hessischen Landesverwaltung.

Dienststellen sind organisatorisch abgrenzbare und selbständige Verwaltungseinheiten mit örtlich und sachlich bestimmten Aufgabenbereichen.

Unter „Hochschulen" werden vereinfachend alle Fachhochschulen, Kunsthochschulen, Universitäten und Technische Universitäten zusammengefasst.

Folgende Emissionsquellen der Landesverwaltung werden durch den CO_2-Fußabdruck erfasst:

- Emissionen, die durch Energienutzung (Strom, Wärme, etc.) in Gebäuden entstehen (Energie),
- Emissionen, die durch Nutzung der landeseigenen Fahrzeuge entstehen (Fuhrpark),
- Emissionen, die durch die Reisetätigkeit der Landesbediensteten entstehen (Dienstreisen).

Die Systemgrenze wird nach dem „Werkstorprinzip" definiert, d.h. insbesondere, dass über das Pendlerverhalten der Mitarbeitenden hinaus auch die sogenannten „Vorketten-Emissionen" der verbrauchten Energieträger nicht berücksichtigt werden.

Abfall- und Abwasseranfall, das Pendelverhalten der Mitarbeiter/-innen, Taxifahrten, Fahrten mit dem ÖPNV, Flugreisen aus nachgeordneten Behörden (außer Hochschulen) und dienstliche Fahrten mit den privaten Fahrzeugen der Landesbediensteten sowie der Papierverbrauch werden für den CO_2-Fußabdruck der Landesverwaltung zunächst nicht bilanziert.

Die Berechnung des CO_2-Fußabdrucks hat ergeben, dass die energiebedingten Emissionen aus Gebäuden mit weitem Abstand die Hauptemissionsquelle der Landesverwaltung sind.

Primärdatenerhebung

Basis der Bilanzierung sind die Emissionen, die durch die Energienutzung in Form von Strom und Wärme, durch den Einsatz des Fuhrparks und durch Dienstfahrten der Mitarbeitenden entstehen.

Die Berechnung der Emissionen für die Bereiche „Energie" und „Fuhrpark" basieren auf jährlich erhobenen Daten aller Liegenschaften und Dienststellen.

Die Primärdaten für den Bereich „Energie" wurden aus dem Energie- und Medien-Informationssystem „EMIS" bezogen. EMIS ist eine Datenbank, mit der das Hessische Baumanagement Verbrauchsaufzeichnungen und Auswertungen für die Landesliegenschaften durchführt. Diese Aufzeichnungen werden mit dem Ziel der Verminderung des Energieverbrauchs analysiert. Dieses über Jahre eingeführte System leistet einen wesentlichen Beitrag dazu, dass die Liegenschaftsdaten für die CO_2-Bilanz vergleichsweise problemlos zusammengestellt werden können. Für die Hochschulen, die sich nicht an EMIS beteiligen, wurden die Daten separat in einem durch die HIS Hochschul-Informations-System GmbH moderierten Verfahren erhoben.

CO_2-Fußabdruck Berechnung der Hessischen Landesverwaltung für 2010						
Anzahl MA gesamt:		**101 072**				
	Emissionsquelle / Bereich		**t CO_2**	**Anteil**		**scp**
Energie	Elektrizität (Hochschulen)	29 104	220 862	79 %	10,4 %	scope 1 und scope 2
	Wärme/Kälte/sonstige Medien (Hochschulen)	106 200			38,0 %	
	Elektrizität (alle weiteren Liegenschaften)	891			0,3 %	
	Wärme/Kälte/sonstige Medien (alle weiteren Liegenschaften)	76 389			27,3 %	
	Elektrizität (angemietete Gebäude)	3 235			1,2 %	
	Wärme/Kälte/sonstige Medien (angemietete Gebäude)	5 043			1,8 %	
Mobilität	Fuhrpark Land (incl. Hochschulen)		38.264		13,7 %	1
	Flüge (< 1 000 km) Fortschreibung 2008		1 338		0,5 %	3
	Flüge (> 1 000 km) Fortschreibung 2008		16 853		6,0 %	3
	Bahnreisen DB AG		1 888		0,7 %	3
	Nahverkehr, Fortschreibung 2008		266		0,1 %	3
	Gesamtemissionen **ohne** Unsicherheit von 5%		**279 471**		100 %	
	Gesamtemissionen inkl. Unsicherheitsfaktor		**294 180**			

Tabelle 1
CO_2-Fußabdruck der hessischen Landesverwaltung für 2010

Die Fuhrparkdaten wurden für die unmittelbaren Landesdienststellen anhand der jährlichen Ausgaben für Treibstoffe aus Buchhaltungssystemen erfasst. Für die Hochschulen wurden die Kraftstoffmengen im Rahmen der Daten-Erhebung durch die Hochschul-Informations-System GmbH (HIS) ermittelt und in die Bilanz einbezogen.

Die Emissionen aus Dienstreisen (Flug- und Bahnreisen) wurden in 2008 über eine Stichproben-Befragung erfasst. Um die Emissionen aller Dienststellen zu erhalten, wurden auf Basis der Stichproben CO_2-spezifische Kennzahlen pro Mitarbeiter/-in ermittelt. Die Gesamt-Emissionen aus Dienstreisetätigkeit wurden aus diesen Kennzahlen auf die Gesamtheit der Landesbediensteten extrapoliert Bei den Flugreisen wurden ausschließlich Reisen aus dem Bereich der obersten Landesbehörden (Ministerien) und aus dem Bereich der Hochschulen berücksichtigt.

Die Erhebung der Dienstreisedaten zur Eröffnungsbilanz 2008 war hinsichtlich der Erfassung und Auswertung sehr aufwändig. Es wurden Emissionen von rund 20 000 t CO_{2e} ermittelt. Dies entspricht einem Anteil von ca. 4,5 % der Emissionen der Landesverwaltung. Die geringe Relevanz dieses Anteils von Scope-3-Emissionen ließ den Erhebungsaufwand für die Folgebilanzen nicht gerechtfertigt erscheinen, so dass hier vereinfachte Verfahren angewandt wurden.

Für die Folgebilanzen 2009 und 2010 wurden für die Emissionen aus Bahnreisen streckenbezogene Auswertungen der DB-AG für die Mitarbeitenden des Landes Hessen herangezogen. Die Emissionen aus Flugreisen werden in den Folgebilanzen der Entwicklung der Mitarbeiterzahlen auf Grundlage 2008 angepasst.

Emissionsfaktoren

Für die Berechnung des Fußabdrucks wurden geeignete Emissionsfaktoren aus offiziellen und anerkannten Datenquellen wie z.B. der Emissionsfaktorliste des Bundesumweltministeriums, den EU-Monitoring-Leitlinien (2007/589/EG), der GEMIS-Datenbank, des IPCC (Intergovernmental Panel on Climate Change) sowie Methodologien von Clean Development Mechanism (CDM)-Projekten herangezogen, um die Transparenz und Nachvollziehbarkeit der Gesamtbilanzierung zu erhalten. Die eingesetzten Faktoren und ihre Quellen wurden in einer Verfahrensbeschreibung dokumentiert. Bei einigen Fernwärmeversorgern wurden deren spezifische Emissionsfaktoren eingesetzt.

Aus den Primärdaten und den Emissionsfaktoren wurden die tätigkeits- und quellenspezifischen Emissionen ermittelt.

Gesamtemissionen

Die tätigkeits- und quellenspezifischen Emissionen wurden zur Berechnung der Gesamtemissionen addiert. Im letzten Schritt wird das Ergebnis zusätzlich mit einem Unsicherheitsfaktor beaufschlagt. Der Unsicherheitsfaktor wird eingesetzt, um Unsicherheiten bei der Erhebung und Berechnung der CO_2-Emissionen konservativ zu berücksichtigen. Dieser

Unsicherheitsfaktor für den Fußabdruck der Hessischen Landesverwaltung beträgt 5 %.

Ergebnisse

Der CO_2-Fußabdruck der hessischen Landesverwaltung für 2010 schließt mit 294 180 t CO_{2e} (CO_2-Äquivalent), **Tabelle 1**.

Die Entwicklung der Emissionen von 2008 bis 2010 zeigt **Bild 1**. Der deutliche Rückgang der CO_{2e}-Emissionen ist darauf zurückzuführen, dass die Hessische Landesverwaltung ihren Strombezug seit 2008 kontinuierlich auf Öko-Strom aus Wasserkraft umgestellt hat. Diese Umstellung war im Jahr 2010 nahezu vollständig vollzogen, so dass die Emissionsverminderungen sich nicht mehr im gleichen Maße wie bisher fortsetzen.

Der Effekt, der durch diese Umstellung des Strombezugs erzielt wurde, wird deutlich, wenn man den Verlauf des Energieverbrauchs mit dem Verlauf der Emissionen aus dem Gebäudebereich gegenüber stellt. Die absoluten Verbrauchswerte sind nach einem leichten Rückgang in 2009 in 2010 wieder angestiegen.

Diesem Anstieg liegt einerseits der generelle Trend zu erhöhtem Stromverbrauch zugrunde, andererseits wird bei der Erstellung des CO_2-Fußabdrucks keine Witterungsbereinigung vorgenommen. Witterungsbereinigt, d. h. unter Berücksichtigung von Schwankungen der Jahresmitteltemperatur ist der Heizwärmeverbrauch in 2010 niedriger ausgefallen als 2008.

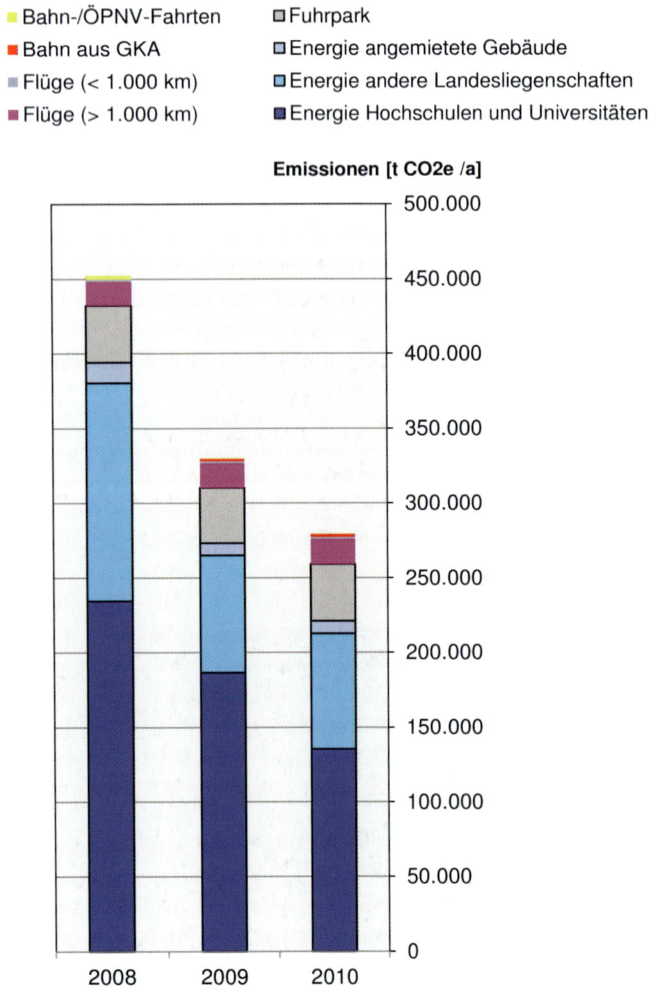

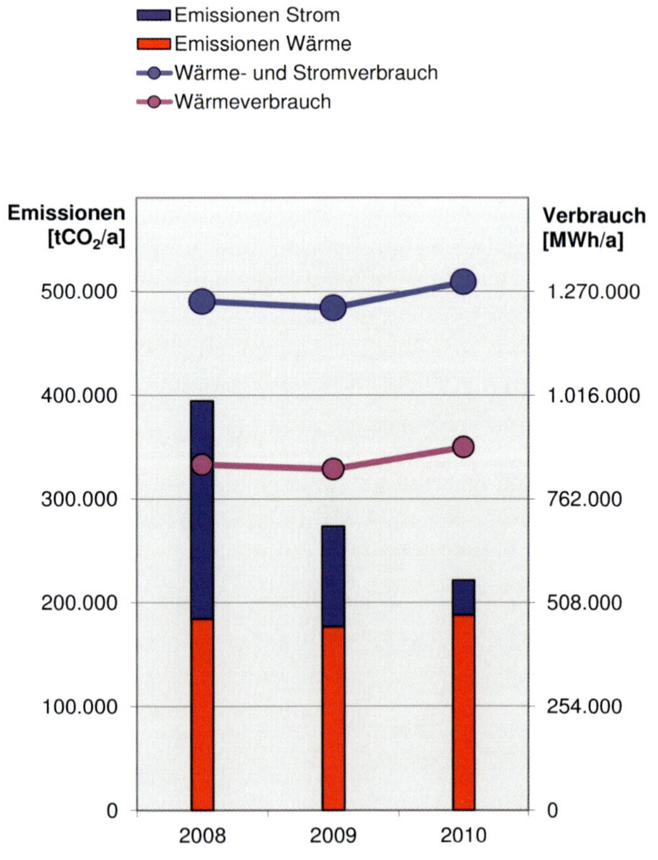

Bild 1
Entwicklung CO_{2e}-Emissionen nach Emissionsquellen (links) und nach Energieverbrauch (rechts)

Standards im Staatlichen Hochbau in Hessen – Neubauten

Elmar Damm, Hans-Ulrich Hartwig | Hessisches Ministerium der Finanzen
Peter Eichler, Thomas Platte | Hessisches Baumanagement

Ein Baustein auf dem Weg zur CO_2-neutralen Landesverwaltung Hessen bildet die Minimierung des Energieverbrauchs und der CO_2-Emissionen. Im Gebäudebereich müssen deshalb gerade bei Neubauten die Möglichkeiten genutzt werden, die CO_2-Emissionen im Lebenszyklus zu minimieren. Dazu ist es erforderlich, den Primärenergiebedarf von Neubauten auf einem sehr niedrigen Niveau einzustellen.

Bei Beginn des Projekts wurde zum Thema Neubauten eine Arbeitsgruppe gebildet, mit der Aufgabe, Neubaustandards zu entwickeln und Maßnahmen zu deren Umsetzung vorzuschlagen.

Parallel hierzu wurde auf EU-Ebene der Entwurf der Richtlinie 2010/31/EU über die Gesamtenergieeffizienz von Gebäuden vorgestellt, in der für 2019 eine Vorbildfunktion für öffentliche Gebäude in Bezug auf die Energieeffizienz vorgegeben ist. Öffentliche Gebäude sollen dann als Niedrigstenergiegebäude errichtet werden. „Niedrigstenergiegebäude sind Gebäude, die eine sehr hohe Gesamtenergieeffizienz" aufweisen. Der fast bei Null liegende oder sehr geringe Energiebedarf sollte zu einem ganz wesentlichen Teil durch Energie aus erneuerbaren Quellen – aus möglichst standortnaher Erzeugung – gedeckt werden.

Parallel hierzu wurden von der Arbeitsgruppe unter wissenschaftlicher Begleitung des Instituts Wohnen und Umwelt GmbH (IWU) Standards für Neubauten des Landes Hessen entwickelt und mit Kabinettsbeschluss „CO_2-neutrale Landesverwaltung" vom 17.05.2010 eingeführt.

Ziel des sogenannten „Hessischen Modells für Neubauten" ist es, den Endenergiebedarf von zu errichtenden Gebäuden zu minimieren und durch regenerative Energien so weit zu decken, dass der Primärenergiebedarf minimiert wird.

Das Ziel wird durch Soll-Vorgaben für die Qualität der Gebäudehülle sowie für den Primärenergiebedarf als Unterschreitung der Anforderungen der EnEV 2009 definiert. Diese Vorgaben behalten auch bei Fortschreibung der EnEV ihre Gültigkeit, d. h. Bezug für die Mindestanforderungen des Hessischen Modells bleiben die Werte der EnEV 2009. Die Anforderungen sind einzuhalten, sofern die Mehrkosten für die energetisch verbesserte Variante nicht mehr als 10 % gegenüber der Ausführung nach den Vorgaben der jeweils gültigen EnEV betragen. Bei einer Überschreitung dieser Kostengrenze entscheidet das Kabinett über die auszuführende Variante.

Das Hessische Modell formuliert im Einzelnen folgende Anforderungen:

Gebäudehülle

Die Gebäudehülle ist so auszuführen, dass die Anforderungen der EnEV 2009 um 50 % unterschritten werden. Gemäß § 4 (2) EnEV 2009 sind zu errichtende Nichtwohngebäude so auszuführen, dass die Höchstwerte der Wärmedurchgangskoeffizienten der wärmeübertragenden Umfassungsfläche (Hülle) nach Anlage 2, Tabelle 2 nicht überschritten werden.

Das Hessische Modell fordert eine Unterschreitung der Anforderungen der EnEV 2009 an die Hülle um mindestens 50 %. Diese Forderung ist dann erfüllt, wenn der flächenbezogene Mittelwert der Wärmedurchgangskoeffizienten aller geplanten Bauteile der Hülle des zu errichtenden Gebäudes um 50 % unter dem Wert liegt, der sich bei Anwendung der Bauteilqualitäten aus Anlage 2, Tabelle 2 ergäbe. Damit eröffnet sich Flexibilität in der wirtschaftlichen Optimierung der Gebäudehülle, die bei einer Hal-

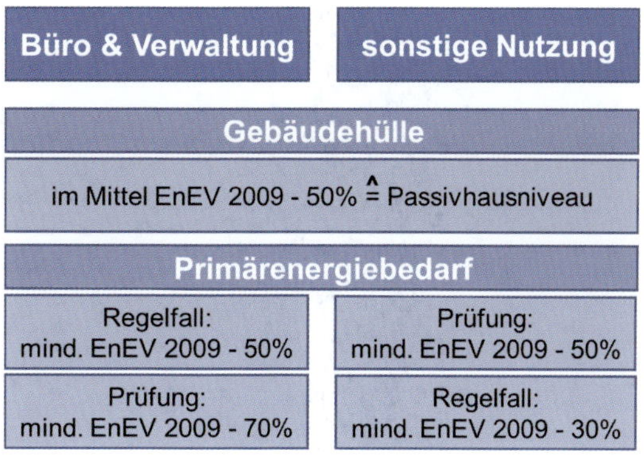

Bild 1 Schematische Darstellung „Hessisches Modell"

bierung der einzelnen Anforderungswerte so nicht gegeben wäre.

Der Wärmebrückenzuschlag bleibt beim Vergleich nach dem Hessischen Modell beim Anforderungswert und beim Planungswert unberücksichtigt. Der Einfluss von Wärmebrücken ist zu minimieren. Bei Bodenplatten dürfen die Flächen unberücksichtigt bleiben, die mehr als 5 m vom äußeren Rand des Gebäudes entfernt sind. Weitere Randbedingungen für die Berechnung des Mittelwerts der Wärmedurchgangskoeffizienten zur Ermittlung des Primärenergiebedarfs nach Anlage 2, Ziff. 2.3 bleiben bei der Ermittlung der Qualität der Gebäudehülle außer Betracht.

Primärenergiebedarf

Der Primärenergiebedarf hessischer Neubauten soll die Anforderungen der EnEV 2009 grundsätzlich um mindestens 50 % unterschreiten. Bei Büro- und Verwaltungsgebäuden ist zu prüfen, ob eine Unterschreitung um mindestens 70 % im Rahmen der Kostenobergrenze möglich ist. Sofern bei ungünstigen Nutzungen eine Unterschreitung um 50 % nicht möglich sein sollte, ist eine Unterschreitung um mindestens 30 % innerhalb der Kostenobergrenze umzusetzen.

Weitergehende Anforderungen, z. B. Passivhaus oder Nullenergie-/Plusenergiehaus sind im Rahmen der Bedarfsanmeldung zu formulieren und im Planungsauftrag zu benennen.

Die Anforderungen nach dem Hessischen Modell traten unmittelbar mit dem Kabinettsbeschluss in Kraft. Im Rahmen einer Übergangsregelung für bereits in Planung befindliche Projekte werden Projekte, bei denen die Planung 2010 bereits so weit fortgeschritten war, dass eine Umplanung nicht mehr möglich gewesen ist, nach den Vorgaben der gültigen EnEV fertig gestellt. Alle übrigen Gebäude sind nach den Neubaustandards des Hessischen Modells zu errichten.

Die Erfahrungen der bisher in Planung befindlichen Projekte zeigen, dass die Anforderungen des Hessischen Modells in der Regel innerhalb des Kostenrahmens erfüllt werden können.

Mit diesen Anforderungen nimmt das Land Hessen bereits heute eine Vorbildfunktion in Bezug auf die Energieeffizienz seiner Neubauten ein. Das Hessische Modell legt die Grundlagen um, die Anforderungen der EU-Richtlinie in Hessen bis 2019 mit der Niedrigstenergiebauweise sicher umsetzen zu können.

Standards im Staatlichen Hochbau in Hessen – Bestandsbauten

Georg Engel, Bernd Zahn | Hessisches Immobilienmanagement

Bereits im Frühling 2008 startete das Hessische Immobilienmanagement (HI) für die von ihm bewirtschafteten Liegenschaften ein „CO_2-Minderungsprogramm", um bei Sanierungsmaßnahmen und im Gebäudebetrieb eine höchstmögliche CO_2-Minderung zu erzielen. Das Programm wurde zunächst mit einem Budget von 47 Mio. EUR ausgestattet und orientierte sich am Sanierungszyklus von Gebäuden bzw. deren Bauteilen, um durch die Symbiose dringend erforderlicher Maßnahmen der Bauunterhaltung mit CO_2-Minderungsmaßnahmen Mehrkosten zu vermeiden.

Mit den Beschlüssen der Nachhaltigkeitskonferenz des Landes Hessen vom Oktober 2008 und Juli 2009 änderten sich die Rahmenbedingungen für das CO_2-Minderungsprogramm des Hessischen Immobilienmanagement. Das CO_2-Minderungsprogramm wurde als Teilprojekt in das Projekt CO_2-neutrale Landesverwaltung integriert und übernahm dessen Ziele. Das Einsparziel orientierte sich an den Beschlüssen der Nachhaltigkeitskonferenz für die CO_2-neutrale Landesverwaltung, auf der die Maßgabe einer vollständigen CO_2-Neutralität bis zum Ende der Laufzeit im Jahr 2030 beschlossen wurde. Maßnahmen zur Vermeidung von CO_2 wurde dabei eine höhere Priorität eingeräumt als denen zur Substitution des Energieträgers.

Die hessische Landesverwaltung nutzte hiermit ihre direkten Möglichkeiten, durch landesweite verwaltungsinterne Maßnahmen im Interesse des Klimaschutzes zu handeln und so zum Vorbild zu werden. Das CO_2-Minderungsprogramm leistet dazu einen wichtigen Beitrag.

Zu den bisher wichtigsten Projektergebnissen zählen die für 135 Gebäude erstellten Kurzenergiekonzepte. Sie wurden von Juni 2010 bis zum November 2011 erarbeitet und ermöglichen eine Bewertung der gebäudespezifischen CO_2- und Energieeinsparpotentiale, verbunden mit den entsprechenden baulichen und technischen Sanierungsmaßnahmen und deren Kosten. Sie bilden eine solide Grundlage für weitere strategische Entscheidungen.

Für die energetische Sanierung des technisch komplexen Hauptstaatsarchives (Schwerpunktliegenschaft) wurde ein ausführliches Energiekonzept erstellt. Auf Basis des Energiekonzeptes wurde die Erneuerung der Kälteerzeugung als erster Bauabschnitt umgesetzt.

Das bisherige CO_2-Minderungsprogramm wurde mit der Bereitstellung von Projektmitteln in Höhe von mehr als 3 Mio. EUR für 12 baulich-technische CO_2-Minderungsmaßnahmen abgeschlossen. Von diesen sind aktuell vier Maßnahmen fertig gestellt. Bei den übrigen laufen Planung und Bauausführung.

Anfang 2012 wurde das bisherige „CO_2-Minderungsprogramm" zu einem „CO_2-Minderungs- und Energieeffizienzprogramm" erweitert und umfasst nun ein Programmvolumen von 160 Mio. EUR, aus dem Maßnahmen bis zum Jahre 2017 finanziert werden können. Diese Mittel ergänzen die Bauunterhaltung. Das Projektziel ist die CO_2-Reduktion und Verbrauchsminimierung durch energetische Sanierungen und die Optimierung des energieeffizienten Betreibens von Bestandsgebäuden, die im Eigentum des Hessischen Immobilienmanagement stehen oder langfristig angemietet sind. Dabei wird ein erheblich höherer energetischer Standard realisiert als er durch die aktuelle Energieeinsparverordnung vorgeschrieben ist.

Konkret bedeutete dies, dass einerseits bereits begonnene oder geplante Sanierungsmaßnahmen im Rahmen des erweiterten Programms

Bild 1
Ergebnisdarstellung aus dem Kurzenergiekonzept
Variante 1: Sanierung nach EnEV 2009
Variante 2: Sanierung nach Hochbauamt Frankfurt
Variante 3: Sanierung nach Passivhausstandard

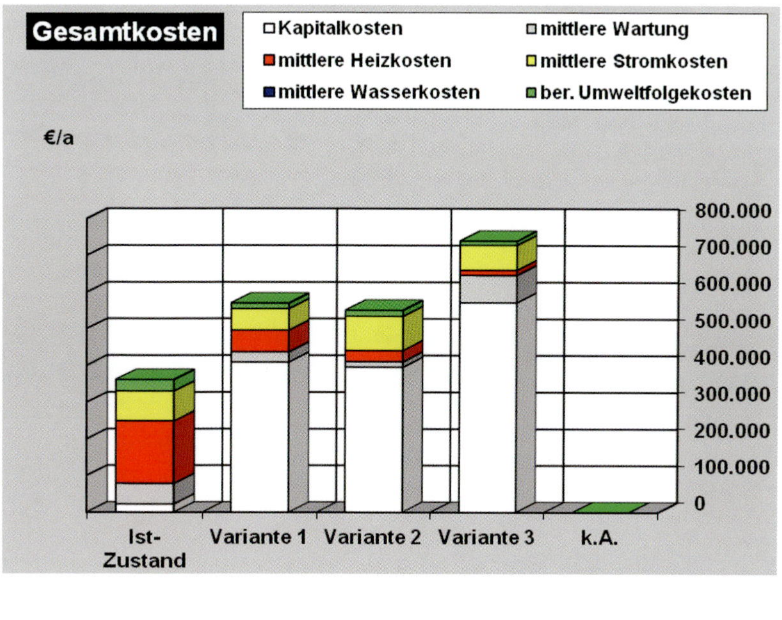

Bild 2
Links: Sanierung der denkmalgeschützten Fenster auf das Niveau der EnEV 2009
Rechts: Staatliche Technik Akademie Weilburg

fortgeführt werden. So ist beispielsweise der Planungsauftrag für den zweiten Bauabschnitt des Hessischen Hauptstaatsarchives erteilt, der unter anderem die Teilsanierung der Beleuchtung und die Erneuerung der raumlufttechnischen Anlagen betrifft. Die Umsetzung dieser Maßnahmen ist bis 2014 geplant. Weitere Bauabschnitte werden folgen. Durch die Sanierung der gesamten haustechnischen Anlagen ergibt sich allein bei diesem Projekt ein voraussichtliches Minderungspotential von ca. 600 t CO_2 im Jahr.

Andererseits werden für die weiteren energetischen Sanierungsmaßnahmen Objekte ausgewählt, die einen möglichst hohen Beitrag zur Erreichung des Ziels CO_2-neutrale Landesverwaltung bis zum Jahr 2030 leisten können. Berücksichtigt werden dabei Gebäude mit CO_2-Einsparpotential, deren Nutzung, bauliche Struktur und Marktumfeld erwarten lassen, dass sie auch im Jahre 2030 für Landesdienststellen genutzt und wirtschaftlich betrieben werden können.

Um weitere Erfahrungen bis Ende 2013 zu sammeln, werden in Pilotprojekten die Bauplanungen unverzüglich begonnen. Für vier Pilotprojekte werden derzeit die Bedarfsbeschreibungen erstellt und der Planungsauftrag vorbereitet. Drei Planungsaufträge sind bereits erteilt.

Die gesammelten Erfahrungen aus den Pilotprojekten werden in den weiteren Projekten berücksichtigt.

Bei den langfristig angemieteten Liegenschaften werden Sanierungen der Anlagentechnik bevorzugt mittels Energie-Spar-Contracting fremdfinanziert.

In allen vom Hessischen Immobilienmanagement verwalteten Liegenschaften werden Maßnahmen zur Optimierung des energetischen Betreibens, der Optimierung des Energiemanagements sowie die Informationen der Nutzer umgesetzt, um einem möglichst ganzheitlichen Ansatz gerecht zu werden.

Fazit

Das CO_2-Minderungs- und Energieeffizienzprogramm setzt die Maßgabe der CO_2-neutralen Landesverwaltung konsequent und vorbildlich um, indem prioritär die Reduktion von CO_2 intensiv betrieben wird. Substitution und Kompensation sind die darauf folgenden Schritte auf dem Weg zu einer vollständigen CO_2-Neutralität bis 2030. Die Klimaschutzstrategien haben nur dann eine Aussicht auf Erfolg, wenn der derzeitige Verbrauch an überwiegend fossilen Energieträgern deutlich gesenkt wird. Durch die Umsetzung von baulich-technischen Sanierungsmaßnahmen in Liegenschaften, die auch unter Gesichtspunkten einer langfristigen Strategie identifiziert werden, sowie durch die Optimierung des energieeffizienten Gebäudebetriebes ist das Hessische Immobilienmanagement auf einem guten Weg, die ambitionierten Zielvorgaben zu erreichen.

Standards im Staatlichen Hochbau in Hessen – PPP-Projekte

Georg Engel, Bernd Zahn | Hessisches Immobilienmanagement

Bereits seit Anfang 2009 verfolgt das HI intensiv das Ziel, energieeffizientes Bauen auch in seinen PPP-Projekten zu etablieren, um angesichts des drohenden Klimawandels und seiner Folgen sowie immer knapper werdender Ressourcen an fossilen Energieträgern, im Sinne der zukünftigen Generationen zu handeln.

Zu den bisher wichtigsten Erfolgen zählt das Behördenzentrum in Heppenheim, das aufgrund seiner Größe und typischen Büronutzung als Modellprojekt ausgewählt wurde. Es handelt sich hierbei um das bundesweit erste zertifizierte Passivhaus-Behördenzentrum, das als PPP-Projekt realisiert wird.

Die Berücksichtigung der Anforderungen des Passivhausstandards stellte dabei für alle Beteiligten eine Herausforderung dar, die jedoch gemeinsam gemeistert werden konnte. Die fachlichen Leistungen zur wissenschaftlichen Begleitung, Beratung und Vorschläge für Maßnahmen zur Qualitätssicherung werden vom Passivhaus Institut aus Darmstadt (PHI) erbracht. Dadurch wurde das Projekt als förderwürdig eingestuft und erhielt finanzielle Hilfen aus dem europäischen Fonds für regionale Entwicklung (EFRE) und Unterstützung aus dem Hessischen Ministerium für Umwelt, Energie, Landwirtschaft und Verbraucherschutz.

Nach intensiven Verhandlungen konnte im Juni 2011 der PPP-Vertrag zwischen dem Land Hessen und der Goldbeck Public Partner GmbH unterzeichnet werden. Dieser Vertragspartner des HI wird von seinen externen Partnern Dohle und Lohse Architekten GmbH, der Luwoge-Consult als Passivhaus-Planer, sowie der WGZ Bank als Finanzier unterstützt.

Dieses PPP-Projekt zeigt besonders schön, dass hochwertige Architektur auch trotz der hohen Anforderungen an Energieeffizienz nicht zu kurz kommen muss. Durch seine innovativen und funktionalen Büroräume mit hoher Flexibilität erweist sich dieses Atriumgebäude mit rund 6000 Quadratmeter Nutzfläche als ideal geeignet für das Arbeiten innerhalb einer modernen, zeitgemäßen Verwaltung.

Gleichzeitig ist es dem Investor gelungen, eine Kosteneinsparung gegenüber der Eigenrealisierung von 17,2 Prozent zu erreichen. Die für das Hessische Immobilienmanagement fixierten Baukosten liegen bei rund 24 Millionen brutto.

Nach Zuschlagserteilung wird der Gebäudekomplex innerhalb von 16 Monaten realisiert, sodass die insgesamt 300 Bediensteten des Amtes für Straßen- und Verkehrswesen Bensheim und des Amtes für Bodenmanagement in

Bild 1
Haupteingang des Behördenzentrums in Heppenheim von Südwesten

Heppenheim ihr neues Domizil Anfang Oktober 2012 beziehen können. Diese kurze Bauzeit wird durch den Einsatz von vorgefertigten Systembauteilen aus dem Goldbeck Fertigteilwerk in Hamm ermöglicht. Die gesamte Fertigung wurde entsprechend den energetischen Vorgaben auf Passivhaustauglichkeit umgestellt.

In der Planung wurde der Passivhausgedanke konsequent angewandt. Unter anderem wurde der sehr kompakte Baukörper mit einem A/V-Verhältnis von 0,19 nach Süden ausgerichtet, um die Möglichkeiten der Nutzung der solaren Erträge zu optimieren. Mit Ausnahme der Nordseite erhält das Behördenzentrum umlaufend einen außen liegenden Sonnenschutz. Dieser wird tageslichtlenkend ausgeführt, um damit auch im Sommer die bestmögliche Nutzung des vorhandenen Tageslichts zur Beleuchtung der Büroflächen zu ermöglichen. Die Lüftungsanlage wird mit einer Wärmerückgewinnung von ca. 90 % ausgestattet, so dass sie ohne zusätzliche Heizregister geplant und betrieben werden kann. Ein großer Teil der benötigten Heizenergie steht in Form von Abwärme bereits zur Verfügung. Diese entsteht durch den Betrieb der IT-Technik und kann mittels fortschrittlicher Wärmepumpen optimal zur Heizung des Gebäudes genutzt werden. Pufferspeicher zur Heizung im Winter und zur freien Kühlung im Sommer vervollständigen das durchdachte energetische Konzept.

Anfängliche Bedenken der Nutzer sind inzwischen einer starken eigenen Identifikation mit diesem anspruchsvollen Energiestandard gewichen. Das Projekt befindet sich derzeit in der Bauphase. Der Einzug der Nutzer ist für Oktober 2012 geplant.

Mitte 2010 beteiligte sich das Hessische Immobilienmanagement aufgrund dieser guten Erfahrungen gerne daran, neue Standards für PPP- und Neubauprojekte zu definieren. Rückenwind bekam es durch einen Kabinettsbeschluss, der – auch unter Berücksichtigung der Arbeitsergebnisse vom Hessische Immobilienmanagement und Hessischen Baumanagement im Rahmen der hessischen Nachhaltigkeitsstrategie „CO_2-neutrale Landesverwaltung“ für alle Neubauten einen ambitionierten Energiestandard fordert. Dieser entspricht einer Unterschreitung der Anforderungen der EnEV2009 um 50 %. Die gewählte energetische Zielvorgabe ist vergleichbar mit dem oben beschriebenen Passivhausstandard. Zudem ist zu prüfen, ob standort- oder nutzungsspezifisch weitere Unterschreitungen der vorgenannten Energiestandards möglich sind, ohne unverhältnismäßig hohe Kosten zu verursachen. Bei einem positiven Prüfergebnis sind diese zu realisieren. Indem sich Hessen als Bundesland selbst derart hohe Maßstäbe für die Zukunft setzt, übernimmt es einmal mehr eine wirkliche Vorbildfunktion und Vorreiterrolle.

Konkret bedeutete dies für das Hessische Immobilienmanagement, gemeinsam mit dem Institut für Wohnen und Umwelt aus Darmstadt (IWU) die kompletten Vergabe- und Vertragsunterlagen für PPP-Projekte zu überarbeiteten, um die Einhaltung des beschriebenen Energiestandards EnEV2009 – 50 % für zukünftige PPP-Projekte zu gewährleisten. Denn entsprechend des Kerngedankens bei PPP muss der vorgegebene Standard nicht nur während der Planungs- und Bauzeit berücksichtigt sein, sondern ist auch über die Dauer der 30-jährigen Betriebszeit vertraglich vom Privaten Partner geschuldet. Dieses ambitionierte Ziel gilt auch für das Polizeipräsidium Südosthessen, das sich derzeit in der Ausschreibungsphase befindet.

Fazit

Durch sein konsequentes Vorgehen will Hessen beispielhaft aufzeigen, dass auch und gerade in PPP-Projekten die Errichtung öffentlicher Gebäude mit einem energetischen Standard auf höchstem Niveau erreicht werden kann, wo insbesondere auch die Innovationsfähigkeit und das Know-how der privaten Partner genutzt und durch den bestehenden Wettbewerb gefördert wird.

Standards im Staatlichen Hochbau in Hessen – Hochschulen

Manfred Balg | Hessisches Ministerium für Wissenschaft und Kunst

Vor dem Hintergrund der Diskussion zur nachhaltigen Entwicklung und zum Klimaschutz haben die Erfassung der CO_2-Emissionen und deren kritische Bewertung auch für Hochschulen an Bedeutung gewonnen. Im Dialog mit allen hessischen Hochschulen wurden mit Unterstützung der Hochschul-Informations-System GmbH (HIS) die hochschulbezogenen CO_2-Emissionen erstmals für das Jahr 2008 berechnet. Für die Erhebung der relevanten Energiewerte an den Hochschulen wurden ein spezifischer Erhebungsbogen und ein Workshop-bezogenes Projektdesign entwickelt. Alle staatlichen Hochschulen Hessens haben sich an dem Vorhaben aktiv beteiligt. Mittlerweile konnte die erste Bilanz für das Erfassungsjahr 2008 durch die Daten der Jahre 2009 und 2010 ergänzt werden. Die Zeitreihe ermöglicht damit erste Einblicke in Entwicklungstendenzen unter Einbeziehung der Berechnungsmethoden zur Witterungsbereinigung. Durch den Vergleich der Gebäude untereinander und der jeweiligen Jahresverbräuche wurden wesentliche Potentiale zur Energieeinsparung deutlich und belastbar aufgezeigt. Neue Impulse wurden gesetzt, indem Hochschulen ihren tatsächlichen internen Umgang mit Energie kritisch analysieren. Darüber hinaus haben einige Hochschulen individuelle Strategien für ihr Energiemanagement entwickelt. Die Hochschulen nutzen das gewonnene inhaltliche und methodische Know-how sowohl für die interne Optimierung von Abläufen, als auch für eine externe Öffentlichkeitsarbeit.

Als besondere Nutzeneffekte sind folgende herauszustellen:
Ein jährlicher Workshop zur Plausibilisierung der erhobenen Daten hat die Vernetzung des Fachpersonals für Energieeinsparung gefördert; eine themenspezifische Arbeitsgruppe wurde gebildet. Die vorliegenden Zahlen haben den Umgang mit Energie transparenter gemacht. Die quantitativen Beobachtungen forcieren qualitative Diskussionen.

Im Zuge der Erhebung wurde eine CO_2-Emissionsentwicklung aller hessischen Hochschulen von 209 000 (2008) über 215 998 t (2009) auf 230 000 t (2010) ermittelt. Eine Kennzahl, die jährlichen CO_2-Emissionen pro Fläche, ermöglicht einen Vergleich. Diese Kennzahl schwankt bei den Hochschulen des Landes im Jahr 2010 zwischen 41 und 121 kg/m^2 NGF (Nettogrundfläche).

Diese Differenzen ergeben sich aus dem Zusammenspiel verschiedener Ursachen. Hierbei haben folgende Aspekte eine Bedeutung:
- Effizienzgewinne durch Eigenerzeugung
- Großer Einzelverbrauch durch spezifische Forschungsausrichtung
- Unterschiedliche Bausubstanz (in der Summe)

Die Erstellung der CO_2-Bilanz wird künftig intensiver die Auswirkungen der Mobilität erfassen und die Möglichkeiten der Beschaffung beleuchten. Darüber hinaus wird der beobachtbare große Anstieg der Stromverbräuche an den Hochschulen, der allgemein als Trend zu erkennen ist, eine kritische Reflexion der Nutzung elektrischer und elektronischer Geräten insbesondere im IT-Bereich einleiten.

Mit der CO_2-Bilanzerstellung werden die Hochschulen des Landes Hessen im Sinne des geltenden Hochschulpaktes (2011–2015) tätig. Im Pakt ist folgende Regelung enthalten: „Die Hochschulen sind wichtige Akteure innerhalb der Nachhaltigkeitsstrategie des Landes Hessen. Im Rahmen der baulichen Erneuerung wird das Ziel der „CO_2-freien Hochschule verfolgt." Diese Regelung wird in den geschlossenen Zielvereinbarungen überwiegend aufgegriffen und konkretisiert.

Bild 1
3. Präsentationsworkshop an der Hochschule Fulda

Enge Kooperationen erfolgten auf den Workshops z. B. mit dem Hessischen Baumanagement (hbm), den beteiligten Forschungsinstitutionen und den weiteren Teilprojekten (Mobilität, Hessisches Ministerium für Wirtschaft, Verkehr und Landesentwicklung (HMWVL), Energiesparwettbewerb und Gesamtbilanz Hessisches Ministerium der Finanzen (HMdF), usw.). Die methodischen und inhaltlichen Erkenntnisse des Projektes fließen in die Gesamtbilanz für die hessische Landesverwaltung ein.

Unterstützt werden sollen die Hochschulen in Zukunft mit einem weiteren Instrument (Teilkennwertmethode), welches Sie in die Lage versetzten soll, selbstständig Kurzgutachten zur energetischen Ertüchtigung ihrer Bestandsgebäude zu erstellen.

Ein erster Entwurf zu den Eckpunkten einer Strategie für die hessischen Hochschulen für die Erreichung des übergeordneten Ziels „CO_2-neutrale Hochschulen bis 2030“ liegt dem HMWK inzwischen vor und muss landesintern noch geprüft und abgestimmt werden. Dem allgemeinen Gebot „Vermeidung vor Substitution vor Kompensation“ folgend liegt der Schwerpunkt der Untersuchungen auf Maßnahmen zur Reduzierung des Energiebedarfs und der Erhöhung der Energieeffizienz sowie dem Einsatz nachhaltig erzeugter regenerativer Energieträger. Ausgangspunkt war dabei die fundierte Analyse des Ist-Zustands des Liegenschaftsbestands der hessischen Hochschulen sowie der landesrechtlichen und finanziellen Rahmenbedingungen.

CO_2-neutrale Beschaffung Hessen

Ralf Schwarzer | Hessisches Ministerium der Finanzen

Projekt „Hessen: Vorreiter für eine nachhaltige und faire Beschaffung“

Die Energieeffizienz der von der Landesverwaltung beschafften Produkte und Dienstleistungen stellt einen wichtigen Faktor für die Erreichung des Zieles einer CO_2-neutralen Landesverwaltung dar. Die eingesetzten Produkte werden in der Regel in hohen Stückzahlen beschafft und verfügen – im Gegensatz zur Gebäudeinfrastruktur – über eine relativ kurze Nutzungsdauer. Dies ermöglicht es, den Einsatz energieeffizienter Produkte im Rahmen der an der gewöhnlichen Nutzungsdauer orientierten Beschaffungszyklen in der Landesverwaltung als Standard zu setzen und dabei den auf der Angebotsseite jeweils erzielten Fortschritt an Energieeffizienz ohne erhebliche zeitliche Verzögerungen zu realisieren. Dieser Ansatz der Energieeffizienz kann relativ problemlos flächendeckend umgesetzt werden, weil die Beschaffung von Produkten und Dienstleistungen für die gesamte Landesverwaltung mit Ausnahme des Hochschulbereichs organisatorisch bei der Oberfinanzdirektion Frankfurt am Main – HCC – Zentrale Beschaffung – (allgemeiner Bedarf ohne Bauleistungen), der Hessischen Zentrale für Datenverarbeitung (IT-Bedarf) und dem Präsidium für Technik, Logistik und Verwaltung (Polizeibedarf) zentralisiert ist.

Unter diesen Gesichtspunkten ist auch das Projekt „Hessen: Vorreiter für eine nachhaltige und faire Beschaffung“ 2009 ins Leben gerufen worden. Das Projekt verfolgt das Ziel, die Beschaffung der hessischen Landesverwaltung an den Grundsätzen „nachhaltig“ und „fair“ auszurichten. Die Beschaffung von Produkten und Dienstleistungen wird im Land im Sinne der Nachhaltigkeit konsequent verbessert. Das Projekt unterstützt darüber hinaus eine Veränderung im Verhalten von Konsumenten und Produzenten.

Der Aufgabenschwerpunkt aus der Arbeitsgruppe CO_2-neutrale Beschaffung, nämlich CO_2-Emissionen bei der Beschaffung von Produkten und Dienstleistungen für die hessische Landesverwaltung zu berücksichtigen und zu reduzieren, wurde im Projekt „Hessen: Vorreiter für eine nachhaltige und faire Beschaffung“ aufgegriffen.

In unterschiedlichen Bausteinen hat das Projekt bereits zahlreiche Ergebnisse erarbeitet. Besonders hervorzuheben ist der **Projektbaustein „Leitbild“**. Die Arbeitsgruppe hat ein Leitbild für die Beschaffungspraxis des Landes erarbeitet, das am 7. Februar 2011 vom Kabinett gebilligt und am 26. Oktober der Öffentlichkeit vorgestellt wurde (Bild 1).

Zur Umsetzung des strategischen Ansatzes ist die Schaffung von Normen für die Beschaffungsmaßnahmen der Landesverwaltung erforderlich, die auch die Berücksichtigung von Standards der Energieeffizienz verbindlich

Bild 1
Leitbild der nachhaltigen und fairen Beschaffung in Hessen

vorsehen. Im Projektbaustein „Normative Verankerung“ wurde veranlasst, den Grundsatz der nachhaltigen Beschaffung in den Beschaffungsmanagementerlass des Landes Hessen vom 9. Dezember 2010 aufzunehmen. Danach wird eine sachgerechte Berücksichtigung von Nachhaltigkeitsprinzipien vor allem dadurch erreicht, dass Beschaffungsentscheidungen neben dem Anschaffungspreis unter anderem stärker auf die während der Verwendungsdauer anfallenden Kosten ausgerichtet werden. Hier spielen für Vergabeentscheidungen die Gesichtspunkte des Energieverbrauchs und damit gleichermaßen des Emissionsausstoßes eine entscheidende Rolle. Mittlerweile ist mit der Neufassung der Vergabeverordnung durch den Bundesgesetzgeber für EU-weite Vergaben verbindlich die Berücksichtigung von Energieeffizienz bei Vergabeentscheidungen eingeführt. Auch auf Landesebene wird durch die Umsetzung der Ergebnisse des Hessischen Energiegipfels eine entsprechende Vorgabe für Beschaffungen unterhalb der EU-Schwellenwerte geschaffen werden. Vorgesehen ist darüber hinaus, weitere Aspekte der ökologischen, ökonomischen und sozialen Beschaffung normativ zu verankern.

Auch über die Wahl der eingesetzten Materialien und deren Eigenschaften für den eingesetzten Zweck soll befunden werden können (z. B. nachwachsende Rohstoffe). Es bestehen verschiedene Anknüpfungspunkte zur Berücksichtigung von Energieeffizienzaspekten. Diese sollen die Bereiche Bedarfsanalyse, Erstellung der Vergabeunterlagen (insbesondere der Leistungsbeschreibung), sowie Zuschlagserteilung umfassen, um die Energieeffizienzaspekte auf allen Stufen des Beschaffungsvorgangs durchgängig und wirksam zur Geltung zu bringen. Im **Projektbaustein „Produktgruppenidentifikation“** wurden dazu Produktgruppen identifiziert, die für eine nachhaltige und faire Beschaffung geeignet sind. Die Beschaffungspraxis dieser Produktgruppen

- Textilien,
- Dienstleistungen der Gebäudereinigung,
- Reinigungsmittel,
- Fahrzeuge,
- Kraftstoffe,
- Bürokommunikation,
- IT,
- Bürobedarf und
- Büromöbel

wurde neu abgestimmt; ein Leitfaden für Bedarfs- und Vergabestellen ist dazu in Vorbereitung. Insbesondere bei der Beschaffung in den Bereichen Fahrzeuge, Bürokommunikation und IT wird auf den CO_2-Ausstoß und den Energieverbrauch geachtet. Beispielhaft kann hier auf die jüngsten Ausschreibungen von Dienstfahrzeugen hingewiesen werden: Bereits 2011 wurden verstärkt CO_2-Grenzwerte als Mindest-/Ausschlusskriterium für die verschiedenen Fahrzeugklassen eingefordert. Angebote, bei denen die Mindestanforderung eines maximal erlaubten CO_2-Ausstoßes überschritten wurde, wurden zwangsläufig ausgeschlossen und im weiteren Verfahren nicht berücksichtigt. Zudem fließen bei den Zuschlagskriterien ökologische Anforderungen, zu denen Energieverbrauch und CO_2-Ausstoß gehören, mit 20 Prozent in die Wertung der Angebote ein. Für 2012 ist eine weitere Verschärfung vorgesehen: Die CO_2-Grenzwerte werden deutlich gesenkt; die Bedeutung der ökologischen Anforderungen wird durch die Gewichtung mit 25 Prozent weiter hervorgehoben. Bei künftigen Ausschreibungen werden diese Vorgaben zum CO_2-Ausstoß entsprechend der technischen Entwicklung fortlaufend verschärft. Es besteht für die Bedarfsstellen auch die Möglichkeit, Fahrzeuge mit alternativen Antriebsarten zu beschaffen. Für die Beschaffung von Elektrofahrzeugen sollen den Dienststellen ab dem Kalenderjahr 2012 entsprechende Fördermittel bereit gestellt werden.

Das Projekt wird fortlaufend weitere Produktgruppen identifizieren und so für den einzelnen Beschaffer praktisch umsetzbare, auf Förderung von Nachhaltigkeit hin ausgerichtete Anforderungen formulieren.

Der **Projektbaustein „Beschaffungsnetzwerk“** fördert den Austausch unter den zentralen Beschaffungsorganisationen sowie den Dienststellen des Landes, und bezieht die Hochschulen, Kommunen und weitere Institutionen mit „öffentlichem Beschaffungscharakter“ ein. Am 26. Oktober 2011 fand in Frankfurt der „1. Kongress Beschaffungsnetzwerk“ im Rahmen des

Bild 2
Vorstellung der Rezeptsammlung „fair-antwortlich kochen und genießen" durch den hessischen Finanzminister Dr. Thomas Schäfer mit Schülern der Werner-von-Siemens-Schule Wiesbaden. Die Rezeptsammlung ist kostenfrei zu beziehen über die Mailadresse presse@hmdf.hessen.de.

Deutschen Städte- und Gemeindetages statt. Die bundesweite Veranstaltung wurde dazu genutzt, die Ideen und Konzepte des Projektes vorzustellen und beispielsweise zu den Leistungsbeschreibungen der Produktgruppen fundierte Rückmeldungen zu erhalten. Die Ergebnisse des Austausches zwischen diesen professionellen öffentlichen Einkäufern sind in die Arbeit zur „Produktgruppenidentifikation" eingeflossen. Weitere Veranstaltungen werden folgen.

Die Akteure im **Projektbaustein „Lernnetzwerk"** haben ein Konzept für ein Lernnetzwerk erstellt, dass zurzeit umgesetzt wird. Auch nicht unmittelbar mit der Beschaffung befasste Mitarbeiter des Landes Hessen und Endkonsumenten werden hier informiert und für Nachhaltigkeitsthemen sensibilisiert.

Einen Projekthöhepunkt bildete im **Projektbaustein „Kampagnen"** der 1. Hessische Tag der Nachhaltigkeit, an dem in insgesamt 36 Kantinen der Hessischen Ministerien sowie kommunalen Institutionen und Firmen für insgesamt 14 000 Gäste an Nachhaltigkeitsaspekten orientierte Gerichte angeboten wurden. Ziel war es, die Gäste mit schmackhaften Gerichten auf das Thema der nachhaltigen Produktion und Verarbeitung von Nahrungsmitteln aufmerksam zu machen und auf die eigene Verantwortung als Konsument, auch am Arbeitsplatz, hinzuweisen. Zum nachhaltigen Genießen veranlassen sollte auch die im Projekt erarbeitete Rezeptsammlung „fairantwortlich kochen und genießen". Zur medienwirksamen Vorstellung der Rezeptsammlung lud Finanzminister Dr. Thomas Schäfer am 9. Mai 2011 Schülerinnen und Schüler der Werner-von-Siemens-Schule in Wiesbaden in die Domäne Mechthildshausen ein und servierte ihnen ausgewählte, auf Nachhaltigkeitsaspekte hin ausgerichtete Gerichte. Vorausgegangen war diesem Termin eine Führung der Schüler durch die Domäne Mechthildshausen, bei der die Grundsätze der ökologischen Landwirtschaft anschaulich vermittelt wurden (**Bild 2**).

Darüber hinaus hat das Projekt das „Hessen-Kochbuch" herausgegeben. Es wurde auf dem Hessentag 2011 durch Herrn Minister Dr. Schäfer vorgestellt. Damit sollte das Thema des nachhaltigen regionalen Einkaufs weiter in die Breite getragen werden, indem regionale Gerichte sowie Tipps zur energiesparenden Zubereitung und Lagerung von Nahrungsmitteln vermittelt werden.

CO_2-neutrale Mobilität Hessen

Bernd Schuster | Hessisches Ministerium für Wirtschaft, Verkehr und Landesentwicklung

Die Hessische Landeregierung hat in den letzten Jahren vielfältigste Maßnahmen ergriffen, um die CO_2-Emissionen, die durch den Verkehr ausgelöst werden, zu reduzieren. Dazu zählen die Projekte:

1. Klimaschutzkonzept Hessen
2. Nachhaltigkeitsstrategie des Landes Hessen – Mobilität 2050
3. Mobilitätsmanagement zur Emissionsminderung im Dienstreiseverkehr der Hessischen Landesverwaltung

Diese Projekte stehen in unmittelbarem Zusammenhang und werden für die Bereiche Mobilität und Verkehr im Hessischen Ministerium für Wirtschaft, Verkehr und Landesentwicklung betreut.

1. Klimaschutzkonzept Hessen

Das dem Klimaschutzkonzept Hessen zu Grunde liegende Forschungsvorhaben „Integriertes Klimaschutzprogramm INKLIM 2012" hat für den Bereich Verkehr mehrere Felder identifiziert, die mit Maßnahmen zur CO_2-Reduzierung unterlegt sind. Am effektivsten, im Sinne von Aufwand und Ertrag - erwies sich dabei das Maßnahmenfeld „Effiziente Fahrzeugnutzung fördern". Auf diesem Feld sind vielfältige Einsatzmöglichkeiten innovativer Maßnahmen mit fortschrittlichster Technik möglich.

Der durchschnittliche Besetzungsgrad von ca. 1,3 Personen pro Pkw ist zurzeit vergleichsweise gering. Daher muss die Pkw-Auslastung verbessert werden. Denkbar sind sowohl langfristig komplexe Lösungen als auch kurzfristige Maßnahmen. Diese haben alle eins gemeinsam: Sie profitieren von der rasanten Entwicklung der Technik, insbesondere in der IT und den Kommunikationsmedien. Verkehrssysteme mit innovativen Angeboten zu revolutionieren, ist in Deutschland gerade in Zeiten von Klimawandel und Ressourcenknappheit gefragt.

Zu den herausragenden Innovationen der hessischen Verkehrspolitik gehört das Leuchtturmprojekt „Staufreies Hessen". Es setzt auch als Schwerpunkt „Verbesserte Fahrzeugauslastung im IV/ÖV". Ziel ist die Verbesserung des Verkehrsflusses, die Vermeidung von Staus und die Minderung von CO_2-Emissionen. Herausragend dabei ist das Teil-Projekt „Sichere und Intelligente Mobilität – Testfeld Deutschland (SIM-TD)", welches zur Initiative der Bundeskanzlerin „Partner für Innovation" gehört. In Europa arbeitet das herstellerübergreifende, von deutscher Seite initiierte Car-to-Car Communication Consortium (C2C-CC) daran, die Technologien für Fahrzeug-Fahrzeug- bzw. Fahrzeug-Infrastruktur-Kommunikation zu harmonisieren und zu standardisieren. Dazu gibt es in Deutschland eine strategische Allianz aller Beteiligten aus den Bereichen Automobil, Telekommunikation und weiterer relevanter Schlüsselindustrien. Diese verfolgen langfristig tragfähige Geschäftsmodelle und die flächendeckende Einführung.

Weitere Aktionen zur effizienten Fahrzeugnutzung sind die Programme P+R und P+M. Durch Park and Ride (P+R) können Verkehrsteilnehmer leichter auf den ÖPNV umsteigen. Durch (P+M) Parken und Mitfahren werden Fahrgemeinschafts-Umsteigeparkplätze, gefördert. Auch hier geht es nicht nur um die Bereitstellung der entsprechenden Infrastruktur. Es geht auch um die Ausstattung mit innovativer Technik, um beispielsweise auf die aktuelle Fahrplanlage der ÖPNV-Fahrzeuge sowie die dynamische Belegung der Parkplätze hinzuweisen. Auch Internet-basierte Technologien zur Bildung von Fahrgemeinschaften spielen eine Rolle. Insgesamt wird so eine höhere Auslastung der Pkw erreicht, was wiederum zu einer Minderung der Pkw-Fahrleistung beiträgt. Ein weiterer positiver Effekt ist die damit verbundene Emissionsminderung.

Diese Maßnahmen haben das Ziel, auf bereits veränderte Klimaverhältnisse zu reagieren. In der Anpassungsstrategie Hessen wird dies umgesetzt. Dabei sind folgende Rahmenbedingungen zu beachten:

- Hessen wird von rund 16 600 km überörtlichen Straßen durchzogen. Der größte deutsche Flughafen und der verkehrsreichste Bahnhof liegen ebenfalls in Hessen. Ferner können ein dichtes Schienennetz sowie große Flüsse für den Verkehr genutzt werden. Dies alles dient in Hessen ansässigen Wirtschaftsunternehmen zum Warenaustausch und ermöglicht den Bürgerinnen und Bürgern die erforderliche Mobilität.

- Als Transitland – in der Mitte Europas und Deutschlands liegend – hat Hessen eine besondere Verantwortung. Verkehr, der nicht in Hessen startet oder endet, muss das Land ohne Behinderungen passieren können.
- Derzeit und in absehbarer Zukunft ist die Straße der wichtigste Verkehrsweg. Über jeden hessischen Autobahnkilometer rollen täglich durchschnittlich 60 000 Fahrzeuge – weit mehr als im deutschen Durchschnitt. Aus Nachhaltigkeitsgründen gilt es, die Infrastruktur in einer guten Qualität bereit zu stellen sowie den darauf fließenden Verkehr umweltgerecht und klimaschonend zu beeinflussen (z. B. durch die Initiative „Staufreies Hessen").

Die Infrastruktur für den Straßen-, Schienen-, Luft- und Wasserverkehr sind unterschiedlich durch den Klimawandel betroffen.

Andauernde Hitze
Es können Straßenschäden auftreten, die zu Behinderungen führen und teure Reparaturarbeiten erforderlich machen, die den Verkehr dann mit zeitlicher Verzögerung erneut behindern. Schiffe können bei Niedrigwasser nicht mehr oder nur noch mit reduzierter Last fahren.

Frost
Auch bei Frost muss mit Straßenschäden gerechnet werden, besonders bei Vorhandensein von Vorschädigungen wie Rissen etc.

Starkwind/Hagelschlag
Starkwinde können in großen Sturmsystemen und in Böen an Warm-/Kaltfronten auftreten, die auch häufig von Gewittern begleitet sind. Hier kann es zu Schäden an Oberleitungen der Bahn kommen. Die Starkwinde bergen auch Gefahren für den Flugverkehr. Eventuell zusätzlich auftretender schwerer Hagelschlag gefährdet alle Verkehrssysteme.

Starkregen
Andauernder oder besonders heftiger Starkregen beeinträchtigt die Stabilität des Bodens. In besonders exponierten Lagen kann es zu Schäden an Straßen beziehungsweise Schienenwegen durch Unterspülung oder Hangrutschung kommen.

Hochwasser
Hochwasser führt zu Verkehrsbeschränkungen auf den Wasserstraßen und kann auch andere Verkehrswege unpassierbar machen.

Meist besitzen Verkehrswege wegen der hohen Netzdichte eine gewisse Widerstandsfähigkeit (Resilienz) gegenüber örtlichen Beeinträchtigungen, wie sie durch den Klimawandel entstehen können: Ausweichstrecken können, außer bei Wasserstraßen, deswegen fast immer gefunden werden, auch wenn diese dann schnell überlastet sind.

Bei Neubauten oder Erneuerungen von Verkehrswegen sind bereits heute absehbare klimabedingte zusätzliche Belastungen im Vorfeld, also in der Planungsphase, zu berücksichtigen. Für alle Planungsvorhaben erfolgt die Trassierung im Rahmen der Abwägung der Planfeststellung. Dabei konkurriert der Aspekt der Klimafestigkeit der Infrastruktur teils mit den definierten Schutzgütern. So hat z. B. eine geänderte Dimensionierung von Drainageanlagen als Anpassungsmaßnahme an Starkregenereignisse zusätzliche Bodeninanspruchnahme zur Folge. Baustandards sowie Überwachungs- und Monitoringmethoden sind kontinuierlich zu überprüfen und zu verbessern.

Eine gute Vernetzung der Verkehrsträger Straße, Schiene und Wasser ist für die Sicherstellung von Gütertransport und Mobilität von großer Bedeutung. Daher gilt es zu prüfen, ob die derzeitige Leistungsfähigkeit der Verkehrsträger auch den Ansprüchen unter den Bedingungen des erwarteten Klimawandels genügt.

Im Hinblick auf die Gefährdung der Infrastruktur sollten folgende vertiefende Untersuchungen und Prüfungen erfolgen:

- Auswirkungen höherer Niederschlagsmengen und -intensitäten auf Untergrund und Abflussgeschehen, ggf. auch auf abzuführendes Oberflächenwasser (z. B. bei Straßen, Start- und Landebahnen);
- Folgen von Hochwasserereignissen und Hangrutschungen;
- Folgen größerer, länger andauernder Hitzeperioden mit höheren Oberflächentem-

peraturen (bei Straßen in Verbindung mit Prognosedaten zur steigenden Verkehrsbelastung);

- Folgen von extremer Kältebelastung oder plötzlich starken Temperaturschwankungen;
- Bewertung der Ausfallrisiken der Infrastruktur durch Starkregen, Stürme und Orkane (z. B. umstürzende Bäume in Abhängigkeit des Baumbestandes), um ggf. ein für Hilfsaktionen immer zur Verfügung stehendes Hauptnetz definieren zu können (→ Katastrophenschutz/Sicherheit).

Darauf aufbauend sind die Herausforderungen des Klimawandels für die Verkehrsträger auch durch technische Innovationen sowie durch Verbesserungen im Betriebsablauf zu lösen.

Auch bei betrieblichen Maßnahmen, wie der alltäglichen Wartung und dem Winterdienst auf Straßen und Schienen müssen die Herausforderungen durch Extremwetter aufgrund des Klimawandels berücksichtigt werden. Dies stellt eine künftig wichtiger werdende Aufgabe für die Betreiber und zuständigen Stellen dar.

Erhebliches Innovationspotenzial haben intelligente Verkehrssysteme. Verbesserte und vor allem schnellere Information und Verkehrslenkung bieten Chancen, Extremsituationen ohne Schäden zu meistern, beispielsweise durch dynamische Anzeigen auf Autobahnen sowie durch moderne Signalsysteme bei der Bahn.

Schließlich bietet auch die Fahrzeugtechnik Entwicklungspotenziale, die helfen, auf den Klimawandel zu reagieren und so den Schutz der Reisenden zu gewährleisten. Dazu gehören beim Individualverkehr einerseits bewährte Assistenzsysteme wie ABS und ESP, andererseits Neuentwicklungen – so genannte „Intelligente Fahrzeuge“ –, die Extremsituationen durch verbesserte Fahrzeugtechnik leichter beherrschbar machen. Wegweisend dafür ist das bundesdeutsche Vorhaben „Sichere und intelligente Mobilität – Testfeld Deutschland“ (SIM-TD) im Rahmen der Initiative „Staufreies Hessen“ der Hessischen Landesregierung. In den Fahrzeugen des öffentlichen Verkehrs wird es zunehmend wichtiger werden, ausreichende Kühlung zu gewährleisten sowie den Reisenden umfangreiche Informationen zur Verfügung zu stellen.

2. Nachhaltigkeitsstrategie des Landes Hessen – Mobilität 2050 – Impulsgeber für eine neue Mobilität

Der Verkehr gehört weltweit zu den größten CO_2-Verursachern und ist damit ein maßgeblicher Faktor für den Klimawandel. Das Projekt „Mobilität 2050: Hessen – Impulsgeber für eine neue Mobilität“ bewegt Menschen zum Umstieg vom Auto auf andere Verkehrsmittel. Dazu werden das ÖPNV-Angebot verbessert, das Fahrrad als Verkehrsmittel gefördert und innovative Lösungen zum Mobilitätsmanagement erarbeitet.

Die konzeptionelle Phase des Projektes, die 2012 endete, setzt sich aus vier Teilprojekten mit 15 Projektbausteinen in den Bereichen Infrastruktur (ÖPNV, Fahrrad), Information (Mobilitätslotse, Infotafeln) und Vernetzung (Dienstleistungen) zusammen. Es sollen Verbesserungen in allen genannten Bereichen erreicht werden. Damit soll eine höhere Attraktivität zum Umsteigen auf klimaschonende Verkehrsmittel erreicht werden. Städtischer und ländlicher Raum werden gleichermaßen berücksichtigt.

Das Projekt profitierte insgesamt von einer breiten Beteiligung. Insgesamt 34 Institutionen arbeiteten Disziplinen übergreifend zusammen.

Das **Teilprojekt „Personalisierter Mobilitätslotse“** stellt im Jahr 2012 eine Pilotanwendung zur Verfügung. Der Mobilitätslotse ist ein kostenfreier und verkehrssystemübergreifender Navigationsdienst, der die aktuelle Verkehrslage, individuelle Präferenzen der Nutzer sowie regionale und lokale Planungen berücksichtigt. Daraus generiert der Lotse unter Berücksichtigung von Umweltaspekten aktuelle, individuelle Routenempfehlungen und Verkehrsmittelkombinationen.

Das **Teilprojekt „Fahrradmobilität“** zeichnet sich durch seine Vorreiterrolle bei der Stärkung fahrradbezogener Netzwerke aus. Im Mai 2011 beispielsweise wurde das Radforum Mittelhessen konstituiert, das unter anderem die Integration des Radverkehrs in die Stadt- und Verkehrsplanung vorantreibt. Aus der konzeptionell-wissenschaftlichen Arbeit resultierte unter anderem eine Wissenslandkarte, auf der hessische Lehr- und Forschungseinrichtungen verzeichnet sind, die sich mit Fahrradmobilität auseinandersetzen. Grundlage für weitere Arbeiten liefert eine analytische Studie zur Fahrradmobilität in Hessen.

Das **Teilprojekt „Freizeitverkehr“** hat in drei Landkreisen jeweils eine Fahrradverleihstation eingerichtet. Zudem wird derzeit die Installation eines Informationssystems mit Hinweisen zum ÖPNV sowie innovativer Querungshilfen für Radfahrer und Fußgänger im Regionalpark RheinMain vorbereitet.

Das **Teilprojekt „Ländlicher Raum“** hat ein organisiertes Mitnahmesystem erarbeitet, das die Mobilität in ländlichen Gebieten unterstützen soll. Den Bürgerinnen und Bürgern in Eschwege wird eine Mobilitätszentrale als Anlaufstelle dienen. Das unter dem Titel „MobilfaltCard“ konzipierte Mobilitätsnetzwerk wird Benchmark für den ländlichen Raum sein.

3. Mobilitätsmanagement zur Emissionsminderung im Dienstreiseverkehr der Hessischen Landesverwaltung

Im Projekt „CO_2 neutrale Landesverwaltung“ wurde zur Unterstützung der Einrichtung eines Mobilitätsmanagements und eines entsprechenden Monitorings zur Emissionsminderung im Dienstreiseverkehr der Hessischen Landesverwaltung ein Gutachten beauftragt.

Dazu wurden die Dienstreisen ausgewählter Ressorts (HMdF, HMWVL, HMWK, Universität Frankfurt am Main, Hochschule Fulda, Finanzamt Bensheim, Finanzamt Hofheim am Taunus) für das Referenzjahr 2008 ausgewertet. Die gewonnenen Daten wurden mittels Hochrechnung in die CO_2-Eröffnungsbilanz der Hessischen Landesverwaltung eingespeist.

Im Einzelnen wurden zu Zielorten und Verkehrsmitteln die entsprechenden Distanzen berechnet. So wurden für den Bereich Dienstreisen CO_2-Emissionen von rund 20 000 t CO_2 ermittelt. Dies entspricht einem Anteil von rund 4,5 % der Emissionen der Landesverwaltung.

Die Erhebung der Dienstreisedaten zur Eröffnungsbilanz 2008 war hinsichtlich der Erfassung und Auswertung sehr aufwändig. Die geringe Relevanz dieses Anteils rechtfertigt den Erhebungsaufwand für die Folgebilanzen nicht. Für die Folgebilanzen werden für Emissionen aus Bahnreisen Auswertungen der DB-AG herangezogen. Emissionen aus Flugreisen werden in den Folgebilanzen über die Entwicklung der Mitarbeiterzahlen auf der Grundlage der 2008 erhobenen Daten angepasst.

Auf der Eröffnungsbilanz aufbauend wurden erste Empfehlungen sowohl für die Vereinheitlichung der Datenerfassung als auch für die Einrichtung eines landesweiten Mobilitätsmanagements gegeben. Danach zeigte sich, dass die überwiegend meisten Dienstreisen mit dem Pkw (Dienstwagen oder privater Pkw) erfolgten. Empfohlen haben die Gutachter, dass zu Zielorten, die gut mit öffentlichen Verkehrsmitteln erreichbar sind die Bahn, Busse oder bei kurzen Wegen auch das Fahrrad verstärkt in Betracht gezogen werden. Bei nicht vermeidbaren Pkw-Fahrten sollte auf emissionsarme Fahrzeuge zurückgegriffen werden.

Die Voraussetzungen zur Beschaffung von Elektrofahrrädern und Elektroautos wurden bereits geschaffen. Im Einzelnen wurden Bedingungen festgelegt, die die Beschaffung von Elektrofahrrädern zunächst in den Ministerien, einschließlich der Staatskanzlei, im Jahr 2012 regeln. Die Beschaffung von Elektroautos in den Dienststellen der Hessischen Landesverwaltung sind in der „e-Beschaffungsinitiative Hessen“, die die Förderung von Elektroautos im Zeitraum von 2012–2016 mit einem Betrag von über 2 Mio. Euro vorsieht, festgehalten.

Teil 2

Projektaktivitäten in Hessen
Beispiele

Energiesparwettbewerb Energie Cup Hessen

Regina Förster | Hessisches Ministerium der Finanzen
Anke Merziger | B.& S.U. Beratungs- und Service-Gesellschaft Umwelt mbH

Energie Cup Hessen: Die Hessenmeister im Energiesparen

Hessen sparte etwa 180.000 Euro Energiekosten und 400 Tonnen CO_2

„Wir werden Hessenmeister im Energiesparen" – unter diesem Motto traten hessische Beschäftigte aus 41 Landesliegenschaften vom 1. Mai 2010 bis 30. April 2011 an, um im Energiesparwettbewerb „Energie Cup Hessen" die höchsten Energie- und Wassereinsparungen zu erreichen. Ziel war es, ungenutzte Potenziale zur Energie- und Wassereinsparung durch Veränderung des Nutzerverhaltens zu erschließen, und so den Verbrauch und damit auch Kosten und CO_2-Emissionen in den beteiligten Liegenschaften zu reduzieren.

Die 41 Teilnehmergebäude mit unterschiedlichen Nutzungen, z. B. Forstämter, Finanzämter, Gerichtsgebäude oder Fachhochschul- und Universitätsgebäude, wurden im Vorfeld des Wettbewerbs vom Hessischen Baumanagement, dem Hessisches Immobilienmanagement und den verschiedenen Ressorts ausgewählt. Teilnahmevoraussetzung war, dass die Gebäude mindestens zwei Heizperioden durchlaufen hatten, kein Energiespar-Garantievertrag abgeschlossen war, in den letzten zwei Jahren keine energierelevanten Sanierungsmaßnahmen durchgeführt wurden und keine solchen Maßnahmen für das Wettbewerbsjahr geplant waren. Dadurch wurde eine faire Ausgangssituation für die Berechnung der erzielten Einsparungen im Wettbewerbsjahr sichergestellt.

1. Motivationskampagnen der Teilnehmenden – Auf die Mitarbeiter kommt es an!

Es standen jedoch nicht nur die erzielten Einsparungen im Vordergrund. Der „Energie Cup Hessen" war ein Wettbewerb der Ideen zwischen den Dienststellen, der mit Motivationskampagnen für die Beschäftigten ausgetragen wurde, zu innovativen Ideen und intensiver Zusammenarbeit im Hinblick auf Ressourcen-

Bild 1
Auftaktveranstaltung zum Energie Cup Hessen
[Foto: A.-I. Eichel]

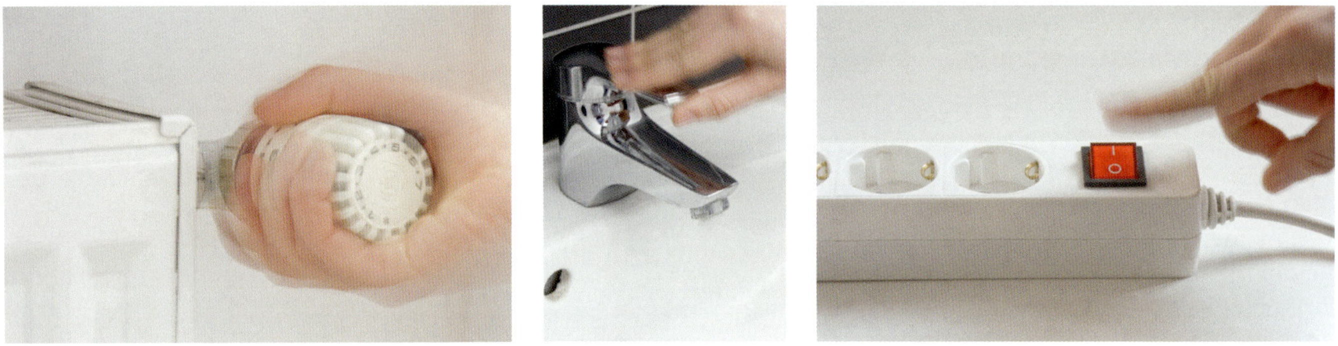

Bild 2
Energieeinsparung durch Heizungsregelung, Wassereinsparung, Abschaltung ungenutzer Geräte [Foto: Fleck Zimmermann GbR]

einsparungen führte und Anregungen zum Umdenken geben sollte.

29 Energieteams in 41 Liegenschaften des Landes waren mit viel Einsatz und Kreativität aktiv und realisierten ein Jahr lang Kampagnen in ihren Häusern, um ihre Kolleginnen und Kollegen zu motivieren, Energie- und Wassereinsparungen zu erzielen. Gemeinsames Ziel der Energieteams war es, Verhaltensänderungen der Mitarbeiter hinsichtlich des Strom-, Heizenergie- und Wasserverbrauchs zu bewirken und – manchmal unbewusste – Verhaltensmuster dauerhaft zu ändern.

Die Energieteams setzten vielfältige Kampagnen mit hohem Engagement um und beteiligten sich mit jeder Menge Spaß und Begeisterung am Wettbewerb. Dabei war ihnen bewusst, dass eine gute Planung von Aktionen und Maßnahmen wichtig ist. Sie erstellten zu Beginn des Wettbewerbs Konzepte, um Energie- und Wassersparen dauerhaft in den Arbeitsalltag der Beschäftigten zu integrieren. Unnötiger Verbrauch, wie beispielsweise durch das Betreiben von Lüftungsanlagen in Hörsälen in den Semesterferien oder schlecht eingestellte Heizungsanlagen, wurden schnell identifiziert und vermieden. Es wurde aber auch deutlich, dass enorme Einsparungen erreicht werden können, wenn schlicht nicht verbraucht wird, was niemandem nutzt. Solche Erkenntnisse führten zu der konsequenten Abschaltung nicht genutzter Geräte wie PCs, Drucker oder Monitore, der Anpassung der Raumtemperatur oder der Abstimmung der Beleuchtung an die benötigten Verhältnisse. Auch kleine Hilfsmittel zum Energiesparen kamen zum Einsatz. So wurden in vielen Liegenschaften abschaltbare Steckerleisten angeschafft und Raumthermometer verteilt, die es sehr erleichtern, Strom zu sparen und die richtige Heizungseinstellung zu finden.

Informationen verbreiten…

Um die Kolleginnen und Kollegen zum Mitmachen zu motivieren, mussten sie regelmäßig mit Informationen zum Energiesparen versorgt werden. Hinweisschilder, Aushänge,

Bild 3
Flyer Energiesparen

Bild 4
Energiespartipp Aufkleber Stosslüften

Bild 5
Übergabe Energiesparkoffer
[Foto: S. Ehlers]

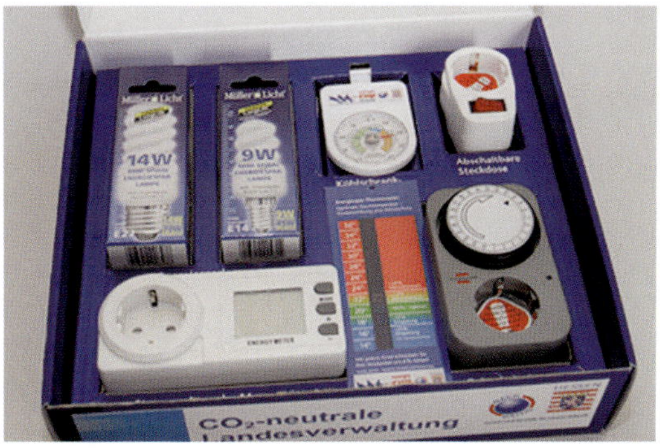

Bild 6
Energiesparkoffer
[Foto: S. Ehlers]

Infotafeln und Informationsbroschüren waren in vielen Dienststellen zu finden, und informierten die Kolleginnen und Kollegen, aber auch Gäste darüber, wo und wie sie ganz einfach Energie und Wasser sparen können. Regelmäßige Energiespartipps per E-Mail, im Inter- oder Intranet oder auch auf DVD, sowie Informationsveranstaltungen und Fachvorträge zum Energiesparen begleiteten diese Maßnahmen und trugen das Thema bis in den privaten Bereich hinein – ein wichtiger zusätzlicher Multiplikatoreffekt. Dass es möglich ist, bereits bei den Kleinen anzufangen, zeigte eine Veranstaltung mit einer Kindergruppe. Die Kleinen bastelten Aufkleber mit dem Hinweis „Licht aus" und verteilten diese in einem Teilnehmergebäude.

… und motivieren

Was kann man tun, um eine ganze Belegschaft zum Energiesparen zu bewegen? Wichtig war es, allen Beteiligten die Notwendigkeit des Energiesparens vor Augen zu führen. So wurde beispielsweise der Film „Eine unbequeme Wahrheit" gezeigt oder durch einen Papierberg im Eingangsbereich demonstriert, welche Menge an Papier innerhalb eines bestimmten Zeitraums verbraucht wird. Wirkungsvoll und bei den Beteiligten besonders beliebt waren auch „Klimafrühstücke", „faire Frühstücke", Grillfeste oder ein CO_2-freier Betriebsausflug. Das brachte die Kolleginnen und Kollegen ins Gespräch und informierte gleichzeitig über globale Zusammenhänge des Klimaschutzes. Ein Fahrradcheck, um das CO_2-freie Gefährt und durch dessen Nutzung seinen Besitzer fit zu machen, oder unterhaltsame Belohnungen fürs Treppensteigen führten dazu, eher Kalorien als Strom oder Benzin zu verbrauchen.

Neben den vielfältigen Aktionen hat sich die besondere Bedeutung der Einbindung aller

Bild 7
24.06.2010: Kampagne eines Energieteams [Foto: Regierungspräsidium Gießen]

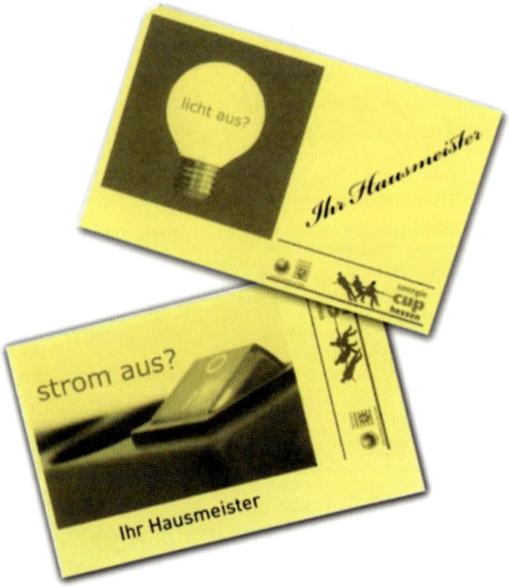

Bild 8
Gelbe Hausmeisterkarten [Foto: Hochschule Darmstadt]

Bild 9
Energiesparen durch Nutzung der Treppe [Foto: Hessisches Ministerium für Umwelt, Energie, Landwirtschaft und Verbraucherschutz]

Mitarbeiterinnen und Mitarbeiter herausgestellt. Durch intensive Gespräche und Motivationsarbeit im Kollegenkreis und durch die gemeinsame Identifizierung von Einsparmöglichkeiten konnte das kreative Potenzial der Kolleginnen und Kollegen genutzt und gleichzeitig das Wettbewerbsziel zur gemeinsamen Sache gemacht werden. Dazu gehörten zum Beispiel Ideenwettbewerbe, Ideensammlungen oder Energiequiz mit attraktiven Preisen. Regelmäßige Rundgänge der Energieteams halfen dabei, kontinuierlich mit den Kolleginnen und Kollegen im Gespräch zu bleiben.

2. Genaue Verbrauchskontrolle

Während des Wettbewerbszeitraums überprüften die Energieteams regelmäßig die aktuellen Strom-, Heizenergie- und Wasserverbrauchswerte und verfolgten die erzielten Einsparungen oder auch Verbrauchsanstiege im Vergleich zu den Vorjahren. Die genaue Verbrauchskontrolle stellte nicht nur die Datengrundlage zur Ermittlung der Teilnehmenden mit den höchsten Energie- und Wassereinsparungen sicher. Sie zeigte den Energieteams gleichzeitig, ob die umgesetzten Maßnahmen bereits erfolgreich waren, und ermöglichte es, unnötigen Verbrauch, z.B. in der Nacht oder am Wochenende, zu identifizieren.

Neun teilnehmende Liegenschaften entschieden sich für eine Fernauslesung der Verbrauchsdaten und erhielten Messgeräte der Firma deZem GmbH, die das automatische Erfassen und Aggregieren der Verbrauchswerte und die automatische Weiterleitung an einen zentralen Server ermöglichten. Die verbleibenden Liegenschaften erfassten die Verbrauchsdaten manuell und trugen ihre Zählerstände online in eine Auswertungssoftware ein. Die aktuellen Zählerstände aller Teilnehmenden waren so jederzeit abrufbar und konnten von den Energieteams genau beobachtet werden. Eine weitere Auswertung der Software zeigte zudem den Vergleich des aktuellen Energieverbrauchs mit den historischen Verbrauchswerten an und ermöglichte es den Energieteams zu verfolgen, ob sie bereits Energie- und Wassereinsparungen im Vergleich zu den Vorjahren erzielt hatten.

In einigen Liegenschaften wurde so im Rahmen des „Energie Cup Hessen" zum ersten Mal ein detailliertes Energieverbrauchscontrolling realisiert und somit eine wichtige Grundlage zur Identifikation von Energiesparpotenzialen gelegt.

3. Intensive Begleitung

Das CO_2-Projektbüro des Hessischen Ministeriums der Finanzen und die B. & S. U. Beratungs- und Service-Gesellschaft Umwelt mbH begleiteten die Aktivitäten der Energieteams und waren die Ansprechpartner für Fragen, Anregungen oder Schwierigkeiten während des Wettbewerbs.

Zum Start erhielten die Teilnehmenden ein „Strategisches Handbuch" mit Informationen, Tipps und Beispielen zur erfolgreichen Wettbewerbsumsetzung und zur Motivation ihrer Kolleginnen und Kollegen. Materialien wie Poster und Flyer, um in den Liegenschaften für den Wettbewerb zu werben, Aufkleber oder Türanhänger, die ans „Ausschalten" erinnern, und Thermometer zur Raumtemperaturmessung wurden verteilt, um die Arbeit der Energieteams zu unterstützen.

Bild 10
Energiesparhinweise auf Türschildern
[Foto: B & S.U. Beratungs- und Service-Gesellschaft mbH]

Bild 11
Workshop Energieteams
[Foto: B. & S. U. Beratungs- und Service-Gesellschaft mbH]

Bild 12
Halbzeitworkshop Landessportbund
[Foto: B. & S.U. Beratungs- und Service-Gesellschaft mbH]

Verschiedene Veranstaltungen bereiteten die Energieteams zudem auf ihre Arbeit vor, begleiteten sie im Wettbewerbsjahr und gewährleisteten einen regen Austausch zwischen den Teams. Eine Auftaktveranstaltung, Workshops, Informationsveranstaltungen, Exkursionen und die Teilnahme am 1. Hessischen Tag der Nachhaltigkeit waren Highlights im Wettbewerbsjahr.

4. Projektergebnisse

Es ist natürlich auch möglich, ohne einen Wettbewerb Energie und Wasser zu sparen. Steht man aber in einem „sportlichen Wettbewerb", macht es mehr Spaß, und alle Teilnehmenden haben einen konkreten Anlass, aktiv zu werden für den Klimaschutz. Zudem wurden die Energieteams beraten, sie konnten Zwischenergebnisse vergleichen und ihre Erfahrungen und Tipps miteinander austauschen.

Nach Abschluss des Wettbewerbs wertete eine unabhängige Jury die erzielten Einsparungen und die durchgeführten Aktivitäten und Maßnahmen aus. Sie prämierte die Gewinner in den Kategorien „Höchste Einsparung", „Beste Kampagne", „Größtes Engagement" und „Bestes Konzept zur Verstetigung" und verlieh außerdem einen Wanderpokal für die beste Gesamtleistung in allen vier Kategorien.

Gewonnen haben am Ende alle: zusammen wurden der Energie- und Wasserverbrauch reduziert, unnötiger CO_2-Ausstoß vermieden, die Energiekosten reduziert und nicht zuletzt ein abwechslungsreiches und informatives Jahr für alle Teilnehmenden realisiert.

5. Resümee

Mit der Übergabe der Preise an die Gewinnerinnen und Gewinner des „Energie Cup Hessen" endete der erste hessische Energiesparwettbewerb.

Sieger des Wettbewerbs wurde das Finanzamt Bensheim „Hessenmeister im Energiesparen 2011" und erhielt den Wanderpokal.

Die 29 Energieteams mit ihren 171 Mitgliedern haben mehr als 3.000 Kolleginnen und Kollegen und 6.000 Studentinnen und Studenten mit ihren Aktionen und Maßnahmen zum Energie- und Wassersparen erreicht.

Das Land sparte im Wettbewerbszeitraum etwa 180.000 Euro an Energiekosten und 400 Tonnen CO_2 ein. Ein Ergebnis, das in den Folgejahren noch gesteigert werden kann, wenn es gelingt, den Energiespargedanken in den Liegenschaften zu verfestigen und weitere Dienststellen für ein Mitmachen zu gewinnen.

Erzielte Einsparungen aller Teilnehmenden

Einsparungen	gegenüber Durchschnitt 2007-2009		gegenüber Referenzjahr (i. d. R. 2009)	
Strom	242 MWh/a	3 %	385 MWh/a	4 %
Wärme	1.613 MWh/a	7 %	1.303 MWh/a	6 %
Wasser	845 m3	4 %	2.099 m3	9 %
Primärenergie	2.391 MWh/a		2.434 MWh/a	
CO_2-Einsparung	414 t/a		377 t/a	

Betriebskosteneinsparung	Strom	Wärme	Wasser	Summe
Durchschnitt 2007-2009	1.280.276 €	2.204.355 €	66.652 €	
Projektjahr	1.254.115 €	2.054.471 €	66.634 €	
Einsparung	26.152 €	149.884 €	18 €	176.054 €

	Strom	Wärme	Wasser	Summe
Referenzjahr (i. d. R. 2009)	1.304.679 €	2.185.357 €	70.974 €	
Projektjahr	1.254.115 €	2.054.472 €	66.634 €	
Einsparung	50.564 €	130.885 €	4.340 €	185.789 €

Der Wettbewerb schaffte einen Anreiz und Anlass, um alltägliches Handeln regelmäßig zu überprüfen und dauerhaft zu verändern. Die Ergebnisse des „Energie Cup Hessen" zeigen, dass Einsparwettbewerbe zu einem bewussteren Umgang im Verbrauch von Energie und Wasser anregen und so zu hohen Einsparungen führen und schließlich einen wichtigen Beitrag zur Reduktion von Kosten und CO_2-Emissionen leisten können.

Der „Energie Cup Hessen" förderte die Umsetzung zahlreicher, auch neuartiger und innovativer Energiesparmaßnahmen in den Liegenschaften und deckte manche ungenutzten Einsparpotenziale und unnötigen Energie- oder Wasserverbrauch auf. Oft waren es die ganz einfachen Maßnahmen, wie z.B. das konsequente Ausschalten nicht genutzter Geräte, die richtige Einstellung der Raumtemperatur oder Hinweisschilder zum Wassersparen, die zum Erfolg führten.

Bild 13
Pokal Hessenmeister im Energiesparen [Foto: H. Heibel]

Der Wettbewerb zwischen den Landesliegenschaften weckte das Interesse der Öffentlichkeit und anderer Verwaltungen. Die Teilnehmenden des „Energie Cup Hessen" und das Land Hessen stellten in zahlreichen Medienbeiträgen, aber auch mit Informations-

Bild 14
08.08.2011: Finanzamt Bensheim – Gewinner des Wanderpokals 2011 [Foto: H. Heibel]

ständen, Postern und Flyern das eigene Engagement dar und informierten über die Ziele des Energie- und Wassersparens.

Auch nach dem Wettbewerb wollen die Energieteams weiterhin ihren Verbrauch kontrollieren und ihre Kolleginnen und Kollegen zum Energie- und Wassersparen motivieren. Dazu gehören auch Maßnahmen, die während des Wettbewerbs nicht umgesetzt werden konnten, wie die Installation von Bewegungsmeldern oder die Anschaffung von verbrauchsärmeren Geräten. Auch langfristige Maßnahmen sind geplant: So sollen die Energieteams als Organisation möglichst beibehalten, regelmäßige Schulungen des Personals durchgeführt oder Energiescouts ausgebildet werden. Der „Energie Cup Hessen" stieß auch das Nachdenken über weiterführende Maßnahmen an: Mehrere Teilnehmer diskutieren die Installation einer Solaranlage oder die Berücksichtigung energetischer Gesichtspunkte bei anfallenden Sanierungen.

Die Energieteams haben gezeigt: Energiesparen ist ohne großen Aufwand durch Zusammenarbeit möglich. Die Teilnehmenden vertraten einheitlich die Meinung, dass insgesamt der Spaß im Mittelpunkt stand, was nicht zuletzt auch dem Betriebsklima zu Gute kam. Viele Aktionen und Ideen waren unterhaltsam und haben das Gemeinschaftsgefühl gestärkt, und zwischen einigen Teilnehmenden ist über den Wettbewerb hinaus ein enger Kontakt entstanden.

Bild 15
Alle ziehen an einem Strang
[Foto: R. Förster]

„Durch die Arbeit im Team und die gegenseitige Unterstützung haben wir festgestellt, wie einfach es eigentlich ist, Energie zu sparen" – so definierte eine Teilnehmerin ihr Erfolgsrezept!

Die Preisträger des Wettbewerbs:

- **Kategorie Höchste Einsparung „Lehre"**
  1. Platz: Technikerschule Alsfeld
  2. Platz: Studienzentrum der Finanzverwaltung und Justiz
  3. Platz: Hessenkolleg Kassel

- **Kategorie Höchste Einsparung „Ämter < 5.000 m^2 BGF"**
  1. Platz: Forstamt Melsungen
  2. Platz: Amtsgericht Korbach

- **Kategorie Höchste Einsparung „Ämter > 5.000 m^2 BGF"**
  1. Platz: Finanzamt Bensheim
  2. Platz: Finanzamt Hofheim

- **Kategorie: „Beste Kampagne"**
  Hessisches Ministerium für Umwelt, Landwirtschaft und Verbraucherschutz
  Landesbetrieb Landwirtschaft, Zentrale Kassel

- **Kategorie „Größtes Engagement"**
  Amtsgericht Wetzlar

- **Kategorie: „Bestes Konzept zur Verstetigung"**
  Hochschule RheinMain; Campus Geisenheim

Lernnetzwerk Hessen

Hans-Ulrich Hartwig | Hessisches Ministerium der Finanzen

Das „Lernnetzwerk" – ein Team aus starken Partnern

Das „Lernnetzwerk" ist eine Plattform zur Förderung des konstruktiven Austauschs zu Strategien und Technologien für Klimaschutz und CO_2-Neutralität zwischen dem Land Hessen und zahlreichen Partnern aus Wirtschaft und Wissenschaft. Die Mitglieder des „Lernnetzwerks" engagieren sich in besonderem Maße für Nachhaltigkeit und Klimaschutz. Sie sind aktiv oder wollen aktiv werden, um die natürlichen Lebensgrundlagen, die wirtschaftliche Entwicklung und die Lebensqualität der Bevölkerung nachhaltig zu sichern.

Als offene Kooperation angelegt, können interessierte Unternehmen und Institutionen dem „Lernnetzwerk" mit der Unterzeichnung einer „Netzwerkcharta" beitreten. Darin erklären sie sich bereit, gemeinsam mit der Landesregierung den Klimaschutz zu stärken und das Projekt in folgenden Bereichen zu unterstützen:

- Mitwirkung beim Aufbau eines Netzwerks zur Bündelung von Kompetenzen bezüglich Nachhaltigkeit und Klimaschutz, um Ideen und Wissen zur Umsetzung einer emissionsärmeren Gesellschaft auszutauschen
- Beteiligung an einer Kommunikationsplattform zu Strategien und dem Einsatz neuer Technologien im Bereich CO_2-Neutralität
- Bereitstellung von Informationen über Aktivitäten im Bereich CO_2-Neutralität für die Mitarbeiter/innen der Landesverwaltung Hessen und ihrer Liegenschaften durch Informationsveranstaltungen und/ oder Ortsbegehungen
- Partnerschaftliche Durchführung der Netzwerktreffen mit dem Hessischen Ministerium der Finanzen
- aktives Engagement, um neue Initiativen in Gang zu setzen, in die Wissen aus den unterschiedlichen fachlichen Bereichen der Mitglieder einfließen, um einen gemeinsamen Mehrwert zu erzeugen

Das „Lernnetzwerk", dem momentan 33 hessische und überregionale Unternehmen und Institutionen angehören, hat den Energiesparwettbewerb „Energie Cup Hessen" begleitet und gefördert. Für viele hessische Beschäftigte war die Teilnahme am „Energie Cup Hessen" die erste intensive Auseinandersetzung mit Fragen über Energie- und Wassereinsparung. Um deren Motivation zu fördern und einen fachlichen Austausch zu ermöglichen, fanden für die Energieteams regelmäßig Veranstaltungen mit verschiedenen Themenschwerpunkten bei den Netzwerkspartnern statt.

Workshops informierten die Teilnehmenden beispielsweise über Nachhaltigkeitsstrategien der unterschiedlichen Unternehmen, die Realisierung konkreter Bauprojekte und Möglichkeiten zur Mitarbeitermotivation. Auf zahlreichen Exkursionen konnten vorbildhafte Anlagen der alternativen Energiegewinnung, der CO_2-neutralen Produktion und Einsatzmöglichkeiten der Elektromobilität erlebt werden. Die Beschäftigten erhielten dabei die Möglichkeit, in den Austausch mit externen Fachleuten zu treten und neue Perspektiven auf das Thema CO_2-Neutralität zu gewinnen.

Mit dem „Lernnetzwerk" sollen auch nach Ende des Energiesparwettbewerbs Kompetenzen bezüglich Nachhaltigkeit und Klimaschutz gebündelt werden. Die Mitglieder unterstützen damit das Land Hessen im Projekt „CO_2-neutrale Landesverwaltung" bei dem Ziel, bis 2030 eine klimaneutral arbeitende Verwaltung zu erreichen.

Ein Überblick über die Netzwerkveranstaltungen 2010/2011

11.04.2011: Die CO_2-Bilanz der Hessischen Landesverwaltung

Mit der CO_2-Bilanz der Hessischen Landesverwaltung stand ein projekteigenes Thema im Mittelpunkt der Netzwerkveranstaltung. Die Firma First Climate GmbH gab einen Überblick über die Bilanzierung von CO_2-Emissionen, bevor die CO_2-Bilanz erläutert und diskutiert wurde. Das Treffen wurde aber auch für den Austausch zwischen den Teilnehmenden am „Energie Cup Hessen" genutzt, die mit viel Engagement, Kreativität und Durchhaltevermögen Kolleginnen und Kollegen in den Dienststellen immer wieder an energiesparende Verhaltensweisen erinnert haben, um Einsparungen bei Energie und Wasser zu erzielen.

04.03.2011: Energieeffizienz und Erneuerbare Energien bei SMA

Die Firma SMA Solar Technology AG ist Weltmarktführerin bei Wechselrichtern für Photovoltaikanlagen. Schwerpunkt der Netzwerkveranstaltung war die effiziente und regenerative Energieversorgung. Die Teilnehmenden erfuhren, wie Strom aus Sonnenenergie gewonnen wird und welche Rolle Solarstrom heute in der Energieversorgung spielt. Auch die Gebäudekonzepte von SMA und die eigene Industrieproduktion stehen unter dem Fokus der Nachhaltigkeit. Für die CO_2-neutrale Wechselrichterfabrik zeichnete die Deutsche Energie-Agentur GmbH das Unternehmen 2010 mit dem „Energy Efficiency Award" aus.
Anschließend besichtigte die Teilnehmergruppe die Solarakademie, die energieautark und gleichzeitig klimaneutral betrieben wird.

24.01.2011: Modellvorhaben „Effizienz Plus" bei Viessmann

Das nordhessische Familienunternehmen Viessmann Werke GmbH und Co. KG ist technologischer Schrittmacher der Heizungsbranche. Für das Nachhaltigkeitsprojekt „Effizienz Plus" wurde Viessmann 2010 von der Deutschen Energie-Agentur GmbH mit dem „Energy Efficiency Award" für die energetische Optimierung des Produktionsstandorts Allendorf ausgezeichnet. Den Teilnehmenden wurden das Energiemanagement des Unternehmens vorgestellt, das der Erfassung und verursachergerechten Verrechnung von Energieströmen dient. Weiterhin wurden erläutert, welche Maßnahmen bezüglich Heizsystem und Dämmung für private und öffentliche Investoren wirtschaftlich sinnvoll sind. Ein besonderes Erlebnis der Veranstaltung war die Werksbesichtigung, bei der die Galeria, die Produktausstellung, die Produktion und die Energiezentrale besucht wurden.

11.11.2010: Nächster Halt – Nachhaltigkeit

Zu Besuch bei der Deutschen Bahn AG: aus der breiten Palette der Nachhaltigkeitsakti-

Bild 1
Werksbesichtigung SMA

Bild 2 Werksbesichtigung Viessmann

vitäten wurde auf die Schwerpunkte ressourcenschonende Mobilität, Energieeinsparung in Gebäuden und Energieversorgung fokussiert. Mit dem Klimaschutzprogramm soll der CO_2-Ausstoß konzernweit bis 2020 um 20 Prozent gesenkt werden. Weitere Projektbausteine sind die Umsetzung von Bau- und Sanierungsmaßnahmen und von Mitarbeiterschulungen in diesem Themenbereich. Eine Führung durch die S-Bahn-Werkstatt gab den Teilnehmenden einen einzigartigen Blick hinter die Kulissen der Fahrzeuginstandhaltung und veranschaulichte die vorgestellten Umweltmaßnahmen.

30.08.2010: CO_2-Reduzierungsstrategie bei Fraport

Auch der Betreiber des Flughafens Frankfurt, die Fraport AG, verfolgt eine CO_2-Reduzierungsstrategie. Er bewegt sich dabei im Kontext der Abstimmungen zwischen internationalen Flughäfen. Vor Ort ist ein wesentliches Aufgabenfeld der Immobilienbereich. Durch entsprechende Standards sollen der Energieverbrauch und damit der CO_2-Ausstoß verringert werden. Höhepunkt der Veranstaltung war die Besuch der Fahrzeugwerkstatt, in der verschiedene Elektrofahrzeuge, die für die

Bild 3 Werksbesichtigung Viessmann

Bild 4
Werksbesichtigung Fraport

Fraport im Einsatz sind, besichtigt und erläutert wurden.

17.06.2010: Exkursion zu vorbildhaften A lagen der Kilb Entsorgung GmbH und der Mainova AG

Die Exkursion fokussierte auf das Thema alternative Energiegewinnung. Im Deponiepark Wicker wurden die Funktionsweise und Technik eines Biomassekraftwerks erläutert und der Einsatz von Biomasse als erneuerbare

Bild 5
Exkursion Kilb Entsorgung GmbH und Mainova AG

Energien diskutiert. Im Müllheizkraftwerk Nordweststadt konnte bei einer Führung die Energiegewinnung durch die Verbrennung von Müll hautnah erlebt werden.

25.05.2010: Nachhaltigkeit bei der SAP AG

Im Hauptsitz der SAP AG in Walldorf wurde die Nachhaltigkeitsstrategie des Unternehmens erläutert. Der Prämisse der Nachhaltigkeit folgen auch die neuen Gebäude des Konzerns. Besonders hilfreich auch für die eigene Arbeit der Energieteams war die Vorstellung des Konzepts der „Sustainability Champions“, die vor der Herausforderung stehen, die Gedanken der Nachhaltigkeit unter den SAP-Mitarbeitern weltweit zu verbreiten. Dass die SAP AG sich auch im sozialen Bereich engagiert, zeigte ein Projekt in Ghana, das Frauen beim Anbau von Sheanüssen unterstützt.

07.05.2010: Greentowers – Nachhaltigkeit bekommt ein Zuhause

Das Leitbild der Deutschen Bank AG zur Nachhaltigkeit basiert auf der „UNEP-Erklärung der Finanzinstitute zur Umwelt und zur nachhaltigen Entwicklung“, an deren Erarbeitung die Deutsche Bank maßgeblich beteiligt war. Seinen Niederschlag findet es in einer konzerneigenen Nachhaltigkeits- und Klimastrategie sowie in einem umfassenden Konzept zum Mitarbeiterengagement für Nachhaltigkeit unter dem Titel „A Passion for the Planet“. Mit der energetischen Sanierung der Deutsche-Bank-Türme entsteht eines der umweltfreundlichsten Hochhäuser der Welt. Der Energieverbrauch sowie der CO_2-Ausstoß des Gebäudes sollen um mindestens 50 Prozent reduziert werden.

Die Partner im Lernnetzwerk

1-Global Climate Cent e.V., Wiesbaden

Architekten- und Stadtplanerkammer Hessen, KdöR, Wiesbaden

B. & S. U.
Beratungs- und Service-Gesellschaft Umwelt mbH, Berlin

BASE & PEAK, Hofheim

Deutsche Amphibolin-Werke
von Robert Murjahn Stiftung & Co. KG, Ober-Ramstadt

Deutsche Bahn AG, Berlin

Deutsche Bank AG, Frankfurt am Main

Deutsche Post AG, Bonn

Deutsche Umwelthilfe e.V., Radolfzell

EBS European Business School gGmbH
EBS Universität für Wirtschaft und Recht, Wiesbaden

First Climate AG, Bad Vilbel

Forest Carbon Group AG, Frankfurt am Main

Forschungsinstitut für anwendungsorientierte Wissensverarbeitung/n (FAW/n), Ulm

Forum für Verantwortung, Seeheim-Jugenheim/Nonnweiler-Otzenhausen

Fraport AG, Frankfurt am Main

Infraserv GmbH & Co. Höchst KG, Frankfurt am Main

Ingenieurkammer Hessen, Wiesbaden

Institut Wohnen und Umwelt GmbH, Darmstadt

Jugendherberge Marburg, Marburg/Lahn

Kilb Entsorgung GmbH, Kelkheim (Taunus)

Klimahaus® Betriebsgesellschaft mbH, Bremerhaven

Landessportbund Hessen e.V., Frankfurt am Main

Mainova AG, Frankfurt am Main

Passivhaus Institut, Darmstadt

PricewaterhouseCoopers AG, Frankfurt am Main

SAP Deutschland AG & Co. KG, Walldorf

Senckenberg Gesellschaft für Naturforschung LOEWE Biodiversität und Klima Forschungszentrum (BiK-F), Frankfurt am Main

Siemens AG, Berlin und München

SMA Solar Technology AG, Niestetal

Stadt Frankfurt am Main, Frankfurt am Main

Stadt Rüsselsheim, Rüsselsheim

Unternehmensgruppe Nassauische Heimstätte / Wohnstadt, Frankfurt und Kassel

Viessmann Werke GmbH & Co. KG, Allendorf (Eder)

Nachhaltigkeitssong Hessen

Jennifer Braun | Rock- und Pop-Sängerin
Regina Förster | Hessisches Ministerium der Finanzen

Im Projekt „Klimaneutrales Hessen“ werden auch ungewöhnliche Schritte gegangen. Herr Hans-Ulrich Hartwig (Finanzministerium Hessen) hatte die Idee, die Jugend des Landes mit Musik für das Thema zu gewinnen. Er gewann die bekannte Musikerin Jennifer Braun dafür, einen Nachhaltigkeitssong zu produzieren, verfügbar zu machen und mit ihren Auftritten auch selber zur Verbreitung des Songs und der Ideenwelt der Nachhaltigkeit beizutragen. Jennifer Braun hat viele Menschen für das Thema begeistert.

Bild 1
Jennifer Braun
[Foto: Angst im Walde]

Interview mit Jennifer Braun in Wiesbaden

Frage: Warum setzen Sie sich für die Nachhaltigkeit ein?

JB: Ein Klassenkamerad von mir kam ungefähr vor einem Jahr zu mir in der Schule, weil ich die Heizung aufgedreht hatte. Ein paar Stunden später habe ich dann die Fenster aufgemacht. Er kam von der Seite, schaute mich an und sagte: „Sag mal, kannst Du nicht mal die Heizung ausmachen, wenn Du das Fenster aufmachst?“ Da hab ich gesagt: „Nein, warum denn? Wenn mir dann wieder kalt wird, mach ich einfach das Fenster zu und die Heizung ist schon an.“ Und dann meinte er: „Nachhaltigkeit“! Dein Verhalten ist problematisch – CO_2 und so weiter. Du kannst die Heizung doch wieder anmachen, wenn es soweit ist. Wenn Du willst, dass es Deine Welt auch demnächst noch gibt oder Deine Enkel dies noch erleben sollen, dann mach das mal!“ Und dann habe ich angefangen, darüber nachzudenken und dachte mir, er hat eigentlich recht. Ich möchte natürlich, dass später meine Kinder und deren Kinder hier noch leben können, dass die Welt schön bleibt, nicht verschmutzt wird, nicht alles den Bach runtergeht – und deswegen unterstütze ich das Projekt „Nachhaltigkeit“.

Frage: Hat sich Ihr Verhalten geändert, seitdem Sie in dem Projekt involviert sind

JB: Ich bin definitiv in meinem Verhalten nachhaltiger geworden. Ich fahre weniger Auto. Strecken, die man auch zu Fuß laufen kann, laufe ich. Plastiktüten gehören der Vergangenheit an. Ich benutze nur noch Stoffbeutel, Taschen oder Körbe, was auch immer. Meine kleinen Kaugummipapierchen wandern jetzt immer in die Tonne und nicht mehr auf die Straße. Ja, Vorbild, Vorbild! (lacht)

Frage: Was sagen Ihre Fans zu dem Projekt?

JB: Meine Freunde finden das Projekt gut. Sie überlegen auch schon, etwas an ihrem Verhalten zu ändern, weil das Thema so langsam ja auch immer mehr Aufmerksamkeit findet. Jetzt fangen die Menschen erstmal an zu realisieren, was wir alles kaputtmachen. Die finden das Lied total klasse. Sie können sich gut vorstellen, an unseren Schulen Aktivitäten zum Thema zu starten. Ja, ich hoffe, dass ich auch in meinem Freundeskreis, bei den Menschen im Umfeld und bei den Fans Veränderungen in Gang setze.

Bild 2
Jennifer Braun im Schloss Biebrich [Foto: H. Heibel]

„Jetzt und für immer“

Wir sehen der Welt manchmal hilflos zu,
Jahre vergeh‘n fast wie im Nu
wir sind nicht so weit weg.

Wir fahren sehr schnell und meistens allein
wir wollen das Große, doch wir sind klein
wir sind nicht so weit weg
wir sind nicht so weit weg

Ref 1:
Jetzt und für immer, **ab heute für immer**
wir sind nicht so weit weg, nicht so weit weg
benutzen die Welt, (sie) fühlt
sich häufig gequält
es ist nicht mehr so weit, so weit, so weit

Wir vergessen die Zeit, sind für alles bereit
wir sind nicht so weit weg, nicht so weit weg
Aaah, lass uns was tun

Ich denke an Morgen und schau‘ zu ihr auf
mit Technik und Glauben haben wir‘s drauf
diese Welt zu schützen
Gib Nachhaltigkeit einen wirklichen Sinn
dann schau‘n auch die And‘ren genauer hin
der Welt mehr zu nützen, wir
sind nicht so weit weg

Ref 2:
Jetzt und für immer, ab heute für immer
wir sind nicht so weit weg, nicht so weit weg
benutzen die Welt, (sie) fühlt
sich häufig gequält
es ist nicht mehr so weit, so weit, so weit

Es ist höchste Zeit, **Hessen ist jetzt bereit**
wir sind nicht mehr weit weg,
nicht mehr weit weg

Aaah,
lass *uns* was *tun*, wir *könn“* nicht *ruh‘n*
denn *wir* sind *wach*, sind *nicht immun*

Wenn wir dieses Ziel seh‘n,
könn‘ wir‘s Rad dreh‘n
Zukunft gestalten, allesamt schalten,
ALLE sind dran
Fangen wir jetzt an !

Ref 3:
Jetzt und für immer, ab heute für immer
wir sind nicht so weit weg, nicht so weit weg
benutzen die Welt, (sie) fühlt
sich häufig gequält
es ist nicht mehr so weit, so weit, so weit

Wir vergessen die Zeit, sind für alles bereit
wir sind nicht so weit weg, nicht so weit weg
Aaah,

Jetzt und für immer, **mit Hessen für immer**
wir sind nicht so weit weg, nicht so weit weg
benutzen die Welt, (sie) fühlt
sich häufig gequält
es ist nicht mehr so weit, so weit, so weit

Es ist höchste Zeit, Hessen ist jetzt bereit
wir sind nicht so weit weg, nicht so weit weg
Aaah,
lass‘ es uns tun !

Musik& (Original) Text:
BROWN-MARTIN-RYDEN-SCHRAMM

Deutscher Text:
Tuesday Production

Teil 3

Klimaneutralitätsaktivitäten der Netzwerkpartner des Projekts

Klimaschutz, Bio-Treibstoffe und das große Potential der Jatropha-Pflanze – ein vielversprechendes Projekt im Nordosten Brasiliens

Klaus Engelhardt | 1-Global Climate Cent e.V.

Bio-Treibstoffe, speziell solche auf Basis nachwachsender Rohstoffe (NawaRo) und energetisch nutzbare Öle aus NawaRo, ursprünglich als das Nonplusultra für CO_2-Neutralität und als Helfer gegen den Klimawandel gefeiert, stehen inzwischen weltweit immer mehr in der Kritik. Einige wesentlichen Statements in den Medien lauten:

- Die massive Ausweitung der Produktion von Öl aus NawaRo (primär Palm- und Sojaöl) und von Bio-Treibstoffen (Biodiesel, Ethanol) und generell die energetische Nutzung von NawaRo insbesondere in den Industriestaaten ist hauptsächlicher Grund für die zu beobachtenden Fehlentwicklungen am weltweiten Lebensmittelmarkt.
- Der Run zu den Bio-Treibstoffen und zur energetischen Nutzung von NawaRo ist für die Klimaentwicklung kontraproduktiv, weil immer umfangreicher Regenwälder zwecks Anbau von NawaRo vernichtet werden. Dadurch wird die CO_2-Bilanz beim energetischen Einsatz dieser Rohstoffe negativ – von CO_2-Neutralität keine Spur.
- Der wachsende Trend zu Bio-Treibstoffen und zur energetischen Nutzung von NawaRo führt dazu, dass weltweit immer mehr Anbauflächen dafür genutzt werden, die zuvor für die Lebensmittelproduktion zur Verfügung standen. Stichwort Flächenkonkurrenz Lebensmittel versus Energiepflanzen (Extrembeispiel: USA mit Mais für Ethanol).
- Besonders in Afrika, jedoch auch in Indien und Südostasien, werden zum Anbau der „Wunderpflanze" Jatropha ganze Landstriche enteignet oder der armen einheimischen Landbevölkerung abgekauft, womit diese Menschen erst recht in die Armut getrieben werden, mit fatalen Folgen für deren Ernährung, denn viele von ihnen konnten sich zuvor auf ihren kleinen Äckern selbst ernähren. Diese Menschen werden immer abhängiger von Lebensmittelimporten oder gar direkter Hilfslieferungen aus den reichen Ländern.

Das ist jedoch nur eine Sichtweise und stellt keine erschöpfende Analyse dar, denn es gibt nicht nur eine oder zwei Ursachen für viele, weltweite Fehlentwicklungen, sondern ein ganzes Ensemble solcher. Noch wichtiger: Die wesentlichen Ursachen haben sich über viele Jahre entwickelt und niemand derjenigen, die heute schlaue Lösungen anmahnen oder gar versprechen, haben dies erkannt oder auch nur beobachtet oder sich dafür interessiert. Hinzu kommt: Jedes Projekt ist von den konkreten Bedingungen im Einzelfall her zu analysieren.

Es hat also nicht primär mit Palmen, Zuckerrohr, Mais, Soja, Raps, Korn oder auch der Jatropha-Pflanze zu tun, wenn mit ihrem Anbau und dann mit ihrer Nutzung häufig Schindluder getrieben wird. Es ist keine zwingende Eigenschaft von NawaRo, das große regional und weltweit agierende Unternehmen nur ein Ziel kennen: Die Gewinnmaximierung, selbst unter völlig unzureichenden weltweiten Ordnungsbedingungen des Wirtschaftens. Es ist kein unabdingbares Merkmal von NawaRo, dass lokale (politische) Entscheider häufig keinerlei sozioökologische Nachhaltigkeit im Blickfeld haben, sondern nur Bereicherung.
Durch konsequente Sicherstellung von Nachhaltigkeit in der gesamten Produktionskette, ökologisch wie soziologisch, könnte man alle diese Auswüchse in den Griff bekommen, wollten die Akteure nur mitspielen. Die Ökonomie müsste darunter in keiner Weise leiden. Ausgeprägte Interessengegensätze unter den Akteuren schließen jedoch eine solche Orientierung bis heute in den meisten Fällen aus.

Ein weiterer Aspekt: Politische Missstände und über Jahrzehnte falsch angesetzte Entwicklungshilfe der Industriestaaten haben Nachhaltigkeit im Grund nur in einer Beziehung erreicht: Verhinderung der Entwicklung funktionierender Landwirtschaft in den ärmeren Ländern, speziell in Afrika. Nie hatten die regionalen landwirtschaftlichen Betriebe auch nur in Ansätzen eine faire Chance zum Erfolg, wurden doch durch die Industriestaaten stets konkurrenzlos (subventionierte) billige Lebensmittel geliefert. Heute sind all die ärmeren Staaten von diesen Lieferungen abhängig. Schrumpfen diese Lieferungen, weil die Preise steigen oder die Industriestaaten beginnen, andere Prioritäten bei der Nutzung der eigenen landwirtschaftlichen Flächen zu setzten (bis hin zu den Fehlentwicklungen in Sachen Energiepflanzen), kommt es zu den Katastrophen in den ärmeren Ländern, die sich immer wieder abzeichnen. Nicht Ethanol oder Biodiesel oder Pflanzenöl im direkten Einsatz sind ursächlich dafür, auch wenn sie durch missbräuchliche Gewinnung regionale Situationen verschärfen können.

Beim Thema regenerative Energien ist daher unbedingt darauf zu achten, Ursache und Wirkung nicht zu verwechseln. Es sollte bei allen Überlegungen vielmehr sichergestellt werden, dass die Chancen, die erneuerbare Energien für das Weltklima und somit für die Menschheit bieten, auch genutzt werden, egal ob pflanzen- oder technikbasiert.

Die Ursachen der Vernichtung weiter Landstriche unserer Erde sind bekannt und analysiert. Wirklich ganz neue Prozesse sind durch den Run auf Agro-Treibstoffe nicht zu beobachten, nur Beschleunigungseffekte. Wollen wir über Klimawandel nicht nur diskutieren und ihn beklagen, sondern nachhaltig gegen ihn antreten, kommen wir um erhebliche Anstrengungen im Gesamtfeld der regenerativen Energien nicht herum. Es gibt keinen Königsweg, jedoch eine Gesamtheit unterschiedlicher Maßnahmen. Es gilt, den Kampf gegen den Klimawandel nicht durch den Kampf gegen Mensch und Natur zu betreiben. Die NawaRo dieser Welt spielen dabei eine ganz wesentliche Rolle. Diese Rolle lässt sich nachhaltig gestalten und dafür stehen nicht zuletzt auch die Anstrengungen des Landes Hessen und die Aktivitäten ihrer Netzwerkpartner.

Einer dieser Akteure ist der 1-Global Climate Cent - Internationaler Verein zur Initiierung und Realisierung von Klima- und Umweltschutzprojekten weltweit (**1-Global Climate Cent e.V.**).

Angestrebtes Hauptziel ist das Erreichen einer hohen Reduzierung von CO_2-Emissionen bei den durch den Verein umgesetzten Klimaschutzprojekten, kosteneffizient und sozioökologisch verträglich. Die Realisierung der geplanten weltweiten Klimaschutzprojekte ist unabdingbar mit einer starken Einbindung der lokalen Bevölkerung in den jeweiligen Projektgebieten verbunden. Darüber hinaus steht die Hilfe für Klimaschutzflüchtlinge aus von Naturkatastrophen gefährdeten Gebieten im Blickfeld.

Beispielhafter Projektansatz

Die Ölpflanze *Jatropha curcas L.* steht inzwischen im besonderen Fokus von Organisationen und Investoren weltweit, die sich für Landwirtschaft und Bioenergie interessieren, denn sie übertrifft in ihrem Potential an Öleigenschaft, Ertrag, Unempfindlichkeit gegen ausgelaugte Böden, trockenes Klima und möglicher Nachhaltigkeit jede andere bekannte kommerziell interessante Ölpflanze, einschließlich der Ölpalme. Die Jatropha liefert zudem eine Palette von Grundstoffen für verschiedene Industriezweige, ähnlich dem fossilen Öl, um nur einige der außerordentlichen Eigenschaften zu nennen.
Insbesondere wird die Jatropha inzwischen nach langen und ausgiebigen Test von allen führenden Flugzeug- und Triebwerksherstellern und den internationalen Airlines als Wunderpflanze für die Herstellung von Bio-Kerosin gehandelt.

Grundvoraussetzungen für die Teilnahme am Markt für Pflanzenöle

- Kontinuierliche Lieferbarkeit ausreichend großer Mengen an Jatropha-Öl.
- Sicherstellung stets gleicher Öl-Qualität (gleiche Zusammensetzung, enge Zertifizierungsgrenzen), d.h. möglichst Öl aus einer einzigen Großregion.
- Das Öl ist für den direkten Einsatz in Motoren geeignet und von verschiedenen Motorenherstellern geprüft (einsetzbar für Dieselmaschinen jeder Größenordung, vom LKW-Diesel über Schiffsdiesel bis hin zum Kraftwerksdiesel).

Schlüsselfragen für ein internationales Jatropha-Projekt

- Welches Land verfügt über ausreichend große semiaride Flächen, die nicht für den Anbau von Lebensmitteln in Frage kommen und daher bei den Jatropha-Aktivitäten nicht in Konkurrenz treten können zur Produktion von Lebensmitteln?
- Welches Land verfügt über eigene F&E-Kapazitäten in Sachen Plantagenwirtschaft generell und Jatropha im Speziellen und dies nicht erst seit wenigen Jahren?
- Welches Land verfügt über fachspezifisch ausgebildete, ortsflexible Spezialisten und Arbeitskräfte für alle Unternehmensebenen, d.h. auch für mittlere und obere Managementaufgaben, die in kurzer Zeit für ein Jatropha-Projekt einsetzbar sind?
- Welches Land verfügt über eine industrielle/gewerbliche Infrastruktur, die sicherstellt, dass technische und sonstige Ausrüstungen für unterschiedliche Anwendungen kurzfristig beschafft werden können – d.h. nicht erst mittels langwieriger Importprozesse?
- Welches Land verfügt über eine durchgehend auch für große Aufgaben vorbereitete Transportinfrastruktur per Straße, Schiene, zu Wasser, in der Luft?
- Welches Land verfügt über eine überall einsetzbare Infrastruktur zum Aufbau von Großplantagen und zur Erbringung spezifischer plantagenrelevanter Dienstleistungen, wie z.B. Baumschulen, Anpflanzungen, nachhaltige Plantagenpflege, Erntehilfe, etc.?
- Welches Land hat Erfahrungen auf allen Ebenen beim Betrieb großer Plantagen?
- Welches Land verfügt über spezielles Jatropha-Praxis-Know-how von der Pflanzenaufzucht bis hin zur Ernte und Produktion von Öl (und auch Biodiesel daraus)?
- In welchem Land wird bereits Jatropha in Flächeneinheiten > 8 000 ha angepflanzt, in ähnlicher Größenordnung geerntet und entsprechend adaptiertes, selektiertes Saatgut zur Verfügung gestellt?
- Welches Land bietet besondere Rahmenbedingungen für soziale, politische, steuerliche und sonstige Fördermaßnahmen für den Aufbau großer nachhaltiger Pflanzenplantagen?
- Welches Land bietet die politische und wirtschaftliche Sicherheit, auch und gerade in Zukunft zu den wichtigen Staaten für nachwachsende Rohstoffe (NawaRo) und erneuerbare Energien zu gehören (in Produktion, Eigennutzung und Export)?

Die möglichen Antworten wurden vom Team des 1-Global Climate Cent e.V. in Zusammenarbeit mit einem internationalen Kontaktnetz intensiv recherchiert, in Regionen von China über Südostasien, Indien, Afrika, Arabien, bis hin nach Südamerika.

Nur ein Land erfüllt alle hinter den Fragen stehenden Forderungen: Brasilien!

Fazit: Um nennenswerter Player im weltweiten Markt für Jatropha-Öl zu werden und gleichzeitig einen erheblichen Beitrag für den internationalen Klimaschutz leisten zu können, müssen große Mengen an Öl in stets gleicher Qualität und Zusammensetzung geliefert werden können und dies kontinuierlich über das ganze Jahr verteilt, verlässlich planbar an jeden Ort der Welt. Zu erreichen ist dies ausschließlich mittels entsprechend großer, nachhaltiger Jatropha-Plantagen, die aus Qualitäts- und wirtschaftlichen Gründen nach industriellen Maßstäben zu führen sind (wie z.B. Plantagen für Eukalyptus, Zuckerrohr, Zitrusfrüchte, Obst, etc.) und dies unabdingbar in Kombination mit ausgeprägten sozioökologischen Standards.

Der 1-Global Climate Cent e.V. hat eine Organisation ausfindig gemacht, die bereits weit fortgeschritten genau einen solchen Jatropha-Ansatz fährt. Diese internationale Gruppe, mit projektführenden Köpfen in Europa und Brasilien, hat ein detailliert durchgeplantes Vorhaben mit umfassender politischer Absicherung im Nordosten Brasiliens in Vorbereitung.

Der 1-Global Climate Cent e.V. hat beschlossen, sich in diesem für die regionale, arme Bevölkerung des brasilianischen Nordostens so wichtigen Projekt zu engagieren und so nicht nur einen wichtigen Beitrag im internationalen Kampf für den Klimaschutz zu leisten, sondern auch und gerade hessischen Unternehmen die Möglichkeit zu bieten, noch benötigte CO_2-Zertifikate aus einem nachhaltigen Projekt zu generieren.

Einige inhaltliche Projekteckwerte

Das Projekt basiert auf einem ausgeprägt naturnahen, innovativen Flächennutzungskonzept, wie **Bild 1** zeigt, auch wenn insgesamt große Plantagenflächen bewirtschaftet werden sollen.

Sozialmodell

Das Projekt basiert auf der nachhaltiger Einbindung von regionalen, armen Kleinbauern in die Wertschöpfungskette. Mit einem ausgeprägten Sozialmodell und durch die infrastrukturellen Nebeneffekte werden tausende Arbeiter mit ihren Familien so in das Projekt integriert, dass sie erstmalig langfristige Perspektiven für wirtschaftlich angemessenen Erfolg und ausreichende Lebensqualität erhalten.
Durch die Ansiedlung des Projektes wird vor Ort die Nachfrage nach neuen Dienstleistungen geschaffen, was zum Ausbau einer bisher wenig entwickelten Dienstleistungs-Infrastruktur führt.

Einrichtungen für jede Dorfgemeinschaft:

- Wohnhäuser mit angemessenem Wohnraum und Sanitärstandard
- Zentrale (autarke) Energieversorgung für jedes Dorf
- Wasserversorgung und -entsorgung (Abwasser wird zur Bewässerung genutzt)
- Kommunale Wirtschaftsgebäude wie Schlachthaus, Bäckerei, Markthaus
- Kommunale Begegnungs- und Schulungsstätte, einschl. Erwachsenenberatung
- Kommunaler Kindergarten (ggf. für Dörfer zusammen)
- Dorfschule, die von allen Kindern kostenfrei besucht wird (falls nicht genügend Kinder vorhanden, dann ggf. für die drei Dörfer zusammen)
- Landwirtschaftliche Einrichtungen zur Verarbeitung der Feldfrüchte (z. B. Herstellung von Maniokmehl)
- Aufbau einer freiwilligen Feuerwehr
- Zentrale Kompostanlage
- Kommunikationseinrichtungen
- Absicherung der Arbeiter durch Einrichtung eines speziellen Sozialmodells.

Bild 1
Flächennutzung in der Basiseinheit von 110 000 ha
[Quelle: Klaus Engelhardt]

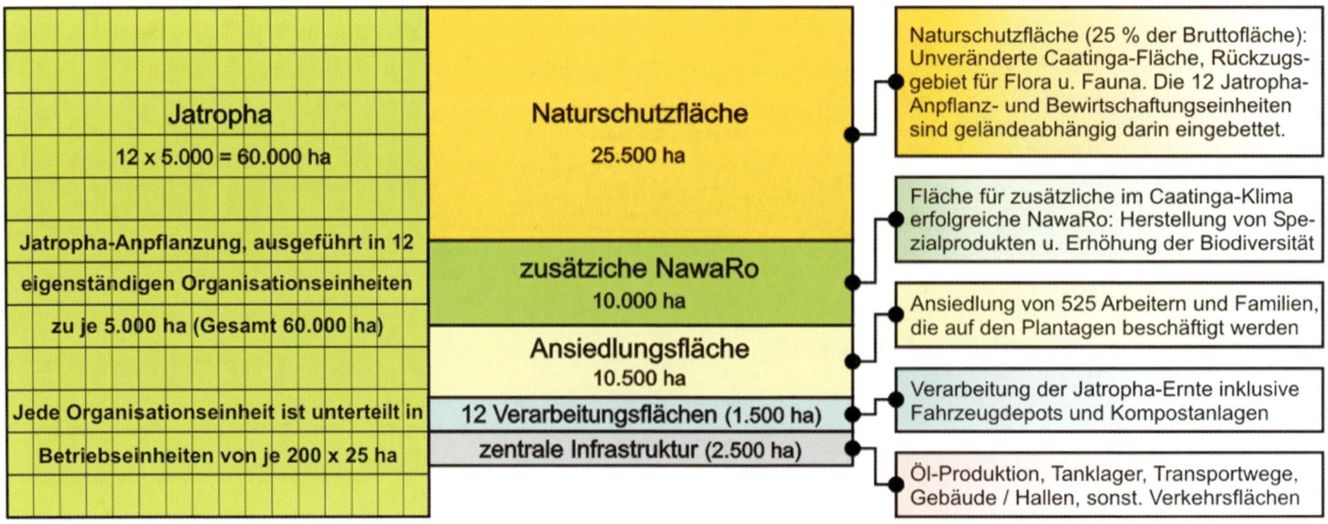

- Krankenstation zur Grundversorgung, einschließlich ärztlichem Dienst
- Straßen / Verkehrsinfrastruktur

Weitere Installationen und Projekt-Leistungen:

- Jedes Wohnhaus erhält einen Frisch- und Abwasseranschluss.
- Die Wohnhäuser der Familien werden mit einem Solaren Warmwassersystem für Küche, Bad/Dusche und Waschbecken ausgerüstet.
- Die Häuser erhalten einen ausreichend dimensionierten Stromanschluss.
- Zum Kochen wird ein Kochherd mit Jatropha-Öl als Brennstoff in jedem Haus installiert, so dass kein Holz (meist illegaler Einschlag) oder Flaschengas eingesetzt werden muss. Dabei handelt es sich um eine Gemeinschaftsentwicklung der Firma Bosch und der Universität Hohenheim.
- Der Hausbau erfolgt so, dass eine Freifläche zur Verfügung steht, auf der die Bewohner einen Garten anlegen und einige Schafe oder Ziegen halten können.
- Die Ziegen und Schafe der Einwohner einer Dorfeinheit werden in der Regenzeit und ein, zwei Monate danach zum Weiden in Herden zusammengefasst und reihum betreut. Das notwendige Futter, um die Trockenzeit zu überbrücken, wird von der Kooperative auf den Landwirtschaftsflächen angepflanzt und nach der Ernte in Zentralsilos gelagert und bei Bedarf auf die betreffenden Bauern verteilt.
- Jede Familie erhält eine Fläche von 15 – 20 ha (bei großen Familien bis 30 ha) Land zur Bewirtschaftung zur Verfügung gestellt.

Mit diesem umfassenden Sozialmodell kommen die für das Projekt arbeitenden Familien nicht nur zu sicherer Eigenversorgung durch Anbau und Ernte von Lebensmitteln (und kleinerer Viehzucht), sondern auch zu sicherem Einkommen durch garantierten Saat- und Ölverkauf an die Projektorganisation, für die sie gleichzeitig arbeiten. Wichtig: Erstmals kommen diese Familien auch zu nachhaltigem Eigentum, ein Vorgang, den es im Nordwesten von Brasilien so zuvor noch nicht gab.

Das Modell der durch die Kooperativen für die Mitglieder geleisteten Jatropha-Anpflanzungen und der späteren Ölproduktion wird nach den CDM-Regeln entsprechend dem Kyoto-Protokoll, der Agenda 21 und den Richtlinien für eine streng ökologische Forst- und Landwirtschaft durchgeführt und so in das Gesamtprojekt auch unter CDM-/VER-Aspekten eingebunden.

Ökologisches Modell

Bild 2 zeigt die Flächenanordnung und Verteilung der technischen Infrastruktur, die insgesamt dem ökologischen Projektansatz Rechnung tragen.

Der Nordosten von Brasilien gehört zu den semiariden Gebieten. Diese Landschaft des „Sertão“ ist ca. 1,4 Mio. km^2 groß. Eingebettet in die Sertão-Landschaft ist das Gebiet der „Caatinga“, in dem fortschreitende Wüstenbildung ein großes Problem darstellt. Mit dem Jatropha-Projekt wird nachhaltige Regionalentwicklung betrieben, Kleinbauern und ihren Familien Arbeit und Einkommen gesichert, das Fortschreiten der Desertifikation gezielt bekämpft und ferner die regionale Biodiversität entwickelt.

Bild 2
Flächenanordnung in der Basiseinheit von 110 000 ha [Quelle: Klaus Engelhardt]

Durch das Anlegen großer, Schatten spendender Jatropha-Plantagen und den Anbau weiterer NawaRo werden ganze Ödlandregionen revitalisiert und damit neue Ökotope entwickelt. Die Anpflanzungen, die Mulchtechnik unter Weglassen jeglichen Kunstdüngers und jeglicher Pflanzenchemikalien, der Bodeneintrag der mittels Carbonisierung zu Kohle umgewandelten biogenen Reststoffe und das innovative Wassermanagement werden Wasserhaushalt und Mikroklima der Region nennenswert verbessern.
Durch die tief wurzelnde Jatropha werden zudem sog. „Green Belts“ gegen die fortschreitende Wüstenbildung geschaffen. Das Niederschlagwasser wird so merkbar länger in den Plantagenböden und Permakulturzonen gehalten und kann nicht mehr so schnell abfließen wie bisher. Dadurch wird auch fortschreitender Bodenerosion, die heute eines der großen Probleme vor Ort darstellt, Einhalt geboten. Als positiver Nebeneffekt wird in der Projektregion auch die bisher erhebliche Flussversandung reduziert.

Ergänzende NawaRo

Ergänzend zur Jatropha-Pflanze werden auf rund 10 % der Bruttofläche weitere an das regionale Klima angepasste nachwachsende Rohstoffe (NawaRo) angebaut, um aus ihnen und der Jatropha am Weltmarkt sehr nachgefragte Produkte zu entwickeln. Folgende Marktsegmente stehen in besonderem Projekt-Fokus: Lebensmittel/Lebensmittelzusatzstoffe, Medizin/Naturmedizin, Pharmazie, Kosmetik, Chemie, Farbstoffe, Gummi, (biologisch abbaubare) Kunststoffe, Automotive (Zulieferung), Futtermittel, Alkohole, Papierherstellung u.a.m. Mit dem Anbau solcher Ergänzungs-NawaRo wird zudem die Biodiversität der Projektflächen nachhaltig gefördert.

Insgesamt wird mit diesem Vorgehen die Fauna und Flora des Projektgebietes substantiell entwickelt. Ferner kommen keine künstlichen Dünge- und Pflanzenschutzmittel zum Einsatz. Gedüngt wird ausschließlich mit Humus aus eigener Produktion. Ferner wird ein großer Teil der Bioabfälle mittels HTC-Verfahren zu Kohle umgewandelt und diese in den Boden eingetragen. Damit werden die Projektflächen zu ausgeprägten CO_2-Senken. Der Kohleeintrag fördert zudem nachhaltig die Bodenqualität (Speicherung von Wasser- und Mineralstoffen), was zur Verbesserung der Ölerträge führt.

Das beschriebene Projektvorhaben befindet sich nach umfangreichen Prüfungen durch internationale Finanzorganisationen und durch zuständige Gremien der Weltbank in Erfolg versprechender Finanzierungsvorbereitung.

Das hier kurz beschrieben Projekt und das Engagement des 1-Global Climate Cent e.V soll Beispiel ablegen dafür, dass Klimaschutz, sozioökologische Standards und ökonomischer Erfolg kein Widerspruch sein müssen und dass die Klimaschutzaktivitäten des Landes Hessen Basis und Anstoß sein können für internationale, mehrdimensionale Klimaschutzanstrengungen.

GlobalClimateCent

1-Global Climate Cent e.V.
Humperdinckstraße 10
D-65193 Wiesbaden

Tel.: 0611/330.5429
Fax: 0611/447.6251
E-Mail: info@1-globalclimatecent.com
URL: www.1-globalclimatecent.com

Farbenfroh, klimabewusst, innovativ – Wie die Deutschen Amphibolin-Werke Nachhaltigkeit gestalten

Bettina Klump-Bickert | Deutsche Amphibolin-Werke von Robert Murjahn Stiftung & Co KG

Klimaschutz und Nachhaltigkeit haben sich zu zentralen Themen in der Bau- und Immobilienbranche entwickelt. Politik, Wirtschaft, Anleger und Nutzer sind sich einig: Die Zukunft liegt im nachhaltigen Bauen. Schon aus Gründen der nicht mehr bezahlbaren Energieressourcen kommt dem damit verknüpften Thema Klimaschutz eine sehr hohe, wenn nicht sogar existentielle Bedeutung zu. Um die Klimaziele der Bundesregierung bis 2020 zu erreichen, soll der Energieverbrauch im Immobiliensektor um 50 Prozent gesenkt werden. Wenn man darüber hinaus bedenkt, dass Gebäude für mehr als 40 Prozent des globalen Energieverbrauchs und damit für über ein Drittel der weltweiten Treibhausgasemissionen verantwortlich sind, bergen gerade nachhaltig gestaltete Gebäude ein immenses Potenzial, wenn man ehrgeizige Klimaschutzziele erreichen will. Neben der Optimierung von Gebäudeform und Gebäudehülle, der Nutzung erneuerbarer Energiequellen und der Realisierung einer effizienten Anlagentechnik kommt es auch auf die Verwendung der richtigen Farben, Lacke, Lasuren und Dämmsysteme an.

Ein hohes Umwelt- und Gesundheitsbewusstsein, Innovationskraft, Qualität und Beständigkeit waren schon immer tragende Säulen der Unternehmensphilosophie des Baufarbenherstellers Deutsche Amphibolin-Werke von Robert Murjahn Stiftung und Co KG (DAW). Zu dem inhabergeführten Familienunternehmen gehören so bekannte Marken wie Caparol und Alpina.

Die DAW sind mit einem Jahresumsatz von zuletzt rund einer Milliarde Euro Marktführer bei Baufarben in Deutschland, Österreich und der Türkei sowie die Nummer 3 in Europa. Inzwischen ist das Unternehmen weltweit in über 30 Ländern tätig. Mit ihren 5000 Mitarbeitern hat es zum Beispiel Gesellschaften und Produktionsstätten in Österreich, Italien, Schweden und Frankreich sowie Vertriebsstützpunkte in ganz Europa, China und dem Mittleren Osten.

Das 1895 gegründete Unternehmen, das auch Lacke, Lasuren und Materialien für die Dämmtechnik herstellt, gilt als innovativer Qualitätsführer – auch beim Thema Nachhaltigkeit und Klimaschutz. Ein Rückblick auf die über 100-jährige Firmengeschichte zeigt, dass es mit Innovationsfreude, technischer Kompetenz und höchster Produktqualität immer wieder gelang, wirkungsvoll neue Maßstäbe zu setzen.

Bild 1
Hauptsitz der DAW-Firmengruppe im südhessischen Ober-Ramstadt [Foto: DAW-Archiv]

Bild 2
Nachhaltigkeit war auch ein Kriterium bei der innovativen Spezialbeschichtung für das Olympiastadion in Peking. Sie kam auf allen Wandflächen zum Einsatz, die hinter dem nestartigen Stahlgeflecht der Fassade hervorblitzen. Der Caparol-Werkstoff erwies sich im internationalen Wettbewerb als am besten geeignet. Er überzeugt durch optimale bauphysikalische Eigenschaften, Dauerhaftigkeit, geringe Verschmutzung und hohe mechanische Belastbarkeit sowie die besonders hohe Lichtbeständigkeit. [Foto: picture-alliance/dpa]

Zukunftsfähigkeit im eigenen Unternehmen

Das Thema Nachhaltigkeit hat bei den DAW hohe Bedeutung und eine lange Tradition, gelebt durch die unternehmerische Grundhaltung der Inhaberfamilie. Daher ist Nachhaltigkeit bei den DAW auch kein Schlagwort, sondern seit Gründung des nun in der fünften Generation bestehenden Familienunternehmens gelebte Realität.

Als inhabergeführtes Unternehmen fühlen sich die DAW moralisch verpflichtet, mit ihren Innovationen einen Beitrag für nachhaltiges, zukunftsverträgliches Wirtschaften zu leisten. Basierend auf der langjährigen Tradition haben die DAW sich zum Ziel gesetzt, eine führende Position in der Branche im Bereich Nachhaltigkeit einzunehmen.

In das Unternehmensleitbild der DAW wurde daher schon vor Jahren der Nachhaltigkeitsgedanke explizit integriert und dabei auf internationale Branchenvereinbarungen Bezug genommen:

DAW Unternehmensleitbild zur Nachhaltigkeit

Wir verhalten uns bei allem, was wir tun, verantwortungsbewusst gegenüber Menschen, Natur und Gesellschaft. Wir fühlen uns als innovatives Familienunternehmen moralisch verpflichtet, unseren Beitrag für ein nachhaltiges umwelt- und zukunftsverträgliches Handeln und Wirtschaften (Sustainable Development) zu leisten. Wir halten uns an das von der internationalen Farbenindustrie als ethisches Leitmotiv formulierte Prinzip ‚Coatings Care' und praktizieren die vom Verband der deutschen Lack- und Druckfarbenindustrie herausgegebenen ethischen Leitlinien:

- *Anlagensicherheit*
- *Umweltschutz*
- *Mitarbeiterschulung*
- *Produktsicherheit*
- *Ressourcenschonung*
- *Sichere Handhabung*
- *Entsorgung*

Die DAW-Nachhaltigkeitsstrategie

Zur konkreten Umsetzung des Nachhaltigkeitsleitbildes wurde eine Strategie entwickelt, die in drei Handlungsfeldern festgelegt ist: Nachhaltiges Unternehmen – Nachhaltige Produkte – Nachhaltige Gebäude.

1. Nachhaltiges Unternehmen:
Die DAW wollen das Unternehmen auf eine nachhaltige, zukunftsverträgliche Weise managen. Dies betrifft vor allem die Bereiche Forschung und Entwicklung, den Einkauf, den betrieblichen Umweltschutz, die Ressourcenverbräuche, die Arbeitssicherheit, eine zukunftsgerichtete Personalpolitik und das Engagement in der Gesellschaft.

2. Nachhaltige Produkte:
Die DAW wollen innovative, hochwertige und dauerhafte Produkte in den Markt bringen, die durch ihre Materialeigenschaften dem Umwelt- und Klimaschutz, der Gesundheit und dem Wohlbefinden der Menschen dienen. Darüber hinaus möchten die DAW mit ihren Produkten einen Beitrag zur Wertbeständigkeit von Gebäuden leisten.

3. Nachhaltige Gebäude:
Die DAW wollen das nachhaltige Bauen und Modernisieren von Gebäuden durch Planer, Architekten, Handwerker und Endverbraucher so unterstützen, dass die DAW-Produkte in zukunftsorientierten Neubau- und Sanierungsprojekten zu den bevorzugten Baustoffen gehören.

Interne und externe Gremien

Die Gesamtverantwortung für das Thema Nachhaltigkeit liegt beim Vorsitzenden der DAW-Geschäftsleitung, Dr. Ralf Murjahn.

Um die Nachhaltigkeitsstrategie im Unternehmen fest zu verankern und stetig weiterzuentwickeln, tagt unter Vorsitz des für Forschung und Entwicklung sowie Einkauf verantwortlichen DAW-Geschäftsführers regelmäßig eine interne Projektgruppe Nachhaltigkeit. Sie besteht aus Mitgliedern verschiedener Geschäfts- und Steuerungsbereiche.

Zudem sind die DAW eines der ersten Unternehmen der Branche, das einen externen Nachhaltigkeitsrat (Sustainability Advisory Board) eingerichtet hat. Diesem 2010 gegründeten Gremium gehören unter Vorsitz von Dr. Ralf Murjahn drei Persönlichkeiten aus den Bereichen Architektur, Wirtschaft und dem Malerhandwerk an, die in puncto Nachhaltigkeit international anerkannt und geschätzt sind. Der Rat tagt zweimal im Jahr und unterstützt die DAW bei der Weiterentwicklung und Positionierung des Unternehmens in Hinblick auf zukünftige Trends, Produktentwicklungen und Managementprozesse, die dem Ziel der Nachhaltigkeit dienen.

Nachhaltig im eigenen Unternehmen

Die DAW verfolgen das Ziel, umwelt- und klimafreundliche Produkte herzustellen, dabei die natürlichen Ressourcen zu schonen und die Auswirkungen der Produktionsnutzung auf die Umwelt möglichst gering zu halten. Daher wurde bereits 2003 an den großen Produktionsstandorten in Deutschland ein Integriertes Managementsystem (IMS) eingerichtet, das sich aus den Bausteinen Qualitätsmanagement (ISO 9001), Umweltmanagement (ISO 14001) und Arbeitssicherheit (OHSAS 18001) zusammensetzt. Die Standorte werden regelmäßig durch die Schweizerische Vereinigung für Qualitäts- und Managementsysteme (SQS) nach internationalen Standards zertifiziert.

Um den Aspekten des Klimaschutzes noch mehr Rechnung zu tragen, wird derzeit ein

Bild 3
In der DAW-Produktion ist Umweltmanagement ein wichtiger Baustein [Foto: DAW-Archiv]

Energiemanagement aufgebaut. So soll der Energieverbrauch durch gezielte Verhaltensänderungen und Investitionen in Prozesse, Anlagen und Gebäude kontinuierlich gesenkt und so auch das Klima besser geschützt werden.

Darüber hinaus wird bereits seit einigen Jahren auf dem Dach eines Gebäudes am Stammsitz Ober-Ramstadt eine Photovoltaikanlage betrieben. Weiterhin sind die DAW offizieller Kunde des ‚Go Green'-Services der Deutschen Post DHL und tragen so aktiv zum Klimaschutz bei. Das Carbon Management von Deutsche Post DHL gleicht die beim Transport entstehenden Emissionen durch Klimaschutzprojekte wieder aus und ermöglicht so Beiträge zu Klimaneutralität. Zudem werden die DAW-Printmedien weitestgehend klimaneutral auf FSC-Papier gedruckt.

Mitarbeiterförderung

Doch was nützen ehrgeizige Projekte im Klimaschutz, wenn man keine Mitarbeiter hat, die motiviert, mit Elan und kompetent an deren Umsetzung mitwirken? Aus diesem Grund und um am Markt erfolgreich zu bleiben, legen die DAW hohen Wert auf eine anspruchsvolle Aus- und Weiterbildung.

Die Unternehmen der DAW bilden in 15 verschiedenen Ausbildungsberufen aus: im kaufmännischen wie im gewerblichen-technischen Bereich. Die Ausbildungsquote liegt mit rund

200 Auszubildenden bei acht Prozent. Für Hochschulabsolventen wird ein internationales Management-Trainee-Programm angeboten, bei dem die Nachwuchskräfte drei bis sechs Monate an den Auslandsstandorten tätig sind. Auch mit Blick auf den demografischen Wandel und den damit verbundenen Fachkräftemangel ist für jedes Unternehmen eine Erhöhung des Frauenanteils wünschenswert. Die DAW bemühen sich, den Frauenanteil kontinuierlich zu steigern und beteiligen sich bereits seit Jahren gezielt an Veranstaltungen und Programmen, die heranwachsenden Mädchen „typische" Männerberufe nahe bringen.

Darüber hinaus wurde mit der betriebseigenen DAW-Kinderkrippe „Rüsselbande" die Möglichkeit geschaffen, Müttern und Vätern eine Weiterbeschäftigung in Vollzeit zu ermöglichen und damit Familie und Beruf besser in Einklang zu bringen.

Vielfalt als Chance

Als international aufgestelltes Unternehmen mit rund 5000 Mitarbeitern und Mitarbeiterinnen legen die DAW hohe ethische Maßstäbe an das kollegiale Miteinander. Das Unternehmen steht daher mit Überzeugung hinter den Vorgaben des Allgemeinen Gleichbehandlungsgesetzes (AGG) und hat diesen Anspruch mit Unterzeichnung der ‚Charta der Vielfalt' der Unternehmen in Deutschland im Sommer 2011 nochmals bekräftigt.

Bild 4
Global Compact Logo

Engagement über das Geschäft hinaus

In der heutigen, global vernetzen Welt werden Zukunftsfähigkeit und Entwicklungschancen eines Unternehmens zunehmend über Werte wie Respekt, Fairness, Vertrauen und Verantwortung gegenüber allen Stakeholdern definiert. Eine besondere Bedeutung kommt hierbei dem gesellschaftlichen Engagement eines Unternehmens zu.

Auf internationaler Ebene bekennen sich die DAW mit dem Beitritt zum Global Compact im Januar 2012 zu den zehn Prinzipien aus den Bereichen Menschenrechte, Arbeitsnormen, Umweltschutz und Korruptionsbekämpfung.

Auf nationaler Ebene sind die DAW der ‚Netzwerk-Charta der Hessischen Landesregierung' im Rahmen des Projektes ‚CO_2-neutrale Landeverwaltung' beigetreten, um den konstruktiven Austausch zu Strategien und Technologien auf dem Weg zu CO_2-Neutralität mit zu fördern. In dem „Lernnetzwerk", das aus ‚hessischen' Unternehmen und Institutionen besteht, werden Kompetenzen bezüglich Nachhaltigkeit und Klimaschutz gebündelt und Synergien erschlossen. In ihrer Funktion als Netzwerkpartner unterstützen die DAW das Land Hessen bei der Erreichung des gesteckten Ziels, bis 2030 klimaneutral zu arbeiten.

Darüber hinaus sind die Schwerpunkte des gesellschaftlichen Engagements der DAW-Firmengruppe Bereiche, in denen besonders die fachliche Kompetenz einfließen kann. Das Spektrum reicht vom Sponsoring von Farben für Kindermalaktionen in sozialen Brennpunkten bis zum renommierten Caparol-Architekturpreis „Farbe – Struktur – Oberfläche".

Nachhaltige Produkte – ein Wohlfühlfaktor

Das zunehmende Bedürfnis der Menschen nach einem sauberen, gesunden und klimafreundlich gestalteten Wohn- und Arbeitsumfeld führte bei den DAW schon früh zu einer breiten Palette an emissionsminimierten und lösemittelfreien Farben, Lacken und innovativen Beschichtungssystemen. Ziel war und ist es, nachhaltige Produkte in den Markt zu bringen, die durch ihre Materialeigenschaften der Gesundheit und dem Wohlbefinden der Menschen genauso dienen wie dem Umwelt- und Klimaschutz.

Die DAW und ihre Markenunternehmen haben sich den Herausforderungen frühzeitig gestellt und wurden zum Trendsetter für die ganze Branche. Heute gewinnen emissionsminimierte und lösemittelfreie (E.L.F.) Farben wie Indeko-plus von Caparol auch unter Umwelt- und Gesundheitsaspekten zunehmend an Bedeutung. Die neueste Innovation ist eine hochreinigungsfähige Wandfarbe mit einer matten Oberflächenanmutung für hohe Hygieneanforderungen (Premium Clean). Auch Böden benötigen unempfindliche Beschichtungen, die keine Schadstoffe an die Raumluft abgeben. Neu entwickelte emissionsminimierte „primaKlima-Beschichtungen" erfüllen diese Anforderungen. Sie wurden vom TÜV gemäß den strengen Kriterien des Ausschusses zur gesundheitlichen Bewertung von Bauprodukten (AgBB) auf ihre Unbedenklichkeit hin geprüft und gewährleisten ein gesundes Raumklima.

Innovative Klimaschutzhüllen

Doch bei dem immensen Anstieg des weltweiten Energieverbrauches und des damit verbundenen Klimawandels stehen Immobilien besonders wegen der großen Einsparmöglichkeiten bezügliche Heizung und Kühlung im Focus. Ob bei Privathäusern oder großen Wohnkomplexen, bei Neubauten oder Sanierungen – Wärmedämm-Verbundsysteme (WDVS) spielen bei der Einsparung von Energie eine entscheidende Rolle und sind dabei echte Klimaschutzhüllen.

Das Dämmen der Gebäudehülle mit einem Verbundsystem wurde 1957 von den DAW mitentwickelt und ist seit mehr als 50 Jahren die Basis für eine energetische Optimierung

Bild 5
Nachhaltige Fassadendämmung: Die Dalmatinerplatte lässt sich auch bei hohen Temperaturen sicher und rationell verarbeiten. Ihre thermische Unempfindlichkeit sorgt für hohe Formstabilität. [Foto: DAW-Archiv]

von Immobilen. Die DAW-Produktentwicklung hat die Wärmedämm-Verbundsysteme weiterentwickelt und Schlüsselinnovationen auf den Markt gebracht, wie zum Beispiel die 2002 eingeführte Capatec-Fassadenplatte, die aufgrund ihrer schwarz-weißen Sprenkelung „Dalmatinerplatte" genannt wird. So schützen heute die leistungsstarken Wärmedämmverbundsysteme (WDVS) in Verbindung mit widerstandsfähigen Putzbeschichtungen und Anstrichen weltweit nachhaltig das Klima. In unseren Klimazonen vor allem gegen Kälte – in wärmeren Gebieten hingegen gegen Hitze.

Betrachtet man den durchschnittlichen Absatz von Wäremedämm-Verbundsystemen in der DAW-Firmengruppe und das dadurch erzielte Einsparpotenzial, so sorgen alleine die bei DAW europaweit neu gelieferten WDVS über ihre gesamte Lebenszeit für eine Ersparnis von rund zwölf Milliarden Liter Heizöl. Für Bauherren, Architekten, Handwerker und Endverbraucher bedeutet dies, dass sich abhängig vom gewählten Wärmedämm-Verbundsystem und dem Wandaufbau des Gebäudes Einsparungen von bis zu 50 Prozent realisieren lassen. Mit hochwertigen Wärmedämm-Verbundsystemen kann der Ölverbrauch von 20 Litern auf bis zur drei Liter je Quadratmeter Fassadenfläche und Jahr reduziert werden. In diesem Zusammenhang bedeutet Klimaschutz immer auch eine Kostenreduzierung.

Wärmedämm-Verbundsysteme bieten darüber hinaus weitere Vorteile wie z. B.:

- die Erhöhung der Oberflächentemperatur an den Innenwänden und damit verbunden ein gutes Raumklima,
- Werterhaltung und Wertsteigerung der Immobilie,
- langzeitbewährte Substanzerhaltung,
- Beseitigung bauwerksbedingter Probleme, wie beispielweise Risse, Schimmel oder Wärmebrücken,
- ein breites Spektrum von Oberflächenbeschichtungen und Farben zur individuellen Gestaltung von Fassaden.

Der Einsatz der DAW für die Gebäudehülle endet aber nicht bei der Wärmedämmung. Seit Jahren gehört es zu dem Ziel der DAW-Firmengruppe, die Haltbarkeit von Fassadenbeschichtungen zu optimieren, um dadurch den Objekten langfristig eine hochwertige Optik zu verleihen. Fassaden sind jahrein und jahraus der Witterung ausgesetzt – Sonne, Regen und Frost setzen den Oberflächen zu. Hochwertige Fassadenfarben leisten hier einen wichtigen Beitrag zum Werterhalt eines Gebäudes, indem sie einen langfristigen Schutz vor schädlichen Witterungs- und Umwelteinflüssen bieten. Durch gezielte Rohstoffauswahl und definierte Herstellungsverfahren wurden Produkte entwickelt, die auf lange Sicht saubere Fassaden sicherstellen und die zeitlichen Intervalle der Sanierung vergrößern und damit die Nachhaltigkeit verbessern. Mit der Nano-Quarz-Gitter Technologie wurde hier durch die DAW der neueste Stand der Technik definiert. Zu den Vorteilen zählen unter anderem eine äußert geringe Verschmutzungsneigung, die von den Mineralfarben bekannte Härte und Langlebigkeit sowie die für Dispersionen typische Kreidungsstabilität und Flexibilität.

Bild 6
Die Spitze der Landzunge im Düsseldorfer Medienhafen: Seit 2010 stehen hier das Hyatt (links), ein spiegelverkehrtes Bürogebäude (rechts) und zu ihren Füßen der sogenannte Pavillon. Das mit Caparol-Produkten gestaltete Hyatt Regency erhielt als Deutschlands erstes Hotel eine DGNB-Zertifizierung in Silber. [Foto: Hyatt Regency, Düsseldorf]

Nachhaltige Gebäude – ein Plus für Kunden und Umwelt

Fortschrittliche Bauherren haben schon vielfach unter Beweis gestellt, welche Vorteile nachhaltiges Bauen hat, und damit einen unumkehrbaren Trend in Gang gesetzt. Der Haupttreiber im Markt ist derzeit aber die Politik, die aus Gründen des Klimaschutzes und absehbarer Ressourcen- und Energieverknappung „Green Buildings" forcieren will. So entwickelten sich nachhaltige Gebäudestandards wie LEED sowie BREEAM oder der Standard der Deutschen Gesellschaft für Nachhaltiges Bauen (DGNB), bei der die DAW-Firmengruppe mit ihrer Vertriebsgesellschaft Caparol 2007 Gründungsmitglied war. Insbesondere in den Bereichen Wärmedämmung, Farben, Lacke und Bodenbeschichtungen liefern die DAW für diese besonderen Anforderungen entsprechende Produkte. Somit können Bauherren, Architekten, Planer, Maler und Endverbraucher ihre Ziele wie Klimaschutz, Energieeinsparungen, Ressourcenschonung, Wohngesundheit und langfristige Wertstabilität verwirklichen. Als prominente Beispiele hierfür stehen das neue HYATT Regency Hotel in Düsseldorf oder der Tower 185 in Frankfurt.

Unter dem Thema „Nachhaltige Gebäude" verstehen die DAW indes weit mehr. Gemäß der Unternehmensphilosophie sollen sich die Menschen in den Gebäuden wohlfühlen, in denen sie arbeiten und leben. Daher wird nicht nur besonderer Wert auf die Produkte und deren Inhaltsstoffe gelegt, sondern auch auf die Farbgestaltung. Das DAW-FarbDesignStudio bietet gezielt Farbkonzepte an – beispielweise für Bildungseinrichtungen (‚Lernwelten'), für den Bereich Pflege und Gesundheit oder auch für ganze Stadtviertel wie etwa Frankfurt Alt-Sachsenhausen oder das Märkische Viertel in Berlin.

Und da Nachhaltigkeit für die DAW auch immer den Erhalt von Werten beinhaltet, werden historische Gebäude und Bauten mit in das Gesamtkonzept integriert. Als prominente Beispiele seien hier der Kreml in Moskau, das Brandenburger Tor in Berlin oder das Rathaus in Burgkunstadt genannt, die durch das langjährige und umfassende Know-how der DAW-Firmengruppe nachhaltig gestaltet und geschützt wurden: farbenfroh, klimabewusst und innovativ.

DAW

Deutsche Amphibolin-Werke von Robert Murjahn Stiftung & Co KG (DAW)
Roßdörfer Straße 50
D-64372 Ober-Ramstadt

Tel.: 06154/71-0
Fax: 06154/71-222
URL: www.caparol.de

Die DAW-Firmengruppe ist in Deutschland, Österreich und der Türkei Marktführer auf dem Gebiet der Bautenanstrichmittel.

In Europa befindet sich das Unternehmen bei Baufarben nach großen internationalen Konzernen auf Platz drei.

Mit rund 5.600 Mitarbeitern im In- und Ausland und einem Umsatz von jährlich rund 1,3 Mrd. Euro sind die DAW Europas größter Baufarben-Hersteller in privater Hand.

Zur Firmengruppe gehören u. a. Caparol (Farben, Lacke, Lasuren, Wärmedämm-Verbundsysteme) und Alpina (Marke für den Heimwerker). Das bekannteste Produkt ist Alpinaweiß - Europas meistgekaufte Innenfarbe.

Elektromobilität auf der Schiene – nachhaltiger Verkehr für die Zukunft

Sarah Maier | DB Umweltzentrum, Deutsche Bahn AG

Mit der neuen Nachhaltigkeitsstrategie „DB2020“ wird der DB-Konzern seiner Verantwortung für Kunden, Mitarbeiter, Umwelt und Gesellschaft gerecht. Ein maßgebliches Ziel der Zukunft ist, die führende Umweltposition weiter auszubauen.

Als internationaler Anbieter von Mobilität und Logistik und einer der größten Arbeitgeber Deutschlands trägt der DB-Konzern eine besondere Verantwortung für Kunden, Mitarbeiter, Umwelt und Gesellschaft. Um dieser Verantwortung gerecht zu werden, stellt der Konzern sich mit seiner Nachhaltigkeitsstrategie „DB2020“ für die heutigen und die zukünftigen Herausforderungen auf und stellt gleichzeitig den eigenen Unternehmenserfolg auf ein breiteres Fundament. Denn insgesamt haben die relevanten Megatrends – Globalisierung, Liberalisierung, Klimawandel, Ressourcenverknappung und demografischer Wandel – nach wie vor uneingeschränkte Gültigkeit und nehmen an Dynamik teilweise noch zu. Auf den Finanzmärkten herrscht weiterhin starke Volatilität und Unsicherheit, der Wettbewerb um qualifizierte Fachkräfte wächst und steigende Ressourcenverknappungen beeinflussen die Kosten. Für die DB ergeben sich allerdings mehr Chancen als Risiken – dank ihres Ansatzes, der wirtschaftliches Handeln, eine hohe Akzeptanz als Arbeitgeber sowie einen umweltschonenden Umgang mit Ressourcen in Einklang bringt.

Wesentlicher Teil der Strategie: Umweltvorteil weiter ausbauen

Ihre führende Umweltposition weiter auszubauen ist dabei wesentlicher Teil der Strategie. So hat sich die DB im Klimaschutz etwa vorgenommen, die spezifischen CO_2-Emissionen des gesamten Konzerns – also für die Verkehre auf der Schiene, auf der Straße, in der Luft und auf dem Wasser – bis 2020 um 20 Prozent zu senken.

Von 1990 bis 2011 hat die DB den spezifischen CO_2-Ausstoß im Schienenverkehr bereits um rund 45 Prozent reduziert und setzt somit seit vielen Jahren Maßstäbe im effizienten Umgang mit verfügbaren Ressourcen und im Klimaschutz: Im Vergleich zu einer Fahrt mit dem Auto fällt bei einer Bahnreise im Fernverkehr pro Person durchschnittlich nur rund ein Drittel des Klimagases CO_2 an. Im Vergleich zum Flugzeug stößt die Bahn sogar 75 Prozent weniger CO_2 aus. Und besonders umweltbewussten Kunden bietet sie schon heute Reisen und Transporte mit 100 Prozent erneuerbaren Energien an – im Güter- und im Personenverkehr.

Elektromobilität – der Vorteil der Schiene

Einen wesentlichen Anteil daran, dass die DB den spezifischen CO_2-Ausstoß des Schienenverkehrs um rund 45 Prozent senken konnte, trägt die Elektrifizierung des Schienenverkehrs, die bereits vor über 100 Jahren begonnen hat. Seitdem konnte die DB viele Erfahrungen damit sammeln. Das allerdings wird bei der Debatte um Elektromobilität auf der Straße aber häufig vergessen, die seit einigen Jahren Auftrieb bekommen hat.

Denn das weltweite Verkehrsaufkommen wird in den nächsten Jahren erheblich steigen: Selbst für Deutschland mit seiner bereits hohen Verkehrsbelastung rechnet das Bundesverkehrsministerium von 2004 bis 2025 mit einem Verkehrswachstum von knapp 20 Prozent für den Personenverkehr. Im Güterverkehr wird ein absolutes Wachstum von über 70 Prozent bis 2025 erwartet (BMVBS 2007). Der Energiebedarf des Verkehrssektors wird heute noch zu mehr als 90 Prozent mit fossilen Kraftstoffen gedeckt (Umweltbundesamt 2011). Eine auf Öl basierende Mobilität aber ist wenig nachhaltig: Die weltweiten Erdölvorkommen sind endlich, der Ölpreis wird auch in Zukunft weiter ansteigen. Zudem entsteht bei der Verbrennung fossiler Ressourcen das für die globale Erderwärmung verantwortliche CO_2.

Deswegen richten sich auch im Straßenverkehr viele Hoffnungen auf den elektrischen Antrieb. Die Bundesregierung etwa hat 2009 den nationalen Entwicklungsplan Elektromobilität ins Leben gerufen, der bis 2020 eine Million Elektroautos auf Deutschlands Straßen bringen soll. Nach der Anfangseuphorie hat sich inzwischen jedoch eine gewisse Ernüchterung eingestellt. Denn mehrere Studien haben gezeigt, dass die Elektromobilität die CO_2-Emissionen des Verkehrssektors nicht in größerem Maße senken wird (z. B. Heymann 2011). Auch die Erwartungen an die Marktreife und die zu erwartenden Absatzahlen von Elektroautos wurden nach unten korrigiert. Insbesondere durch die geringere Reichweite einer „Tankfüllung" steht nicht zu erwarten, dass Elektroautos in naher Zukunft die Verbrennungsmotoren in größerem Umfang ersetzen werden.

Die Bahn hat den Schritt in die nachhaltige Elektromobilität längst geschafft – insgesamt fahren heute 90 Prozent aller Verkehre der DB elektrisch. In der Elektromobilität aber liegen noch viele weitere Möglichkeiten, die die DB schon nutzt und in Zukunft noch stärker ausbauen will.

Mehr erneuerbare Energien im Bahnstrommix der Deutschen Bahn

Mit einem Anteil von knapp 22 Prozent an erneuerbaren Energien ist die Bahn heute das Verkehrsmittel, das im Verkehrssektor mit Abstand am meisten erneuerbare Energien nutzt. Denn den Strommix des verwendeten Bahnstroms kann die DB zum großen Teil selbst steuern, weil die Züge aus einem bahneigenen Stromnetz versorgt werden – und mit 22 Prozent liegt sie über dem Anteil an erneuerbaren Energien im öffentlichen Strommix.

Diesen Anteil an grünem Strom weiter zu erhöhen ist auch einer der wesentlichen Stellhebel für die Vision der DB, zukünftig flächendeckend CO_2-freien Schienenverkehr anbieten zu können. So hat der Vorstand der DB im

Bild 1
Wie kommen die erneuerbaren Energien in den Zug?

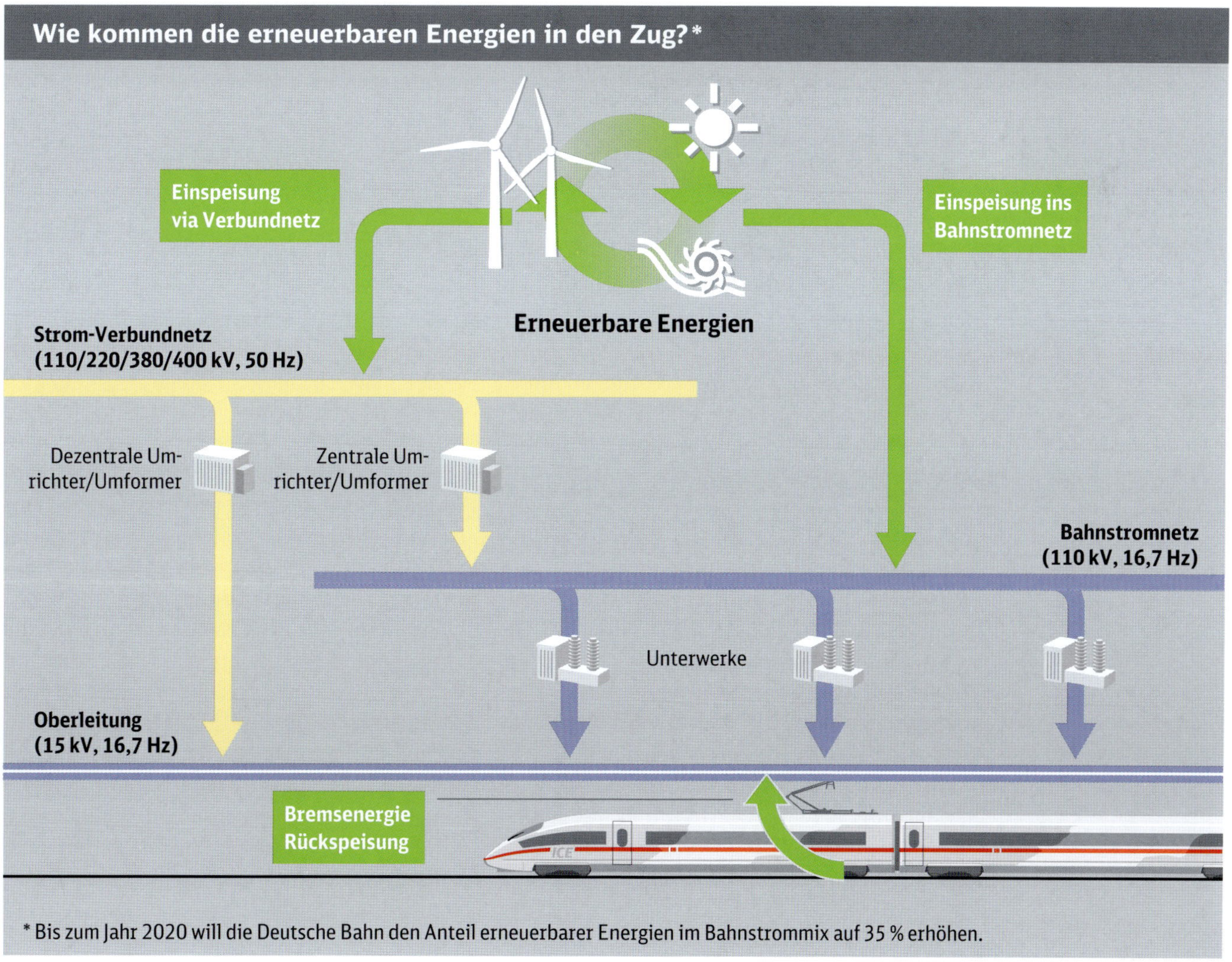

Sommer 2011 beschlossen, bis 2020 mindestens 35 Prozent des Bahnstroms aus regenerativen Energiequellen zu beziehen. Darüber hinaus hat der Vorstand die Vision formuliert, 2050 auf der Schiene komplett CO_2-frei unterwegs zu sein – auf der Basis von 100 Prozent erneuerbaren Energien.

Die DB muss in viele Richtungen denken, damit der Umstieg gelingt

Bis zur vollständigen Versorgung mit Strom aus erneuerbaren Energien sind dabei noch einige Anstrengungen notwendig. Denn zum einen ist die DB der größte einzelne Stromabnehmer in Deutschland, mit einem Stromverbrauch von circa elf Terawattstunden im Jahr, was in etwa dem jährlichen Energiebedarf von Berlin entspricht. Zum anderen weist die Bahnstromversorgung besondere Eigenheiten auf, die bei der Umstellung auf erneuerbare Energien berücksichtigt werden müssen: Im Gegensatz zum öffentlichen Stromnetz muss das Bahnstromnetz wesentlich stärkere Lastschwankungen ausgleichen, die beispielsweise durch das Anfahren der Züge oder durch Fahrplanabweichungen ausgelöst werden. Leistungshübe von bis zu 300 Megawatt können so innerhalb von sehr kurzer Zeit auftreten. Die Versorgung muss aber zu jedem Zeitpunkt sichergestellt sein.

Bisher haben die fossilen Energiequellen diese Versorgung schergestellt – in 2011 betrug der Anteil Atomstrom am Bahnstrommix 22,3 Prozent und der Anteil Braun- und Steinkohle lag bei 45 Prozent. Eine der zentralen Herausforderungen für die Zukunft besteht nun darin, auch mit erneuerbaren Energien die gleiche Flexibilität und Versorgungssicherheit zu gewährleisten wie das im Moment der Fall ist - unter der Berücksichtigung wirtschaftlicher Grundsätze und der Wettbewerbssituation des Schienenverkehrs mit anderen Verkehrsträgern. Ungelöst ist momentan beispielsweise noch die Frage nach Reserveenergie für Zeiten, in denen der Wind nicht weht und die Sonne nicht scheint- die Züge der DB aber trotzdem fahren müssen. Um die 100 Prozent-Marke an grünem Strom zu erreichen, muss die Deutsche Bahn daher in alle Richtungen denken. Traditionelle Wasserkraft wird dabei ebenso betrachtet wie Windkraft, Sonne und alternative Antriebssysteme.

Wasserkraft: der Grundpfeiler der erneuerbaren Energieversorgung bei der Bahn

Seit den Ursprüngen der Bahn in Deutschland ist die Wasserkraft ein zentraler Energieträger für den Bahnstrom. Bereits 1899 wurde das Flusskraftwerk Kammerl zur Versorgung der Bahnstrecke Murnau-Oberammergau gebaut. Diese Bahnstrecke war ab 1905 die weltweit erste Bahnstrecke, die planmäßig mit Einphasenwechselstrom in niedriger Frequenz betrieben wurde. Auch das Saalachkraftwerk in Bad Reichenhall, gebaut in den Jahren 1910 bis 1913, gehört zu den ältesten noch in Betrieb befindlichen Bahnkraftwerken in Deutschland.

Weitere acht Prozent aus Wasserkraft ab 2014

Den Anteil des Stroms aus Wasserkraftwerken zu vergrößern, ist für die Deutsche Bahn ein wichtiger Baustein beim Ausbau der erneuerbaren Energien in der Bahnstromversorgung. Denn Wasserkraftwerke haben gegenüber anderen regenerativen Quellen einen entscheidenden Vorteil: Flusskraftwerke liefern vergleichsweise stetig Strom.

Deswegen hat der Energieversorger der Deutschen Bahn, die DB Energie GmbH, im vergangenen Jahr einen Vertrag mit RWE Innogy über Strombezüge aus 14 zusätzlichen Kraftwerken abgeschlossen. Ab 2014 werden an den Flüssen Rhein, Mosel, Ruhr und Rur jedes Jahr insgesamt rund 900 Gigawattstunden (GWh) für den Eisenbahnverkehr in Deutschland produziert, was rund acht Prozent des Bahnstromsbedarfs entspricht. Der in allen 14 Werken in der 50 Hz-Frequenz des öffentlichen Netzes produzierte Strom wird über Umformer und Umrichter in das Bahnstromnetz eingespeist. Die konkrete Herkunft wird durch den TÜV SÜD zertifiziert.

Windstrom: hohes Potenzial, aber wenig erprobt.

Die DB Energie hat seit 2010 insgesamt drei Windparks unter Vertrag genommen. Die insgesamt 33 Windräder sollen 104 GWh Ökostrom im Jahr liefern. Das entspricht in etwa dem Energiebedarf von 20 000 Haushalten oder einem bis zwei Prozent des Bahnstrombedarfs. Der von den Windrädern erzeugte Strom wird zunächst in das öffentliche Stromnetz (50 Hz-Netz) eingespeist und dann über Umrichter und Umformer auf die Bahnstromfrequenz von 16,7 Hz transformiert und ins Bahnstromnetz eingespeist.

Wegen der hohen Einspeisevergütungssätze, die die Windanlagenbetreiber derzeit erhalten, gehört Energie aus Windkraft noch zu den teuersten Möglichkeiten zur „Vergrünung" des Bahnstroms. Zudem müssen so genannte „Schattenkapazitäten" vorgehalten werden, um auch bei Windstille eine verlässliche Menge an Strom zu erhalten: Um das Risiko einer Unterproduktion auf ein Minimum zu senken, müssen zudem sehr viele Anlagen geografisch möglichst verstreut stehen.

Dass die DB in ihrer „Vergrünungsstrategie" trotzdem die Möglichkeiten des Einsatzes dieser Technologie prüft, liegt unter anderem an dem großen Potenzial dieses Energieträgers, denn sowohl durch neue Windräder, als auch das „Repowering" älterer Windkraft-Anlagen, lässt sich auf dem Festland wie auch auf See die Windstromproduktion in Deutschland noch in signifikantem Maße steigern. Deswegen erprobt die DB mit den neu unter Vertrag genommenen Windparks den Umgang mit fluktuierender Energie und sammelt Erfahrungen für das Lastmanagement des Bahnstromnetzes.

Umweltbewusste Kunden fahren schon heute mit 100 Prozent Ökostrom

Dadurch, dass der Schienenverkehr in Deutschland zum allergrößten Teil elektrisch betrieben wird, kann die Schiene als einziger Verkehrsträger schon heute Mobilität auf der Basis von 100 Prozent erneuerbaren Energien in größerem Umfang anbieten.

Unter dem Namen Umwelt-Plus im Personenverkehr und Eco Plus im Schienengüterverkehr bietet die DB Geschäftskunden schon seit 2009 CO_2-freie Reisen und Transporte an. Auch Spezialtickets können seitdem CO_2-frei gebucht werden. Für alle Angebote wird der für die Fahrten benötigte Strom von der DB Energie zusätzlich beschafft und die Mehrkosten für den zusätzlichen Einkauf erneuerbarer Energien an die Kunden weitergegeben. Im Gegensatz zu Kompensationsangeboten, wie beispielsweise im Flugverkehr durch die nachträgliche Kompensation der CO_2-Emissionen einer Flugreise, entstehen bei den Angeboten der DB CO_2-Emissionen gar nicht erst.

In dem Aufpreis, den die Kunden zahlen, ist zudem der sogenannte Neuanlagenbonus enthalten. Mit diesem Neuanlagenbonus unterstützt die DB wiederum den Ausbau erneuerbarer Energien in Deutschland. Das erste aus dem Neuanlagenbonus geförderte Projekt ist ein Hybridkraftwerk der Firma Enertrag in Prenzlau. In diesem Hybridkraftwerk wird Windstrom in Wasserstoff umgewandelt und dadurch speicherfähig gemacht. Bei Flaute oder wenig Wind kann die gespeicherte Energie rückverstromt und dann ins Stromnetz eingespeist werden. So können das Lastmanagement eines Windparks optimiert und Prognosefehler ausgeglichen werden. Die Planungssicherheit - die insbesondere für das Energiemanagement der DB so wichtig ist - kann dadurch verbessert werden.

Viele Kunden entscheiden sich für die umweltfreundlichen Angebote

Mittlerweile nutzen über 100 Firmenkunden (ca. 1,6 Mio. Geschäftsreisende) der Deutschen Bahn diese Angebote. So hat zum Beispiel die Landesverwaltung in Rheinland-Pfalz alle ihre Dienstreisen mit der Bahn auf 100 Prozent Ökostrom umgestellt und verbessert dadurch ihre jährliche Klimabilanz. Im Jahr 2011 etwa hat sie so insgesamt 600 000 Kilogramm CO_2 gespart - im Vergleich zu dem Szenario, dass die Mitarbeiter anstelle der umweltfreundlichen Tickets herkömmliche Bahntickets gekauft hätten. Hätte die Landesregierung alle Mitarbeiter mit dem Auto auf Geschäftsreise geschickt – würde die Verminderung der CO_2-Bilanz sogar mehr als 1,6 Millionen Kilogramm CO_2 betragen.

Auch die Bundesregierung, der Sportartikelhersteller PUMA sowie der Softwarehersteller SAP nutzen das Angebot und reisen auf Ihren Dienstfahrten mit der Bahn und mit 100 Prozent Ökostrom.

Zusätzliche erneuerbare Energie wird auf die Klimabilanz des Kunden angerechnet

Weil durch diese Angebote zusätzliche erneuerbare Energien ins Bahnstromnetz gespeist werden, wird der herkömmliche Bahnstrommix anteilig verdrängt. Die CO_2-Emissionen, die dadurch vermindert werden, rechnet die DB alleine den Kunden zu, die den Aufpreis dafür bezahlt haben. Sie fließen nicht in den Energiemix der Deutschen Bahn ein, sondern werden separat ausgewiesen. Ihre unternehmerischen Ausbauziele von mindestens 35 Prozent bis 2020 und 100 Prozent bis 2050

Bild 2
CO_2-freie Angebote

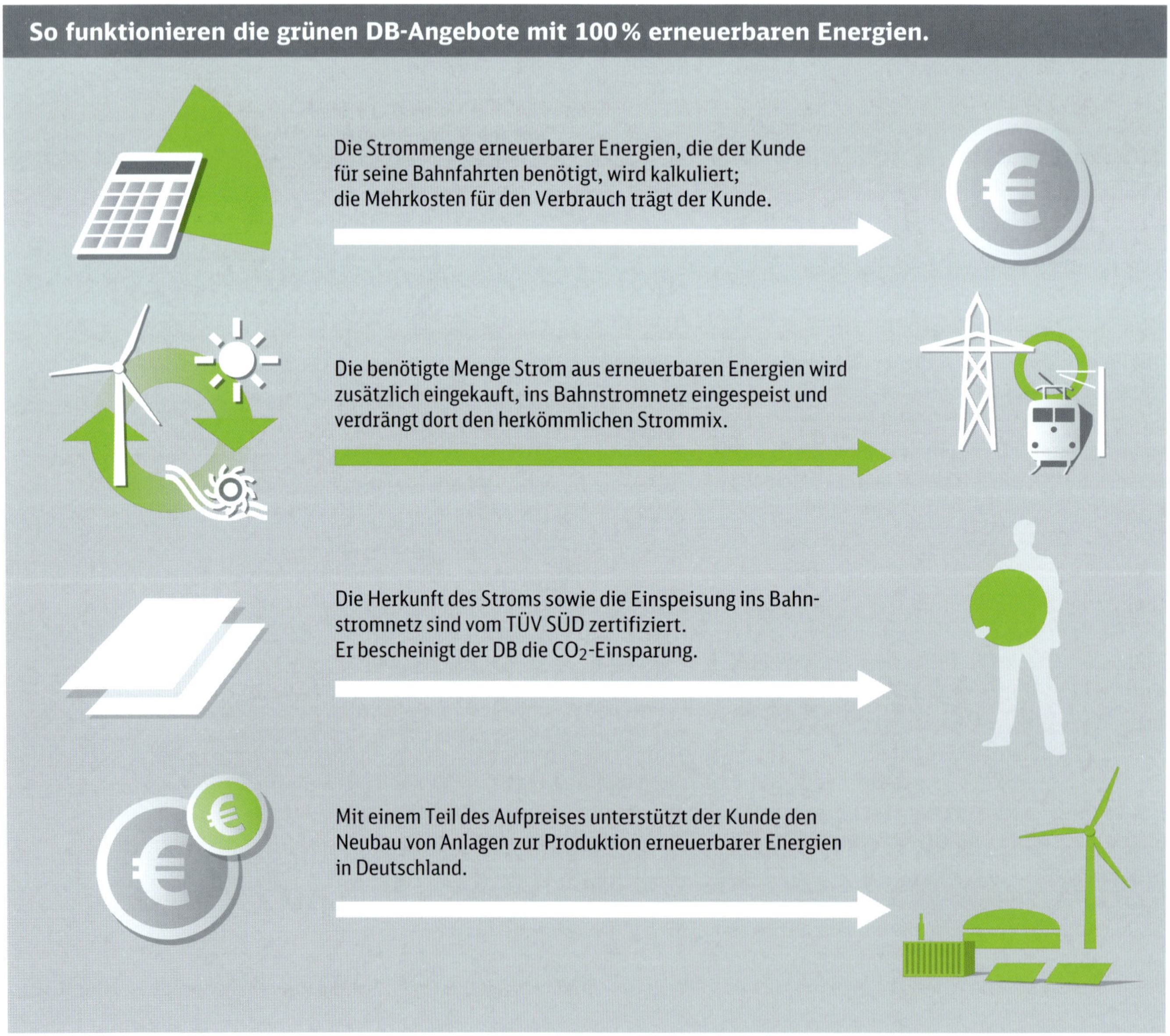

wird die DB demzufolge unabhängig von den grünen Angeboten erreichen.

Durch den Erfolg der grünen Angebote im Geschäftskundenbereich und im Gütertransport hat die DB das Angebot im April 2012 auch auf den Privatkundenbereich ausgeweitet. Mit der Probe BahnCard 25 mit 100 Prozent Ökostrom können Kunden der DB CO_2-frei reisen und ihre persönliche Klimabilanz weiter verbessern. Im Preis von 29 Euro sind vier Euro enthalten, welche die DB für den Einkauf von Ökostrom aus erneuerbaren Energiequellen verwendet, sowie der Neuanlagenbonus, mit dem die DB im Auftrag den Kunden den Ausbau erneuerbarer Energien in Deutschland unterstützt. Die Probe BahnCard 25 mit 100 Prozent erneuerbaren Energien gewährt vier Monate 25 Prozent Rabatt auf den Normalpreis und die Sparpreise. Nach Ablauf der vier Monate geht sie in ein BahnCard 25-Abo mit 100 Prozent Ökostrom über, kann jedoch sechs Wochen vor Ablaufende gekündigt werden.

Energieeffizienz und Energieeinsparung bei der DB

Die neuen Angebote mit 100 Prozent erneuerbaren Energien richten sich an besonders umweltorientierte Kunden. Aber auch alle anderen fahren heute umweltfreundlicher Bahn als noch vor wenigen Jahren. Und dafür ist nicht nur das Mehr an erneuerbaren Energien im Bahnstrom verantwortlich.

Dass die DB den spezifischen CO_2-Ausstoß ihrer Züge zwischen 1990 und 2011 um rund 45 Prozent reduzieren konnte, ist das Ergebnis vieler Maßnahmen: Neben der Elektrifizierung der Strecken und der Erhöhung des Anteils erneuerbarer Energien im Bahnstrommix war hierfür vor allem die Modernisierung der Flotten verantwortlich: die neuen Fahrzeuge der S-Bahn München verursachen beispielsweise 56 Prozent weniger CO_2-Emissionen als Ihre Vorgängermodelle.

Auch wurden alle Lokführer der DB in Energie sparender Fahrweise geschult: auf der Strecke von Hamburg nach München kann ein geübter Lokführer im Idealfall bis zu 4000 kWh Strom einsparen – soviel wie eine vierköpfige Familie im Jahr verbraucht.

Zudem können alle modernen Schienenfahrzeuge der DB Bremsenergie in Strom umwandeln. Mit Hilfe der Drehstromtechnik verpufft beim Bremsen freigesetzte Energie nicht als Wärme, vielmehr wird der mit der so genannten „generatorischen Bremse" erzeugte Strom zurück in die Oberleitung gespeist. Die Energie wird sozusagen recycelt und von anderen Fahrzeugen wieder als Antriebsenergie genutzt.

Fazit

Die Elektrifizierung des Schienenverkehrs hat schon vor 100 Jahren begonnen. Die DB wickelt heute rund 90 Prozent des Schienenverkehrs elektrisch ab. Zudem eröffnet das elektrifizierte System auch weitere Möglichkeiten, durch die die Umweltbilanz der Schiene in den vergangenen Jahren enorm verbessert werden konnte und auch in Zukunft weiter verbessert werden soll.

Der Schienenverkehr bringt schon heute mit Abstand am meisten erneuerbare Energien in den Verkehrssektor. In 2011 lag der Anteil regenerativer Energien am Bahnstrommix der Deutschen Bahn bei knapp 22 Prozent. Bis 2020 will die DB diesen Anteil auf mindestens 35 Prozent steigern. Die Deutsche Bahn hat sich das Ziel gesetzt, im Jahr 2050 sogar einen komplett CO_2-freien Schienenverkehr auf der Basis von 100 Prozent erneuerbaren Energien anzubieten. Die DB setzt dabei vor allem auf einen stärkeren Bezug von Strom aus Wasserkraft in Deutschland, aber auch die Windkraft bietet viel Potenzial, um den Anteil erneuerbarer Energien im Bahnstrommix weiter zu erhöhen.

Besonders umweltorientierte Kunden der DB können schon heute auf der Basis von 100 Prozent erneuerbaren Energien Bahn fahren und Güter transportieren. Dafür beschafft die DB zusätzlich Strom aus erneuerbaren Energiequellen in Deutschland. Die CO_2-Einsparungen, die dadurch bilanziell entstehen, werden alleine den Kunden zugerechnet, die auch die Mehrkosten für den zusätzlichen Einkauf der erneuerbaren Energien tragen. Zudem unterstützen die Kunden dieser besonders grünen Produkte der DB über den Neuanlagenbonus den Ausbau erneuerbarer Energien in Deutschland.

Doch auch ohne die Zusatzoption mit 100 Prozent Ökostrom ist die Bahn schon heute das umweltfreundlichste motorisierte Verkehrsmittel. Für die Umsetzung klimafreundlicher und nachhaltiger Mobilität ist und bleibt die Deutsche Bahn deswegen ein wichtiger Akteur in der deutschen Verkehrslandschaft.

Literatur

Umweltbundesamt: Daten zur Umwelt, 2011. www.umweltbundesamt.de/daten-zur-umwelt

Bundesverkehrsministerium: Prognose der deutschlandweiten Verkehrsverflechtungen 2025, 2007

Heymann, Eric et al.: Elektromobilität. Sinkende Kosten sind conditio sine qua non, 2011

DB Mobility Networks Logistics

Deutschen Bahn AG
DB Umweltzentrum
Caroline-Michaelis-Str. 5-11
D-10115 Berlin
Tel.: 030/297.565-0
Fax: 030/297.565-05
E-Mail: db-umweltzentrum@deutschebahn.com
URL: www.deutschebahn.com

Nachhaltigkeit im DB-Konzern

Als weltweit agierendes Unternehmen trägt der DB-Konzern eine besondere gesellschaftliche Verantwortung. Die Ansprüche der Kunden an effiziente und umweltverträgliche Dienstleistungen aus einer Hand steigen. Nachhaltigkeit ist daher für die DB ein Schlüssel für den Unternehmenserfolg. Dabei werden die drei Dimensionen Ökonomie, Ökologie und soziale Aspekte gleichermaßen berücksichtigt und in Einklang gebracht. Profitabler Marktführer in allen Bereichen zu werden, steht dabei genauso im Mittelpunkt wie als Umweltvorreiter und Top-Arbeitgeber zu überzeugen.

Die Deutsche Bahn in Zahlen

- **1994** wurde die Deutsche Bahn AG gegründet.
- In über **130 Ländern** agiert die DB heute als internationaler Anbieter von Mobilitäts- und Logistikdienstleistung auf der Schiene, der Straße, zu Wasser und in der Luft.
- **295 000 Mitarbeiter** sind weltweit bei der DB beschäftigt, davon allein 193 000 in Deutschland.
- **96 %** aller Azubis wurden im Jahr 2011 nach der Ausbildung übernommen.
- **7,5 Millionen Personen** pro Tag befördert die DB im Personenverkehr europaweit in Zügen und Bussen **(ohne Arriva)**.
- Über **412 Millionen Tonnen Güter** pro Jahr werden im Bereich Logistik auf der Schiene und rund 81 Millionen Sendungen auf der Straße transportiert.
- Mit **33 600 Streckenkilometern** in Deutschland betreibt die DB das längste Schienennetz in Europa. Das entspricht der Strecke von München nach Peking.
- **5 700 Bahnhöfe** besitzt die DB in Deutschland.

„Prima Klima" ist machbar – Klimaschutz fängt beim eigenen Verhalten an

Ottmar Kayser | Group Sustainability, Deutsche Bank AG

Klimastrategie der Deutschen Bank

Die Deutsche Bank hat im Jahr 2007 den Klimawandel und die Bekämpfung seiner gravierenden Folgen auf ihre strategische Agenda genommen. Mit der Gründung eines hochrangig besetzten internen Umweltlenkungsausschusses („Environmental Steering Committee" – ESC) wurde ein bereichsübergreifendes global ausgerichtetes Gremium geschaffen, das zuvorderst die zahlreichen Initiativen der Geschäftsbereiche koordiniert und darüber hinaus die Kompetenz und Strategie der Bank in den Bereichen Energie und Klimawandel bündelt und weiterentwickelt. Dahinter steht die Einsicht, dass der privatwirtschaftliche Sektor einen entscheidenden Beitrag zur weltweiten Herausforderung „Klimawandel" leisten muss und gerade der Finanzsektor als Partner der Realwirtschaft und als Verbraucher innovativer Produkte hierzu besonders prädestiniert ist. Dies schließt die Erkenntnis ein, dass der Klimawandel nicht nur Risiken beinhaltet, sondern über Innovationen auch Chancen für Unternehmen und Finanzwirtschaft bietet.

Vor diesem Hintergrund formulierte das ESC für die Deutsche Bank eine Klimastrategie, die drei Handlungsbereiche definiert:

- Finanzintermediär,
- Klimabotschafter und
- Ökoeffizienzmanager.

Als Finanzintermediär will die Deutsche Bank ihre Marktkompetenz bei den unterschiedlichen Bankprodukten für den Wandel hin zu einer sauberen und energieeffizienten globalen Wirtschaft einsetzen. Als Klimabotschafter trägt sie durch ihre Research-Teams, aber auch durch die Zusammenarbeit mit politischen Entscheidungsträgern dazu bei, effektive Strategien zur Förderung privater Investitionen in saubere Energien und Technologien zu entwickeln. Als Ökoeffizienzmanager hat sie schließlich zahlreiche interne Initiativen ergriffen, um die sich ergebenden negativen Auswirkungen ihrer betrieblichen Abläufe auf das Klima zu erfassen und zu reduzieren. Es ist eine Frage der Glaubwürdigkeit und Überzeugung, den Klimaschutz auch im eigenen Unternehmen zu leben. Kernpunkt ist die Verringerung des eigenen ökologischen Fußabdrucks und das Ziel, ab dem Jahr 2013 CO_2-neutral zu arbeiten. Außerdem gilt es, den Wasser- und Papierverbrauch zu reduzieren und hohe Nachhaltigkeitsanforderungen an die Lieferanten zu stellen.

Herausragendes „Leuchtturmprojekt" für den Anspruch des Ökoeffizienzmanagers war die umfassende, dreijährige Sanierung der beiden markanten Türme ihrer Unternehmenszentrale in Frankfurt am Main. Mit diesem Projekt beteiligte sich die Deutsche Bank an der Klima-Charta und in dem Lernnetzwerk „CO_2-neutrale Landesverwaltung" des Hessischen Finanzministeriums. Denn die klimabezogene Sanierung von Bestandsgebäuden gilt als wichtiger Bereich in den Industrieländern, in dem die CO_2-Emissionen (einschließlich der anderen „Klimakiller") erheblich reduziert werden können.

Klimaschutz und Betriebsökologie

Bei einem Finanzdienstleister resultieren die CO_2-Emissionen im Wesentlichen aus der Nutzung der Büroräume und -gebäude sowie den erforderlichen Geschäftsreisen. Als das ESC seine Arbeit aufnahm, galt es zunächst, eine Bestandsaufnahme der globalen CO_2-Emissionen der Bank vorzunehmen. Dabei tat sich eine klassische Problemstellung auf: Das Rechnungswesen eines Unternehmens ist in der Lage, per Knopfdruck die Kosten für Strom, Gas, Heizöl, Fernwärme oder Dienstreisen auszuwerfen. Nur: Die Währung „€" ist nicht in die „Währung" CO_2 übersetzbar. Hierzu bedarf es eines eigenen Umweltdatenmanagementsystems, das die Energieverbrauchsmengen erfasst und in CO_2-Größen transformiert. Die Deutsche Bank ist diesen Schritt gegangen und hat ein globales Umweltdatenmanagementsystem aufgebaut und immer weiter verbessert. Frühzeitig wurde eingeplant, die Prozesse, Ergebnisse und Berichterstattung über die Treibhausgas-Bilanz von einem neutralen Zertifizierer auf ihre Plausibilität hin überprüfen zu lassen. In den letzten Jahren wurde diese Prüfung auf Basis der ISO 14064 vorgenommen, die auf dem international anerkannten

Standard des Treibhausgas-Protokolls basiert. Für das Jahr 2011 ergab sich die in Bild 1 dargestellte CO_2-Bilanz.

Die Etablierung des Umweltdatensystems war zudem erforderlich, um die formulierte Klimaneutral-Strategie steuern und nachverfolgen zu können. Diese Strategie sieht vor, von 2008 bis Ende 2012 in jährlichen 20 %-Punktschritten den „CO_2-Fußabdruck“ der Deutschen Bank auf null zu reduzieren. Um dies zu erreichen, wurden vier Aktionsfelder definiert:

1. Verbesserung der Energieeffizienz und Verringerung des Energieverbrauchs
2. Förderung von „grünen“ Gebäuden und „grünen“ Mietverträgen
3. Stärkerer Einsatz von erneuerbaren Energien
4. Neutralisierung der verbleibenden Emissionen durch hochwertige Ausgleichszertifikate (CER)

Welche großen CO_2-Einsparpotenziale in der Nutzung von „grünen“ Gebäuden stecken, konnte die Bank mit der Sanierung ihrer Unternehmenszentrale in Frankfurt demonstrieren.

Grüne Bilanz der Deutsche Bank-Türme

Die das Stadtbild Frankfurts kennzeichnenden Türme der Deutschen Bank galten schon bei ihrer Erstinbetriebnahme 1984 als ein Vorbild für ein umweltgerechtes Hochhaus. Über 20 Jahre intensive Nutzung bedingte nicht nur einen entsprechenden Verschleiß des Gebäudes, sondern führte auch zu einer zunehmend veralteten und damit ineffizienten technischen

Bild 1
CO_2-Berichterstattung der Deutschen Bank für das Jahr 2011 [Quelle: Deutsche Bank AG, Gesellschaftliche Verantwortung Bericht 2011, S. 44–45]

Treibhausgas-Emissionen in Tonnen CO_2-Äquivalente (CO_2e) (sofern nicht anders angegeben)
Ohne Postbank

	2009	2010	2011
Scope 1: Direkte THG-Emissionen[1]	24 530	20 410	**25 070**
Scope 2: Indirekte THG-Emissionen[2]	351 580	318 490	**304 940**
Scope 3: Sonstige indirekte THG-Emissionen	93 940	116 240	**98 190**
Kohlendioxydemissionen			
Summe[3]	470 050	455 140	**428 200**
— Erworbene CERs	-	220,000	**195 000**
— Netto-THG-Emissionen[4]	297 380	287,080	**266 750**
— Nettoreduktion THG-Emissionen in %[5]	42	60	**80**
— Emissionen je Mitarbeiter (Vollzeitäquivalent)	6,05	5,58	**5,32**
— Aus Energieverbrauch	360 100	323 450	**314 090**
— Aus Geschäftsreisen	109 940	131 700	**114 120**
— Emissionen pro m^2	0,17	0,16	**0,15**
Kohlendioxydemissionen nach Regionen			
— Deutschland	100390	101 160	**86 650**
— Europa (ohne Deutschland), Naher Osten und Afrika	140810	114 660	**129 630**
— Asien/Pazifik	143020	142 010	**122940**
— Nord- und Südamerika	85 820	97310	**88 980**

[1] Die THG-Berichtsgrenzen werden gemäß dem im THG-Protokoll festgelegten Ansatz der operativen Kontrolle definiert: Die operative Kontrolle erstreckt sich auf geschäftliche Tätigkeiten und Standorte, an denen Deutsche Bank Mitarbeiter über Führungspositionen im Unternehmen verfügen und die operativen Verfahren der Deutschen Bank innerhalb des Bereichs umgesetzt werden. Wenn der Betrieb von Rechenzentren ausgelagert wird, werden die Emissionen der Hardware erfasst, soweit diese am jeweiligen Standort ins Eigentum der Deutschen Bank fällt. Scope 1-Treibhausgasemissionen umfassen die Verbrennung fossiler Brennstoffe und Leckagen von Kältemittel aus Kälteanlagen; Scope 2 umfasst die THG-Emissionen aus bezogener Energie (z.B. Strom und Fernwärme); Scope 3 umfasst die THG-Emissionen aus dem Erwerb von Gütern und Dienstleistungen, bei denen die Emissionsquellen von Dritten kontrolliert werden (z.B. Flugreisen). Die Netto-THG-Emissionen schließen erneuerbare Energien ein, die mit einem Emissionsfaktor von null berechnet wurden. Strom aus erneuerbaren Quellen wurde in Australien, Österreich, Kanada, Deutschland, Italien, den Niederlanden, Spanien, der Schweiz, Großbritannien und den USA bezogen

[2] Die durchschnittliche Heizintensität in 2011 in EMEA ist höher als der historische globale Durchschnitt und könnte dazu beitragen, dass Energieverbrauch und Heizemissionen um 28 Prozent zu hoch veranschlagt werden. Dies entspricht 3,5 Prozent der Scope 2-Emissionen

[3] Die Emissionen für das THG-Basisjahr 2007 und 2008 – 2010 wurden aufgrund von Veränderungen bei den Emissionsfaktoren, der Aktualisierung des hochgerechneten Bedarfs an Heizenergie und der Erhöhung des Anhebungsfaktors um neun Prozent für Flugreisen entsprechend den Empfehlungen des THG-Protokolls und des britischen Department for Environment, Food and Rural Affairs (DEFRA) zur Berücksichtigung von Umwegen und Verspätungen neu berechnet

[4] Die Netto THG-Emissionen schließen erneuerbare Energien ein, aber nicht CERs

[5] Die prozentuale Nettoreduktion der THG-Emissionen für 2008 und 2009 wurde anhand des Ausgangswerts für 2007 (532 900 t CO_2e) berechnet und schließt CERs und erneuerbare Energien mit ein. Die Werte für 2010 und 2011 sind Zielreduzierungen, die durch die Stilllegung der derzeit gehaltenen CERs (345 000) erreicht werden

Ausstattung. Die Entscheidung, das Gebäude von Grund auf zu sanieren, erforderte zwar den Auszug der gesamten Belegschaft für drei Jahre, gab damit aber auch den erforderlichen Spielraum für eine meisterliche Kooperation zwischen Architekten, Baubetrieben, Lieferanten und Bauherrn. Ursprünglich als Projekt zur brandschutztechnischen Erneuerung gedacht, entschloss sich die Bank nicht nur für eine darüber hinaus gehende Modernisierung, sondern auch für eine innenarchitektonisch neue und an dem Green-Building-Ansatz orientierte Komplettsanierung. Ziel war es, ein „grünes Gebäude“ zu schaffen, das höchsten Ansprüchen gerecht werden würde und das mit einem neuen Arbeitsplatzkonzept ausgestattet mittlerweile auch Vorbild für weitere Erneuerungen an den Standorten der Deutschen Bank weltweit ist.

Gleichzeitig galt es architektonisch, die Verbindung zum Branding und zur Corporate Identity zu vermitteln, wonach die Deutsche Bank sich zur Gesellschaft mehr als zuvor öffnen und auch in ihrem Kerngeschäft mehr Transparenz zeigen will. Erreicht wurde das mit einer neu gestalteten Plaza, die im Jahr 2012 noch um ein attraktives Restaurantangebot im Gebäude erweitert wird, einem großen transparenten Eingang und vor allem der Öffnung des Raums zwischen den Türmen, der erstmals aus der Eingangshalle den freien Blick nach oben erlaubt. Dieser zentrale Raum wird nun durch die von dem Mailänder Designer und Architekten Mario Bellini geschaffenen „Sphäre“ ausgefüllt, die in Anlehnung an die Erdkugel als filigranes Edelstahlkorsett die globale Vernetzung des Unternehmens symbolisiert (Bild 2).

Bild 2
Eingangshalle der Deutschen Bank mit „Sphäre“ von Mario Bellini [Foto: Deutsche Bank AG Frankfurt]

Darüber hinaus wurde für die ca. 3000 Arbeitsplätze ein neues Arbeitsplatzkonzept umgesetzt, das Nachhaltigkeitsaspekte mit modernen Anforderungen an Büroarbeitsplätze verbindet. Das Ergebnis der Gebäudesanierung zeigen die Kennwerten in Bild 3.

1) Bezogen auf die Primärenergie | 55% durch Reduzierung des Verbrauchs | 34% durch erneuerbare Energie

Bild 3
Einsparungen bei den neuen Deutsche Bank-Türmen [Foto: Deutsche Bank AG Frankfurt]

98 % Recycling von Materialien

Die komplette Erneuerung der technischen Gebäudeausstattung und -ausrüstung erforderte eine sorgfältige Materialauswahl, orientiert an ökologischen Erfordernissen und den Bedürfnissen modernen und effizienten Arbeitens. Dies galt auch für die Entsorgung alter Materialien. So erfolgten bereits die Abbruch- und Rückbauarbeiten unter Nachhaltigkeitsgesichtspunkten.

67 % Einsparung bei Heiz- und Kühlenergie

Neue, hochisolierende Dreifach-Verglasung und eine verbesserte Dämmung halten im Sommer die Hitze draußen und reduzieren den Wärmeverlust im Winter (**Bild 4**).

Bild 4
Die Fassade atmet
[Foto: Deutsche Bank AG Frankfurt]

Da jedes zweite Fenster geöffnet werden kann, entsteht eine natürliche Luftzirkulation, was die Behaglichkeit im Raum verbessert und den Energieeinsatz reduziert.

Hinter der Glasfassade verbirgt sich eine klassische „Lochfassade“ aus Beton und Betondecken, die hervorragend zum neuen Klimatisierungskonzept passt: Die Masse dieser Gebäudeteile wird als Energiespeicher für die Heizung und Kühlung im Gebäude genutzt, die nun über Heiz-/Kühldecken und nicht mehr über eine stromintensive mechanische Lüftung erfolgt. Ein weiterer positiver Effekt: Durch die kompakte Technik konnte die Raumhöhe von 2,65 m auf 3,0 m vergrößert werden.

Im Frühjahr und Herbst sind Wärme und Kälte meist gleichzeitig erforderlich. Die neue Wärme-Kälte-Kopplung ermöglicht die gleichzeitige Erzeugung in einem synchronisierten und energieeffizienten Prozess. Ein Wärmerückgewinnungssystem reduziert weiter den Energieverbrauch. Es wird keine Wärme mehr im eigenen Haus produziert. Nur etwaige Lastspitzen werden durch Fernwärme ausgeglichen.

55 % Stromeinsparungen

Intelligente Systeme sorgen für weniger Stromverbrauch bei höherem Komfort. Dank einer zonalen Steuerung wird nur beleuchtet, wann und wo es nötig ist. Das neue Lichtmanagement, der Einsatz hocheffizienter Leuchtmittel sowie eine optimale Nutzung des vorhandenen Tageslichts reduzieren den Stromverbrauch deutlich. Die für die Büroetagen speziell entwickelten Schwertleuchten sind mit Hightech-Prismentechnologie ausgestattet und erreichen einen Leuchtenwirkungsgrad von 86 %.

Da die Raumklimatisierung mit Wasser anstatt mit Luft erfolgt, wird die Luftwechselrate vom 6- auf das 1,5-fache reduziert. Im Ergebnis verbrauchen die neuen Lüftungsanlagen weniger als die Hälfte an Strom. Der Stromverbrauch für die Kälteerzeugung wird durch die freie Kühlung stark vermindert.

Die Aufzugstechnik wurde vollständig erneuert. Das neue Verkehrsmanagement-System erhöht die Transportkapazität der vorhandenen Aufzüge durch Optimierung der Transportwege und Reduzierung der Wartezeiten. Abhängig von Fahrtrichtung und Förderlast wird von den Aufzügen Strom erzeugt und ins Versorgungsnetz eingespeist. Diese Technologie und die optimierte Systemauslegung reduzieren den Energiebedarf des Aufzugssystems um insgesamt über 50 Prozent.

Green-IT-Lösungen wie energiesparende Rechner-Technologien, multifunktionale Einrichtungen, Drucker-Pools und der Verzicht auf Server im Gebäude reduzieren den Stromverbrauch zusätzlich.

74 % Wassereinsparung

Die Türme erhielten ein komplett neues Wassermanagementsystem. Hausinternes Wasserrecycling, Regenwassernutzung sowie der Einbau von wassersparenden Systemen senken den Frischwasserverbrauch erheblich. Regen- und Grauwasser werden gesammelt, aufbereitet und für die Bewässerung sowie für die Toilettenspülsysteme im gesamten Gebäude wieder verwendet. Das mit einer solarthermischen Anlage erzeugte Warmwasser deckt mehr als 50 Prozent des Bedarfs ab. Wärmeüberschüsse werden ins Heizungsnetz eingespeist. Insgesamt wird der Frischwasserverbrauch um 44 000 m^3 pro Jahr reduziert.

89 % CO_2-Einsparung

Die beeindruckende Reduzierung der CO_2-Emissionen ist das Ergebnis von zahlreichen Energieeffizienzmaßnahmen kombiniert mit der Nutzung von Strom aus erneuerbaren Quellen. Hieran wird deutlich, dass gerade im Bereich der Bestandsgebäude erhebliche Erfolge im Klimaschutz möglich sind.

20 % höhere Flächeneffizienz

Das neue Arbeitsplatzkonzept und die neue kompakte Technik erhöhen die Effizienz des Gebäudes. Moderne Ausstattung und eine verbesserte Infrastruktur ermöglichen eine flexible Raumnutzung und bieten optimale Arbeitsbedingungen. Die Platz sparende Gebäudetechnik benötigt kleinere Zentralen, was 850 m^2 zusätzliche Bürofläche schafft. Insgesamt können bis zu 600 zusätzliche Mitarbeiter nach dem Umbau von einem modernen Arbeitsumfeld profitieren.

Ein intelligentes Raumbuchungstool erhöht den Nutzerkomfort bei Auswahl und Buchung der Konferenz- und Besprechungsräume – die Auslastung dieser Räume konnte so fast verdoppelt werden.

Zertifizierte nachhaltige Qualität

Die neuen Deutsche Bank Türme demonstrieren eindrucksvoll, dass ein „prima Klima" bei Gebäuden erreichbar und machbar ist. Dies fand auch Ausdruck in der Zertifizierung der Türme durch renommierte Dritte. So erhielten die Türme sowohl das LEED Zertifikat in Platin (LEED = Leadership in Energy and Environmental Design) als auch die DGNB Zertifizierung in Gold (DGNB = Deutsches Gütesiegel für Nachhaltiges Bauen), **Bild 5**.

Bild 5
LEED- und DGNB-Zertifikate für die Türme der Deutsche Bank

Diese Bewertungen und Anerkennungen werden nur vergeben, wenn Umwelt, Mensch und Ökonomie im Gebäudebereich in eine gute Balance gebracht wurden, was mit der neu erstrahlten Zentrale der Deutschen Bank in Frankfurt/Main vorbildlich gelang.

Deutsche Bank

Deutsche Bank AG
Taunusanlage 12
D-60325 Frankfurt am Main

Tel.: 069/910-00
Fax: 069/910-34225
E-Mail: deutsche.bank@db.com
URL: www.banking-on-green.com/index_d.htm

Über die Deutsche Bank und Nachhaltigkeit als Grundprinzip

Die Deutsche Bank ist eine führende globale Investmentbank mit einem bedeutenden Privatkundengeschäft sowie sich gegenseitig verstärkenden Geschäftsfeldern. Führend in Deutschland und Europa, wächst die Bank verstärkt in Nordamerika, Asien und anderen Wachstumsmärkten. Mit mehr als 100 000 Mitarbeitern in über 70 Ländern bietet die Deutsche Bank weltweit einen umfassenden Service. Ziel der Bank ist es, der weltweit führende Anbieter von Finanzlösungen zu sein und nachhaltig Wert zu schaffen – für ihre Kunden, ihre Aktionäre, ihre Mitarbeiter und für die Gesellschaft als Ganzes.

Für alle Aktivitäten der Bank sehen wir Nachhaltigkeit als einen entscheidenden Qualitäts- und Erfolgsfaktor an. Unsere Kunden unterstützen wir bei Investitionen in Ressourceneinsparung und sauberes Wachstum. Wir finanzieren selbst oder arrangieren die Mittelaufbringung und beraten Unternehmen, die auf umweltschonende Technologien und erneuerbare Energien setzen. In Nordamerika, Europa und im Nahen Osten waren wir im Jahr 2011 zum Beispiel im Bereich der erneuerbaren Energien an Projekten mit einem Volumen von knapp drei Gigawatt beteiligt. Für den Umgang unserer Mitarbeiter mit Umwelt- und Sozialrisiken, die bei Geschäftspartnern und -aktivitäten in besonders anfälligen Branchen wie beispielsweise Rohstoffgewinnung und -verarbeitung auftreten können, haben wir neue Richtlinien entwickelt und eingeführt.

Ökologische, soziale und Aspekte der Unternehmensführung spielen in unserem Vermögensanlagemanagement neben der traditionellen finanziellen Zielsetzung eine zunehmende Rolle: Ende 2011 verwalteten wir insgesamt ein Vermögen von 2,5 Mrd €, das gemäß diesen Kriterien angelegt war. Im Berichtsjahr haben wir beispielsweise den European Energy Efficiency Fund über 265 Mio € und den Africa Agriculture and Trade Investment Fund mit 85 Mio € aufgelegt. Die DWS Investments führte unter anderem zwei geschlossene „grüne“ Fonds für Privatkunden ein.

Die Umweltbelastung durch unsere eigenen betrieblichen Aktivitäten haben wir 2011 weiter verringert. Ziel ist es, ab 2013 unseren gesamten Geschäftsbetrieb klimaneutral zu stellen. Im Jahr 2011 stammten bereits zwei Drittel unserer benötigten Energie aus erneuerbaren Quellen. Beispielhaft für praktizierte Nachhaltigkeit steht die ganzheitliche Modernisierung unserer Konzernzentrale in Frankfurt am Main. Die markanten Zwillingstürme gehören zu den umweltfreundlichsten Hochhäusern der Welt und erhielten hierfür höchste Auszeichnungen.

Nachhaltigkeit in der Logistik – Klimaschutz ist Teil der unternehmerischen Verantwortung

Markus Döhn | Deutsche Post AG

Deutsche Post DHL bewegt die Welt. In einem weltumspannenden Netzwerk mit fast einer halben Million Mitarbeitern erreichen wir fast jede Ecke unseres Planeten. Als globales Logistikunternehmen fördern wir das Wachstum der Märkte – von Asien bis nach Amerika, von Europa bis nach Afrika, von jeder Metropole ins kleinste Dorf. Deutsche Post DHL beeinflusst die Welt und muss sich selbst globalen Veränderungen anpassen - auf wirtschaftlicher ebenso wie auf politischer oder gesellschaftlicher Ebene. Deshalb legen wir großen Wert darauf, die wichtigen Zukunftsfelder zu verstehen und uns mit ihnen auseinanderzusetzen.

Die Gefahren durch den Klimawandel gehören zu den drängenden Herausforderungen unserer Zeit. In den vergangenen zehn Jahren haben sich die Treibhausgasemissionen der Transportbranche schneller erhöht als die aller anderen Sektoren mit hohem Energieverbrauch. Nach Angaben des Weltklimarats IPCC (2007) sind der Güter- und Personentransport für etwa 23 Prozent der Treibhausgasemissionen verantwortlich, die Menschen weltweit verursachen.

Die Logistik verbindet Menschen und Märkte in aller Welt. Sie ist ein wichtiger Motor der Wirtschaft, der Wohlstand und Arbeitsplätze schafft. Als einer der zentralen Treiber des Wirtschafts- und Beschäftigungswachstums und der Schaffung eines globalen Marktes muss die Logistikindustrie Verantwortung für die Umweltauswirkungen globaler Handels- und Transportbewegungen übernehmen – insbesondere ihren Beitrag zum Klimawandel.

Nachhaltigkeit beschäftigt sehr viele Menschen. In Deutschland sind etwa 2,6 Millionen Menschen in der Logistikindustrie tätig. Und sie beschäftigt uns – so sehr, dass wir die Entwicklung nachhaltiger Lösungen zu einem Bestandteil unserer Konzernstrategie („Strategie 2015") gemacht haben. Nachhaltigkeit – allem voran die Minderung der CO_2-Emissionen – ist schon heute ein zentraler Aspekt unserer Geschäftstätigkeit. Deutsche Post DHL hat hier Pionierarbeit geleistet: Wir sind der erste Anbieter CO_2-neutraler Sendungen und das erste Logistikunternehmen, das sich ein konkretes Klimaschutzziel gesetzt hat und seine CO_2-Effizienzziel bis 2020 um 30 Prozent verbessern will.

Genauso wie die Logistik zu weltweitem Wohlstand beiträgt, muss sie den Weg für eine ökologisch nachhaltige, CO_2-arme Wirtschaft ebnen. Mit ihrer einzigartigen Positionierung entlang der gesamten Lieferkette und ihrer Expertise in vielen Branchen kann sie den Weg zu einer kohlenstoffarmen Wirtschaft entscheidend unterstützen – und so zur Förderung der Nachhaltigkeit beitragen.

Nachhaltigkeit bei Deutsche Post DHL – Living Responsibility

Angesichts ihrer besonderen Bedeutung für lokale und globale Wirtschaftsräume kann die Logistikindustrie in einer zunehmend nachhaltigkeitsorientierten Gesellschaft viel bewegen. Deutsche Post DHL setzt sich für umweltschonende Logistik ein. Die Initiativen zur Unternehmensverantwortung konzentrieren sich auf Umweltschutz, Katastrophenmanagement und Bildung – denn auf diesen Gebieten können wir unsere globalen Logistikkompetenzen gezielt einsetzen.

Unternehmensverantwortung ist ein wichtiger Baustein des Geschäftsmodells von Deutsche Post DHL. Die drei Programme GoGreen (Umweltschutz), GoHelp (Katastrophenmanagement) und GoTeach (Bildung) sind Bestandteil der Konzernstrategie. Seit Ende 2009 werden sie unter dem Begriff „Living Responsibility" gebündelt.

Das Umweltschutzprogramm GoGreen ist das umfassendste der drei Programme und steht für den Weg in eine kohlenstoffarme Zukunft der Logistik. GoGreen bildet die Grundlage dafür, wie wir unser Geschäft betreiben und gestalten. Mit dem konzernweiten Programm reduzieren wir unsere Umweltauswirkungen im Hinblick auf natürliche Ressourcen, Abfall oder Wasser. GoGreen positioniert Deutsche Post DHL als führendes Logistikunternehmen, das seinen Kunden nachhaltige Lösungen bietet. Basis für Programm und Produkte ist die Transparenz über die verursachten

CO_2-Emissionen. Bei der Entwicklung von Berechnungsmodellen, die auf anerkannten Standards basieren, ist der Konzern Vorreiter und hat ein umfassendes CO_2-Bilanzierungs- und Controllingsystem zum Steuern und Messen von Effizienzverbesserungen aufgebaut. Die Transparenz wird stetig erhöht. So erhalten Kunden vergleichbare Informationen zum Klimaschutz.

Nachhaltige Logistik eröffnet Marktchancen

Das Klimabewusstsein ist in Europa, Asien und Amerika gleichermaßen verbreitet und hat Nachhaltigkeit in einen Wettbewerbsvorteil verwandelt. Menschen weltweit sorgen sich nicht nur um den Klimawandel, sondern sind zunehmend bereit, sich umweltverträglicher zu verhalten. Nachhaltigkeit wird zum Kaufkriterium. Entsprechend wächst die Nachfrage nach nachhaltigen Logistikprodukten, wie zum Beispiel dem „Carbon Offsetting“, bei dem Emissionen durch die Förderung von Klimaschutzprojekten kompensiert werden.

Sowohl die Wirtschaft als auch öffentliche Einrichtungen treiben die Entwicklung in Richtung einer CO_2-armen Logistik mit ihrem Nachfrageverhalten entscheidend voran. Nationale Regierungen und lokale Verwaltungen arbeiten mehr und mehr daran, durch eine umweltfreundlichere Gestaltung der öffentlichen Beschaffung und durch Investitionen in umweltverträglichere Produkte auf den Klimawandel zu reagieren.

Allerdings sind Informationen zum Energieverbrauch bzw. zur Umweltfreundlichkeit von Produkten oft nicht leicht zugänglich: Es fehlt an Transparenz und Vergleichbarkeit. Sowohl Verbraucher als auch Geschäftskunden erwarten, dass Umweltkennzeichnungen in den kommenden Jahren zum Standard werden. Unternehmen erstellen bereits Umweltbilanzen („Carbon Accounting“) zur Erfassung von Emissionsdaten – allerdings noch nicht nach einheitlichen Methoden oder Abgrenzungen.

Steigende Nachfrage nach klimafreundlichen Logistiklösungen

Die zunehmende Nachfrage nach den grünen Produkten von Deutsche Post DHL bestätigt das steigende Interesse an klimafreundlichen Logistikdienstleistungen. Deutsche Post DHL war der erste Logistikanbieter, der seinen Kunden ein Portfolio klimaneutraler Produkte angeboten hat.

Die CO_2-neutralen GoGreen-Produkte stehen heute in 36 Ländern Brief-, Paket- und Expresskunden sowie weltweit Speditions- und Logistikkunden zur Verfügung: Die bei Transport und Bearbeitung anfallenden CO_2-Emissionen werden berechnet und ausgeglichen, indem Deutsche Post DHL über Emissionsgutschrif-

Bild 1
So funktioniert der CO_2-Ausgleich: Der Energiebedarf einer Sendung wird für alle Transportabschnitte ermittelt und in Kohlendioxid umgerechnet. Emissionsgutschriften aus geprüften Klimaschutzprojekten gleichen die entstandenen Emissionen aus. [Deutsche Post DHL, 2012]

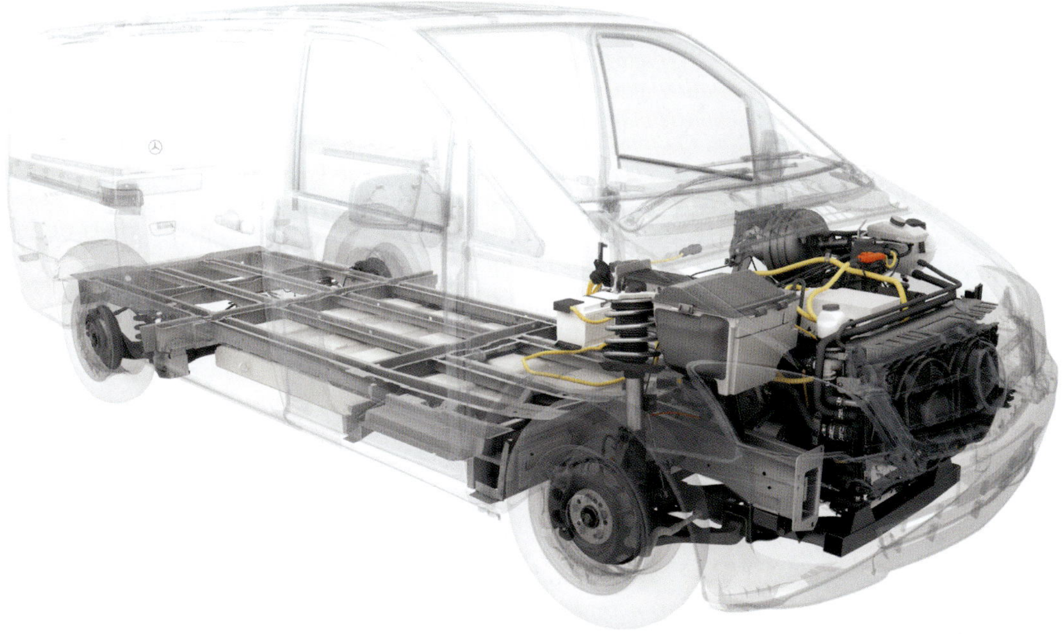

Bild 2
Schematischer Aufbau eines Mercedes-Benz Vito E-Cell: Der Elektromotor mit einer Maximalleistung von 70 kW treibt die Vorderachse an. Lithium-Ionen Batterien ermöglichen eine Reichweite von bis zu 130 km. [Quelle: Daimler AG]

ten in internationale Klimaschutzprojekte investiert. Im Jahr 2011 erreichten allein in Deutschland über 1,8 Milliarden Brief- und Paketsendungen auf CO_2-neutralem Weg ihre Empfänger. Mehr als 100.000 Tonnen CO_2 wurden auf diese Weise ausgeglichen.

Der Weg zu einer nachhaltigen Logistikindustrie

Nachhaltigkeit spielt bereits seit einigen Jahren eine wichtige Rolle in der Logistikindustrie. Da Lieferketten- und Logistikprozesse tief in die Wertschöpfung der verschiedenen Industriesektoren und Branchen eingebettet sind, überträgt sich dieser Trend auf alle Branchen. Das zunehmende Umweltbewusstsein in der breiten Bevölkerung sowie politische Initiativen und regulatorische Maßnahmen wirken zusätzlich.

Fokus: Transparenz

Um ein flächendeckendes Netzwerk erfolgreich betreiben zu können, arbeiten Logistikunternehmen mit externen Transportdienstleistern zusammen. Rund 80 Prozent des weltweiten CO_2-Ausstoß von Deutsche Post DHL entstehen durch fremd vergebene Transporte. Somit ist auch die CO_2-Effizienz unserer Subunternehmer wesentlicher Teil des Klimaschutzziels bis 2020. Die Verbesserung der Umweltverträglichkeit dieser Transportdienstleister ist ein wesentliches Element unseres GoGreen-Programms.

Fokus: Technologie

In Deutschland setzen wir schon seit jeher auf ein umweltschonendes Geschäftsmodell: Zusteller befördern die Briefe zu Fuß oder per Fahrrad an Privat- und Geschäftsadressen. Längst haben wir mit GoGreen viele Wege erschlossen, wie auch andere Bereiche zum Umwelt- und Klimaschutz beitragen können. Besonderes Augenmerk gilt dabei der Fahrzeugflotte. Über 40 000 Autos und Transporter verkehren täglich im Zustellbetrieb in Deutschland. Daraus ergibt sich ein enormes Einsparpotenzial in Sachen CO_2. Einerseits werden Fahrer geschult, Kraftstoff-sparend und damit energieeffizienter zu fahren. Andererseits testet Deutsche Post DHL neue Technologien im täglichen Betrieb. Eines der Projekte ist der Testbetrieb des Daimler Vito E-CELL. Insgesamt 48 Fahrzeuge sind in einer vierjährigen Erprobung deutschlandweit im Einsatz.

Für die Zukunft wird Deutsche Post DHL intensiv daran arbeiten, die CO_2-Emissionen „auf der letzten Meile“, das heißt in der Zustellung, weiter zu reduzieren. Neben der bewährten und zuverlässigen Briefzustellung zu Fuß und per Fahrrad entwickelt der Konzern gemeinsam mit namhaften Forschungs- und Industriepartnern ein Konzept für ein zukunftsweisendes Elektroauto speziell für die Brief- und Paketzustellung. Ziel der Kooperation ist es, ein vollkommen neues Zustellfahrzeug zu schaffen, das die besonderen Anforderungen der Deutschen Post hinsichtlich Alltagstauglichkeit im Betrieb und Wirtschaftlichkeit erfüllt und zudem vollständig emissionsfrei unterwegs ist.

Die Logistikbranche auf dem Weg in die Zukunft

Umweltaspekte müssen voll in das geschäftliche Handeln integriert sein, anstatt nur Gegenstand zusätzlicher Programme zu sein. Deutsche Post DHL legt großen Wert darauf, die eigenen Dienstleistungen stärker auf Nachhaltigkeit auszurichten. Neben den eigenen Werten treiben den Konzern dabei auch die Bedürfnisse seiner Kunden an, die ihr Geschäft „grüner“ gestalten wollen und hierfür umweltfreundliche Logistikdienstleistungen nachfragen.

Seit dem Start von GoGreen beeinflussen die Prinzipien der Nachhaltigkeit zunehmend das Alltagsgeschäft im Unternehmen. Ausgehend von einer klaren Strategie und definierten Zielen wird GoGreen schrittweise in alle Geschäftsprozesse und Entscheidungen einbezogen. Mit den Erfahrungen aus den Nachhaltigkeitsinitiativen hilft Deutsche Post DHL Kunden bei der Entwicklung CO_2-armer Lösungen für deren Geschäft. Der Konzern hat als erstes Logistikunternehmen einen CO_2-neutralen Versandservice eingeführt und seine Innovationsaktivitäten gebündelt, um nachhaltige Lösungen wie CO_2-neutrale Versandprodukte und Verkehrsverlagerungen zu entwickeln. Künftig werden CO_2-Informationen auf jeder Rechnung zu finden sein, damit Geschäftskunden die CO_2-Emissionen aus den bezogenen Logistikleistungen in die Berechnung ihres CO_2-Fußabdrucks aufnehmen können.

Deutsche Post DHL ist sich der Bedeutung von Nachhaltigkeit für moderne Konsumenten, Geschäftskunden und die Gesellschaft bewusst. Als führendes Logistikunternehmen nutzt der Konzern den branchenweiten Einfluss und seine Expertise, um weltweit eine führende Rolle auf dem Weg zu einer nachhaltigen Logistik und zu nachhaltigen Geschäftspraktiken zu übernehmen.

Deutsche Post DHL

Deutsche Post AG
Charles-de-Gaulle-Str. 20
53113 Bonn

Tel.: 0228/182-0
E-Mail: info@deutschepost.de
URL: www.dp-dhl.com/de.html

Deutsche Post DHL auf einen Blick

Die Konzernmarken Deutsche Post und DHL verfügen über ein einzigartiges Portfolio rund um Logistik und Kommunikation. Wir bieten unseren Kunden sowohl einfach zu handhabende Standardprodukte als auch maßgeschneiderte, innovative Lösungen – vom Dialogmarketing bis zur industriellen Versorgungskette. Dabei bilden unsere etwa 470 000 Mitarbeiterinnen und Mitarbeiter in über 220 Ländern und Territorien ein globales Netzwerk, das auf Service, Qualität und Nachhaltigkeit ausgerichtet ist. Mit unseren Programmen in den Bereichen Klimaschutz, Katastrophenhilfe und Bildung übernehmen wir gesellschaftliche Verantwortung.

Unser Anspruch

Wir wollen ***die*** Post für Deutschland bleiben und ***das*** Logistikunternehmen für die Welt werden. Wir wollen unsere Kunden, Mitarbeiter und Investoren erfolgreicher machen – ohne Kompromisse bei den Resultaten. Zentrale Bedeutung haben dabei die beiden Säulen Brief und Logistik.

Im Bereich **Brief** legen wir den Schwerpunkt auf Qualität und Einführung neuer Produkte für die elektronische Kommunikation. Im Bereich **DHL** verzahnen wir die Geschäftsfelder enger, um die Ansprüche unserer Kunden optimal zu erfüllen. Die neue Abteilung DHL Solutions & Innovation wird uns unterstützen, innovative Ideen besser in marktfähige Lösungen zu übersetzen. Außerdem verstärken wir die Entwicklung gezielter Lösungen für spezifische Branchen wie Life Sciences oder Technologie.

Zwei starke Marken

Deutsche Post DHL ist am Markt mit den starken Marken Deutsche Post und DHL vertreten. Die Marke Deutsche Post steht für Nähe, verlässliche Qualität und wegweisende Leistungen. Ihr Erfolg beruht auf der einzigartigen Infrastruktur in Deutschland, der beständig hohen Qualität im Briefgeschäft und innovativen Angeboten im Dialog Marketing.

Die Marke DHL steht für persönlichen Einsatz, proaktive Lösungen und lokale Stärke im Paketbereich sowie im internationalen Express-, Logistik- und Briefgeschäft. Garant dafür sind unsere Mitarbeiter, die kundenorientiert denken und jedem Kunden eine maßgeschneiderte Lösung anbieten.

Auf dem Weg zu einem neuen Energiesystem

Rainer Baake | Agora Energiewende
Gerd Rosenkranz | Deutsche Umwelthilfe e. V.

Warum das regenerative Zeitalter kommen muss, warum das nicht von allein passiert und wie es gelingen kann

Natürlich ist sie machbar, die große Transformation unseres heute vor allem auf fossilen Brennstoffen und Kernspaltungsenergie basierenden Energiesystems hin zu den erneuerbaren Energien. Allein das „Angebot" an Sonnenenergie, das auf Deutschland einstrahlt, übersteigt den aktuellen und künftigen nationalen Energiebedarf um ein Vielfaches. Die Technologien zur Umwandlung und Verteilung von Sonne, Wind, Wasserkraft, Biomasse und später auch Geothermie sind weitgehend entwickelt – und längst im Einsatz. Wir müssen noch lernen, sie kostengünstiger zu machen und besser zusammenzufügen. 2011 stammte schon ein Fünftel des in Deutschland benötigten Stroms aus erneuerbaren Energien, mit stark steigender Tendenz.

Deutschland verfügt über die Innovationskraft, um auch die Komplettumstellung zu meistern. Aber ebenso sicher ist: Die Energiewende kommt nicht von allein und sie kommt nicht morgen. Der Übergang vom fossil-atomaren Energiesystem in ein erneuerbares wird noch eine ganze Generation beschäftigen und voraussichtlich die größte Herausforderung für Politik, Wirtschaft und Gesellschaft seit der Wiedervereinigung unseres Landes sein. Insofern sind die Kassandrarufe, die das Projekt Energiewende im Frühjahr 2012, gerade einmal ein Jahr nach der atompolitischen Spitzkehre der Bundesregierung, für gescheitert erklären, absurd. Bestenfalls sind sie Ausdruck großer Unkenntnis, schlechtestenfalls Ausdruck einer Strategie, die das Rad der Geschichte noch einmal zurückdrehen will. Die von der Bundesregierung nach der dreifachen Kernschmelze von Fukushima eingesetzte „Ethikkommission für sichere Energieversorgung" unter dem früheren Bundesumweltminister und Exekutivdirektor des UN-Umweltprogramms, Klaus Töpfer, hatte Recht, als sie von einem „Gemeinschaftswerk für die Zukunft" sprach, das nur realisiert werden kann, wenn die Gesellschaft insgesamt mitzieht.

Bild 1
Möglichkeiten Erneuerbarer Energien [Foto: Thaut Images – fotolia.com]

Ausgangspunkt: Klima- und Ressourcenschutz

Das Desaster von Fukushima im März 2011 war nur der letzte Anlass der Energiewende in Deutschland, insofern als nun alle im Bundestag vertretenen Parteien möglichst schnell aus der Atomenergie aussteigen wollen. Ausgangspunkt dieser epochalen Wende war die Katastrophe in Japan jedoch keineswegs. Denn weitsichtige Ökologen und Energiewirtschaftler hatten die Transformation des Energiesystems bereits seit 1980 und danach mit stetig wachsendem Nachdruck angemahnt. Die Verfechter der Energiewende trieb die damals noch nicht verbreitete Erkenntnis unüberwindbarer Naturschranken in einer endlichen Welt: Die fossilen Ressourcen würden irgendwann versiegen. Später dann, mit der enormen Zunahme unseres Wissens über die Gesetzmäßigkeiten der Erderwärmung, wurde immer deutlicher, dass angesichts des Wirtschaftsbooms und der immensen Nachholbedürfnisse der Menschen in den großen Schwellenländern die Aufnahmefähigkeit der Atmosphäre für Treibhausgase voraussichtlich zu einem früheren Zeitpunkt erschöpft sein würde, als die Vorräte an fossilen Brennstoffen.

Die Befürchtung der Klimaforscher, ab einer mittleren globalen Erwärmung von mehr als zwei Grad drohe das Weltklima unkontrolliert aus dem Ruder zu laufen, führte schließlich zu grundlegenden Zielformulierungen der Staatengemeinschaft. Im Jahr 2009 beschloss zunächst der Gipfel der G8-Staaten im italienischen L`Aquila für die großen Industriestaaten eine Minderung ihrer Treibhausgasemissionen gegenüber dem Basisjahr 1990 um 80 bis 95 Prozent bis zur Mitte des 21. Jahrhunderts. Dies sei notwendig, um die Chance zu wahren, die Zwei-Grad-Grenze noch einzuhalten. Im selben Jahr bestätigte der Rat der EU-Regierungschefs das Ziel, ein Jahr später erstmals auch die UN-Weltklimakonferenz im mexikanischen Cancun.

Die Energiewende ist also keineswegs, wie oftmals behauptet, eine Marotte der Deutschen. Mit ihr wird in die Realität übersetzt, was Vordenker vor vierzig Jahren erkannten und die internationale Staatengemeinschaft später in weitreichende Beschlüsse goss. Deutschland ist auch nicht das erste Land, das versucht, seine Energiebasis auf erneuerbare Energien umzustellen. Norwegen, wo heute schon 99 Prozent des Stroms aus erneuerbaren Energien, vor allem aus Wasserkraft, stammen, will 2050 vollständig klimaneutral sein, Costa Rica hat dieses Ziel bereits für 2020 ausgerufen, das mit einem Übermaß an Geothermie gesegnete Island ist auf dem besten Weg dorthin.

Dennoch schaut nach den Energiewendebeschlüssen des Jahres 2011 die Welt vor allem auf Deutschland. Kein Land der Welt steht mit seinen Langfristzielen vor vergleichbaren Herausforderungen wie die viertgrößte Wirtschaftsmacht der Erde. Deutschland kann das Weltklima ganz sicher nicht allein retten, denn nur noch weniger als drei Prozent des wichtigsten Treibhausgases CO_2 werden hierzulande in die Atmosphäre geblasen. Wenn aber eines der führenden Industrieländer den Übergang in das regenerative Zeitalter schafft und die Menschen in diesem Land weiter in einem für viele erstrebenswerten Wohlstand leben, dann werden andere denselben Weg gehen. Zu befürchten ist, dass auch der Umkehrschluss gilt: Wenn Deutschlands Energiewende scheitert, werden andere sie gar nicht erst versuchen. Darin liegt die Verantwortung, die über unsere Landesgrenzen weit hinausreicht.

Deshalb liegt es im Interesse aller, dass die Transformation des Energiesystems in Deutschland nicht nur ökologisch erfolgreich verläuft, sondern auch ökonomisch. Sie darf

Bild 2
Globale Erderwärmung [Foto: roxcon – fotolia.com]

nicht auf halber Strecke stecken bleiben. Das bedeutet, Energie muss in Zukunft ebenso zuverlässig zur Verfügung stehen, wie das heute der Fall ist und sie muss für Haushalte und Industrie bezahlbar bleiben.

Ein Minderungsziel von 80 bis 95 Prozent bei den Treibhausgasemissionen bedeutet für den Stromsektor praktisch eine Komplettumstellung auf weitgehend klimaneutrale Technologien. Weil die Deutschen sich in ihrer großen Mehrheit nicht erst seit Fukushima gegen die Atomenergie und für ein Energiesystem ohne Hochrisikotechnologien entschieden haben, bleiben als Langfristperspektive nur die regenerativen Energien. Weitgehende Klimaneutralität im Bereich der Energieversorgung muss erreicht werden, weil sie in anderen Sektoren – etwa in der Landwirtschaft, bei einem Teil der Industrieprozesse, im Flug- und Schwerlastverkehr – aus heutiger Sicht nicht realistisch erscheint. Auf diese Bereiche entfallen am Ende jene 5 bis 15 Prozent der Treibhausgase, die 2050 zwischen Freiburg und Flensburg noch emittiert werden dürfen.

Bild 3
Voraussetzungen für Geothermie [Foto: Tino Neitz – fotolia.com]

Bild 4
„Grüne Städte" im regenerativen Zeitalter [Foto: Sergej Khackimullin – fotolia.com]

Bild 5
Wärmebild eines halbisolierten Wohnhauses [Foto: Ingo Bartussek – fotolia.com]

Staat und öffentliche Verwaltung als Vorbild

Für den Erfolg der Transformation des Energiesystems braucht es nicht nur neue Technologien und Konzepte, die ineinander greifen – es braucht auch eine Bevölkerung, die Strom nicht mehr nur als das wahrnimmt, was „aus der Steckdose" kommt. Je mehr Menschen Energie als etwas begreifen, was sie in ihrem Alltag betrifft, umso besser kommt die Energiewende voran. Um das entsprechende Interesse zu wecken, muss der Staat nicht nur fordern und fördern. Er muss vor allem auch selbst Vorbild sein. Deshalb ist das Ziel des Landes Hessen, die eigene Landesverwaltung bis zum Jahr 2030 CO_2-neutral zu gestalten, nicht nur ein realer Beitrag zum Klimaschutz. Es ist auch eine Demonstration: Klimaschutz funktioniert und er rechnet sich. Es ist inzwischen geradezu eine Binsenweisheit, dass im Bereich der Raumwärme in privaten Wohnungen, in Büros und Unternehmen gewaltige Potenziale für Energieeinsparung und Klimagasminderungen schlummern. Hier anzusetzen ist auch deshalb vernünftig, weil im privaten Wohnraumbereich und auch in Unternehmen oft Hemmnisse wirken, die es in der öffentlichen Verwaltung in dieser Form nicht gibt. Wenn sich eine energetische Sanierung erst nach 15 Jahren „rechnet", spart der Staat per Saldo eben erst nach dieser Frist. Aber er tut es definitiv. Und – wenn es gut läuft – motiviert er mit Projekten wie dem der klimaneutralen Verwaltung in Hessen Bürgerinnen und Bürger, aber auch Gewerbebetriebe und Unternehmen, ebenso zu rechnen und zu handeln.

Die Zukunft der Stromversorgung

Mit dem Erneuerbare Energien Gesetz (EEG) ist in Deutschland ein hoch wirksames Instrument zur Markteinführung von solchen Energietechnologien geschaffen worden, die gegen die bestehenden und mit unterschiedlichen Großrisiken verknüpften fossilen und atomaren Großkraftwerke noch nicht konkurrieren konnten. Der Erfolg des EEG beruht vor allem auf dem hohen Maß an Investitionssicherheit, die die vorrangige Einspeisung und eine kalkulierbare Vergütung über 20 Jahre nicht nur dem Investor garantiert, sondern auch den finanzierenden Banken. Dieser Rahmen hat Deutschland zu einem weltweiten Technologieführer bei den wichtigsten Erneuerbaren Energietechnologien gemacht und dafür gesorgt, dass in kürzester Zeit beeindruckende Erfolge auf der Lernkurve dieser Technologien möglich wurden. In der Folge kommt der Aufbau einer neuen, regenerativen Kraftwerksbasis rasant voran. Im Sommer 2012 drehten sich in Deutschland mehr als 22 500 Windrotoren mit einer installierten Leistung von rund 30 000 Megawatt. Gleichzeitig verwandelten rund 1,2 Millionen kleine und große Photovoltaik-Kraftwerke mit noch einmal fast 30 000 Megawatt Leistung das Licht der Sonne in Strom.

Windkraft und Photovoltaik werden sich in den kommenden Jahrzehnten, nach allem was wir heute wissen, als die zentralen Stromerzeugungstechnologien Deutschlands etablieren. Darin liegt im Übrigen die Beispiellosigkeit der deutschen Energiewende. Andere, die ebenfalls das Zeitalter der regenerativen Energien ausgerufen haben, können sich aufgrund ihrer natürlichen Gegebenheiten auf Wasserkraft, auf die energetische Nutzung von Biomasse oder die Geothermie stützen – Quellen, die je nach Bedarf abrufbar sind.

Mit dem deutschen Weg ändert sich vor allem zweierlei: Strom steht nicht mehr unbedingt „automatisch" zur Verfügung, wenn er gebraucht wird. Und er wird häufiger als bisher fernab von den traditionellen Verbrauchsschwerpunkten und industriellen Zentren unseres Landes produziert. 20 Prozent dezentralen Strom aus erneuerbaren Energien hat das hergebrachte Elektrizitätssystem mit seinen wenigen zentralen Kraftwerken weitgehend problemlos absorbiert. Jetzt beginnt die Transformation des alten Systems. Noch für etwa zwei Jahrzehnte benötigen wir flexible fossile Kraftwerke, die in der Lage sind, der unsteten Einspeisung von Wind- und Sonnenstrom rasch zu folgen. Nach Lage der Dinge werden das vergleichsweise Klima schonende Erdgaskraftwerke sein, einige große Blöcke und viele kleine. Gaskraftwerke, die wo immer möglich, gleichzeitig Wärme erzeugen (Kraft-

Bild 6
Wärmedämmung
[Foto: Alterfalter – fotolia.com]

Bild 7
Energieformen
[Foto: Friedberg – fotolia.com]

Bild 8
Windkraft- und Photovoltiakanlagen [Foto: VRD – fotolia.com]

Wärme-Kopplung), deren Einsatzzeiten sich künftig nach dem jeweiligen Strombedarf richten. Dafür benötigen solche Kraftwerke Wärmespeicher als Puffer.

Der Zubau erneuerbarer Energiekapazitäten wird solange in ausreichendem Tempo weitergehen, wie ihr gesetzlicher Vorrang im Stromnetz und das vergleichsweise hohe Maß an Investitionssicherheit in solche Anlagen bestehen bleiben. Die weitaus größere Herausforderung erwartet uns mit der Anpassung der Infrastruktur unseres Stromsystems an die neuen Gegebenheiten. Wir brauchen neue Stromautobahnen oder den Ausbau der bestehenden, um vor allem die Windenergie aus dem Norden in den Süden und Südwesten zu transportieren, wo sie vorrangig gebraucht wird. Wir benötigen die großen transnationalen Stromnetze aber auch, um einen möglichst weitgehenden Ausgleich zu ermöglichen zwischen den wetter- und tageszeitabhängig einspeisenden erneuerbaren Kraftwerken. Je weiträumiger der Stromaustausch über die großen Netze erfolgen kann, umso weniger Speicherkapazität benötigen wir. Das ist wichtig, weil dieser zweite mögliche Flaschenhals der Energiewende nach den Stromnetzen voraussichtlich erheblich teurer sein wird als der Netzausbau.

Derzeit stehen als technologisch ausgereifte und wirtschaftliche Möglichkeit vor allem Pumpspeicherkraftwerke zur Verfügung. Sie allein werden jedoch, selbst bei einem

Bild 9
Anbau von Biomasse [Foto: auremar – fotolia.com]

Bild 10
Vorrat an erneuerbaren Energien [Foto: Karin Jähne – fotolia.com]

erheblichen Ausbau ihrer Kapazitäten, weder anhaltende Windflauten und trübes Wetter überbrücken, noch für einen saisonalen Ausgleich zwischen Stromerzeugung und -verbrauch sorgen können. Andere Speichertechnologien werden also hinzukommen müssen. Ein aktueller Kandidat: Strom aus Biogas, der bedarfsgerecht ins Stromnetz eingespeist werden kann und nicht mehr wie heute einfach nach Anfall des Biogases. Ein anderer: Druckluft, mit Hilfe von Windstrom in große Kavernen gepresst, der bei Flaute und hohem Strombedarf wieder ausströmt und dabei einen Stromgenerator antreibt. In den immer häufigeren Phasen, in denen Windrotoren und PV-Anlagen schon in wenigen Jahren mehr Strom liefern werden als jeweils aktuell benötigt wird, kann dieser auch direkt in die Batterien künftiger Elektroautos eingespeist werden und so einen Beitrag zur sauberen Mobilität der Zukunft leisten. Oder er wird eingesetzt um mittels Elektrolyse Wasserstoff zu erzeugen, der dann vielfältig in Brennstoffzellen oder als Beimischung zu konventionellem Erdgas in Gaskraftwerken rückverstromt werden kann.

In Stromspeichern wird künftig also Überschussstrom aus erneuerbaren Energien sinnvoll „zwischengelagert“, um dann einzuspringen, wenn Wind- und Sonnenstrom nicht zur Verfügung stehen. Hinzu kommt auch eine Flexibilisierung auf der Stromverbrauchsseite, das so genannte Lastmanagement: Dazu müssen Anreize so gesetzt werden, dass, wo immer das technisch und wirtschaftlich möglich ist, Strom aus Wind und Sonne vorrangig dann abgenommen wird, wenn er reichlich vorhanden ist – und umgekehrt die Stromnutzung reduziert wird, wenn das Angebot knapp ist.

Bild 11
Biogas- und Photovoltaik-Anlage [Foto: Wolfgang Jargstorf – fotolia.com]

Deutschland kann das alles theoretisch allein tun. Doch alle bisherigen Studien zeigen übereinstimmend: Nationale Lösungen sind sehr teuer. Günstiger wird die Transformation des Stromsystems im regen Austausch mit unseren Nachbarn. Ob der Stromaustausch am Ende vorrangig über große und flexible Wasserkraftkapazitäten in Norwegen, Schweden oder den Alpenländern erfolgt oder über den Import von Sonnenstrom aus Südeuropa und Nordafrika („Desertec"), ist heute nicht absehbar und muss auch noch nicht abschließend entschieden werden.

Gut möglich, dass die größte Herausforderung der Energiewende in den nächsten Jahren gar nicht in der Fortentwicklung von Energietechnologien und Infrastruktur liegt, sondern in der politischen Modellierung eines Regulierungsrahmens, der die Voraussetzungen schafft für neue Märkte im neuen Energiesystem. Aktuell muss ein neues Design des Marktes für Strom vor allem sicherstellen, dass sich Investitionen in genau die Kraftwerke lohnen, die wir für den Übergang brauchen. Das ist alles andere als trivial.

Deshalb wird der Ruf nach einer Art „Projektmanagement der Energiewende" immer lauter. Seine zentrale Aufgabe wäre es, die vielfältigen Stränge der Energiewende zu einem Gesamtkonzept zusammenzuführen. Der Zubau der Erneuerbaren Energiekapazitäten, der Um- und Ausbau der Stromnetze, die Errichtung flexibler Erzeugungskapazität, dort wo sie benötigt wird, Stromspeicher für den kurz- und mittelfristigen und den saisonalen Ausgleich der fluktuierenden Erneuerbaren Energien, Lastmanagement und Effizienz – all dies muss verknüpft werden und den Rahmen liefern für ein neues Energiesystem, das, wo immer sinnvoll möglich, über Märkte funktioniert.

Das klingt kompliziert? Das ist kompliziert! Und deshalb wird entscheidend sein, dass die große Transformation nicht gegen, sondern mit den Bürgerinnen und Bürgern realisiert wird. Bisher ist die Zustimmung überwältigend. Solange das so bleibt, gibt es jeden Anlass für Optimismus.

Deutsche Umwelthilfe

Deutsche Umwelthilfe e.V.
Bundesgeschäftsstelle Berlin
Hackescher Markt 4
(Eingang: Neue Promenade 3)
10178 Berlin

Tel.: 030 / 24 00 867 - 0
Fax: 030 / 24 00 867 - 19
E-Mail: info@duh.de
URL: www.duh.de

Mehr Wald. Mehr Wert.

Michael Sahm, Georg Schattney | Forest Carbon Group AG

Wie ein hessischer Energieversorger zum Klimadienstleister und CO_2-Ausgleich zum Bestandteil einer nachhaltigen Unternehmensstrategie wird und damit eine Brücke schlägt zwischen unternehmerischer Verantwortung hierzulande und internationalem Klima- und Biodiversitätsschutz.

Die Energieversorgung in Deutschland befindet sich in einem tiefgreifenden Umbruch. Dieser Umbruch ist einerseits durch zunehmende Wettbewerbsintensität gekennzeichnet, andererseits durch die inzwischen von allen politischen Kräften unterstütze Energiewende.

Insbesondere die zunehmende Wechselbereitschaft der Kunden macht die Entwicklung neuer Produkte und Tarife notwendig: Seit Beginn der Liberalisierung haben 19 Prozent der deutschen Haushalte ihren Stromversorger gewechselt und 41 Prozent einen neuen Vertrag mit ihrem alten Stromlieferanten abgeschlossen. Im Gasmarkt haben bis Mitte 2009 acht Prozent ihren Versorger gewechselt und sich 15 Prozent für einen neuen Tarif ihres bisherigen Versorgers entschieden.

Gerade im Gasmarkt verschärft sich der Wettbewerb. Fast alle Verbraucher haben inzwischen die Wahl zwischen zehn und mehr Anbietern. Gleichzeitig bestehen aktuell Preisunterschiede von bis zu 30 Prozent. Denn als Folge der Krise von 2008 ist der Gasverbrauch der Industrie stark gesunken – und damit auch der Gaspreis auf dem Spotmarkt. Viele Versorger sind jedoch an langfristige Verträge mit Ölpreisbindung gebunden und können nicht von den niedrigen Spotmarkt-Preisen profitieren.

Ebenso wie zuvor im Stromvertrieb gewinnen in diesem Umfeld neben rein preisgetriebenen Vertriebsstrategien auch ökologisch ausgerichtete Angebote an Bedeutung. Dies gilt nicht nur für jene Versorger, die aufgrund hoher Beschaffungskosten keine Niedrigpreise anbieten können. Denn auch zahlreiche Stadtwerke stehen vor der Frage, wie sie die gestiegenen Ansprüche an die Nachhaltigkeit der Energieversorgung im Gasbereich umsetzen.

Versorger, die sich für die Entwicklung eines Ökogasproduktes entscheiden, können zwischen zwei Modellen wählen: Erdgas mit einer Beimischung von Biomethan und Erdgas, dessen Emissionen durch CO_2-Gutschriften ausgeglichen werden – häufig auch als „klimaneutrales“ Erdgas vermarktet. Bundesweit gibt es inzwischen mehr als ein Dutzend Anbieter von solchem, klimaneutralen Erdgas. Die Kundenzahlen reichen von wenigen Einzelkunden bis zu 50 000 Privatkunden beim Marktführer.

Im Rahmen einer schlüssigen Nachhaltigkeitsstrategie sollten nur solche Emissionen kompensiert werden, die in technischer und wirtschaftlicher Hinsicht noch „unvermeidbar“ sind. Während bei Strom Investitionen in Erneuerbare Energieträger notwendig sind, stellt Gas aus heimischer Biomasse auf absehbare Zeit keine vollumfängliche Alternative zur Deckung des deutschen Gasbedarfs dar. Erdgas ist daher ein Paradebeispiel für ein Produkt, das aktuell weder in technischer, noch in wirtschaftlicher Hinsicht durch ein klimafreundlicheres Produkt substituiert werden kann. Das Kriterium der Unvermeidbarkeit ist damit grundsätzlich erfüllt.

Wichtig ist darüber hinaus die Einbettung des Produkts in eine schlüssige Nachhaltigkeitsstrategie, die durch ein entsprechendes Leistungsangebot untermauert wird. Das Geschäftsmodell eines der erfolgreichsten Anbieter von klimaneutralem Erdgas, der Entega aus Darmstadt, ist ein Beispiel dafür: Es folgt dem Dreiklang der Vermeidung, Verringerung und Kompensation von Treibhausgasemissionen. Das Produkt- und Leistungsangebot reicht von der Energieeffizienzberatung, über Grünstrom- und Ökogasprodukte bis hin zum CO_2-Ausgleich von Emissionen.

Klimaneutrale Produkte werden aktuell fast ausschließlich über den freiwilligen CO_2-Markt kompensiert, dessen rechtlichen Grundlagen sich von den gesetzlichen CO_2-Märkten unterscheiden. Die gesetzlichen Märkte gründen sich auf die internationalen Klimaverträge (UNFCCC, Kyoto-Protokoll). Ihre wichtigsten Merkmale sind absolute Emissionsobergrenzen für Industrieländer, die Zuteilung von Emissionsrechten an Unternehmen aus Industrieländern und der Handel solcher Emissionsrechte. Außerdem können über den Mechanismus für Nachhaltige Entwicklung (CDM) CO_2-Einsparungen gutgeschrieben werden, die durch Klimaschutzprojekte in Entwicklungs- und Schwellenländern entstehen (Certified Emission Reductions, CERs).

Im Sinne des Vorsorgeprinzips macht freiwilliger Klimaschutz für Unternehmen gerade in einer Zeit Sinn, in der wesentliche rechtliche Rahmenbedingungen noch im Fluss sind. Wenn wir über den Klimawandel sprechen, ist unerheblich, ob unser CO_2-Ausstoss mit einer Wahrscheinlichkeit von 85 oder 95 Prozent zur Verschlimmerung beiträgt – das Risiko ist zu hoch. Entscheidend sind zwei andere Aspekte: Erstens das Vorsichtsprinzip und zweitens die Höhe der Vermeidungskosten. Warum sollen wir ein solches Risiko für die kommenden Generationen eingehen, wenn wir es zu vertretbaren Kosten vermeiden können?

Der freiwillige Markt folgt der Logik des CDM. Die CO_2-Einsparungen entstehen durch Klimaschutzprojekte in Entwicklungs- und Schwellenländern und setzen dort Impulse für nachhaltige Entwicklung. Sie werden in Form von Verified Emission Reductions (VERs) verbrieft und nach Standards zertifiziert, die jedoch anstelle einer öffentlich-rechtlichen eine privatrechtliche Grundlage haben. Ein CER und ein VER entsprechen dabei jeweils der Einsparung einer Tonne CO_2.

Bei der technischen Umsetzung von klimaneutralen Erdgasprodukten sollten die drei wesentlichen Schritte zertifiziert werden:

- die durch das Erdgas effektiv entstanden CO_2-Emissionen,
- die durch das Klimaschutzprojekt effektiv entstandenen CO_2-Einsparungen,
- die ordnungsgemäße Verrechnung von CO_2-Emissionen und -Einsparungen sowie der Stilllegung der entsprechenden VERs.

Die Zertifizierung der Erdgas-Emissionen erfolgt auf Grundlage etablierter Standards (GHG Protocol, ISO 14064-1). Je nachdem, ob nur die direkten Emissionen oder auch die Emissionen aus der Vorkette (z. B. Pipelines) erfasst werden, sollte der ermittelte Wert zwischen 200 und 240 Gramm CO_2 pro Kilowattstunde liegen.

Bild 1a
Das REDD-Projekt (Reducing Emissions from Deforestation and Degradation) Mai Ndombe in der Demokratischen Republik Kongo stoppt die Rodung eines artenreichen Regenwaldgebiets. Das Umweltprojekt ist am Mai-Ndombe-See in der Provinz Bandundu im Westen der Demokratischen Republik Kongo angesiedelt und betrifft die Heimat von ungefähr 50 000 Menschen. [Foto: Forest Carbon Group AG]

Die Zertifizierung der CO_2-Einsparungen durch das Klimaschutzprojekt erfolgt auf Basis der gewählten privatrechtlichen Standards. Ähnlich wie beim CDM werden neben der Berechnung des Klimaeffekts auch die Zusätzlichkeit und Permanenz des Projektes sowie die Vermeidung von möglichen Verlagerungseffekten und die Qualität der Überwachungssysteme überprüft.

Die Validierung des Projektes und die Verifizierung der CO_2-Einsparungen erfolgt durch unabhängige Prüfer auf Grundlage einer umfassenden technischen Projektbeschreibung (PDD) und einer Vor-Ort-Prüfung. Danach werden die verifizierten CO_2-Minderungen in Form von VERs elektronisch registriert. Der CO_2-Ausgleich der Erdgas-Emissionen erfolgt durch die Stilllegung der VERs.

Die am freiwilligen CO_2-Markt angebotenen VERs sind durch eine bunte Vielfalt der zugrundeliegenden Projekttypen gekennzeichnet. Gleichzeitig ist er wesentlich kleiner und weniger transparent als der gesetzliche Markt. Der Handel läuft meist entweder direkt zwischen Projektentwickler und Kunden oder über Zwischenhändler. Die Preisunterschiede für VERs sind enorm: Sie reichen von Großhandelspreisen von wenigen Euro bis zu Privatkundenpreisen von mehr als 20 Euro.

In diesen Preisunterschieden spiegeln sich vor allem die stark variierenden Kosten der Projekte selbst. So hat ein Windkraftprojekt in der Türkei neben dem Einkommen aus dem Verkauf von VERs eigene Gewinne aus der Energieeinspeisung. Solche Gewinne fallen bei einem Projekt, das dezentrale Solarstromanlagen in indischen Dörfern bereitstellt, wesentlich geringer aus. Die VERs aus dem indischen Projekt müssen daher teurer verkauft werden, um die Finanzierung sicherzustellen.

Jenseits der technisch-formalen Verifizierung der CO_2-Einsparungen gibt es also noch weitere projektspezifische Qualitätsmerkmale eines VERs, die Nachhaltigkeitsdimensionen betreffen. So wird zunehmend auf einen hohen Zusatznutzen der Projekte für Mensch und Umwelt geachtet, der bei technisch ausgerichteten Projekten durch den Gold Standard gewährleistet wird. Der Gold Standard bietet auch eine preisliche Orientierung für qualitative hochwertige VERs: Ihr Großhandelspreis liegt in den letzten Jahren stabil bei durchschnittlich über 11 US-Dollar.

Bild 1b
Informelle Treffen der Stakeholder sind Teil des Projekts [Foto: Forest Carbon Group AG]

Bild 2a
Einer von 50 Seen im geschützten Darkwoods Gebiet. Das Darkwoods Forest Carbon Project ist eines der größten Naturschutzprojekte Kanadas. [Foto: Forest Carbon Group AG]

Bild 2b
Das Darkwoods Forest Carbon Project schützt 219 Pflanzenarten. [Foto: Forest Carbon Group AG]

Die Bedeutung von Waldprojekten im freiwilligen CO_2-Markt nimmt zu. Ein wichtiger Treiber ist ihr hoher sozialer und ökologischer Nutzen. Weder die internationalen Klimaziele, noch die Biodiversitäts- und Entwicklungsziele können ohne die Nutzung der Potentiale im Waldbereich erreicht werden. So trägt der Raubbau an den Wäldern mit knapp 20 Prozent zu den weltweiten Emissionen bei – mehr als der gesamte Verkehrssektor. Gleichzeitig bieten die Finanzmittel aus dem CO_2-Handel für viele Ländern eine große Chance, besseren Waldschutz unter Einbeziehung der lokalen Bevölkerung effektiv durchzusetzen. Gut

Bild 3a
Das Denman Island Forest Carbon Project, Kanadas erste Public-private-Partnership, die Carbon Finance und Naturschutz verbindet. [Foto: Forest Carbon Group AG]

Bild 3b
Renaturierung auf Denmen Island. Eine Fläche von 493 Hektar steht auf der Insel unter Schutz – das entspricht 10 % von Denman Island. [Foto: Forest Carbon Group AG]

gemachte Waldprojekte bieten neben der CO_2-Bindung einen sehr hohen sozialen und ökologischen Zusatznutzen in der Projektregion. Konkret kommen sie gerade jenen ländlichen Bevölkerungsgruppen in Entwicklungsländer zu Gute, die ansonsten in ihren Bedürfnissen völlig allein gelassen sind.

Waldschutz und Aufforstung spielen daher inzwischen in der Klimapolitik eine zentrale Rolle. Auch in Deutschland. Ein Zeichen dafür ist die Unterstützung der „Welt Wald Klima Initiative“ des Senats der Wirtschaft durch den Bundesumweltminister. Schon heute sind Unternehmen wie die Allianz, BNP Paribas,

Bild 4a
Das Aufforstungsprojekt Community Ecosystem Restoration Program (CERP) in British Columbia, Kanada wird zu 100% über Carbon Finance finanziert. [Foto: Forest Carbon Group AG]

Danone, Puma, HSE und Macquarie substantiell im Wald- und Klimabereich engagiert. In der Energiewirtschaft setzen vor allem die deutsche Entega und die niederländische Green Choice auf Ökogas, dessen Emissionen durch Waldprojekte ausgeglichen werden.

Auf Waldprojekten basierte Klimaschutzvorhaben werden als Projekttyp noch nicht vom Gold Standard abgedeckt, doch liegt mit dem „Green Carbon Guide“ des WWF eine detaillierte Anleitung für die Entwicklung qualitativ hochwertiger Projekte vor. In der Praxis läuft dies häufig auf eine Doppelzertifizierung hinaus. Die häufigste Kombination ist der Verified Carbon Standard (VCS) für die CO_2-Komponente und der Climate, Community and Biodiversity Standard (CCBS) für die soziale und ökologische Komponente.

Solche Waldprojekte setzen zudem auf private Wirtschaftsimpulse statt Entwicklungshilfe. Die Klimakrise verändert das traditionelle Rollenverständnis. Eine Umweltschutz-NGO wie Greenpeace steigt über Greenpeace Energy in den Energiemarkt ein und ein Energieversorger wie die HSE AG über die Forest Carbon Group in den Waldschutz. Die Vorteile von Wald-Klima-Projekten sind, dass sie mit zwanzig und mehr Jahren wesentlich längere Projektlaufzeiten als durchschnittliche Entwicklungshilfeprojekte haben, die lokale Bevölkerung nicht als grundsätzlich Hilfsbedürftige sondern als gleichwertige Geschäftspartner behandeln und leistungsbasierte Zahlungen sicherstellen. Damit können sie in den Projektregionen wichtige Impulse in Richtung nachhaltiger Entwicklung geben. Sie können aber auf keinen Fall staatliche oder gemeinnützige Entwicklungshilfe ersetzen, die besonders instabile Regionen und äußerst Hilfsbedürftige erreicht. Unsere Arbeit sollte daher eher komplementär zur etablierten Entwicklungshilfe gesehen werden.

Der unternehmerische Nutzen von klimaneutralen Produkten wird regelmäßig in den Bereichen Neukundengewinnung, Kundenbindung, Differenzierung und Positionierung liegen. Er kann nur im Kontext einer schlüssigen Nachhaltigkeitsstrategie des Anbieters realisiert werden, die auch durch ein entsprechendes Produkt- und Leistungsangebot untermauert ist.

Produkte und Leistungen von Energieversorgern sollten dabei dem Dreiklang der Vermeidung, Verringerung und Kompensation von

Bild 4b
Eindruck vom CERP-Wald
[Foto: Forest Carbon Group AG]

CO_2-Emissionen folgen. Weitere wichtige Qualitätsaspekte sind einerseits die technisch und juristisch saubere Umsetzung des Kompensationsprozesses, andererseits die Qualität der Klimaschutzprojekte. Neben Gold Standard-Projekten bieten auch doppelt zertifizierte Waldprojekte einen hohen sozialen und ökologischen Zusatznutzen.
Auf diese Weise können Energieversorger über Produktinnovationen nicht nur das eigene Unternehmen stärken, sondern auch einen langfristigen Mehrwert für Klima, Mensch und Umwelt schaffen – und zwar gerade in Ländern und Bevölkerungsgruppen, die sonst keinen Zugang zu grünen Technologien oder nachhaltigen Bewirtschaftungsmethoden hätten. Dies gilt insbesondere für Waldprojekte.

FOREST CARBON GROUP

Forest Carbon Group AG
Rembrandtstraße 13
D-60596 Frankfurt / Main

Tel.: 06151 701.125-0
E-Mail: contact@forestcarbongroup.de
URL: www.forestcarbongroup.de

Bildung für nachhaltige Entwicklung: Zukunft im System Erde

Hannes Petrischak | Forum für Verantwortung

Bildung als Schlüssel für nachhaltige Entwicklung

Es ist paradox: Auf der einen Seite mahnt die Wissenschaft seit mindestens 40 Jahren vor den „Grenzen des Wachstums". Wir laufen Gefahr, uns durch Übernutzung des Planeten Erde unserer eigenen Lebensgrundlagen zu berauben: Der Klimawandel nimmt an Fahrt auf, Ressourcen gehen absehbar zur Neige, Biodiversität wird in großem Stil vernichtet, die Kluft zwischen Arm und Reich wächst sowohl global als auch innerhalb unserer Gesellschaften. Auf der anderen Seite verlassen zukünftige Führungskräfte noch immer fast allerorten die Hochschulen, ohne im Laufe ihrer akademischen Ausbildung jemals mit Fragen der Nachhaltigkeit in Berührung gekommen zu sein. Das Wort „Nachhaltigkeit" wird zwar inzwischen sehr häufig gebraucht, aber nur selten mit entsprechendem Inhalt gefüllt, oft sogar als Modewort missbraucht, teilweise daher auch als „Unwort" gleich ganz abgelehnt. Dabei ist ein systemisches, interdisziplinäres Verständnis über die Auswirkungen unseres Handelns auf die verschiedenen Teilaspekte unserer Existenzgrundlagen und über Lösungsmöglichkeiten angesichts der anstehenden Herausforderungen eine Grundvoraussetzung, um Wege in eine nachhaltige Entwicklung zu beschreiten.

Bild 1
Biosphärenreservate – hier der saarländische Bliesgau – sind Modellregionen nachhaltiger Entwicklung und werden von der UNESCO ausgewiesen. Zu den zentralen Aufgaben von Biosphärenreservaten zählt auch Bildung für nachhaltige Entwicklung. [Foto: Petrischak]

Die wiederkehrenden Appelle von Wissenschaftlern und Nichtregierungsorganisationen an die Politik, endlich etwas zu tun, haben sich nicht bewährt. Es gab zwar mehrere Weltgipfel, unzählige Resolutionen und Tausende von positiven Einzelaktivitäten, aber in der Summe sind wir heute weiter als je zuvor von der Nachhaltigkeit entfernt. Politiker werden jedoch – insbesondere in demokratischen Gesellschaften – nur dann die Rahmenbedingungen in Richtung Nachhaltigkeit verändern, wenn sie dafür Rückhalt in bzw. Druck aus der Bevölkerung verspüren. Solange alle Maßnahmen, die zu „mehr Nachhaltigkeit" führen, als unpopulär gelten, stehen sie dem Erfolg bei der nächsten Wahl im Weg und werden im besten Fall auf unbestimmte Zeit verschoben. Es ist daher von herausragender Bedeutung, dass in weiten Teilen der Bevölkerung eine Erkenntnis darüber vorherrscht, warum nachhaltige Entwicklung notwendig ist. Gleichzeitig müssen Perspektiven aufgezeigt werden, die nicht mit einem negativen Verzichtsgefühl einher gehen, sondern die aufzeigen, dass der Grundstein für eine lebenswerte Zukunft durchaus mit einem positiven Lebensgefühl in der Gegenwart gelegt werden kann.

Die Bedeutung von Bildung für nachhaltige Entwicklung in schon lange bekannt (Bild 1). Bereits die Agenda 21, die 1992 beim Umweltgipfel in Rio de Janeiro verabschiedet wurde, widmet der Bildung das gesamte Kapitel 36. Die UN-Dekade „Bildung für nachhaltige Entwicklung" (2005–2014) steht inzwischen schon kurz vor ihrem Abschluss. Doch den Koordinatoren ist bereits jetzt klar, dass sie nur der Auftakt für eine weitere Intensivierung der entsprechenden Aktivitäten ist, denn das wichtigste Ziel ist auch in Deutschland noch immer nicht erreicht: Bildung für nachhaltige Entwicklung ist noch nicht fester Bestandteil der Lehrpläne an Schulen, in keinem Bundesland. Es wäre dringend an der Zeit, hier mit positivem Beispiel voranzugehen. Die oft geäußerte Furcht von Lehrkräften, im Zuge der vielen belastenden Reformen und ständigen Änderungen im Schulsystem „jetzt auch noch Nachhaltigkeit" unterrichten zu müssen, erweist sich in der praktischen Umsetzung als völlig unbegründet: Nachhaltigkeit ist ein

Querschnittsthema, das anschlussfähig ist an die üblichen Bildungsstandards und in nahezu allen Fächern einen motivierenden, sinnstiftenden Unterricht ermöglicht [8]. Große Potentiale liegen ebenso im Kindergarten, in den Hochschulen, in der beruflichen Aus- und Weiterbildung, in der Verbraucherbildung und in der nachberuflichen Bildung.

Bild 2
Blick zu lebensfeindlichen Nachbar-Welten am Abendhimmel: Venus über der Sichel des zunehmenden Mondes, dessen dunkle Seite schwach vom Licht der Erde beleuchtet wird.
[Foto: Petrischak]

Der Mensch als stärkste gestaltende Kraft im Erdsystem

Die Menschheit hatte bereits bei der Entstehung der Erde vor 4,6 Milliarden Jahren sehr viel Glück: Unser Heimatplanet ist nicht zu groß und nicht zu klein geraten, hat den richtigen Abstand zur Sonne, die richtige chemische Zusammensetzung – diese und eine Reihe weiterer Rahmenbedingungen ermöglichen in ihrer überaus glücklichen Verkettung überhaupt erst Leben in höherer Form über lange Zeiträume hinweg. Ein Blick zu unseren Nachbarplaneten Venus (Bild 2) und Mars verdeutlicht, dass – in kosmischen Maßstäben – winzige Abweichungen in den Rahmenbedingungen für überaus lebensfeindliche Bedingungen sorgen können. Leben, wie wir es kennen, benötigt Wasser in flüssiger Form. Vielleicht hat es einst auch auf Venus große Ozeane gegeben, aber aufgrund der größeren Nähe zur Sonne und eines gewaltigen Treibhauseffekts durch eine äußerst CO_2-reiche Atmosphäre mit Temperaturen von fast 500 Grad Celsius wäre dieses Wasser verdampft und allmählich ins Weltall entwichen [3]. Auf Mars hingegen liegen die Durchschnittstemperaturen bei minus 50 Grad Celsius. Die eisigen Polkappen auf dem wüstenhaften Planeten kann man sogar im Fernrohr sehen, wenn die Konstellation günstig ist. Viele Strukturen auf Mars zeugen davon, dass es früher große Mengen an flüssigem Wasser gab. Eine dichtere Atmosphäre bescherte damals auch dem Mars einen Treibhauseffekt und somit angenehme Temperaturen. Aber der recht kleine Planet bietet mit seinem schwachen Magnetfeld dem Sonnenwind zu wenig Widerstand, um eine solche Atmosphäre festzuhalten [14]. Abgesehen von solchen Details hängt unser Leben von vielen weiteren Voraussetzungen ab: Die Lage innerhalb der Milchstraße, das Alter unserer Galaxie, die Masse der Sonne – die Liste der günstigen Voraussetzungen für unser Leben auf der Erde ist noch längst nicht vollständig.

Die in diesem Zusammenhang wichtigste Komponente ist aber das Leben selbst. So reguliert die Vegetation beispielsweise den CO_2-Gehalt in der Atmosphäre. Im Zuge der Fotosynthese wird Kohlenstoff aufgenommen und unter bestimmten Bedingungen nach dem Absterben der Pflanzen auch dauerhaft z. B. in tieferen Bodenschichten eingelagert. Ebenso haben Organismen, die Kalkskelette oder -schalen bildeten und nach ihrem Absterben letztlich zu gewaltigen Kalkgebirgen wurden, im Laufe der Erdgeschichte sehr viel CO_2 im Kalziumkarbonat ($CaCO_3$) gebunden. Die Vegetation reguliert außerdem den Wasserdampf-Gehalt über stärkere Verdunstung, die dann zu stärkeren Niederschlägen und wiederum verbessertem Pflanzenwachstum führt, und den Sauerstoffgehalt in der Atmosphäre. Der Wasser- und der Kohlenstoffkreislauf sind über die Vegetation eng miteinander verknüpft. Insgesamt bilden die funktionierenden Stoffkreisläufe – zu denen auch diejenigen von Stickstoff, Phosphor und Schwefel zählen – das Lebenserhaltungssystem der Erde. Ohne das Leben sähe die Erde ganz anders aus, da beispielsweise das aus dem Erdinnern über Vulkane freigesetzte CO_2 nicht abgebaut würde. Das Lebenserhaltungssystem sorgt jedoch dafür, dass sich durch das Zusammenspiel von biologischen und physikalischen Faktoren seit rund 2,7 Milliarden Jahren ein lebensfreundlicher Zustand hält. Er ist unter anderem auf eine sorgfältige Balance der Treibhausgase angewiesen [10].

In früheren Zeiten wäre es nicht vorstellbar gewesen, dass ein einzelnes Lebewesen wie der Mensch einen ganzen Planeten so massiv verändern könnte, dass sich die existenziellen Rahmenbedingungen global verändern könnten. Dass dies heute der Fall ist, lässt sich an vielen Beispielen belegen wie der Anreicherung von Treibhausgasen in der Atmosphäre, der fortschreitenden Vernichtung von Biodiversität, der Überfischung und Versauerung der Ozeane sowie der Übernutzung von Ressourcen, Wasser und Böden. Tagtäglich greifen wir milliardenfach in das System Erde ein und verändern es dabei. Der Mensch ist somit zur stärksten gestaltenden Kraft im System Erde geworden. Die Erdgeschichte ist damit in ein neues Zeitalter eingetreten, das viele Wissenschaftler auf Anregung des Chemie-Nobelpreisträgers Paul Crutzen mittlerweile als „Anthropozän" bezeichnen. Den Beginn des Anthropozäns sieht Crutzen am Ende des 18. Jahrhunderts, als der messbare Anstieg der Treibhausgase in der Atmosphäre aufgrund der industriellen Aktivitäten begann [2]. Von besonderer Bedeutung für die Zukunft menschlicher Gesellschaften ist die Frage, wann das System sich so gravierend verändert, dass unsere Lebensgrundlagen akut gefährdet sind. Komplexe Systeme wie die Erde funktionieren nicht linear. Die Vorgänge lassen sich nicht durch einfache Ursache-Wirkungs-Funktionen beschreiben [7]. Ein Blick in das Klimasystem verdeutlicht dies. Die globale Erwärmung lässt z. B. das Meereis schmelzen, das sehr viel Sonneneinstrahlung ins Weltall reflektiert (**Bild 3**). Schmilzt das Meereis, wird ein großer Teil der Strahlung nun vom dunkleren Wasser absorbiert, was zu einer zusätzlichen Erwärmung führt. Damit liegt also ein sich selbst verstärkender Effekt vor. Ähnliches geschieht an Land: Durch das Schmelzen ehemaligen Dauerfrostbodens gelangt dort vorher gebundenes Methan in die Atmosphäre. Methan ist ein noch weit wirkungsvolleres Treibhausgas als Kohlendioxid. Es kann uns also im System passieren, dass sich positive Rückkopplungen aufschaukeln, was es uns sehr schwer oder unmöglich macht, unseren Einfluss jemals wieder rückgängig zu machen. Auf jeden Fall wirken die von uns vorgenommenen Veränderungen noch in Jahrhunderten, ja sogar Jahrtausenden nach. Eine weitere Gefahr droht, wenn unser Handeln zunächst scheinbar keine Auswirkungen hat, bis ein bestimmter Schwellenwert erreicht ist und das System in einen anderen Zustand kippt. Dann stellen sich mitunter ganz plötzlich neue Gleichgewichte ein, und der Weg zurück ist nahezu ausgeschlossen. Vorausschauendes und vorsorgendes Handeln – Grundprinzipien einer nachhaltigen Entwicklung – sind also im Umgang mit dem System Erde unabdingbar, wenn wir unsere Lebensgrundlagen nicht gefährden wollen.

Bild 3
Eis hat einen hohen Rückstrahleffekt. Wenn Meereis schmilzt, führt dies zu weiterer Erwärmung der Erdatmosphäre.
[Foto: Petrischak]

Eine Analyse der derzeitigen Situation zeigt, dass wir in mindestens drei Bereichen die „Sicherheitsgrenzen" im System Erde schon deutlich überschritten haben, nämlich beim Klimawandel, beim Verlust der Artenvielfalt und im Hinblick auf unsere Eingriffe in den Stickstoff- und den Phosphorkreislauf [17].

Am Klimawandel lässt sich unser Wirken eindrücklich aufzeigen [9]: Durch die menschlichen Aktivitäten – Verbrennen fossiler Energieträger, aber auch das Abbrennen des Regenwaldes – liegen die aktuellen Kohlendioxid-Werte weit über all den Werten, die Wissenschaftler aus dem „ewigen" Eis der letzten 850 000 Jahre rekonstruieren können. Ändern wir unser Verhalten nicht, droht eine Erwärmung um bis zu 6 °C bis zum Ende dieses Jahrhunderts. Das ist in etwa die Differenz seit der letzten Eiszeit bis heute. Bereits bei einer Erwärmung von rund 3 Grad – möglicherweise sogar schon deutlich darunter – würde beispielsweise der grönländische Eisschild mit hoher Wahrscheinlichkeit abschmelzen, was eine Meeresspiegel-Erhöhung um sieben Meter zur Folge hätte (**Bild 4**).

Um unseren Einfluss auf das System Erde zu veranschaulichen, bedient man sich oft des sogenannten „ökologischen Fußabdrucks", unter dem man den Flächenbedarf einer Person bzw. einer Bevölkerung versteht, um den jeweiligen Lebens- und Konsumstil zu ermöglichen und aufrechtzuerhalten. In die Berechnung fließen die notwendige Erdoberfläche (Land und Wasser) für die Herstellung, Benutzung und Entsorgung der konsumierten Güter sowie die entsprechenden CO_2-Emissionen ein. Der ökologische Fußabdruck der Weltbevölkerung beträgt heute rund 1,5 Erden – das bedeutet, die Erde benötigt ein Jahr und sechs Monate, um zu regenerieren, was wir in einem Jahr verbrauchen. Würden alle Menschen den Lebensstil der US-Amerikaner führen, bräuchten wir sogar fünf Planeten Erde [5].

In Deutschland verbrauchen wir pro Kopf jährlich rund 70 Tonnen Natur: Material, das der Erde entnommen, physikalisch und chemisch verändert, zu einem großen Teil aber nur kurz gebraucht wird – und dann als Abfall neue Probleme verursacht [16]. Wir müssen also den Materialverbrauch erheblich reduzieren. Wie viel Material für ein bestimmtes Produkt verbraucht wird, ist jedoch für den Konsumenten oft gar nicht ohne Weiteres ersichtlich. Dazu ist es nötig, den ökologischen Rucksack zu betrachten: Kauft man ein Produkt, dann ist sein Gewicht um ein Vielfaches kleiner als die Gesamtmenge der natürlichen Ressourcen, die zur Herstellung dieses Produkts notwendig war. Auf jedem Produkt lastet also ein Naturverbrauch, der sich in Zahlen – den ökologischen Rucksäcken – ausdrücken lässt. Im Durchschnitt schleppt jedes Kilogramm Industrieprodukt bei uns etwa 30 Kilogramm Natur mit. Je nach Produkt können die Unterschiede zwischen dem Eigengewicht eines Produktes und dem Gewicht seines ökologischen Rucksacks sehr drastisch ausfallen. In der High-Tech-Branche (z.B. bei Computern, Handys) liegen die Ökologischen Rucksäcke bei 300–600 Kilogramm pro Kilogramm Endprodukt, und zwar wegen der vielen Reinst-Substanzen, die zur Herstellung erforderlich sind. Ein klares Ziel zur Reduzierung unserer Eingriffe in die Natur lautet also Dematerialisierung. Voraussetzung dafür ist, dass man den gesamten Lebenszyklus eines Produkts analysiert: Herstellung, Gebrauch und Entsorgung. Technologische Innovationen, längere Nutzungsdauern, gemeinsame Nutzung materialintensiver Produkte können Bausteine auf dem Weg zur Dematerialisierung sein. Die Beanspruchung der Ressourcen ist höchst ungleich verteilt: Die westlichen Industrienationen haben einen Anteil von 80 % am weltweiten Ressourcenverbrauch.

Bild 4
Die Erhöhung des Meeresspiegels setzt insbesondere die Menschen tief liegender Küstenländer wie Bangladesh großen Gefahren aus. Überfischung, Versauerung und Verschmutzung gefährden das Leben in den Meeren.
[Foto: Petrischak]

Die gesamten Veränderungen im System Erde finden vor dem Hintergrund einer wachsenden Weltbevölkerung statt. Vor hundert Jahren lebten auf unserem Planeten nicht einmal zwei Milliarden Menschen, nun sind es sieben und im Jahr 2050 nach den Prognosen der Vereinten Nationen 9–10 Milliarden Menschen. Zurzeit kommen jährlich rund 80 Millionen Menschen hinzu, das entspricht etwa der Einwohnerzahl Deutschlands. Besonders dramatisch ist die Entwicklung in Afrika: Die Bevölkerung wird – so wird es prognostiziert – um rund eine Milliarde wachsen und sich damit bis zum Jahr 2050 mehr als verdoppeln [11].

Mit dem Wachstum der Weltbevölkerung ist ganz eng die Frage ihrer Ernährung verbunden. Bodenerosion und -verdichtung, Versalzung und Wüstenbildung lassen die landwirtschaftlichen Erträge gerade in den Ländern Asiens und Afrikas sinken. Eine wachsende Weltbevölkerung, deren Flächenbedarf zudem durch zunehmenden Fleischkonsum und Bautätigkeiten steigt, auf der Grundlage abnehmender nutzbarer Flächen für den Anbau von Nahrungsmitteln zu ernähren, zählt zu den größten Herausforderungen der Zukunft [6]. Schon heute hungern fast eine Milliarde Menschen.

Ein Schlüsselthema im Kontext einer nachhaltigen Entwicklung ist Wasser (**Bild 5**): Täglich benötigt ein Mensch durchschnittlich 20 – 40 Liter Trink- und Sanitärwasser, eine Menge, die uns rechnerisch vom System Erde leicht zur Verfügung gestellt werden könnte. Der große Wasserverbrauch steckt jedoch in unserem Konsum: In einem Baumwoll-T-Shirt sind über 2000 Liter Wasser, in einem Steak sogar deutlich über 10 000 Liter Wasser verborgen. Dieses virtuelle Wasser in unseren Konsumgütern bezeichnet die Menge Wasser, die für die Produktion nötig war – im Falle des T-Shirts also das Wasser, das zur Bewässerung der Baumwollpflanzen aufgewendet werden musste. Für das Steak mussten Futtermittel (Soja) für die Kuh bewässert werden. Eine fleischreiche Ernährung geht im Vergleich zu pflanzlicher Kost mit einem vielfach höheren Wasserverbrauch einher. Grundsätzlich unterscheidet man zwei Arten von Wasser: blaues Wasser, das in Form von Bächen und Flüssen dem Meer zufließt, und grünes Wasser, dass über die Vegetation oder vom Erdboden aus verdunstet. Bei der Bewässerung von landwirtschaftlichen Flächen wird blaues in grünes Wasser umgewandelt. Dies hat gravierende Folgen, weil dadurch unter anderem Gewässer wie der Aralsee schrumpfen, Böden versalzen und Konflikte zwischen verschiedenen Anliegerstaaten an Flüssen drohen [10].

Der Anbau von Futterpflanzen in tropischen Ländern für unser Stallvieh hat aber noch einen weiteren negativen Effekt: Die Zerstörung der Regenwälder, die großflächig

Bild 5
Wasser ist Grundlage unserer Existenz. Durch den Konsum von Produkten, deren Anbau oder Herstellung teilweise viel Wasser benötigen, und das oft in warmen und wasserarmen Regionen, verändern wir Wasserkreisläufe. Akuter Wassermangel ist die Folge.
[Foto: Petrischak]

abgebrannt werden, um Anbauflächen für Futtermittel und inzwischen auch Energiepflanzen zu gewinnen [15]. Damit werden tagtäglich Arten ausgelöscht, die wir noch nicht einmal kennengelernt haben. Denn die Gesamtzahl der Arten in den Regenwäldern wird auf 10 bis sogar 100 Millionen geschätzt (**Bild 6**). Noch nicht einmal zwei Millionen Arten sind weltweit wissenschaftlich beschrieben. Dass wir so wenig über die Artenvielfalt wissen, liegt daran, dass sich ein Großteil des Lebens in den Wipfelregionen der Regenwaldbäume abspielt. Wenn Arten und Lebensräume verloren gehen, verschwinden nicht nur potentielle Ressourcen. Systemrelevante Komponenten wie der Kohlenstoff- und der Wasserkreislauf werden in Mitleidenschaft gezogen.

Auch in den Meeren schwindet die Vielfalt rapide: Überfischung, Erwärmung, Versauerung und Verschmutzung lassen aus artenreichen Korallenriffen regelrechte Unterwasser-Wüsten entstehen [13]. Beispielsweise führt die Erhöhung des CO_2-Gehalts in der Atmosphäre dazu, dass auch die Ozeane mehr CO_2 aufnehmen. Damit wird ein Teil unserer Emissionen gebunden und der Treibhauseffekt gemildert. Aber das Meerwasser wird dadurch saurer. Viele Organismen wie Korallen sind dadurch zukünftig wohl nicht mehr in der Lage, Kalkskelette oder -gehäuse zu bilden, und somit akut gefährdet.

Obwohl wir so massiv auf das Erdsystem einwirken, bleiben wir von seinen Funktionen abhängig. Wir nutzen tagtäglich die „Dienstleistungen" der Natur und des Systems Erde. Zu diesen Leistungen zählen unter anderem die Bereitstellung von Sauerstoff in der Atmosphäre, die Fruchtbarkeit der Böden, die Reinigung des Wassers, die Regulierung des Klimas und die Bestäubung wichtiger Nahrungspflanzen (**Bild 7**). All dies könnten wir mit technischen Mitteln global nicht ersetzen. Den Wert dieser natürlichen Leistungen bezifferten Ökonomen bereits im Jahr 1997 auf jährlich rund 33 Billionen Dollar. Mit der TEEB-Studie (The Economics of Ecosystems and Biodiversity) [19] liegt inzwischen eine differenzierte Analyse zu dieser Thematik vor. Ähnlich wie im Stern Review „The Economics of Climate Change" [18] wird aufgezeigt,

Bild 6
Die Regenwälder unserer Erde beherbergen nicht nur spektakuläre Arten wie Schlegels Lanzenotter, eine Giftschlange aus Costa Rica, sondern vor allem Millionen noch unbekannter Organismen in den Wipfelregionen. Sie werden vor allem durch großflächiges Abbrennen der Wälder vernichtet. [Foto: Petrischak]

Bild 7
Zu den wichtigsten Dienstleistungen der Natur zählt die Bestäubung von Blütenpflanzen durch Insekten. Hier ist bzw. sind nicht nur die Honigbiene von Bedeutung, sondern auch Wildbienen (in Deutschland rund 550 Arten!) wie diese Graue Sandbiene. [Foto: Petrischak]

dass es erheblich günstiger ist, uns jetzt für den Erhalt von Biodiversität – bzw. laut Stern Review für die Stabilität des Klimas – einzusetzen, als in der Zukunft mit den Folgen unseres nicht-nachhaltigen Handeln fertig werden zu müssen. Daraus leitet sich aber schon unmittelbar ab, dass nahezu alle Preise im Weltwirtschaftssystem falsch sind, weil die Folgekosten der Gewinnung und des Verbrauchs von Naturressourcen externalisiert werden, d.h. sie werden den Produkten und Dienstleistungen nicht verursachungsgerecht zugerechnet. Sie werden vielmehr auf die Allgemeinheit bzw. auf zukünftige Generationen abgewälzt. Das führt zu gigantischen Fehlsteuerungen in der (Welt-)Wirtschaft. Weil beispielsweise die Transportkosten zu niedrig sind, aber auch die Energie- und die sozialen Kosten in bestimmten Ländern, werden Materialien und Produkte über unverhältnismäßig weite Strecken transportiert, etwa Holz zur Verarbeitung nach China oder Langusten aus Schottland nach Thailand und zurück.

Die Große Transformation in Richtung Nachhaltigkeit

Der Weg in eine nachhaltige Entwicklung funktioniert nicht ohne Wissen, ohne Verständnis für die grundlegenden systemischen Zusammenhänge. Erst auf dieser Grundlage ist Urteilsfähigkeit als Grundlage von Gestaltungskompetenz gegeben. Gestaltungskompetenz ist das methodische Ziel von Bildung für nachhaltige Entwicklung, sie ermöglicht die informierte Teilhabe an Entscheidungsprozessen [1].

Daneben müssen aber Perspektiven aufgezeigt werden, die ein lösungsorientiertes Handeln ermöglichen. Das bedeutet, einen kulturellen Diskurs darüber zu führen, wie die Welt von morgen aussehen soll. Es hat sich als Trugschluss erwiesen, dass durch dynamisches Wirtschaftswachstum und technologische Innovationen alle Herausforderungen der Gegenwart und Zukunft gelöst werden können. Diese Vorstellung beruht insbesondere auf der Hoffnung, eine Entkoppelung von Wirtschaftswachstum und Ressourcen- bzw. Energieverbrauch zu erreichen. Die Entwicklung hat jedoch gezeigt, dass alle Effizienzgewinne durch eine höhere Nachfrage überkompensiert werden (sogenannter Bumerangeffekt). Es ist auch für die nächsten Jahrzehnte keine Entkoppelung dieser Prozesse zu erwarten, da der ungeheure Nachholbedarf der Schwellen- und Entwicklungsländer den Ressourcen- und Energieverbrauch weiter ankurbeln wird. Wir müssen also neue Wege gehen und unseren bisherigen Wohlstandsbegriff hinterfragen: Wie kann eine Postwachstumsökonomie aussehen? Dies ist keine negativ besetzte Verzichtsdebatte, sondern zeigt auf, wie wir Zeit, Nutzen und Glück an die Stelle einer reizüberfluteten Konsumkultur setzen können [12]. Das geht einher mit Perspektiven für die Gestaltung einer zukunftsfähigen Arbeitswelt, Mobilität, Stadtentwicklung usw. [21]. Inzwischen gibt es eine Reihe motivierender Beispiele, die aufzeigen, dass nachhaltigeres Handeln im persönlichen Bereich, in Unternehmen und Institutionen möglich ist, ohne auf Lebensqualität verzichten zu müssen – ganz im Gegenteil [4].

Jeder Einzelne kann als Konsument, als Entscheidungsträger und Multiplikator in seinem beruflichen und privaten Umfeld und als engagierter Bürger Einfluss auf die Entwicklung der Gesellschaft nehmen. Einzelne oder kleine Gruppen können als Pioniere des Wandels viel bewirken. Die Mobilisierung und Vernetzung von solchen Akteuren ist eine entscheidende Voraussetzung für das Gelingen des Transformationsprozesses [20].

Forum für
Verantwortung
Stiftung

Forum für Verantwortung
c/o Europäische Akademie Otzenhausen
Europahausstraße 35
D-66620 Nonnweiler

Tel.: 06873/662.263
Fax: 06873/662.350
E-Mail: info@forum-fuer-verantwortung.de
URL: www.forum-fuer-verantwortung.de
URL: www.mut-zur-nachhaltigkeit.de

Forum für Verantwortung

Die Stiftung Forum für Verantwortung fördert Wissenschaft und Bildung, um Menschen ein Handeln aus Einsicht und Verantwortung zu ermöglichen. Stifter und Vorstand ist Klaus Wiegandt, ehemals Vorstandssprecher der METRO AG, der die Stiftung im Jahr 2000 gründete. An der Europäischen Akademie Otzenhausen im Saarland hat Forum für Verantwortung von 2002 bis 2012 jährlich insgesamt 11 wissenschaftliche Kolloquien durchgeführt, deren Beiträge jeweils in einem Sammelband im S. Fischer Verlag (Frankfurt/M.) publiziert worden sind. Diese Kolloquien haben sich mit Themen wie „Evolution", „Mensch und Kosmos", „Die kulturellen Werte Europas" oder „Die Ursprünge der modernen Welt" den Grundfragen unseres Lebens gewidmet.

Die Stiftung hat sich seit dem Jahr 2004 mit ihren Aktivitäten – und zunehmend auch in den Kolloquien – im Wesentlichen auf das Themenfeld „Nachhaltige Entwicklung" konzentriert. Diesem Schwerpunkt liegt die Erkenntnis zugrunde, dass eine unveränderte Fortführung der bisherigen industriegesellschaftlichen Lebens- und Wirtschaftsweise durch die Industrieländer – bei gleichzeitigem Kopieren dieses Modells durch die Schwellenländer – in absehbarer Zukunft zu einem globalen ökologischen, sozialen und wirtschaftlichen Kollaps führen würde. Wir sind daher zwingend gefordert, die Transformation aller Gesellschaften auf dem Globus in eine nachhaltige Entwicklung einzuleiten.

Vorrangiges Ziel war und ist die Aufklärung und Mobilisierung der Zivilgesellschaft, um einerseits der Politik die Möglichkeit zu geben, die notwendigen Rahmenbedingungen für eine nachhaltige Entwicklung zu setzen und andererseits gleichzeitig eine Veränderung des Verhaltens der Verbraucher in Richtung eines nachhaltigen Konsums zu erreichen. Beides ist nur durch einen öffentlichen, wissenschaftlich gestützten Diskurs mit der Zivilgesellschaft über Nachhaltigkeit zu erreichen. „Bildung für nachhaltige Entwicklung" muss dabei eine zentrale Rolle übernehmen.

Zu diesem Zweck hat die Stiftung Forum für Verantwortung eine umfassende Buchreihe zu zunächst 13 zentralen Themen der Nachhaltigkeit in einer allgemein verständlichen Sprache herausgegeben und zusammen mit der ASKO EUROPA-STIFTUNG und der Europäischen Akademie Otzenhausen (Saarland) die Bildungsinitiative „Mut zur Nachhaltigkeit" ins Leben gerufen.

Im Jahr 2009 sind 12 Bände bei dem Londoner Verlag Haus Publishing auch in englischer Sprache unter dem Reihentitel „The Sustainability Project" erschienen.

Um die Inhalte der Bücher in Seminaren und Workshops integrativ vermitteln zu können, wurde das Wuppertal Institut für Klima, Umwelt, Energie mit der Didaktisierung der meisten Bände beauftragt. Die daraus entstandenen didaktischen Module sind bewusst zielgruppenoffen und interdisziplinär konzipiert, so dass sie unter anderem in Schulen, Hochschulen oder der beruflichen Weiterbildung Einsatz finden können. An der Europäischen Akademie Otzenhausen wird mittlerweile ein breites Seminarprogramm zu den Themen der Nachhaltigkeit angeboten. Insbesondere in der Lehrerfortbildung, in der Schulung von Multiplikatoren im Bildungsbereich und von Führungskräften in Unternehmen liegen Schwerpunkte. Die Buchreihe wird nun mit Blick in die Zukunft fortgesetzt, und die Bildungsaktivitäten werden vervielfältigt, um weiter daran mitzuwirken, dass ein kultureller Diskurs über nachhaltige Entwicklung entsteht.

Literatur

[1] BNE-Portal (2012): Das Konzept der Gestaltungskompetenz. http://www.bne-portal.de/coremedia/generator/unesco/de/02__UN-Dekade_20BNE/01__Was_20ist_20BNE/Gestaltungskompetenz.html

[2] *Crutzen, P. J.*: Geology of mankind. In: Nature 415 (2002): 23.

[3] ESA (2010): Was Venus once a habitable Planet? http://www.esa.int/esaMI/Venus_Express/SEMQ9OLZLAG_0.html

[4] FUTURZWEI.Stiftung Zukunftsfähigkeit (2012): http://futurzwei.org

[5] Global Footprint Network (2012): Footprint basics. http://www.footprintnetwork.org/en/index.php/GFN/page/footprint_basics_overview/

[6] *Hahlbrock, K.*: Kann unsere Erde die Menschen noch ernähren? Fischer, Frankfurt/M. 2007

[7] *Jäger, J.*: Was verträgt die Erde noch? Fischer, Frankfurt/M. 2007

[8] *Kerwer, J.; Petrischak, H.; Scholz, L.; Wessela, E.* (Hrsg.): Nachhaltigkeit: Ein Thema für Schule und Unterrricht. In: Polis (2009) 51, Hessische Landeszentrale für politische Bildung.

[9] *Latif, M.*: Bringen wir das Klima aus dem Takt? Frankfurt/M. 2007

[10] *Mauser, W.*: Wie lange reicht die Ressource Wasser? Fischer, Frankfurt/M. 2007

[11] *Münz, R.; Reiterer, A. F.*: Wie schnell wächst die Zahl der Menschen? Fischer, Frankfurt/M. 2007

[12] *Paech, N.*: Befreiung vom Überfluss. Auf dem Weg in die Postwachstumsökonomie. Oekom, München (2012)

[13] Rahmstorf, S.; Richardson, K.: Wie bedroht sind die Ozeane? Fischer, Frankfurt/M. 2007

[14] *Richter, R.-M.*: Die Marsatmosphäre: Vom Sonnenwind verweht (2012). http://www.raumfahrer.net/news/astronomie/11032012173017.shtml

[15] *Reichholf, J. H.*: Ende der Artenvielfalt? Fischer, Frankfurt/M. 2008

[16] *Schmidt-Bleek, F.*: Nutzen wir die Erde richtig? Fischer, Frankfurt/M. 2007

[17] *Rockström, J.; Steffen, W.; Noone, K.; Persson, Å.; Chapin, F. S.; Lambin, E. F.; Lenton, T. M.; Scheffer, M.; Folke, C.; Schellnhuber, H. J.; Nykvist, B.; de Wit, C. A.; Hughes, T.; van der Leeuw, S.; Rodhe, H.; Sörlin, S.; Snyder, P. K.; Costanza, R.; Svedin, U.; Falkenmark, M.; Karlberg, L.; Corell, R. W.; Fabry, V. J.; Hansen, J.; Walker, B.; Liverman, D.; Richardson, K.; Crutzen, P.; Foley, J. A.*: A safe operating space for humanity. In: Nature 461 (2009): 472–475.

[18] *Stern, N.*: The economics of climate change. The Stern review. Cambridge University Press 2007

[19] TEEB: The economics of ecosystems and biodiversity (2010). http://www.teebweb.org

[20] WBGU: Welt im Wandel. Gesellschaftsvertrag für eine Große Transformation. Berlin 2011

[21] *Welzer, H.; Wiegandt, K.* (Hrsg.): Perspektiven einer nachhaltigen Entwicklung. Fischer, Frankfurt/M. 2011

Nachhaltigkeit im Fokus des Planens und Bauens

Bernd Haug | Ingenieurkammer Hessen
Peter Starfinger | Ingenieur-Akademie Hessen GmbH

Wie kaum ein anderer wird der Begriff der Nachhaltigkeit in jüngster Zeit oft in inflationärer Weise verwendet, ohne dabei die tiefe Sinnhaftigkeit des nachhaltigen Handelns ausreichend zu reflektieren. So löst die Idee, unser menschliches Handeln in Natur und Technik nachhaltig auszurichten, häufig einen ungeordneten Aktionismus aus, der wenig durchdacht erscheint. Nachhaltigkeitsstrategien werden begründet, es entstehen Task Forces, die sich um die Beschleunigung nachhaltiger Prozesse kümmern sollen, nur weil es aus der jeweiligen Situation heraus opportun ist. Es scheint, als ob man zur Vermarktung von Ideen, Planungen und Produkten stets das Siegel „nachhaltig" braucht, um am Markt erfolgreich zu sein. Ein solches Vorgehen ist den Ingenieuren, die sich mit der Planung von Gebäuden und technischen Anlagen wie auch mit der ökologischen Gestaltung von Natursystemen befassen, dem Wesen nach fremd. Hier gilt es die Folgen menschlichen Handels über große Zeiträume hinweg mit objektiven Methoden abzuschätzen, möglichst alle relevanten Einflüsse in die Betrachtungen einzubeziehen und rational zu bewerten, um ein möglichst optimales Ergebnis bei den Eingriffen in die Natur zum Nutzen der Gesellschaft zu erzielen.

Im Bauwesen ist die Nachhaltigkeit eine komplexe Angelegenheit, die ein hohes Maß an Kenntnissen in der Planung, bei der Ausführung und für die Nutzung voraussetzt. So geht es beim nachhaltigen Bauen darum, Bauwerke, technische Anlagen und Natursysteme so zu errichten, umzubauen und zu betreiben, dass sie unter technischen, wirtschaftlichen, ökologischen, und soziokulturellen Kriterien in ihrer Gesamtheit zukunftsfähig sind und über den gesamten Lebenszyklus hinweg den jeweiligen Standortanforderungen entsprechen und eine optimale Prozessqualität bei der Errichtung und beim Betrieb aufweisen. Dabei sind eine Vielzahl von Aspekten zu beobachten, die sich über die Zeit ändern können. So ist das Bauwesen, wie viele andere zentrale Lebensbereiche auch, massiv von der demographischen Entwicklung betroffen. Darüber hinaus zwingen die Erfordernisse der energieeffizienten Sanierung von Bestandsbauten, den planenden Berufen mehr denn je neue Anforderungen auf.

Die Größenordnungen, um die es dabei geht, werden durch folgende Zahlen verdeutlicht:

- *In den Industrienationen werden ca. 40 % des Energieeinsatzes für den Betrieb von Gebäuden eingesetzt; hinzu kommen etwa 10 % für Materialherstellung, Bauprozesse sowie den Transport von Baumaterialien*
- *In den vergangenen zehn Jahren sind die Heizkosten um ca. 90 % gestiegen. Dies reduziert das verfügbare Einkommen der privaten Haushalte und hat eine dämpfende Auswirkung auf die Konjunktur.*
- *Rund drei Viertel des Wohnungsgebäudebestandes in Deutschland gelten als sanierungsbedürftig. Durch unzureichende Beachtung der möglichen Energieeffizienz wird bei Sanierungsmaßnahmen derzeit nur rund ein Drittel der wirtschaftlich rentablen Einsparpotenziale umgesetzt.*
- *Unser Bauen ist ebenso von geringer Materialeffizienz gekennzeichnet. Der Bausektor verbraucht den weitaus größten Teil natürlicher Ressourcen und erzeugt zugleich den meisten Abfall; Materialkreisläufe bestehen nur in Ansätzen.*

  [Prof. Dipl.-Ing. Manfred Hegger, TU Darmstadt]

Die Ingenieurkammer Hessen stellt sich diesen Herausforderungen und sucht nach Lösungen, um diesen Veränderungen gerecht zu werden. Den planenden Berufen im Bauwesen kommt hierbei eine besondere Bedeutung zu. *„Kluge Architekten und Ingenieure erkennen in der Verbesserung von baulicher Effizienz - und in dem Nachweis ihrer Tauglichkeit – Zukunftsaufgaben, Wettbewerbsvorteile und neue Märkte. Sie erkennen zugleich die ethische Dimension solchen Handelns und verstehen, dass Nachhaltiges Bauen wichtige Impulse liefert, das gestalterische Repertoire der Architektur zu bereichern und wieder stärker mit gesellschaftlichen Schlüsselthemen zu verknüpfen"* [Prof. Hegger, TU Darmstadt].

Ein solcher Veränderungsprozess lässt einen Aspekt mehr zur Selbstverständlichkeit werden, als das bislang der Fall war. Mehr noch, er lässt diesen geradezu als zwingend erscheinen – den interdisziplinären Planungsprozess. Wir müssen alle beteiligten Fachdisziplinen der planenden Berufe von Anfang an am Entwurfs- und Planungsprozess begleiten. Um es mit Prof. Dr.- Ing. Dr. E.h. Werner Sobeks Worten zu formulieren: *„Es geht darum, Ökologie atemberaubend attraktiv und aufregend zu machen“*

Die Zukunft der Märkte ist „grün“, wobei immer zugleich auch die soziale Dimension mit bedacht werden muss. Erforderlich sind als nachhaltig zertifizierbare Gebäude, sogenannte „Green-Buildings“, welche den Standard künftiger Bauvorhaben abbilden.

Die Nachhaltigkeit gehört zu den Eckpfeilern der Zukunftsfähigkeit unserer Erde. Bereits 1987 wurde im Brundtland-Bericht „Our Common Future“ die Nachhaltigkeit international definiert und als Orientierung festgeschrieben. Im Kyoto Protokoll des Jahres 2000 wurden Leitlinien einer internationalen Klimaschutzpolitik vereinbart, zunächst bis 2012. Diese Leitlinien sind die Grundlagen der Klimaschutzpolitik der Bundesregierung.

Für den Ingenieurberuf fordert dieser ganzheitliche Ansatz ein kontrolliertes Umdenken innerhalb des modernen Planungsprozesses. Hier ergeben sich zahlreiche Verzahnungen innerhalb der verschiedensten Fachplanungen rund um den Entstehungsprozess eines Gebäudes beginnend mit der Bereitstellung des Baugrundstücks sowie auch beim Betrieb und einem eventuellen späteren Rückbau.

Neben den verschiedenen Planungen am Gebäude sind Kriterien der Stadt- und Verkehrsplanung weitere integrale Bestandteile der Bewertung der Nachhaltigkeit von Bauprojekten.

Zukunftstechnologien im Straßenverkehr, intelligentes Verkehrsmanagement sowie moderne Mobilitätsdienste steigern die Qualität des Verkehrsflusses und der Verkehrssicherheit. Unsere moderne Gesellschaft wird stetig auch durch die Weiterentwicklung und Optimierung der Wirtschaftsfaktoren Mobilität und Logistik vorangetrieben. Initiativen wie „Staufreies Hessen 2015“ fördern diesen positiven Trend im Straßenverkehr und sorgen seit 2003 für eine Staureduzierung auf hessischen Autobahnen von rund 80% [1]. Wobei allerdings immer auf den sogenannten „Bumerang Effekt“ zu achten ist – Effizienzsteigerungen und erhöhte Ressourcenproduktivität können den Gesamtumfang an Aktivitäten steigern, obwohl die Belastung pro Einheit sinkt, in diesem Fall z.B. durch das Anziehen von vermehrtem Verkehr.

Nicht minder wichtig ist der sparsame Umgang mit Bauland. *„Die nachhaltige und insbesondere flächensparende Siedlungsentwicklung ist ein zentrales Ziel der Raumordnung und des Städtebaus. Derzeit beträgt der Flächenverbrauch in Hessen 3,5 ha pro Tag. Im Rahmen der Nachhaltigkeitsstrategie wollen wir den Flächenverbrauch bis zum Jahr 2020 auf 2,5 ha pro Tag senken. Dazu müssen alle Handlungsträger zusammenwirken. Insbesondere die Kommunen haben hierbei aufgrund der kommunalen Planungshoheit eine große Verantwortung.“* Treffender als es der Hessische Staatssekretär Steffen Saebisch im Rahmen der Konferenz „Auf dem Weg zu Nachhaltigkeit – Flächenmanagement in Kommune und Region“ am 27.01.2011 in Frankfurt formuliert hat, lässt sich der Handlungsbedarf in Bezug auf Flächenverbrauch kaum darstellen.

Bild 1
Um Verkehrsströme innerhalb eines Netzes optimal zu verteilen, werden Netzbeeinflussungsanlagen eingesetzt. Durch Wechselwegweiser an wichtigen Entscheidungspunkten kann der Verkehr situationsgerecht gesteuert und bei Störungen durch Baustellen oder Unfälle auf Ausweichrouten umgeleitet werden. Dadurch werden Rückstaus vermieden und sowohl Reisezeiten als auch staubedingte Unfälle reduziert. [Foto: Hessen Mobil]

Die demographische Entwicklung einerseits und ein Überangebot von Siedlungsflächen auf der grünen Wiese andererseits führen zu steigenden Leerständen in den Innenbereichen und damit zum Verfall von Grundstücks- und Immobilienpreisen. Dem entgegenzuwirken ist eine zentrale Zukunftsaufgabe der Stadtplaner und Ingenieure, die den Kommunen als Dienstleister zuarbeiten. Insbesondere Ingenieure, die im Bereich des Bodenmanagements und der Geographischen Informationssysteme tätig sind, werden künftig gefordert sein.

Im Kontext dieser zukunftsweisenden Herausforderung haben sich zahlreiche Aufgaben und Chancen für Planer und Entwickler herausgebildet, welche sich auch im Angebot der Fort- und Weiterbildung von einschlägigen Fachkräften widerspiegeln müssen.

Die Bundesingenieurkammer sieht die Befähigung, Nachhaltigkeitskriterien bei den Fachplanungen der Ingenieure erfüllen zu können, als wichtige qualitative Verbesserung der Wettbewerbsfähigkeit deutscher Ingenieurleistungen an. Anlässlich der 45. Bundesingenieurkammer-Versammlung, die am 30.10.2010 in Saarbrücken tagte, wurde die Ingenieurkammer Hessen federführend damit beauftragt, ein geeignetes Curriculum für die Fort- und Weiterbildung der Ingenieure zum kompetenten Fachplaner mit Nachhaltigkeitsfokus zu erarbeiten. Dazu gründete die Kammer ein entsprechendes Fachgremium „Arbeitskreis Fachplaner Nachhaltiges Bauen", besetzt mit Experten aus Wissenschaft, Wirtschaft und Gesellschaft.

In den Jahren 2010 bis 2011 wurden die Lehr- und Lerninhalte der Fortbildungsveranstaltungen entwickelt und abgestimmt. Als Ergänzung zu den Präsenzmodulen schlägt die Ingenieurkammer Hessen die Aufnahme von einschlägigen eLearning-Modulen vor. Mit der Kombination von Präsenz- und eLearning-Modulen wird dem multimedialen Ansatz einer zukunftsfähigen Fort- und Weiterbildungsreihe Rechnung getragen.

Hervorzuheben ist, dass bei dem Curriculum zum Fachplaner Nachhaltiges Bauen nicht die Zertifizierung von Gebäuden, sondern die Ingenieurleistungen im Rahmen eines Projektmanagements maßgeblich sind, in denen die Überlegungen von der Planung über die Ausschreibung, bis hin zu Vergabe und Bauüberwachung im Vordergrund stehen.

Nach Abschluss der Fachplanerausbildung ist der Ingenieur in der Lage, Fachplanungen unter Beachtung von Nachhaltigkeitsanforderungen zu erstellen, die entsprechenden Bauleistungen auszuschreiben und die eingehenden Angebote unter den Kriterien der Nachhaltigkeit zu bewerten.

Auf Grundlage des Bedarfes an geeigneten Fort- und Weiterbildungsangeboten, entwickelte die Ingenieur-Akademie Hessen GmbH, als Tochter der Ingenieurkammer Hessen, ein neues eLearning-Konzept zur multimedialen Weiterbildung im Ingenieurberuf.

In Kooperation mit hessischen Hochschulen, Verbänden und Fachgremien, entstand die eLearning-Plattform www.being-green.NET für Projekte des Nachhaltigen Planens und Bauens.

Informationen und Termine rund um die Ausbildung zum Fachplaner Nachhaltiges Planen

Bild 2
In 2005 wurden am Wiesbadener Kreuz die bundesweit ersten vier dWiSta (Dynamische Wegweiser mit integrierten Stauinformationen) in Betrieb genommen. Aktuell verfügt Hessen über insgesamt 19 der dynamischen Wechselwegweiser. Der nachweislich hohe Wirkungsgrad und damit der Erfolg der Anlagen basiert vor allem auf dem der Steuerung zugrunde liegenden Strategiemanagement der Verkehrszentrale Hessen (VZH). Aufgrund der dortigen umfassenden Datenbasis erfolgt der Betrieb der dWiSta mit hoher Genauigkeit. [Foto: Hessen Mobil]

being-green.NET

und Bauen finden Sie hier: www.being-green.NET.

Das innovative Angebot wurde durch das Hessische Ministerium für Umwelt, Energie, Landwirtschaft und Verbraucherschutz gefördert und ist unter anderem Bestandteil der Weiterbildung zum Fachplaner Nachhaltiges Bauen.

Die ersten Module stehen seit Anfang 2012 bereit und beinhalten Lerneinheiten zur Nachhaltigkeitsthematik sowie zum Passivhaus. Die Lernplattform wird zukünftig mit weiteren fachspezifischen Angeboten aus dem Bereich der Energieeffizienz, Erneuerbarer Energien und dem „Nachhaltigen Flächenmanagement“ ausgebaut. Die Erweiterungen der bestehenden Präsenzveranstaltungen der Ingenieur-Akademie Hessen GmbH, durch die didaktische Verknüpfung mit dem neuen virtuellen Lernkonzept, ermöglicht ein sogenanntes „blended-Learning“ auf Basis neuester Informations- und Kommunikationsmedien.

Neben den nationalen Gütesiegeln DGNB/BNB werden ebenfalls internationale Zertifizierungsverfahren wie LEED und BREEAM gegenübergestellt und in ihrer Gesamtheit erläutert sowie miteinander verglichen. Des Weiteren vermittelt die Plattform den nachhaltigen Einsatz von nachwachsenden Rohstoffen sowie Planungsansätze der Neu- und Bestandbebauung auf Grundlage des Passivhausstandards. Baukonstruktive und anlagentechnische Grundlagen ergänzen neben der Berücksichtigung des Denkmalschutzes den interdisziplinären Inhalt des Weiterbildungsangebotes.

Bildmaterial:

Die abgebildeten Beispiele beinhalten produktimmanente Nachhaltigkeitsbeiträge aus Sicht der planenden und beratenden Ingenieure. Sie geben Einblick in das breite Aufgabenfeld und die Wirkungsweise der verschiedenen Facetten des Ingenieurberufes in diesem thematischen Kontext. Projekte des nachhaltigen Planens und Bauens stellen eine Herausforderung für alle Projektbeteiligten, auf Auftraggeberseite wie auf Auftragnehmerseite.

Literatur

[1] http://www.staufreieshessen2015.hessen.de/

Ingenieur-Akademie Hessen GmbH IngAH

Ingenieur-Akademie Hessen GmbH
Gustav-Stresemann-Ring 6
D-65189 Wiesbaden

Tel.: 0611/450438-0
Fax: 0611/450438-49
E-Mail: info@ingah.de
URL: www.ingah.de

IngKH
INGENIEURKAMMER HESSEN
KÖRPERSCHAFT DES ÖFFENTLICHEN RECHTS

Ingenieurkammer Hessen
Gustav-Stresemann-Ring 6
D-65189 Wiesbaden

Tel.: 0611/97457-0
Fax: 0611/97457-29
E-Mail: info@ingkh.de
URL: www.ingkh.de

Opernturm

Ort: Frankfurt/Main

Auftraggeber: Tishman Speyer Properties, Frankfurt

Architekt: Prof. Christoph Mäckler, Frankfurt/Main

Zeitraum: 2004 – 2009

Der nach den Plänen des Frankfurter Architekturbüros Christoph Mäckler realisierte Opernturm wurde als eine der ersten Büroneubauten in Deutschland mit dem US-Umweltstandard LEED-Gold zertifiziert. Einmal mehr bedeutete Nachhaltigkeit eine ganze Reihe von Qualitätsmerkmalen, die erst im gezielten Zusammenspiel die benötigten Bewertungswerte ergeben: So kamen etwa hocheffiziente Bauteilaktivierung, energiesparende Beleuchtung, Hochleistungsverglasung, öffenbare Fenster in Verbindung mit durch CFD-Simulationen optimiertem Klimakonzept und energiesparende Beleuchtung zum Einsatz. Das Tragwerk des Hochhauses wurde von den Ingenieuren von Bollinger + Grohmann in Kooperation mit den Architekten entwickelt. Die Lastabtragung der Decken erfolgt über den mittigen Kern und über Stützen, die in der Fassadenebene liegen. Der Innenraum ist vollkommen stützenfrei, dadurch ist eine größtmögliche Flexibilität bei der Grundrissgestaltung und damit auch bei späteren Neunutzungen gegeben.

[Foto: Enrico Santifaller / Bollinger + Grohmann]

Wohnanlage Kalbach Süd

Ort: Frankfurt/Main

Auftraggeber: FAAG, Frankfurt am Main

Architekt: Scheffler + Partner, Frankfurt/Main

Zeitraum: 2009 –2012

In Frankfurter Stadtteil Kalbach entstanden fünf Mehrfamilienhäuser mit zwei bis drei Vollgeschossen plus Staffelgeschoss und insgesamt 50 Wohnungen. Die durch den Bebauungsplan bedingte konventionelle Formensprache verbirgt ein bundesweit bisher einmaliges Experiment: Die Gebäude wurden in monolithischer Bauweise nach den Kriterien des Passivhaus-Standards ausgeführt. Der architektonische Entwurf stammt von Scheffler + Partner, die statische, energetische und bauphysikalische Planung des Projekts haben Bollinger + Grohmann übernommen. Durch einen integralen Ansatz gelang es, Tragwerk und Hülle der Gebäude hinsichtlich Funktion und Leistungsfähigkeit zu verbinden. Aufgrund des Einsatzes eines innovativen Hochlochziegels, der sowohl Lasten trägt als auch eine hohe Dämmwirkung aufweist, gelang es, den Passivhaus-Standard zu erreichen und dabei gleichzeitig eine ökonomisch nachhaltige Hülle zu realisieren. So weist diese massive Bauweise eine längere Lebensdauer auf als die herkömmliche Bauweise mit einem Wärmedämmverbundsystem.

[Foto: Scheffler + Partner]

Nichtwohngebäude im Bestand
Strategien für Energieeffizienz und Klimaschutz

Michael Hörner | Institut Wohnen und Umwelt

Erstaunlich wenig weiß man über den Bestand der Nichtwohngebäude in Deutschland. Das sind Gebäude, die definitionsgemäß überwiegend nicht der Wohnnutzung dienen. Eine sperrige Definition gewiss, aber relevant, wenn es z.B. um die energetischen Anforderungen bei Neubau und Modernisierung von Gebäuden nach der Energieeinspar-Verordnung (EnEV) geht.

So sind die Nichtwohngebäude, darin die ganze Bandbreite der öffentlichen Gebäude, also Verwaltungsgebäude, Schulen, Museen, Universitätsgebäude etc., für den Klimaschutz von hoher Bedeutung, knapp ein Sechstel der CO_2-Emissionen in Deutschland sind diesem Sektor zuzurechnen, wie **Bild 1** zeigt. Sie stellen auch das zentrale, eigene Handlungsfeld des Landes Hessen im Rahmen der Klimaneutralitätsstrategie der Landesverwaltung dar.

Bausteine zur Erforschung der Bedingungen und Möglichkeiten von Energieeffizienz bei Nichtwohngebäuden werden im Folgenden dargestellt: Ein neues Verfahren der energetischen Bilanzierung komplexer Gebäude im Bestand – das TEK-Tool, Best Practice in der Modernisierung – illustriert am Beispiel des IWU-Hauses in Darmstadt – und strategische Ansätze zur Umsetzung der erforderlichen Maßnahmen in größeren Gebäudeportfolios.

Methoden und Werkzeuge der Bilanzierung

Die Wechselwirkung der Energieströme in einem typischen Nichtwohngebäude mit seinen vielfältigen Nutzungsanforderungen ist komplex. Die Hoffnungen bei der Einführung des Energieausweises, energierelevante Daten in ausreichender Qualität auch für das Portfoliomanagement und Szenarienanalysen im Nichtwohngebäudesektor zu gewinnen, haben sich nicht erfüllt. Das Berechnungsverfahren für den Energiebedarfsausweis ist für Bestandsgebäude viel zu aufwändig, der Energieverbrauchsausweis ist nicht aussagekräftig genug.

Im ENOB-Forschungsprojekt „Teilenergiekennwerte von Nichtwohngebäuden“[1], kurz TEK, hat das IWU eine vereinfachte Methodik der Energiebilanzierung und der Schwachstellenanalyse erarbeitet, die eine verlässlichere Abschätzung des Einsparpotenzials als der Verbrauchsausweis zulässt und nur einen Bruchteil des Aufwandes für den Bedarfsausweis erfordert. Rechenkern für die Mehrzonen-Nutzenergiebilanz ist das aus einem anderen ENOB-Projekt entstandene EnerCalc[2].

Eine wesentliche Vereinfachung stellt das Verfahren der automatischen Hüllflächenzuweisung in der Mehrzonenbilanz[3] dar. Auch

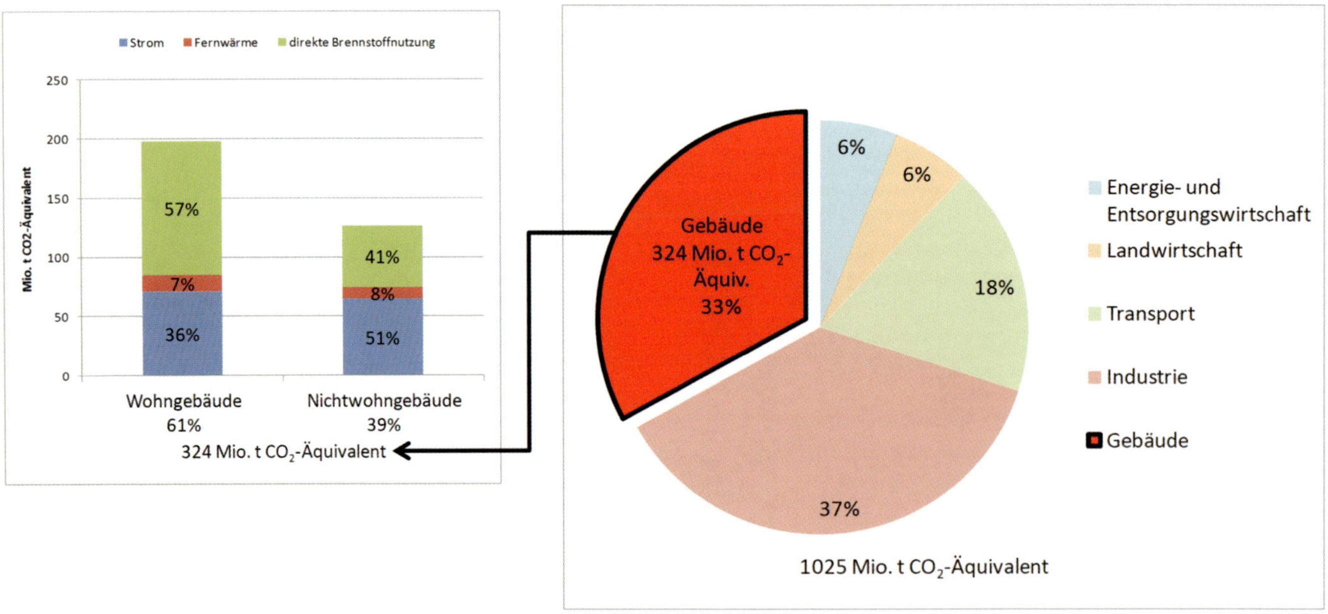

Bild 1
Die Gebäude verursachen etwa ein Drittel der gesamten Treibhausgas-Emissionen in Deutschland, knapp 40 % davon sind den Nichtwohngebäuden zuzurechnen. [Nullenergiegebäude, DETAIL Green Books, 2011]

1.3 Gemessene und berechnete Energiekennwerte (Endenergie; Gebäudeebene)

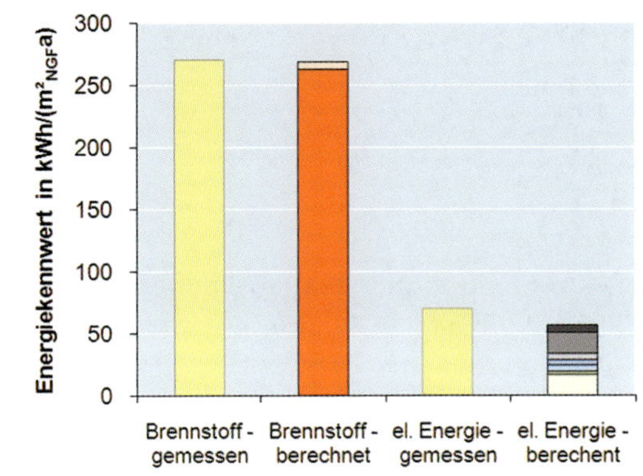

	berechnete Kennwerte	
	Brennstoff/FW	el. Energie
	kWh/(m² a)	kWh/(m² a)
Diverse Technik *	-	6,7
Zentrale Dienste **	0,0	17,7
Arbeitshilfen	-	5,2
Dampf	0,0	0,0
Hilfsenergie Kälte	-	4,5
Kälte	0,0	5,1
Luftförderung	-	2,3
Beleuchtung	-	16,0
Warmwasser	5,5	0,0
Heizung	262,5	0,0
ges. Gebäude	268,0	57,3

		Brennstoff / Fernwärme	Elektrische Energie
gemessener	kWh/(m²a)	270	69
Verbrauch	MWh/a	453	116
berechneter	kWh/(m²a)	268	57
Bedarf	MWh/a	450	96
Verh. Bedarf/Vebrauch - $f_{b/v}$		0,99	0,83

1.4 Berechnungseinstellungen

TEK-Tool _ Version:	5.5
Flächen der therm. Geb.-hülle	objektspez.
Zonenzuweisung Hüllfläche	automatisch
Stoffwerte therm. Geb.-Hülle	objektspez.
Zonenzuw. Baut.-kennwerte	automatisch
Nutzungszeiten	objektspez.
interne Wärmequellen	objektspez.
Raumsolltemperaturen	objektspez.

*) Hilfsenergie Heizung und Warmwasser; Aufzüge, sonst. el. Verbraucher

**) Zentrale EDV; Küchen; Schwachstromanlagen; Kaffeemaschinen; Kühlschränke

Bild 2
Bedarfs-Verbrauchs-Abgleich mit dem TEK-Tool: Für eine verlässliche Abschätzung der Einsparpotenziale unerlässlich. Er gelingt nur sinnvoll, wenn der Bilanzraum der Bedarfsberechnung dem der Verbrauchsmessung entspricht. [Quelle: IWU]

Teilenergiekennwerte Beleuchtung (Stand: 11.2010; Auszug)

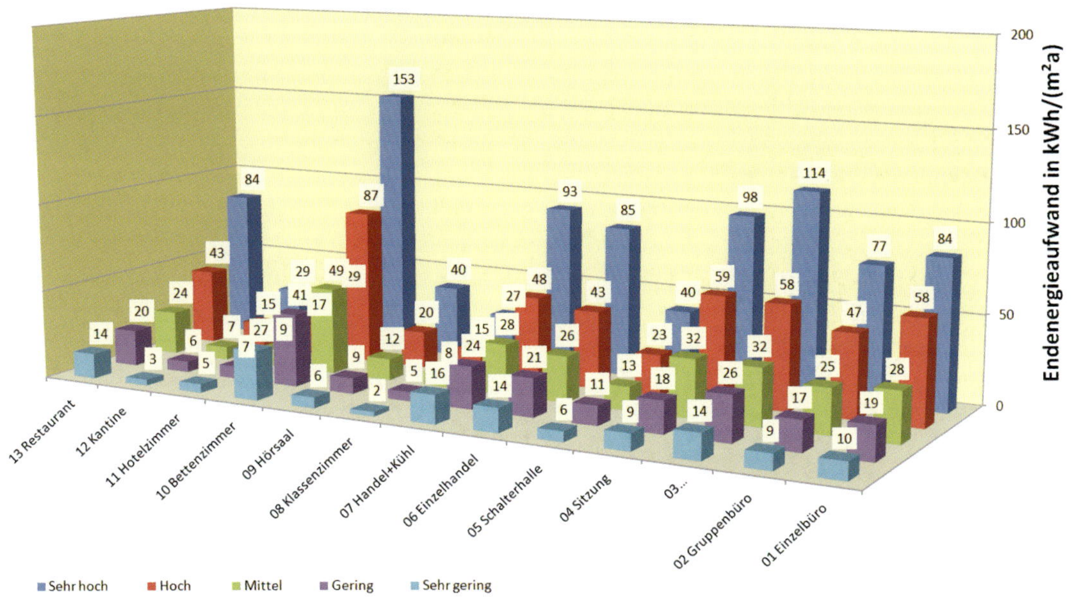

3.2 Beleuchtung

Nr. und Name	Std.-nutzung	Fläche	Nr. Beleuch-	Ist-Wert Zone (Endenergie)				Vergleichswert - gering		
		m²	tungsanlage	TEK-Bewert.	kWh/(m²a)	W/m²	h/a	kWh/(m²a)	W/m²	h/a
1) Einzelbüro Nord	01 Einzelbüro	468	1	Gering	17,6	12,3	1.434	20,0	17,2	1.160
2) Saal-Vorraum	04 Sitzung	39	7	Sehr gering	0,3	5,8	60	1,8	15,6	118
3) Einzelbüro Süd	01 Einzelbüro	563	1	Gering	18,0	12,3	1.462	20,1	17,2	1.163
4) Verkehrsflächen	19 Verkehrsfläc	265	2	Hoch	15,9	8,8	1.800	2,6	4,5	571
5) Foyer	19 Verkehrsfläc	87	5	Hoch	8,5	14,2	600	1,5	4,5	329
6) WC, Sanitär, Teeküche	16 WC, Sanitär	85	6	Sehr hoch	16,7	13,3	1.256	1,4	9,0	151
7) Lager / Technik / Archiv	20 Lager, Techi	558	3	Mittel	3,6	6,1	594	2,5	3,0	811
8) Saal	04 Sitzung	169	4	Sehr gering	0,7	9,4	78	1,0	15,6	63
9) Serverraum	21 Rechenzentı	5	3	Sehr gering	19,9	6,1	3.276	37,4	14,6	2.556

Bild 3
Referenzkennwerte in fünf Energieaufwandsklassen (links) und Bewertung von Teilenergiekennwerten der Nutzungszonen eines Gebäudes (unten) zur Schwachstellenanalyse am Beispiel der Beleuchtung [Quelle: IWU]

technische Anlagen werden vereinfacht und transparent abgebildet, und zwar durch vor Ort erhobene Ist-Daten für Beleuchtung, Raumlufttechnik und Kälteerzeugung sowie Anlagenaufwandszahlen für Wärmeerzeuger statt iterativer Berechnungen. Der Erfassungsaufwand verkürzt sich bei guter Datenlage auf zwei bis drei Tagwerke. Außerdem wird der rechnerische Bilanzraum um nutzungsabhängige Stromverbräuche für Arbeitshilfen, zentrale Einrichtungen und diverse Technik erweitert. Erst damit wird der Bedarfs-Verbrauchs-Abgleich (**Bild 2**) wirklich sinnvoll, mit dem jede Berechnung überprüft werden muss.

Eine weitere, wichtige Neuerung ist die nach Nutzung und Anwendungsbereichen der Energie differenzierte Bewertung von Teilen des Energiebedarfs. So kann nach dem Muster der Tabelle in **Bild 3** für jeden Anwendungsbereich von Energie (Heizung, Warmwasser, Beleuchtung, Luftförderung, Klimakälte, Dampf) und jede Nutzungszone eine Bewertung der Effizienz erstellt werden, die die Schwachstellen eines Gebäudes sehr schnell erkennbar macht.

Best Practice in der Modernisierung – das IWU-Haus[4]

Es gibt nur sehr wenige Beispiele für die Modernisierung von bestehenden Nichtwohngebäuden hin zu energetischen Standards, die sich an den technisch-wirtschaftlichen Möglichkeiten und den Notwendigkeiten des Klimaschutzes orientieren. Die gesetzlichen Mindest-Anforderungen lassen sich bei vielen Gebäuden deutlich übertreffen. Mit der energetischen Modernisierung des IWU-Hauses ist ein Best Practice Beispiel gelungen, das auf sehr viele Bestandssituationen übertragbar ist.

Das Gebäude wurde nach nun fast 50 Jahren Nutzung grundsaniert (**Bild 4**). Wichtige Randbedingung des Sanierungskonzepts war die Lage an der stark frequentierten Rheinstraße, die Schallschutz zu einem wichtigen Thema machte. Selbst mit Schallschutzfenstern, die die Anforderungen an Räume für wissenschaftliches Arbeiten zufriedenstellend erfüllen, blieb die Frage der Lüftung zu klären. Angesichts der grundlegenden Nutzungsänderung und der Gliederung des Gebäudes musste die innere Erschließung des Gebäudes neu gelöst werden, gleichzeitig waren Brandschutzanforderungen zu erfüllen. Um Kostensicherheit zu erreichen, musste frühzeitig und weit vor den ersten Planungskonzepten aufgrund von Grobkostenschätzungen ein Kostenbudget festgelegt werden. Das schaffte Sachzwänge. Und last but not least waren alle Beteiligten der Meinung, es wäre eine fruchtbare Heraus-

Bild 4
Das neue IWU-Domizil vor und nach der Sanierung: Erstes mit passivhaustauglichen Komponenten modernisiertes Bürogebäude in Darmstadt [IWU]

forderung für das Institut, an dem vor über 20 Jahren die grundlegenden Arbeiten zum Passivhauskonzept durchgeführt wurden, dieses auch praktisch in der Modernisierung umzusetzen, als übertragbares Beispiel für andere, vergleichbare Gebäude.

So ist das Gebäude mit 3-Scheiben-Wärmeschutzverglasung mit erhöhtem Schallschutz, 25 bis 35 cm Wärmedämmung an der Außenwand, 40 bis 55 cm auf dem Dach und einer Lüftungsanlage mit hocheffizienter Wärmerückgewinnung auf einen Heizwärmebedarf von ca. 16,5 $kWh/m^2_{EBF}a$[5] saniert worden (**Bild 5**). Untere Dämmebene ist die Kellerdecke, die mit 12 cm Mineralfaserdämmung ertüchtigt wurde. Die Lüftungsanlage versorgt auch den benachbarten Versammlungssaal, weshalb sie auf 5 000 m^3/h dimensioniert ist. Der Bürotrakt wird nur mit etwas mehr als 2 000 m^3/h während der Heizzeit beaufschlagt. Die volle Luftmenge kann aber für die Unterstützung der sommerlichen Nachtlüftung mit einem knapp zweifachen Luftwechsel genutzt werden.

Besondere Aufmerksamkeit wurde dem sommerlichen Wärmeschutz gewidmet. Moderne Bürogebäude neigen im Sommer zur Überhitzung. Das liegt weniger an der erhöhten Wärmedämmung als an nicht ausreichender Verschattung, am Stromverbrauch, z. B. durch EDV-Geräte, und an der Personenbelegungsdichte. So besteht das Konzept zum sommerlichen Wärmeschutz aus einem Strauß von Maßnahmen. Fensterflächen wurden bei Wahrung guter Tageslichtqualität gegenüber dem Istzustand verkleinert, auf der Südseite wurde ein außen liegender, Tageslicht-gesteuerter Sonnenschutz mit Lichtlenkfunktion installiert, auf der Nordseite Sonnenschutzverglasung, zusätzlich gibt es einen innen liegenden, hoch

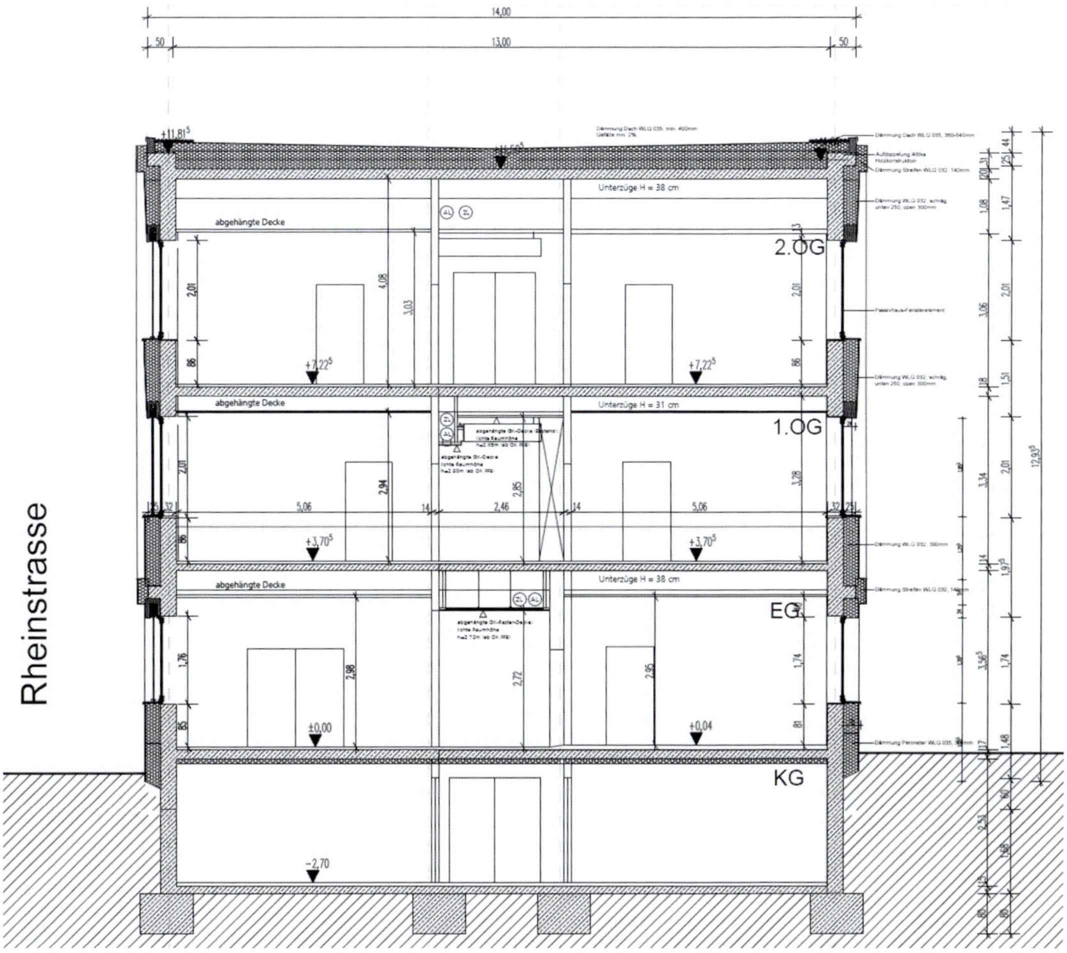

Bild 5
Sanierungskonzept im Schnitt: Das Gebäude wird rundum wärmegedämmt und luftdicht gemacht, unterer Abschluss der thermischen Gebäudehülle ist die Kellerdecke, eine RLT-Anlage mit hocheffizienter Wärmerückgewinnung wird installiert. [bauverein AG]

reflektierenden Blendschutz. Zur Senkung der internen Lasten wird bei Neubeschaffungen von PCs ab sofort ein Zielwert von 50 W pro Gerät inkl. Monitor als Durchschnittswert eingehalten. Die sommerliche Nachtlüftung wird über motorisch öffenbare Fenster realisiert (**Bild 6**), unterstützt durch die Lüftungsanlage.

Entscheidend ist die zuverlässige Verschattung der Fenster auch außerhalb der Nutzungszeiten, insbesondere am Wochenende, und die Möglichkeit der natürlichen, sommerlichen Nachtlüftung.

Das architektonische Konzept hat die Proportionen trotz dicker Dämmpakete erhalten und mit einer modernen Farbgebung ein nicht nur energieeffizientes, sondern auch attraktives Gebäude entstehen lassen. Der Raumklimakomfort im modernisierten IWU-Haus ist außerordentlich gut, die Nutzerzufriedenheit sehr hoch. Eine hochwertige energetische Modernisierung spart nicht nur Energie für den Gebäudebetrieb, sondern steigert auch die Produktivität der Mitarbeiter.

Für den Bauherrn und den Mieter ergeben sich insbesondere durch die kluge Wahl des Modernisierungszeitpunkts wirtschaftlich günstige Randbedingungen. Bei einem Betrachtungszeitraum von 15 Jahren sind die Jahresgesamtkosten der energetischen Modernisierungsvarianten „EnEV 2009" und „EnEV 2009 – 50 %" aus der Sicht eines Eigennutzers nahezu gleich (vgl. **Bild 7**). Die Mehrkosten in der gewählten Variante „EnEV 2009 – 50 %" wurden durch die gezielte Förderung des Landes Hessen ausgeglichen. Die energetische Modernisierung des IWU-Hauses ist auch ökonomisch ein Erfolgsmodell. Die Gesamtkosten der Modernisierung kann der Eigentümer in einer der guten Lage angemessenen Miete abbilden, der Mieter zahlt nur sehr geringe Energiekosten.

Das Projekt ist ein Beispiel dafür, wie bestehende Gebäude energetisch hochwertig modernisiert werden können, wenn ein anstehender Sanierungszyklus mit vielen ohnehin fälligen Investitionen optimal genutzt wird. Die Bestandsimmobilie wurde zu vertretbaren Kosten nachhaltig aufgewertet und erfüllt die energetischen Anforderungen an den Klimaschutz, die bereits heute an Sanierungen zu stellen sind, wenn die Klimaschutzziele im Jahr 2050 erreicht werden sollen.

Bild 6
Fensterlüftungssystem FLS (Hersteller: Fensterautomation GmbH) und Einbruchsicherung eines Fensterflügels gegen Aufdrücken im gekippten Zustand durch eine beiderseitig in der Laibung befestigte Querstange (Hersteller: ABUS)

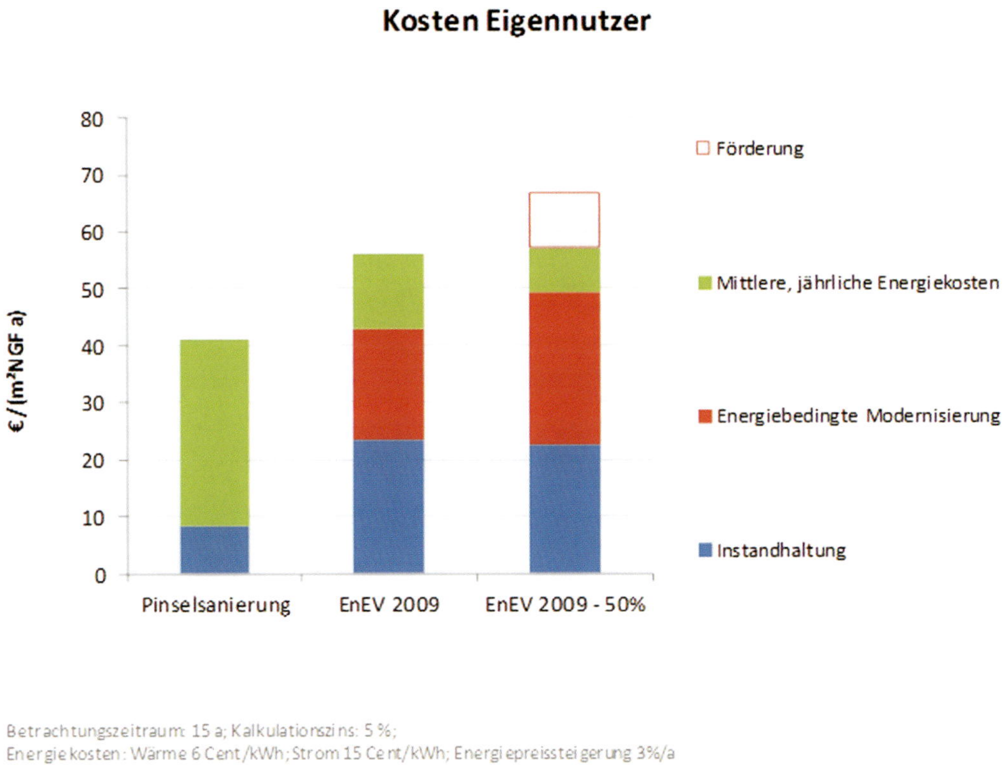

Bild 7
Jährliche Gesamtkosten verschiedener Modernisierungsvarianten am Beispiel des IWU-Hauses [Quelle: IWU]

Strategien zum Klimaschutz im Gebäudebestand

Über die Ziele im Klimaschutz ist man sich weitgehend einig: Die Industrieländer müssen ihre Treibhausgas-Emissionen bis zum Jahr 2050 um ca. 90% reduzieren. Der Gebäudesektor muss einen wichtigen Beitrag liefern. Er zeichnet sich durch die besondere Situation aus, dass alle dazu notwendigen Effizienz-Technologien bereits marktreif und wirtschaftlich oder sehr nahe daran sind. In vielen Gebäuden sind in der Modernisierung erheblich anspruchsvollere energetische Standards umsetzbar als gesetzlich vorgeschrieben. Diese Effizienzpotenziale müssen genutzt werden. In anderen Gebäuden, etwa solchen, mit erhaltenswerten oder gar denkmalgeschützten Fassaden, ist man in den Effizienzstandards beschränkt. Hier sind regenerative Energien und Kraft-Wärme-Kopplung zur Substitution fossiler Brennstoffe erforderlich. Mehr als 10 - 15% Deckung mit biogenen Brennstoffen sind allerdings aus Gründen der Nachhaltigkeit nicht vertretbar.

Auf allen Maßstabsebenen gilt es, die Rahmenbedingungen für den Klimaschutz zu schaffen. Ein Immobilien-Unternehmen etwa, das sein Gebäudeportfolio fit für den Klimaschutz machen will, braucht ein energetisches Portfoliomanagement. Ziel des Portfoliomanagements ist es, die strategischen Unternehmensentscheidungen zu unterstützen. Fehlinvestitionen, z.B. in Bestände ohne Zukunftschancen, müssen vermieden, Einsparpotenziale bei anstehenden Sanierungszyklen erkannt und genutzt werden.

Als Einstieg dazu bietet sich die energetische Potenzialanalyse mit einem Kurzbilanzierungsverfahren wie dem TEK-Tool und die Nutzung Typologie-gestützter Analyseinstrumente an. An den Typvertretern werden exemplarisch Einsparpotenziale identifiziert und Maßnahmenpakete durchgerechnet, die an ausgewählten Gebäuden exemplarisch umgesetzt werden. Aus diesen Erfahrungen lassen sich dann schnell verschiedene Szenarien für das gesamte Portfolio entwickeln und die jährlichen Gesamtkosten und CO_2-Minderungen ermitteln. Entscheidungen über die zukünftige energetische Modernisierungspolitik können so fundiert getroffen werden.

Wenn die Energiewende im Gebäudebereich gelingen soll, muss auf drei Ebenen parallel gearbeitet werden: In der energetischen Modernisierung müssen erhöhte Standards umgesetzt werden. *Dazu müssen die gesetzlichen Anforderungen verschärft werden.* Die Modernisierungsraten für Teil- und Vollsanierung müssen deutlich steigen, insbesondere die Kopplung an Instandsetzungszyklen gilt es zu sichern und keine Chancen zu verpassen. *Dazu müssen Anreize geschaffen werden.* Die Nutzung regenerativer Energien im Bereich Raumwärme und Warmwassererzeugung muss planvoll gesteigert werden, nachdem alle Effizienzpotenziale ausgeschöpft sind. Die Fortschritte müssen in einem Monitoringprozess überprüft, Fehlentwicklungen frühzeitig erkannt werden.

Außerdem braucht man mehr Informationen über den Gebäudebestand, insbesondere über die Nichtwohngebäude: Wie viele Gebäude in welcher Nutzungskategorie gibt es? Wie groß ist deren Fläche? In welchem energetischen Zustand befinden sie sich und mit welcher Rate werden sie modernisiert?

Das sind dringende und verantwortungsvolle Management- und Forschungsaufgaben im Gebäudebereich, die von der Politik jetzt mit Nachdruck organisiert werden müssen.

Anmerkungen

[1] Das Forschungsprojekt „Teilenergiekennwerte von Nichtwohngebäuden – Methodische Grundlagen, empirische Erhebung und systematische Analyse“ wird gefördert vom Bundesministerium für Wirtschaft und Technologie im Programm ENOB – Forschung für energieoptimiertes Bauen.

[2] EnerCalc - Vereinfachte Energiebilanzen nach DIN V 18599, Forschungsprojekt im Programm ENOB Forschung für energieoptimiertes Bauen.

[3] Dissertation von Dr.-Ing. Markus Lichtmeß, Bergische Universität Wuppertal, 2010

[4] Bauherr und Eigentümer ist die bauverein AG, Architekt und Fachplaner HLK das Büro PlanungsgruppeDREI. Gefördert wurde das Projekt vom Land Hessen im Rahmen des Förderprogramms zur Sanierung von Nichtwohngebäuden mit passivhaustauglichen Komponenten. Nicht zuletzt hat die Stadt Darmstadt als Mitgesellschafter des IWU das ehrgeizige Projekt möglich gemacht.

[5] Die Energiebezugsfläche EBF ist gemäß den Förderbedingungen des Landes Hessen gleich der Nutzfläche zzgl. 60 % der Verkehrs- und technischen Funktionsfläche.

IWU

Institut Wohnen und Umwelt GmbH (IWU)
Rheinstraße 65
D-64295 Darmstadt

Tel.: 06151-2904-0
Fax: 06151-2904-97
E-Mail: info@iwu.de
URL: www.iwu.de

Institut Wohnen und Umwelt (IWU)

Die Institut Wohnen und Umwelt GmbH (IWU) ist eine gemeinnützige Forschungseinrichtung des Landes Hessen und der Wissenschaftsstadt Darmstadt.
Das IWU ist sowohl im Bereich der Grundlagenforschung als auch in der anwendungsorientierten Forschung engagiert. Die Schwerpunkte der wissenschaftlichen Arbeit liegen in den Bereichen Wohnen, Energie und integrierte nachhaltige Entwicklung.
Das Institut legt großen Wert auf die interdisziplinäre Arbeit zwischen diesen Bereichen.

Gutes Klima in der Jugendherberge Marburg

Peter Schmidt | Jugendherberge Marburg

Jugendherbergen sind gemeinnützige Einrichtungen mit einer pädagogischen Tradition seit über 100 Jahren.

Auch wenn viele Menschen bei Jugendherberge an Hagebuttentee und Kartoffelsuppe denken, war und ist gesunde Ernährung schon seit den Anfängen ein wichtiges Thema für Jugendherbergen. Hier lernten viele Kinder überhaupt erst moderne Produkte wie Müsli und Knäckebrot kennen. Diese Tradition möchten wir mit unserem Projekt fortführen und bieten verstärkt klimafreundliches Essen an.

Normalerweise verbindet man mit CO_2-Ausstoß Heizungen, Straßenverkehr und Energiewirtschaft. Dabei wird gerne übersehen, dass etwa 16 % unseres CO_2-Ausstoßes durch unsere Ernährung bedingt ist und Ernährung damit mehr Einfluss auf das Klima hat als der Straßenverkehr. Das Gute daran ist, dass wir dies sofort ohne jeglichen Aufwand ändern können. Wir benötigen keine teuren Umbauten oder Modernisierungsmaßnahmen, sondern können direkt starten. Nachteile für eine konsequente Neuausrichtung haben wir zunächst keine gesehen.

Daher haben wir damit begonnen, die CO_2-Emissionen unserer Speisen zu berechnen.

Zunächst haben wir unsere Essenskalkulation um die Kategorie „Klimaverträglichkeit“ erweitert und berechnet, welchen CO_2-Ausstoß eine Portion „Standardessen“ hat und welche Alternativen infrage kommen. Hierzu einige Beispiele.

Von den etwa 10 000 kg CO_2-Emissionen, die jeder Deutsche im Jahr durchschnittlich produziert, lassen sich etwa 1600 kg CO_2 unserer Ernährung zuordnen. Das sind immerhin 4,38 kg täglich. Dabei bestehen extrem große Unterschiede zwischen den einzelnen Lebensmitteln. Die schlechteste Bilanz haben dabei Rindfleisch, Butter und Käse. Danach folgen Pommes und Schweinefleisch bzw. Geflügel.

Ein Mittagessen kann folgende CO_2-Werte in Gramm haben (inklusive Zubereitung): Schweinefrikadelle 150 g TK (900 g CO_2), Kartoffelpüree Fertigprodukt (350 g) sowie Rotkohl (60 g) und Salat mit Sahnedressing (100 g). Als Dessert Sahnequark (400 g). Eine Portion dieses Essens hat somit eine CO_2-Emission von 1,8 kg. Ein vegetarisches Kartoffelgulasch mit frischem Gemüse und Obstsalat als Dessert dagegen kommt auf nur 500 g CO_2.

Bei der Berechnung der Klimabilanz einzelner Lebensmittel wird man immer auf Schätzwerte zurückgreifen müssen, da jahreszeitliche und regionale Faktoren eine entscheidende Rolle spielen. Grundsätzliche Werte zu einzelnen Produkten anzugeben ist daher schwierig. So schwankt die CO_2-Bilanz bei Tomaten je nach

Bild 1
Aufbruch zur Fahrradtour in der JH Marburg

Produktionsweise und Jahreszeit zwischen 265 g und 9,3 kg CO_2 je Kilogramm Ware[1]. Arbeitet man mit Richtwerten, so merkt man schnell: es ist möglich, mit einfachen Veränderungen, viel zu bewirken.

Hierzu muss man sich von einigen liebgewonnenen (und weniger gesunden) Ernährungsgewohnheiten verabschieden. CO_2-reduziertes Essen bedeutet weniger Fleisch und vor allem weniger Milchprodukte. Dies ist für fast alle Menschen mit Verzicht verbunden. Daher sind gute Argumente (Gesundheit, Massentierhaltung, Klimawandel, Nachhaltigkeit usw.) hier für viele eine Hilfe.

Der Trend zu Fertigprodukten in unseren Haushalten verschlechtert zudem die Klimabilanz unserer Ernährung ebenso wie die Gesundheit des Essens. Besonders bedenklich jedoch ist, dass hierdurch Geschmacksstandards gesetzt werden, gegen die es schwierig ist anzukochen. Insbesondere jugendliche Gäste greifen immer zu dem, was sie kennen und ziehen eine Fertigsuppe mit Glutamat und Instantnudeln in aller Regel einer selbst gekochten frischen Suppe vor. Nun ist es die Aufgabe jeder Kantine, Essen anzubieten, das die Gäste auch essen wollen. Will man dennoch klimafreundliches Essen anbieten, so geht dies nur in Verbindung mit intensiver Aufklärung in Form von Gesprächen, Werbetafeln, Tischkarten und ähnlichen Mitteln.

Wie bereits deutlich wurde, kann man bereits mit einem Tag klimaschonendem Kantinenessen enorme CO_2-Mengen einsparen. Unseren Berechnungen zufolge spart man bei 120 Gästen und Vollpension durch den Verzicht auf Milchprodukte, Fertiggerichte und Fleisch (statt dessen z. B. Nordseefisch) an einem Tag gegenüber dem Standardessen 324 kg! CO_2. Das entspricht einer Autofahrt mit einem Smart von Marburg nach Athen, bzw. dem Energieaufwand für warmes Duschen einer Familie im Jahr.

Solche Argumente machen durchaus Lust auf Klimaschutz.

Eine völlige Umstellung des Speiseplans kann und soll aufgrund der oben beschriebenen Problematik hierbei nicht Ziel sein. Pommes und Schnitzel lassen sich eben nicht grundsätzlich vom Speiseplan entfernen. Man kann aber sehr wohl ab und zu darauf verzichten.

So konnten wir unsere Klimabilanz durch kleine verdeckte Umstellungen verbessern.

Inzwischen wird die Bolognesesoße nicht mehr aus purem Rindfleisch, sondern mit 50 %

Bild 2
„Klimaschutz zum Anbeißen“

Indisches Möhrencurry

1400 g	Karotten, geschält
50 ml.	Pflanzenöl
2	kleine Zwiebeln
4 El.	Curry
1 Tl.	Kurkuma
6 El.	Kokosflocken
250 g	Cashjewnüsse
5	mittelgroße Bananen
0,4 l	Orangensaft
1200 ml.	Kokosmilch und Sojamilch aus dem Reformhaus
200 ml.	Wasser

etwas Gemüsebrühe, frischen Ingwer, Salz, Pfeffer und Honig zum Abschmecken

Karotten in Stücke schneiden und in dem Öl leicht anbraten.
Zwiebel würfeln und mit den Nüssen dazugeben.
Curry und Kurkuma und Kokosflocken hinzu, Bananen schälen, zerdrücken und unterrühren.
Mit dem Orangensaft und dem Wasser aufgießen und 5 Minuten kochen lassen.
Sojamilch hinzugeben und mit den restlichen Gewürzen abschmecken.
Dazu passt Naturreis, besser noch Kartoffeln.

CO_2-Bilanz pro Portion: 150 – 175 g

Pasta mit Tomatensoße aus frischen Tomaten

2,5 kg	frische saisonale Tomaten
150 g	Zwiebel
1-2 El	Olivenöl

etwas Salz, Pfeffer, Oregano, Thymian, Basilikum getrocknet

Die frischen Tomaten waschen, in Würfel schneiden und entkernen.
Die Zwiebel schälen und in kleine Würfel schneiden.
Das Olivenöl erhitzen und erst Zwiebeln darin andünsten.
Die Tomaten dazu geben und mit etwas Wasser ablöschen.
Dann Salz und Pfeffer dazu geben.
Das Ganze etwas zugedeckt etwa 10 Minuten leicht köcheln lassen, danach mit einem Pürierstab zu einer feinen Soße zerkleinern.
Mit den Gewürzen abschmecken.

CO_2-Bilanz pro Portion: 200 g CO_2

Im Vergleich: Tütensoße ca. 860 g, bei Dosentomaten steigt die CO_2-Bilanz auf 400 g CO2.
Die Nudeln dazu kommen auf ca. 130 g pro Person

Schweinefleisch zubereitet, die Sahnesoßen enthalten weniger Sahne. Tomaten im Februar gibt es nur selten und wenn am besten aus der Dose! Bei Suppen verzichten wir immer mehr auf granulierte Fertigware.

Eine gute Idee ist genauso ein vegetarischer Tag pro Woche, wie er in Marburg in allen Schulen und öffentlichen Kantinen eingeführt werden soll.

Auch wenn wir oft Gäste haben, die nur für einen Tag bei uns sind, möchten wir uns hierbei beteiligen und sind gespannt auf die Reaktionen.

Trotz anfänglicher Widerstände können wir klimaschonendes und damit auch gesundes Essen einfach nur empfehlen. Probieren Sie es doch selbst einmal. Im Internet gibt es hierzu eine Vielzahl an Ideen. Auch die ersten Kochbücher sind bereits erhältlich.

Als Beispiel möchten wir Ihnen hier noch zwei Rezepte für je 10 Personen zum Vergleich vorstellen.

Guten Appetit!

Anmerkungen

[1] Einen guten Überblick hierzu und zur Klimabilanz einzelner Lebensmittel erhält man zum Beispiel unter http://www.klimabuendnis-koeln.de/ernaehrung. Weitere nützliche Informationen bietet auch das Öko-Institut.

gemeinschaft erleben
marburg.jugendherberge.de

Jugendherberge Marburg
Jahnstr. 1
D-35037 Marburg

Tel.: 06421/234.61
Fax: 06421/121.91
E-Mail: marburg@djh-hessen.de
URL: www.marburg.jugendherberge.de

Landessportbund Hessen e. V.: Klimaaktive Sportvereine

Rolf Hocke | Landessportbund Hessen e.V.

Der Sport spielt in Hessen eine bedeutende Rolle – mit rund 7 800 Vereinen und mehr als zwei Millionen Mitgliedern hat er die besondere Verantwortung, auch gesellschaftliche Entwicklungen aufzugreifen und in seine Strukturen zu integrieren. Dies gilt auch für moderne Strategien energieeffizienten Denkens und Handelns.

Der Landessportbund Hessen e. V. hat bereits vor 15 Jahren die ersten Aktivitäten zum Klima- und Ressourcenschutz gestartet, die lokale Agenda 21 im Sport initiiert und viele hundert Projekte mit einem Investitionsvolumen von über 10,6 Millionen Euro in den Klimaschutz begleitet und finanziell gefördert. Mit über 2000 sogenannten „Öko-Check-Beratungen" wurden bereits viele Vereine und Kommunen in Hessen bei der Identifizierung von Schwachstellen im Energie- und Klimabereich unterstützt. Im Rahmen der Nachhaltigkeitsstrategie der Hessischen Landesregierung ist im Jahr 2009 die Initiative „100 Kommunen für den Klimaschutz" entstanden, in der sich seither auch der organisierte Sport engagiert. Unter dem Motto „Hessen aktiv: 100 Sportvereine für den Klimaschutz" hat der Landessportbund Hessen e. V. ein Konzept entwickelt, das sich am Prinzip der Lokalen Agenda 21 orientiert und die neuesten Erkenntnisse und Handlungsprämissen im Bereich der Ressourcenschonung auf den Sport überträgt.

Gerade hinsichtlich eines Engagements im Kontext der global ausgerichteten Nachhaltigkeitsarbeit, die das Wohlergehen der Menschheit thematisch übergreifend fokussiert, bietet der Sport mit seinen zahllosen ehrenamtlichen Unterstützern, die eine Vorbildfunktion einnehmen, günstige Voraussetzungen. Mit seinem wichtigen Status als gesamtgesellschaftlichem Multiplikator, kann der Sport Werte transportieren und die Welt im Kleinen bewegen! Tatsächlich bieten sich in einem Sportverein zahllose Möglichkeiten zum Energiesparen, die wir aufzeigen möchten.

Vision

Der organisierte Sport ist gekennzeichnet durch ein hohes Maß an freiwilligem Engagement: Sei es der Wille eines Sportlers, seine Freizeit für das Training zu nutzen, sei es die Unterstützung, die Eltern erbringen, um den Sportbetrieb für ihren Nachwuchs aufrechtzuerhalten oder die ehrenamtliche Arbeit von Übungsleitern, Trainern und vielen anderen Funktionsträgern und Helfern. Wenn alle diese Menschen ein Bewusstsein für Umweltverträglichkeit aufbauen, tragen sie dazu bei, ihren Sportverein und die Natur ringsherum nachhaltig zu sichern. Schon das Einsparen von Wasser oder die Reduktion des Energieverbrauchs durch Fahrgemeinschaften sind zwei Schritte in die richtige Richtung.

Bild 1
Jahrestreffen der klimaaktiven Sportvereine mit der Hessischen Umweltministerin Lucia Puttrich 2011

Das ausgeprägte Gemeinschaftsgefühl im Sport, das in vielen anderen Bereichen in unseren modernen Lebenszusammenhängen in dieser Form nicht mehr auffindbar ist, bildet eine hervorragende Voraussetzung, um neue Ideen zu transportieren und in unserer Gesellschaft dauerhaft zu verankern. Wo alle Generationen miteinander interagieren, ihre Kompetenzen einbringen, voneinander lernen und ihr Wissen multiplizieren, erscheint ein Engagement für den Klimaschutz besonders sinnvoll und lohnend.

Dabei sind es nicht selten kleine Verhaltensänderungen, die aufsummiert eine beachtliche Wirkung entfalten: Die Anfahrt mit dem Fahrrad anstatt mit dem Auto, der bewusste Umgang mit Dusch- und Spülwasser, aber auch die wirtschaftliche Kooperation von Sportvereinen mit Handwerkern und Energieversorgern - dies alles und noch viel mehr fördert den Klimaschutz und verbessert gleichzeitig die finanzielle Situation unserer Sportvereine. Es gilt die Maxime: **Ressourcenschutz ist Klimaschutz!**

Der klimaaktive Sportverein lässt sämtliche Sportstätten, die er betreibt und/oder nutzt, auf ihre Umweltverträglichkeit überprüfen und nach diesem Gesichtspunkt modernisieren. Er setzt den selbst erarbeiteten Maßnahmenkatalog konsequent um und engagiert sich auf diese Weise aktiv für Klima- und Ressourcenschutz, was mittelfristig mit Kostenersparnissen einhergeht.

Sämtliche Mitglieder werden zum bewussten Umgang mit natürlichen Ressourcen und der nachhaltigen Gestaltung der Zukunft aufgefordert. Mit der Sanierung von Sportstätten ist es längst nicht getan - ein klimaaktiver Verein vermittelt gesellschaftliche Werte und handelt in einem ganzheitlichen Kontext.

Nachhaltigkeit – ein vierdimensionales Konstrukt

„Die wirtschaftliche Entwicklung hat in den vergangenen Jahrzehnten zu einer starken Beanspruchung der natürlichen Ressourcen und einer gravierenden Belastung der Umwelt geführt. Deswegen kann die bisherige Entwicklung nicht auf unbestimmte Zeit fortgesetzt werden, sondern es muss weltweit zu einer Kurskorrektur kommen. ***Bei einer nachhaltigen Entwicklung geht es darum, die Bedürfnisse der Gegenwart zu befriedigen, ohne zu riskieren, dass künftige Generationen ihre eigenen Bedürfnisse nicht mehr befriedigen können.****“*[1]

Vor diesem Hintergrund gilt es aus sämtlichen Lebensbereichen konkrete Aktivitäten abzuleiten und den Erfolg derselben zu verifizieren. Das vierdimensionale Nachhaltigkeitsindikatoren-System des **Club of Rome** ermöglicht hinsichtlich der wichtigsten Einflussgrößen eine Orientierung und erleichtert die Erstellung eines sportspezifischen Maßnahmenkatalogs sowie den Übergang in die Praxis vor Ort.

Ökologie

Hierunter werden sämtliche Aspekte zusammengefasst, die einen verantwortungsvollen Umgang mit der Natur wie auch den überleg-

Bild 2
Preisübergabe des Sanierungsgutscheins der Fraport AG an den SV 1924 Allendorf/Eder e. V., v. l. n. r.: Lucia Puttrich, Rolf Hocke, Friedhelm Briel und Jörg Kämer

Bild 3
CO_2- Bilanzierungstool für Sportvereine

ten Einsatz energetischer Ressourcen beinhalten. Abfallmanagement, die Verwendung erneuerbarer Energien bei gleichzeitiger Verbrauchsreduktion fossiler Brennstoffe, überlegte Mobilität und der Schutz der Artenvielfalt in Flora und Fauna können direkt in den Sportverein übertragen werden: Abfalltrennung, Stromersparnis und/oder die Verwendung von Solaranlagen/Blockheizkraftwerken, stehen eindeutig im Zusammenhang mit Sportstätten und Vereinsveranstaltungen. Ebenso ist die Wahl von Transportmitteln unter Berücksichtigung von Fahrrädern, öffentlichen Verkehrsmitteln und Fahrgemeinschaften im Vereinsalltag relevant.

Ökonomie

Dieser Aspekt dürfte auch vielen Funktionsträgern im organisierten Sport bestens bekannt sein. Die Betriebskosten von Sportstätten sind an dieser Stelle besonders zu beachten, da sie von gemeinnützigen Vereinen mit niedrigen Mitgliedsbeiträgen oft nur mühsam getragen werden können. Umso wichtiger ist die Reduzierung des Verbrauchs der natürlichen Ressourcen und die damit verbundene Kostensenkung, damit Sportvereine ihre Existenz auf Dauer sicherstellen können.

Gesellschaft und Soziales

Aufgrund der gemeinnützigen Ausrichtung von Vereinen entspricht dieser Aspekt einer sportimmanenten Kernkompetenz, die mit der Herausbildung eines sensiblen Bewusstseins für zwischenmenschliche und gesellschaftlich übergreifende Fehlentwicklungen stetig einhergeht. Diese besondere Stärke des Sports kann ein Verein für die gezielte Integration unterschiedlicher (Rand-)Gruppen nutzen, respektive besteht die Möglichkeit, frei nach der Prämisse ***think global, act local*** im kleinen Rahmen und beispielsweise durch den Einkauf fair gehandelter Sportgeräte, Kleidung und anderer Waren einen Beitrag zur globalen Zukunftssicherung zu leisten.

Partizipation

Die Idee hinter dieser Erweiterung des Nachhaltigkeitskonzepts ist die Tatsache, dass Nachhaltigkeit niemals in einem eindimensional hierarchischen Kontext von oben herab funktioniert. Das wahre Umdenken ist ein langer Weg, der die Menschen an der Basis unbedingt mitnehmen muss, weil er sonst starr und ungreifbar bleibt. Mitgestalten, aktiv werden, am Veränderungsprozess teilhaben - das überzeugte Engagement von Vereinsmitgliedern kann ein kleines Mosaiksteinchen zur nachhaltigen Zukunftssicherung sein. Deshalb brauchen wir Vernetzung, Diversifikation und den Mut zum Handeln. Auch wir müssen zulassen, dazulernen und am Zeitgeist jederzeit messbar zu sein.

Klimaaktive Sportvereine vor dem Hintergrund der Nachhaltigkeit

Zwar sind alle vier Dimensionen der Nachhaltigkeit im Alltag eines Sportvereins relevant. Der Schwerpunkt der Aktivitäten des Landessportbundes Hessen e. V. im Rahmen des Programms „Klimaneutrales Hessen" sind aber die ökologischen und ökonomischen Aspekte sowie das Erreichen der Partizipation möglichst vieler Mitglieder. Diese Akzentuierung soll die soziale Dimension, die einen Kernbereich des aktiven Vereinslebens ausmacht, keineswegs außer Acht lassen. Im Besonderen zielt aber die Beratung des Landesssportbundes Hessen e. V. im Geschäftsbereich Sportinfrastruktur darauf ab, vorhandene Energieeinsparpotenziale aufzuzeigen und ein Bewusstsein für Nachhaltigkeit und somit für mehr Qualität zu schaffen, das neue Handlungswege eröffnet.

Insbesondere bei Betrachtung der Sportanlagen ergeben sich erfahrungsgemäß zahlreiche Optionen für Verbesserungen. Eine Beratung vor Ort und die Erarbeitung eines spezifischen Maßnahmenkatalogs können nicht nur die CO_2-Emissionen und den Trinkwasserverbrauch deutlich herabsetzen, sondern entlasten die Sportvereine finanziell mittelfristig erheblich. Dieser Effekt kann noch vergrößert werden, wenn flankierend und über einen Hinzugewinn an inhaltlicher Kompetenz eine Rückkoppelung in die privaten Haushalte der Vereinsmitglieder stattfindet. Hier liegt ein großer Hebel in unseren Aktivitäten.

Vorschläge für Maßnahmen eines klimaaktiven Sportvereins

Die folgende Ideensammlung soll nicht das gesamte Spektrum klimaschutzorientierter Handlungsmöglichkeiten aufzeigen, sondern bietet einen Überblick, der beim Erstellen einer sportspezifischen Nachhaltigkeits-Agenda auch strukturell als nützliche Orientierungshilfe dienen kann. Auf eine Angabe konkreter Umsetzungszeitfenster wurde verzichtet. Beim Transfer in einen eigenen Aktionsplan sollte dieser Aspekt allerdings berücksichtigt werden.

Leitbild
An dieser Stelle werden Ziele aufgeführt, die ein Verein langfristig erreichen möchte.

Sportstätten
Hier schlummern enorme ökologische und ökonomische Potentiale, besonders was die Sanierung und/oder den Umbau von Sportstätten anbelangt!

Öffentlichkeitsarbeit
Jeder Sportverein kann seine innovativen Handlungsstrategien nur dann einer breiteren Öffentlichkeit zugänglich machen, wenn er sie sichtbar macht – und zwar kompetent. Dies erfordert die Unterstützung durch eine sprachlich versierte Person aus dem Verein.
Darüber hinaus sollten PR-Kompetenzen unbedingt mitgedacht und genutzt werden. Hier sind Vereinsmitglieder gefragt, die z.B. in einem entsprechenden Metier arbeiten und vor allem auch nahe am Zeitgeist sind. Nur sie können eine nachhaltig wirksame Präsentation/Veranstaltung auf die Beine stellen.

Organisatorisches / Management
Auch auf der Organisationsebene können Sportvereine Grundlagen für den Klimaschutz legen. Mit einem effizienten Anlagenmanagement und -controlling kann beispielsweise bis zu 20 % Energieeinsparung erzielt werden.

Ehrenamt
Das Ehrenamt ist **die** große Chance der Sportvereine! Menschen, die freiwillig und ohne Berufsdruck ihre Kompetenzen einbringen und Spaß miteinander haben, können unabhängig denken und handeln. Das Prinzip der Nachhaltigkeit braucht diesen Freiraum und diese ungemein wichtige Partizipation. Das soziale Füreinanderdasein auf der Basis von Toleranz und Vernetzung ist ein Zusatzfaktor, der Ideen nicht nur multipliziert, sondern künftige Bundesbürgergenerationen fit macht für die Zukunft.

Kooperationen
Kooperationspartner bilden die Schnittstelle zur Wirtschaft, zum ökonomischen Denken und Handeln. Solaranlagen, Mini-Blockheizkraftwerke, selbst integrative Maßnahmen für Randgruppen müssen bezahlt werden! In unserem Vereinskosmos ist es deshalb dringend notwendig, die Ebene der finanziellen Selbstreferenz zu verlassen und verschiedenste Fördermittel und Geldquellen zu eruieren und erfolgreich zu erschließen.

Veranstaltungen
Veranstaltungen sind nicht nur eine organisatorische Herausforderung, sie bieten vielfältige Möglichkeiten, klimaaktiv und in diesem Kontext auch öffentlichkeitswirksam kompetent zu agieren und das Thema Klimaschutz und Klimaneutralität zu kommunizieren.

Die Öko-Check-Beratungen in vereinseigenen und kommunalen Sportanlagen

Warum Öko-Check-Beratungen?
In Deutschland gibt es über 170 000 Sportstätten: Sportplätze, Tennishallen, Reithal-

Bild 4
Logo „Hessen aktiv – 100 Sportvereine für den Klimaschutz“

len, Turn- und Mehrzweckhallen, Hallen- und Freibäder und andere. Mehr als 80 000 dieser Sportstätten befinden sich in Vereinsbesitz. Die Umweltbelastungen, die sich aus dem Betrieb der Anlagen ergeben, sind beträchtlich. Von besonderer Bedeutung sind:

- der Verbrauch von nicht erneuerbaren Ressourcen (fossile Energieträger),
- die Belastung der Luft und der Umwelt durch Emissionen und Imissionen,
- der Wasser- und Flächenverbrauch,
- das Abfallaufkommen sowie
- die Verkehrsbelastungen.

Um den Verbrauch an Energie, Wasser und anderen Rohstoffen deutlich zu verringern, sind kleinere oder große Sanierungsmaßnahmen der bestehenden Sportstätten notwendig. Aus der Erfahrung von mehr als 2 000 Öko-Check Beratungen und der hieraus gewonnenen technischen Sicht, besteht bei 70 % aller Sportstätten die Notwendigkeit, aktiv zu werden. Die meisten Sportstätten sind in den 70er oder 80er Jahren erbaut worden – energetische Sanierungs- oder Renovierungsmaßnahmen sind dringend durchzuführen. Außerdem ist davon auszugehen, dass der Bedarf an baulichen Erweiterungen und energetischen Sanierungen der vorhandenen Sportstätten oder der Neubau von Sportstätten ansteigen wird. Durch stetig steigende Energie- und Rohstoffkosten ergeben sich für viele Vereine und Kommunen Probleme bei der Unterhaltung und Finanzierung der Sportanlagen. Auch bei kommunalen Sportstätten ist die Unterhaltung, der Sanierungsbedarf und die Finanzierung dieser Erfordernisse in den Mittelpunkt der Haushaltsaufstellungen gerückt.

Sportstätten verbrauchen beträchtliche Energie für die Raumwärme, Wasser im Dusch- und Sanitärbereich und für die Freiflächenbewässerung sowie Strom für die Kühlungs- und Beleuchtungsanlagen.

Den meisten Vereinen/Kommunen fehlt es an finanziellen Mitteln, um die notwendigen Sanierungen oder die Erweiterung von Sportanlagen nach dem neuesten Stand der Technik und unter Berücksichtigung ökologischer Aspekte durchzuführen. Im Umkehrschluss führen Investitionseinsparungen zu höheren Betriebskosten – und das über einen längeren Zeitraum hinweg.

Klimaschutz im Breitensport muss in den Sportstätten beginnen. Die Sanierung ist dringend geboten. Auf runde 42 Mrd. Euro wird der Sanierungsstau in deutschen Sportstätten durch den Deutschen Olympischen Sportbund geschätzt. Aus der intensiven Bautätigkeit der 60´er und 70´er Jahre ergibt sich eine riesige Welle an Sanierungsbedarf.

Im Sportstättenbereich fehlt es bisher an Fachberatung für die durchzuführenden Sanierungs- oder Erweiterungsmaßnahmen – dadurch werden in vielen Fällen die falschen Techniken angewandt.

Eine sportspezifische Fachberatung kann im Vorfeld einer Sanierungs- oder Erweiterungsmaßnahme neue oder effizientere Techniken ermitteln und im Rahmen einer Gesamtauswertung der Einsparpotenziale einen sinnvollen Beitrag zur Ressourceneinsparung und zur Entlastung der Betriebskosten leisten. Mit diesem Wissen und der Notwendigkeit zur sportstättenspezifischen Beratung hat der Landessportbund Hessen e.V. das Angebot der Öko-Check Beratung, einer kompetenten Fachberatung von „neutraler Instanz“ ohne Verkaufsabsichten zu allen Sportstättenfragen aufgebaut.

Ziele der Öko-Check Beratungen:

- Fachliche Informationsvermittlung an Vorstände / Mitarbeiter bzw. Betreiber von Sportstätten
- Fehlinvestitionen vermeiden (falsche Beratung, Unwissenheit, …)
- Betriebskosten senken (Steigerung der Energieeffizienz)
- Geeignete Fördermittel finden und nutzen
- Anlagen optimieren (innerhalb der möglichen Rahmenbedingungen)
- Gesunde und ansprechende Anlagen betreiben
- Nachhaltiger Umgang mit Ressourcen (Wasser, Flächen usw.).

Seit **1998** werden beim **Landessportbund Hessen e. V.** spezielle Öko-Check-Beratungen angeboten.

Der „Öko-Check in Sportanlagen" umfasst eine komplette Bestandsaufnahme der Sportstätte mit allen Nebengebäuden und Außenflächen. In einem mehrseitigen Erfassungskatalog werden alle Bereiche aufgenommen und für die spätere Auswertung festgehalten. Die Vorschläge für die Sanierungs- oder Verbesserungsmaßnahmen werden in einem Abschlußbericht – mit allen Empfehlungen und den ermittelten Einsparpotenzialen – dem Betreiber der Sportanlage zur Verfügung gestellt.

Ergebnisse der Öko-Check-Beratungen:

- Entlastung im Bereich der Energiekosten der Sportanlage
- Förderung des wirtschaftlichen Betriebes einer Sportanlage
- Schonung und Einsparung von Ressourcen
- Wirksame Reduzierung der CO_2-Belastung
- Aktiver Umweltschutz
- Reduzierung der Energiekosten

Neben der Ausschöpfung der technischen Möglichkeiten, die zur Senkung des Energiebedarfs beitragen, kommt dem Verhalten jedes Einzelnen eine besondere Bedeutung zu. An oberster Stelle des Energiemanagements sollte die Vermeidung von unnötigem Energieverbrauch stehen. Energieeinsparungen sind von großer Bedeutung für den Klimaschutz und tragen zur Schonung vorhandener Ressourcen bei. Der vorhandene Gebäudebestand spielt in diesem Bereich eine wichtige Rolle.

Die ermittelten Einsparpotentiale können nur dann genutzt werden, wenn der Betreiber/Verein auch entsprechende Finanzmittel zur Verfügung hat, z. B. über Anreizprogramme. Aufgrund der angespannten Finanzlage vieler Kommunen und Vereine müssen finanzielle Rahmenbedingungen auf Landesebene erhalten bzw. geschaffen werden, um die notwendigen und anstehenden Sanierungs- und Modernisierungsmaßnahmen auch finanziell unterstützen zu können. Der Landessportbund Hessen e.V. hat im Rahmen seiner Beratungstätigkeit ein Sonderförderprogramm für „Klimaschutz- und Kosteneinsparmaßnahmen im Sportverein" gemeinsam mit dem Hessischen Ministerium des Innern und für Sport aufgebaut und leistet damit einen zusätzlichen Beitrag zur Umsetzung von Klimaschutzmaßnahmen.

Anmerkungen

[1] Vgl. Leitfaden – Indikatoren im Rahmen einer lokalen Agenda 21, Forschungsstätte der Evangelischen Studiengemeinschaft e. V. (Fest), S. 4

Landessportbund Hessen e.V.

Landessportbund Hessen e. V.
Geschäftsbereich Sportinfrastruktur
Otto-Fleck-Schneise 4
D-60528 Frankfurt

Tel.: 069/6789-266
Fax: 069/6789-428
E-Mail: umwelt@lsbh.de
URL: www.landessportbund-hessen.de

„Wer von Windenergie spricht, muss auch an die Netze denken“

Interview mit Dr. Peter Birkner, Technikvorstand der Mainova AG, Frankfurt am Main

Tilo Maier | Mainova AG

Windenergie ist eine wesentliche Säule im Energiemix der Zukunft. Ohne Windkraftanlagen wird die Energiewende nicht gelingen. Als innovatives Energiedienstleistungsunternehmen hat sich die Mainova AG verstärkt dem Thema Windenergie zugewandt. In einem Grundsatzinterview beleuchtet Technikvorstand Dr. Peter Birkner die Rahmenbedingungen für Windkraft in Deutschland und Hessen. Er erläutert die Strategie der Mainova AG und gibt einen Ausblick in die Zukunft der Energieversorgung in der prosperierenden Rhein-Main-Region.

Herr Dr. Birkner, On-Shore oder Off-Shore Windkraft? Wo sehen Sie in Deutschland das größere Potential?

Dr. Birkner: Zunächst zu On-Shore: Hier ist die Technik ausgereift und beherrschbar. Für Investoren ist das Risiko eher gering. Außerdem ist ein Windpark an Land vergleichsweise schnell realisiert – natürlich unter der Voraussetzung, dass die Bürger in der betroffenen Region zustimmen. Die Windräder, welche die Mainova aktuell einsetzt, haben eine Leistung von 2,5 Megawatt und eine Nabenhöhe von 140 Metern. Sie sind unter technischen Gesichtspunkten momentan das beste Modell am Markt. Mit solchen Anlagen an Land können wir nennenswerte Mengen an Öko-Strom erzeugen. Natürlich gibt es in Deutschland noch viele Anlagen, die kleiner sind und weniger Leistung bringen. Hier kann jedoch durch „Repowering“, sprich durch ein Aufrüsten der Anlage, noch jede Menge Potenzial gehoben werden. Off-Shore Windanlagen sind hingegen bei weitem noch nicht so ausgereift. Hier fehlt vor allen Dingen die Erfahrung. Langzeittests gibt es noch keine und die Bedingungen in Nord- und Ostsee sind ungleich aggressiver als in Mittelhessen. Natürlich hat Off-Shore perspektivisch ein unglaubliches Potenzial – aber kurzfristig sind Windparks an Land die bessere Option. Meine Schätzung für Deutschland ist, dass wir perspektivisch die Windkraft zu 2/3 an Land und zu 1/3 auf See nutzen werden. Bei der Frage, ob Investitionen in Off-Shore Windparks für die Mainova AG in Frage kommen, gilt aktuell folgendes: Wir haben uns verschiedene Projekte angeschaut. Die Erfahrungen, die unsere Mitarbeiter gewonnen haben, sind sehr wichtig und werden uns bei zukünftigen Projekten sicher weiterhelfen. Wir kommen aber zum Schluss, dass die Risiken momentan zu hoch sind. Warum sollten wir viel Geld in riskante Großprojekte stecken, wo wir bei risikoärmeren und überschaubaren Projekten an Land eine höhere Rendite erreichen? Wir verfolgen also die Entwicklung auf dem Meer – werden aber momentan nicht als Investoren aktiv. Vom Tisch ist Off-Shore damit aber nicht. Vor allem lohnt es sich, den Blick über Deutschland hinaus zu lenken, um weitere Erfahrungen zu sammeln. In England beispielsweise gibt es ganz andere Bedingungen: Hier können die Anlagen bei hervorragenden Windbedingungen küstennah gebaut werden. Das reduziert das Risiko.

Bild 1
„Meine Schätzung für Deutschland ist, dass wir perspektivisch die Windkraft zu 2/3 an Land und zu 1/3 auf See nutzen werden.“ [Foto: Mainova AG]

Nun ist Hessen ein Binnenland und nach Ansicht vieler Bürger bläst der Wind an den Küsten Mecklenburg-Vorpommerns stärker als bei uns. Wieso lohnen sich trotzdem Windparks in einem Bundesland wie Hessen?

Dr. Birkner: Hessen hat bekanntlich auch ein paar ganz beachtliche Höhenzüge. Wenn die

Bild 2
Aufbau in schwindelerregender Höhe: Fast 100 Meter beträgt der Rotordurchmesser der Windanlage
[Foto: Mainova AG]

Rotoren eines Windrades auf einem Bergrücken über den Baumwipfeln drehen, so erreicht man eine ordentliche Windausbeute. Die Technik macht den Betrieb in unserer Region also möglich und auch wirtschaftlich. Zudem erzeugen wir verbrauchsnah und begrenzen so den erforderlichen Netzausbau.

Trotzdem bleibt die Windkraft per se volatil. Selbst wenn es neue Windkraftanlagen geben wird – sind die Netze in Hessen dafür überhaupt ausgelegt?

Dr. Birkner: Wenn wir über die Netze im Mainova-Konzern reden, also in Frankfurt und im Umland, so reden wir von einer Netzlogik, die von Großabnehmern wie dem Flughafen, der Messe oder den Rechenzentren geprägt ist. Von Netzen also, die große Mengen Energie aufnehmen können. Für unsere Netze sehe ich deshalb in den kommenden Jahren keine Schwierigkeiten. Perspektivisch ist Photovoltaik die wichtigste regenerative Energiequelle. Aber dies stellt kein Problem für unsere Netze dar. Bei den Netzen in den ländlich geprägten Regionen Hessens muss jedoch genauer hingeschaut werden. Die Mittelspannungsnetze dort sind dafür ausgelegt, um Ortschaften bedarfsgerecht zu versorgen. Nehmen wir das Beispiel Siegbach, wo wir Ende letzten Jahres den ersten kommerziellen Mainova-Windpark in Betrieb genommen haben: Bläst dort ordentlich Wind, so erreichen unsere Anlagen das Dreifache des örtlichen Strombedarfes. Hier müssen also die Netze ausgebaut werden, damit die überschüssige Energie abtransportiert werden kann. Außerdem stehen die Anlagen weit ab von der Ortschaft im Wald. Dort liegen naturgemäß keine Stromnetze, also muss auch hier ein leistungsfähiges Netz entstehen, um die Anlagen überhaupt richtig anbinden zu können. Es müssen nach meiner Auffassung in Deutschland bis zu 25 Milliarden Euro in die Mittelspannungsnetze investiert werden – und Hessen ist hier nicht ausgenommen. Städte und ländliche Kommunen müssen kooperieren, damit die Energiewende gelingt. Die Mainova beschäftigt sich übrigens sehr intensiv mit dem Thema „intelligente Netze“. Darunter verstehen wir Methoden, die es erlauben Reserven in bestehenden Netzen zur Integration Erneuerbarer Energien zu nutzen. Unser Pilotprojekt „iNES“ ging gerade ans Netz.

Sie haben gerade den Mainova-Windpark in Siegbach angesprochen. Dies ist der erste zu 100 Prozent eigenständige Windpark der Mainova AG. Zuvor setzte das Unternehmen auf Beteiligungen, wie beispielsweise am Windpark im brandenburgischen Havelland. Wie geht es zukünftig weiter? Beteiligungen oder eigene Windparks?

Dr. Birkner: Grundsätzlich geht natürlich beides. Aber es hat schon eine gewisse Logik, dass wir selbst aktiv werden. Die Mainova AG hat eine hohe Kompetenz bei thermischen Kraftwerken. Erneuerbare Energien waren noch vor zehn Jahren nicht so stark im Fokus von Energieversorgern – auch nicht bei der Mainova. Hier hat allerdings ein Umdenken eingesetzt. So ist es sinnvoll, sich zunächst an Projekten zu beteiligen, wo andere die Expertise haben. Nur so kann man selbst lernen. Dies galt auch für Havelland. In Siegbach haben wir dann gemeinsam mit ABO Wind einen Windpark geplant und errichtet. Das hat sehr gut funktioniert und deswegen wird das unser Modell für die Zukunft sein. Mittlerweile haben wir auch die Mitarbeiter, die solche Projekte bewerten können und sie anschließend mit unserem Partner auch umsetzen. Wenn in Zukunft rund um Frankfurt Windparks entstehen, so folgt das ebenso einer bestimmten Ratio: Wir können die Anlagen beispielsweise ohne lange Anfahrtswege selbst warten. Aus Unternehmenssicht geht es darum, gemeinsam mit den Städten und Gemeinden der Region eine Gesamtstrategie zu entwickeln. Diese basiert auf Stromerzeugung, Stromverbrauch und Strompuffer. Das Modell ist im Prinzip recht einfach: Strom wird im Umland erzeugt und mit Frankfurt gibt es einen starken und gesicherten Abnehmer. Sollte jedoch der Wind nicht wehen, so können die thermischen Kraftwerke in Frankfurt die Region versorgen. Grundvoraussetzung dafür sind jedoch wieder die starken Netze.

Bild 3
„Durch Bürgerbeteiligungsmodelle erhoffen wir uns die Akzeptanz der unmittelbar Betroffenen. Wer an einem Windpark in der Nachbarschaft beteiligt ist, sieht diesen mit anderen Augen."
[Foto: Mainova AG]

Frankfurt und Wiesbaden sind jedoch nicht mit Windkraft allein zu versorgen - egal wie viel oder wenig der Wind weht...

Dr. Birkner: ...natürlich nicht, das glaubt auch keiner. So ein Windrad produziert maximal 2 500 Volllaststunden im Jahr Strom. Das darf man nicht vergessen. An manchen Tagen weht der Wind gut und es wird mehr Strom produziert als benötigt. An anderen Tagen stehen alle Räder gleichzeitig still. Es geht also um Ausgewogenheit. Ohne Komplementärkraftwerke und perspektivisch auch Speicher geht es daher nicht.

Braucht es einen Wind-Masterplan für Hessen?

Dr. Birkner: Gewisse Rahmenbedingungen sind sicher hilfreich. Grundsätzlich entscheiden aber die Kommunen und natürlich die Bürger, ob und wo Windparks gebaut werden. Unsere Rolle ist es dabei, den Dialog zu suchen und unsere Kompetenz zu beweisen. Wir sprechen mit allen Kommunen, bei denen wir das entsprechende Potential sehen. Unser Plus ist sicherlich, dass wir grundsätzlich die Kommunen an den Windparks beteiligen wollen. Durch Pacht der Flächen, als Beteiligung an einer Windparkgesellschaft oder als Bürgerbeteiligung. Außerdem können wir, mit unseren Hauptabnehmern in Frankfurt, einen sicheren Stromabsatz gewährleisten. Für uns ist es wichtig, solche Fragen gemeinsam mit Kommune und Bürger zu beantworten.

Gibt es schon konkrete Planungen für neue Windparks?

Dr. Birkner: Wir gehen dieser Frage täglich nach. Aktuell bearbeiten wir knapp zwanzig Projekte im Taunus, Spessart und am Feldberg – natürlich mit unterschiedlichem Status. Bei manchen berechnen wir noch die technischen und wirtschaftlichen Parameter, bei anderen sind erste Kontakte geknüpft und bei manchen ist die Planung schon sehr konkret. Beschlossen und durch unsere Gremien genehmigt ist ein Windpark mit circa 17 Megawatt in Hohenahr und einer mit acht Megawatt am Standort Niedererlenbach. Weitere Projekte stellen wir in Kürze unserem Aufsichtsrat vor.

Die Mainova AG will die Bürger an Windparks beteiligen. Was versprechen Sie sich davon?

Dr. Birkner: Im Wesentlichen geht es um Nachhaltigkeit. Neben Wirtschaftlichkeit und Umweltaspekten hat Nachhaltigkeit natürlich auch mit Akzeptanz zu tun. Die beiden ersten Aspekte sind bei der Windkraft unstrittig. Durch Bürgerbeteiligungsmodelle erhoffen wir uns die Akzeptanz der unmittelbar Betroffenen. Wer an einem Windpark in der Nachbarschaft beteiligt ist, sieht diesen mit anderen Augen. Im Fall Siegbach konnten die Bürger mit unserem Produkt Mainova ÖkoAktiv eine Einlage machen, die fest verzinst wurde, unabhängig vom Ertrag. Das Risiko liegt also bei uns. Der Bürger erhält neben ökologisch erzeugtem Strom zusätzlich noch Zinsen. Neben diesem Modell prüfen wir auch weitere Varianten, um Bürger und auch Kommunen zu beteiligen. In Hohenahr ist die Kommune Miteigentümer. Dabei wollen wir die Abwicklung für alle Beteiligten so einfach wie möglich gestalten.

Bild 4
„Wer über den Ausbau Erneuerbarer Energie nachdenkt, muss immer auch an Netzkapazitäten denken."
[Foto: Mainova AG]

Nehmen die Bürger dieses Angebot an?

Dr. Birkner: Bei unserem Pilotversuch in Siegbach war das für die Bürger vorgesehene Kontingent innerhalb weniger Wochen komplett ausgeschöpft. Unsere Strategie ging auf. In Zukunft setzen wir vermehrt auf Banken und Sparkassen, die uns mit ihrer Kompetenz vor Ort unterstützen. Am Modell der Bürgerbeteiligung halten wir weiterhin fest. Übrigens geht es dabei nicht nur um die harten Fakten, wie festgeschriebene Zinssätze. Viele Menschen verstehen sich als aktiven Teil der Energiewende und wollen explizit, dass die Erneuerbaren Energien an Boden gewinnen. Wir begrüßen dieses Engagement sehr.

Bürgerbeteiligung ist eine Möglichkeit, um die Bürger für die Energiewende zu gewinnen. Trotzdem gibt es vielerorts Proteste gegen Windräder. Was kann die Mainova AG zusätzlich leisten, um generell die Akzeptanz zu stärken?

Dr. Birkner: Nicht nur wir haben ein Interesse daran, Windparks zu bauen. Auch die Kommunen suchen Möglichkeiten, ihre Einnahmen zu erhöhen. Ob durch Pachterträge oder Beteiligungen: ein Windpark bringt auch der Kommune Geld, welches die meisten Kommunen dringend benötigen. Also spricht die Kommune von sich aus mit den Bürgern, um mögliche Standortfragen zu klären. Hier gilt es, zwischen den unterschiedlichen Interessen zu vermitteln. Der Dialog ist wichtig und unsere Maxime lautet: Kein Windpark wird gegen den erklärten Willen der Bürger errichtet. Die Energiewende geht nur mit den Menschen und nicht gegen sie.

ABO Wind und Mainova AG sind Kooperationspartner. Was versprechen Sie sich von diesem Abkommen?

Dr. Birkner: Windenergie ist für die Zukunft der Energieversorgung substantiell. Da geht es um mehr, als hier und da eine „Windmühle" aufzustellen. Wir reden bei Mainova bis 2015 von einhundert – vor allem in Hessen aber auch deutschlandweit. Da werden Partner gebraucht, die das Wissen und die Kompetenz haben, solche Anlagen zu errichten. Es ist jede Menge Erfahrung erforderlich, allein um die notwendigen Genehmigungsschritte erfolgreich abzuwickeln. Außerdem entwickelt sich die Technik weiter. Es ist nur sinnvoll, die jeweils modernsten und leistungsfähigsten Modelle aufzubauen. ABO Wind ergänzt unsere Kompetenzen. In Siegbach hat sich gezeigt, dass wir es können und auch gemeinsame Vorstellungen für die Zukunft haben. Das sind aus meiner Sicht gute Voraussetzungen für eine Kooperation.

Welche Schritte muss die Mainova AG sonst noch gehen?

Dr. Birkner: Wir müssen uns der Frage der Stromspeicher widmen - auch hier in Frankfurt. Schauen wir einmal weit in die Zukunft und beschreiten den Weg, der zu mehr erneuerbarer Energie führt: Irgendwann einmal kann es sein, dass an manchen Tagen so viel Strom durch Wind und Sonne produziert wird, dass selbst Frankfurt diesen nicht schlucken kann. Wie können wir dieses Plus an Energie sinnvoll speichern? Eine Möglichkeit ist es, den Strom für die Elektrolyse zu verwenden, um Wasserstoff oder Methan herzustellen. Diese beiden Gase können dann im begrenzten Umfang im Erdgasnetz gespeichert werden. Bei Dunkelheit und Flaute können sie dann wieder durch Gaskraftwerke in begrenztem Umfang in Strom umgewandelt werden. Das klingt jetzt sehr einfach. Technisch ist das auch heute schon möglich – wirtschaftlich jedoch nicht. Es ist also noch eine Menge Forschungsarbeit notwendig. Sie sehen, wir denken nicht nur an morgen, sondern auch schon an übermorgen.

Bild 5
2,5 Megawatt Nennleistung hat das Windrad im ersten Mainova-Windpark bei Siegbach im Schelder Wald.
[Foto: Mainova AG]

Windpark Siegbach: die Technik

- 3 Anlagen á 2,5 MW = 7,5 MW Nennleistung
- Gesamthöhe: 190 m, Nabenhöhe: 140 m
- Jährlicher Betrieb: circa 2 200 Volllaststunden
- Jährlicher Netto-Energieertrag: circa 16 Mio. kWh (= Strommenge für 6 400 Durchschnittshaushalte)
- Jährliche CO_2-Einsparung: circa 8 130 Tonnen

Mainova ÖkoAktiv: die Basisdaten

- Typ: zweckgebundenes Darlehen
- Verzinsung: 3,5 % garantiert
- Anlagebetrag: mind. 1 000 bis max. 25 000 €
- Kontingent: 3,5 Mio. €
- Anlagedauer: 3 Jahre, keine automatische Verlängerung
- Anlegerkreis: Bürger der Gemeinde Siegbach, Mainova-Kunden und Mitarbeiter

Mainova AG
Solmsstraße 38
D-60623 Frankfurt am Main

Tel.: 069/213-0
E-Mail: nachhaltigkeit@mainova.de
URL: www.mainova.de

Die Mainova AG – Energie für Rhein-Main

Als moderner Energiedienstleister, traditionell verwurzelt mit der Stadt Frankfurt und ihrem Umland, liefert die Mainova AG die Energie für die Lebensqualität und Wirtschaftskraft der ganzen Region. Genauso zuverlässig, wie es die Privat- und Geschäftskunden an einem der anspruchsvollsten Standorte Deutschlands, dem Rhein-Main-Gebiet, erwarten.

Sichere Versorgung

Die Mainova AG bündelt langjährige Erfahrung und umfassendes Know-how für alle Versorgungsbereiche – Strom, Erdgas, Wärme und Wasser. Gerade Frankfurt ist als Finanzzentrum elementar auf eine sichere Energieversorgung angewiesen. Die Stromversorgung der Mainmetropole basiert daher auf einem eng vermaschten Netz von Knotenpunkten. Dieses dezentrale System ist eines der sichersten Netze überhaupt.

Umweltschonende Erzeugung

Das Thema Nachhaltigkeit spielt bei der Mainova AG eine bedeutende Rolle. Die aktuelle Strategie sieht vor, allein bis 2015 Investitionen in Erzeugungsprojekte im Gesamtvolumen von rund 500 Millionen Euro zu tätigen. Der Schwerpunkt liegt dabei im Bereich der erneuerbaren Energien – eine Investition in die Versorgungssicherheit der Region und in den nachhaltigen Klimaschutz.

Günstige Preise

Verbraucherfreundlichkeit hat für die Mainova AG höchste Priorität, dazu gehören für das Unternehmen auch möglichst günstige Preise für die Kunden. Bei der Gestaltung der Tarife orientiert sich die Mainova AG an den Ratschlägen von Verbrauchervertretern, die einen sehr guten Service, lange Preisgarantien und kurze Kündigungsfristen bei insgesamt günstigen Preisen fordern. Mit diesem Angebot gehört die Mainova AG zu den Top-Stromanbietern Deutschlands.

Bild 6
Die Konzernzentrale der Mainova AG in Frankfurt
[Foto: Mainova AG]

Klimaneutrale und nachhaltige Gebäude auf der Grundlage des Passivhauskonzeptes

Wolfgang Hasper | Passivhaus Institut

Nach Definition der Enquête-Kommission „Globalisierung der Weltwirtschaft" beschreibt der Begriff Nachhaltigkeit die Nutzung regenerierbarer Systeme dergestalt, dass das System permanent, d.h. auch in allen nachfolgenden Generationen, in dieser Weise genutzt werden kann.

Bei wachsender Weltbevölkerung und mit den überkommenen Energieversorgungskonzepten steigt der CO_2-Gehalt der Atmosphäre immer weiter an. Parallel zu Erfolgsmeldungen über Fortschritte bei der Energieeffizienz und der Versorgung durch Erneuerbare Energien kann man von Jahr zu Jahr Rekordmeldungen über weiter steigende fossile Emissionen lesen. Unsere Industriegesellschaft muss daher, möchte sie den Herausforderungen der Globalisierung und den drohenden Klimaveränderungen begegnen, eine neue Haltung zur Energienutzung entwickeln. Energie steht nicht länger billig und im Überfluss zur Verfügung.

Vielfach ist aber auch gar kein hoher Energieeinsatz erforderlich, um die damit angestrebte und erwünschte Leistung zu erzielen. Ein Paradigmenwechsel kann ohne Verlust gelingen: So ist selbst im Winter die Beheizung eines Raumes zur Erhaltung einer komfortablen Temperatur nicht erforderlich, sofern nur Wärmeverluste konsequent vermieden werden. Physikalisch betrachtet ist dies zwar nicht in letzer Konsequenz möglich, die erforderliche Restheizung kann aber nahezu beliebig klein werden.

Wie dies wirtschaftlich gelingen kann, zeigt seit vielen Jahren die Passivhausentwicklung konkret auf. Viele tausend Gebäude mit unterschiedlichen Nutzungen konnten seit der Entwicklung des Konzeptes anfang der 1990er Jahre realisiert werden und die Erfahrungen sind sehr positiv. Hier wird der Energiebedarf für behaglich temperierte Räume durch wirtschaftlich vernünftigen Wärmeschutz und den Einsatz baupraktisch einfach handhabbarer Verfahren und Komponenten gegenüber den üblichen Standards um ca. einen Faktor fünf vermindert.

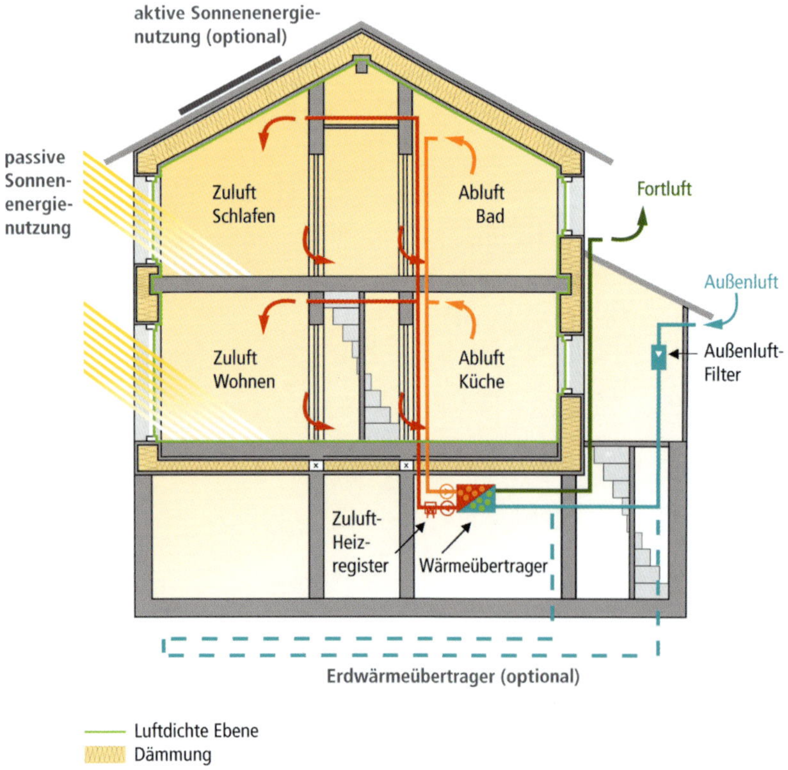

Bild 1
Querschnitt durch ein typisches Passivhaus: 5 Elemente sind erkennbar: gute Wärmedämmung, wärmebrückenfreie Konstruktion, Passivhausfenster, luftdichte Bauweise und Komfortlüftung mit Wärmerückgewinnung. [Grafik: Passivhaus Institut]

Das Passivhaus-Konzept ist ein umfassender Ansatz für preiswertes, qualitativ hochwertiges, gesundes und nachhaltiges Bauen und in allen Klimaregionen der Welt anwendbar. Die für mitteleuropäisches Klima typische Konfiguration ist in **Bild 1** zusammengestellt.

Eine gut wärmegedämmte und luftdichte Gebäudehülle ohne Wärmebrücken schließt das beheizte Volumen nach außen ab. Hochwertige Fenster lassen die Nutzung der Sonneneinstrahlung zur Energiegewinnung zu. Ihr geringer Wärmeverlust durch Dreischeibenverglasung und gedämmte Rahmenprofile führt zu netto-Wärmegewinnen.

Eine Lüftungsanlage mit Wärmerückgewinnung stellt zu jeder Zeit sicher, dass gute Luft vorherrscht: Heutige Neubauten sind so luftdicht gebaut, dass die Lufterneuerung allein durch Fugen und Ritzen nicht ausreichend ist. Aber auch die viel empfohlene Fensterlüftung bringt keine überzeugenden Ergebnisse. Frische Luft ist nicht nur eine Frage des Wohnkomforts, sondern eine Notwendigkeit für ein gesundes Leben. Daher ist die Lüftung mit Wärmerückgewinnung eine Schlüsseltechnik für alle energieffizienten Neubauten und Sanierungen der Zukunft. Natürlich erfordern Lüftungsanlagen zusätzliche Investitionsmittel. Wenn sie hocheffizient gebaut sind, sparen sie aber spürbar Energiekosten ein. Lüftungsanlagen mit Passivhausqualität erlauben einen wirtschaftlichen Betrieb.

Ein entscheidender Effekt der stark gesteigerten Energieeffizienz sind die geringen noch erforderlichen Heizleistungen. Mit der frischen Außenluft kommt ohnehin Luft in jeden Raum. Wenn diese Luft auch den Wärmetransport in die einzelnen Räume mit übernimmt – ohne hohe Luftmengen, ohne Umluft, ohne Geräusche und ohne Zugerscheinungen – dann macht sich die Lüftung gleich doppelt bezahlt.

Die geringen Leistungen können in einem Passivhaus also mit sehr stark vereinfachten haustechnischen Systemen bewältigt werden, bis hin zur reinen Frischluftheizung ohne separates Heizsystem. Investitionen in Wärmeschutzmaßnahmen werden so durch Einsparmöglichkeiten auf der Systemseite weiter abgefedert.

Möglich ist dieses Konzept der „Frischluftheizung" aber nur in einem Haus mit wirklich guter Wärmedämmung. Die Wärmedurchgangskoeffizienten (U-Werte) von Außenwänden, Bodenplatten und Dachflächen liegen im Bereich 0,10 bis 0,15 W/(m^{2}K) (Klima in Mitteleuropa). Dies sind Spitzenwerte bei allen Bauweisen und sind zugleich bei den heutigen Energiepreisen die wirtschaftlichsten Werte.

Dadurch wird der Wärmeverlust im Winter vernachlässigbar gering. Zudem ist dann die Temperatur der Innenoberflächen nahezu gleich der Lufttemperatur, und zwar weitgehend unabhängig von der Art der Heizung. Das führt zu sehr guter Behaglichkeit und zur sicheren Vermeidung von luftfeuchtebedingten Bauschäden.

Auch im Sommer bildet eine gute Wärmedämmung einen Schutz gegen Hitze. Für die Behaglichkeit im Sommer sind zusätzlich ein guter Sonnenschutz bei den Fenstern und eine ausreichende Lüftung wichtig.

In Passivhäusern haben sich die gute Wärmedämmung und das luftdichte Bauen hervorragend bewährt. Ein weiteres Grundprinzip ist das „wärmebrückenfreie Konstruieren": Die Dämmung wird ohne Schwachstellen rund um das gesamte Gebäude gelegt. Dadurch verbleiben weder kalte Ecken noch überhöhte punktuelle Wärmeverluste. Auch dies ist ein Beitrag zum hochwertigen, behaglichen und schadensfreien Bauen. Die maximale Heizlast muss typischerweise weniger als 10 W/m^2 betragen, damit die Frischluft auch die Wärme transportieren kann.

Die vorgenannten Punkte zeigen deutlich, dass für ein Passivhaus eine sorgfältige Planung erforderlich ist. Energiebilanzen sind eine sehr elegante Methode, trotz der komplexen thermischen Vorgänge, die in einem Gebäude stattfinden, in recht einfacher Weise z. B. vorherzusagen, wieviel Heizwärme ein Gebäude im Jahr verbrauchen wird und welche maximalen Heizleistungen erwartet werden können.

Das Passivhaus-Projektierungs-Paket (PHPP) wurde entwickelt, um die speziellen Eigenschaften besonders energieeffizienter Gebäude physikalisch zuverlässig in einem vereinfachten Verfahren abzubilden. Es umfasst alles, um ein sicher funktionierendes Passivhaus planen zu können. Dabei wird, wo immer möglich, auf die aktuelle internationale Normung zurück gegriffen. Diese ist in den meisten Bereichen streng an den physikalischen Gesetzen orientiert; das ist auch die Grundlage des PHPP. An einigen Stellen sind Verallgemeinerung erforderlich (z. B. Verschattungsroutinen für die ganze Welt), an wenigen auch Abweichungen (bedingt durch das extrem geringe Energiebedarfsniveau von Passivhäusern, z. B. bei der asymptotischen Formel für den Ausnutzungsgrad für freie Wärme) und für manche Bereiche gibt es noch keine international einschlägige Normung (z. B. bzgl. Lüftungsdimensionierung). Enthalten im PHPP sind die Tools für

- die Berechnung von Energiebilanzen (inkl. U-Wert-Berechung)
- die Projektierung der Fenster
- die Projektierung der Komfortlüftung

- die Auslegung der Heizlast
- die Voraussage für den sommerlichen Komfort
- die Auslegung von Heizung und Warmwasserbereitung

Hinzu kommen viele weitere nützliche Werkzeuge für die zuverlässige Projektierung von Passivhäusern.

Viele Projekte konnten dankenswerter Weise im Rahmen von Gebäudemonotoring begleitet werden. Die Messungen in den realisierten Passivhaus-Siedlungen zeigen: Die einzelnen Maßnahmen, nämlich Wärmedämmung, Dreischeiben-Wärmeschutz-Verglasung und Wärmerückgewinnung sind wirksam. Abweichungen von mehr als etwa 1 kWh/(m^2 a) wären in den Mittelwerten bereits erkennbar, sie treten aber nicht auf. Das Berechnungsverfahren und die verwendeten Randbedingungen bewähren sich in der Praxis. Die Abweichungen zwischen der rechnerischen Bilanz und den Messwerten sind sehr gering.

Zusätzliche Wärmeverluste, wie Wärmeübergabeverluste oder hohe Fensterlüftungsverluste können nach den vorliegenden Verbrauchsstatistiken keinen entscheidenden Einfluss haben; sie müssen innerhalb der mit ±1 kWh/(m^2 a) bestimmten Grenzen liegen und sind daher im Prinzip vernachlässigbar.

Das Passivhaus-Konzept führt nachweislich und reproduzierbar zu einer sehr hohen Heizenergieeinsparung, die gegenüber dem alten Gebäudebestand mehr als 90 % und gegenüber den gesetzlichen Anforderungen an Neubauten immer noch durchschnittlich etwa 80 % beträgt. Diese Einsparungen sind durch statistisch signifikante empirische Untersuchungen erwiesen und in einer großen Zahl von Projekten bestätigt, Bild 2. Verschiedene Nutzer haben, auch wenn sie in baugleichen Häusern wohnen, häufig deutlich unterschiedliche Verbrauchswerte: Abweichungen von ±50 % vom Mittelwert sind keine Ausnahme. Das ist nicht nur in Passivhäusern so. Die bedeutendste Ursache besteht in unterschiedlichen Soll-Temperatureinstellungen in der Heizperiode. Aber auch die höchsten nutzungsbedingten Verbrauchswerte sind in Passivhäusern noch deutlich niedriger als die geringsten in gewöhnlichen Neubauten.

Auch in vielen anderen Sektoren kann der vorrangig bedeutende Effizienzpfad ähnliche Win-Win-Situationen hervorbringen. Die momentan hohe Abhängigkeit von billig verfügbarer fossiler Energie und der stän-

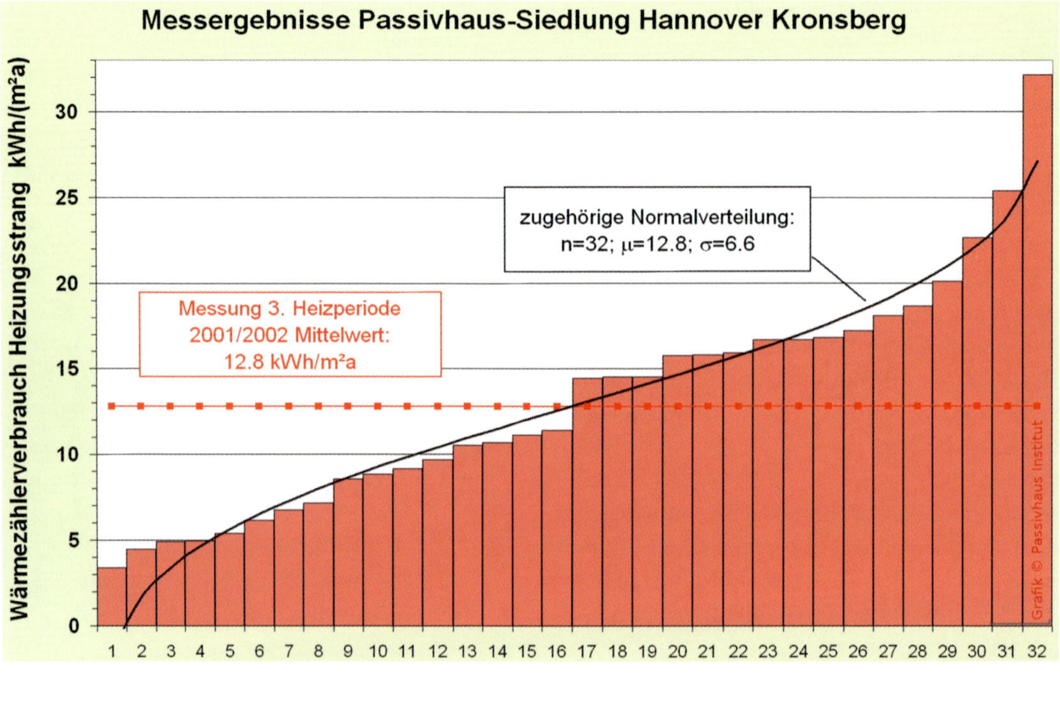

Bild 2
Verbrauchsstatistik für die Passivhaus-Siedlung Hannover-Kronsberg: Die Siedlung mit 32 Passivhäusern wurde 1999 bezogen. Der mittlere Verbrauch im dritten Betriebsjahr (2001/2002) lag bei 12,8 kWh/(m^2 a). Der berechnete Bedarf nach [PHPP] beträgt 13,5 kWh/(m^2 a). [Grafik: Passivhaus Institut]

dige Kapitalverlust durch Import von Energierohstoffen kann auf diese Weise erheblich vermindert werden. An ihre Stelle tritt eine vorwiegend regionale Wertschöpfung durch die Errichtung hocheffizienter Gebäude und die mittelständisch geprägte Herstellung der erforderlichen Komponenten.

Erst auf der Grundlage eines durch Effizienztechnologien deutlich verminderten Energiebedarfs rückt eine wirtschaftlich darstellbare, nachhaltige Energieversorgung im regionalen Kontext in greifbare Nähe. Nachhaltigkeit kann dabei in ihren ökologischen, sozialen und ökonomischen Dimensionen erreicht werden. Das bedeutet die mögliche und unbegrenzte Teilhabe für *alle* heute und zukünftig lebenden Menschen an dieser Dimension von Wohlstand und Lebensqualität.

Der regionale Kontext erhält im Rahmen nachhaltiger Entwicklungskonzepte eine grundlegend neue Bedeutung. Hier können Land und Kommunen als unmittelbar am Ort verankerte Akteure Wirkung entfalten. Hier können Möglichkeiten für und auch Folgen von Maßnahmen unmittelbar erkannt und bewertet werden. Nicht zuletzt ist eine Energieversorgung vorrangig auf dem kurzen Weg unmittelbar umzusetzen. Der ebenfalls wichtige Ausbau von großräumigen Netzen kann parallel erfolgen, er muss aber nicht als Voraussetzung abgewartet werden. Wird das regionale Potential jeweils klug und im Sinne höchster Energieeffizienz ausgeschöpft, kann im Gegenteil die Anforderung an den großräumigen Netzausbau sogar verringert werden.

Die drängende Bedeutung einer nachhaltigen Energieversorgung, nicht nur von Gebäuden, ist daraus klar ersichtlich. Die Europäische Gebäuderichtlinie fordert daher bis 2020 die allgemeine Einführung von im Lebenszyklus kostenoptimalen „nahezu Nullenergiehäusern“ als Kombination aus Effizienzmaßnahmen und dem Einsatz erneuerbarer Energien.

Bereits in dem oben vorgestellten Projekt der Passivhaussiedlung Hannover-Kronsberg aus dem Jahr 1998 wurde die CO_2-Neutralität erreicht. Jedes der 32 Siedlungshäuser hält einen Anteil an der in Sichtweite aufgestellten Windkraftanlage, **Bild 3**. Diese produziert im Jahresverlauf sogar mehr Primärenergie, als die Häuser für Heizung, Warmwasser Hilfsstrom und Haushaltsstrom verbrauchen; auch dies wurde im Monitoring bestätigt.

Zugleich konnte die für eine nachhaltige Energieversorgung erforderliche Investition durch

Bild 3
Die Passivhaussiedlung in Hannover-Kronsberg wird aus erneuerbaren Energiequellen versorgt: Sonnenkollektoren für die Warmwasserbereitung – und der Strom kommt aus dieser Windkraftanlage in der Nähe der Siedlung. [Fotos: Passivhaus Institut]

den geringen Energiebedarf der Passivhäuser auf damals 2500 DM je Haus begrenzt werden. Das europäische Ziel von Niedrigstenergiehäusern mit erneuerbarer Versorgung wurde also bereits vor mehr als zehn Jahren erfolgreich und kostengünstig umgesetzt. Das Projekt kann dadaurch als konkretes Modell für die breite Umsetzung dieses Ansatzes dienen. Ob im Einzelfall dann ebenfalls Windkraft oder auch Photovoltaik oder andere erneuerbare Energien eingesetzt werden, ist nicht entscheidend. Hier liegt ein wichtiger Spielraum zur Anpassung an örtliche Gegebenheiten. Es wird aber klar, dass die regionale Realisierung von „nahezu Nullenergiehäusern" auf der Basis von Passivhäusern einfach und in erprobter Weise gelingen kann.

Die hervorragenden Möglichkeiten für den Neubau von „nahezu Nullenergiehäusern" dürfen nicht darüber hinwegtäuschen, dass unsere gebaute Umwelt bereits weitgehend vollständig vorhanden ist und der Neubau nur einen geringen Umfang einnimmt. Bei Nutzungsdauern von mehr als 100 Jahren würde die Verbesserung der Energieeffizienz auf dem Weg des Neubaus deshalb viel zu lange dauern. Die wichtigste Herausforderung unserer Zeit ist daher die Sanierung des Gebäudebestandes.

Angesichts der langen Nutzungsdauern, der für jede substantielle Verbesserung erforderlichen großen finanziellen Mittel und der wiederum langen Nutzungsdauer von einmal sanierten Objekten muss jede Investitionsentscheidung klug und vorausschauend getroffen werden. Werden heute alle Gebäude in mäßiger Qualität saniert, so dass sich etwa eine Energieeinsparung von 50 % ergibt, wird dies auch – lange Nutzungsdauer – in 40 Jahren noch Bestand haben. Bis 2050 muss aber eine deutlich größere Effizienzverbesserung im Durchschnitt des Bestandes erreicht werden, sollen die avisierten CO_2-Reduktionen gelingen.

Ohne Zweifel wird die energetische Sanierung eines bereits früher energetisch sanierten Objektes niemals wirtschaftlich sein. Es gilt daher vielmehr, jeden Sanierungsanlass zur Ausführung einer wirklich zukunftsfähigen Qualität zu nutzen. Jeder Fensteraustausch und jedes neu gedeckte Dach sollten in der besten wirtschaftlich darstellbaren Qualität vorgenommen werden. Die aus dem Passivhaus-Neubau bekannten Komponenten stehen dafür unmittlbar zur Verfügung. Dies sollte Voraussetzung für jegliche Förderung sein und Vorrang vor einer bloßen Steigerung der statistischen Sanierungsrate haben. Qualität geht im Zweifel vor Quantität, wenn schon, denn schon! Auf diesem Weg kann im Verlauf der nächsten vierzig Jahre die erforderliche Effizienzsteigerung im Gebäudebestand erreicht werden, wird das begrenzt verfügbare Kapital bestmöglich eingesetzt. Förderungen sind selbstverständlich sinnvoll, sie müssen aber immer an höchste Qualität gebunden sein.

Zahlreiche ausgeführte Sanierungen zeigen, dass der Passivhausstandard durch Sanierungen nicht immer vollständig erreicht werden kann, auch wenn Passivhauskomponenten eingesetzt werden. Es verbleiben oftmals gerade im Gründungsbereich Wärmebrücken, die nicht mit vertretbarem Aufwand ganz vermieden werden können. Gleichwohl kann der Energiebedarf in der Regel um 80–90 % reduziert werden. Ferner können auch einige systemtechnische Vereinfachungspotentiale erschlossen werden. Die Sanierung mit Passivhauskomponenten (EnerPHit) führt zudem zu einem sehr geringen, nachhaltig und regional abdeckbaren Energiebedarf. „Nahezu

PASSIV HAUS INSTITUT

Passivhaus Institut
Dr. Wolfgang Feist
Rheinstr. 44/46
D-64283 Darmstadt

Tel.: 06151/82699-0
E-Mail: mail@passiv.de
URL: www.passiv.de

Nullenergiehäuser“ sind auf dieser Grundlage auch im Bestand realisierbar.

Die Maßnahmen bieten zusätzlich eine höhere Sicherheit gegenüber feuchtebedingten Bauschäden, verbessern die thermische Behaglichkeit durch höhere Oberflächentemperaturen und verdoppeln das erschließbare Energiesparpotential gegenüber der gängigen Praxis.

Darüber hinaus sind Modernisierungsmaßnahmen im Gebäudebestand ein entscheidender Motor für die Konjunktur. Damit stellen die hocheffizienten Sanierungen eines der entscheidenden Felder dar, in denen die Wirtschaft bei gleichzeitiger Entlastung der Umwelt wachsen kann. Mit den dargestellten Maßnahmen sind erhebliche CO_2-Reduktionen erschließbar. Die Effizienzverbesserung erfolgt in einem Sektor, bei dem ein reduzierter Verbrauch zugleich einen vermehrten sinnvollen Einsatz von erneuerbaren Energieträgern ermöglicht.

Da durch wärmebrückenfreies Konstruieren und gesicherte Wohnungslüftung die Fehler der Vergangenheit vermieden werden, ist eine breitere Umsetzung nur eine Frage der Bewusstseinsbildung und der Motivation. Hier gilt es anzusetzen, das Projekt „Klimaneutrales Hessen“ kann dazu einen wichtigen Beitrag leisten.

Literatur

Passipedia: Nachschlagewerk zu allen Fragen rund um das Passivhaus. www.passipedia.org

Endbericht: Monitoring klimaneutrale Passivhaussiedlung Hannover-Kronsberg, download unter www.passiv.de

Vallentin, R.: Energieeffizienter Städtebau mit Passivhäusern. Begründung belastbarer Klimaschutzstandards im Wohnungsbau. Cuvillier Verlag, Göttingen 2011. Zusammenfassung unter www.detail.de/media_detail/pdf/1/104.pdf

Handbuch: Altbaumodernisierung mit Passivhaus-Komponenten, im Auftrag des HMUELV; download unter www.passiv.de

Handbuch: Leitfaden für energieeffiziente Bildungsgebäude, im Auftrag des HMUELV; download unter www.passiv.de

Senckenberg Gesellschaft für Naturforschung: Klima- und Umweltschutzaktivitäten

Volker Mosbrugger, Bernhard Stribrny, Sören Dürr, Johannes Heilmann |
Senckenberg Gesellschaft für Naturforschung

Senckenberg Gesellschaft für Naturforschung

Ob in den Tiefen des Meeres, auf den Gipfeln der Berge oder im dichten Regenwald – Senckenberg ist mit Forschungsprojekten weltweit aktiv. Mit einem großen Ziel: Die Vielfalt des Lebens auf der Erde, die Biodiversität, zu verstehen, zu erhalten und Wege zu ihrer nachhaltigen Nutzung aufzuzeigen. Denn die Natur ist ein komplexes Beziehungsgeflecht, das begriffen werden muss, um Ökosysteme und damit das Leben und unsere Lebensbedingungen für die Zukunft zu schützen. Schätzungsweise zwischen 10 und 100 Millionen Arten bevölkern die Erde, weniger als 2 Millionen sind aber bis dato bekannt, und jeden Tag sterben nach vorliegenden Schätzungen bereits mehr als 100 aus. Der Artenschwund und andere vom Menschen beeinflusste globale Veränderungen schreiten voran. Umso wichtiger ist, dass die Forschung Schritt hält. Die Senckenberg-Forschung befasst sich daher mit vier Schwerpunkten: der Erfassung und Evolution der Organismen, der Erforschung der verschiedenen Ökosysteme, der Analyse der Wechselwirkung zwischen Klimawandel und Biodiversität sowie der Erdgeschichte und der Dynamik des gesamten Systems „Erde-Mensch".

Bild 1
Forschungsinstitute, Forschungsmuseen und Forschungsstandorte der Senckenberg Gesellschaft für Naturforschung in Deutschland

Senckenberg-Forschung

Insgesamt mehr als 300 hochqualifizierte Wissenschaftler sowie etwa 150 Doktoranden und 50 Diplomanden bzw. Master-Studierende führen für die Senckenberg Gesellschaft **umfassende Untersuchungen zur Biodiversität des Planeten durch und bewerten die Ergebnisse. Mit Hilfe modernster Technologien forschen sie auf verschiedenen Gebieten der Bio- und Geowissenschaften an sechs Instituten und insgesamt zehn Standorten** in Deutschland (Bild 1) und arbeiten gemeinsam mit anderen renommierten Forschungseinrichtungen an wissenschaftlichen Projekten in aller Welt.

Treibt das **Deutsche Zentrum für Marine Biodiversitätsforschung (DZMB)** zum Beispiel die systematische Erfassung von ozeanischen Lebensformen voran, um die Lebenswelten in den Ozeanen bis hinab in die lichtlose Tiefsee zu entdecken, widmen sich andere Abteilungen intensiv der terrestrischen Flora und Fauna. Dazu zählt zum Beispiel die molekulargenetische Untersuchung von in Deutschland versteckt lebenden Arten wie Wolf und Luchs ebenso wie die Erfassung heimischer Boden-Kleinlebewesen oder das Erforschen von fernen Ökosystemen in Afrika, Lateinamerika und Südostasien.

Dem Blick auf Gegenwart und Zukunft geht dabei der in die Vergangenheit voraus: Senckenberg ergründet geologische Prozesse, die der Erde im Lauf der Jahrmillionen ihre jetzige Gestalt verliehen, und verfolgt mit der Paläontologie den Fossilbericht durch alle Erdzeitalter, um auch aus ihm für heute zu lernen. Weithin bekannt ist die Erforschung der Grube Messel aus dem Eozän (49 Millionen Jahre vor heute), die außergewöhnliche Schätze aus einer früheren Treibhauswelt mit hohen atmosphärischen Kohlendioxidgehalten preisgibt – wie „Ida", einen besonders frühen Primaten und entfernten Verwandten des

Bild 2
Probenentnahme zur Rekonstruktion von Paläobotanik und Paläoklima im Alttertiär (55–65 Millionen Jahre vor heute), Braunkohletagebau Schöningen bei Helmstedt

Menschen. Und aus dem Vergangenen für das Hier und Jetzt lernen auch die Forscherinnen und Forscher des LOEWE Biodiversität und Klima Forschungszentrums (BiK-F) – einem gemeinsamen Projekt von Senckenberg, Goethe-Universität, Deutschem Wetterdienst, dem Institut für sozial-ökologische Forschung und weiteren Partnern –, um die komplexen Zusammenhänge von Biodiversität und Klimawandel besser zu verstehen (**Bild 2**). Die beschriebene Vielfalt seines wissenschaftlichen Engagements macht die Senckenberg-Forschung so besonders.

Die Forschungssammlungen

Archive besonderer Art stellen die Forschungssammlungen bei Senckenberg dar. Seit mehr als 200 Jahren wächst ihr Umfang und ist heute mit insgesamt über 35 Millionen Serien von Pflanzen, Tieren und Gesteinen so umfangreich wie nur wenige andere auf der Erde. Die Sammlungen geben Antworten auf wichtige Fragen der Artentwicklung und der Dynamik des Wandels der Biosphäre insgesamt. Dazu werden sie durch speziell geschultes Personal immer auf dem neuesten Stand gehalten. Die Sammlungsdaten werden zudem digitalisiert und neue Methoden zur Analyse entwickelt.

Die Wurzeln der Senckenberg Naturhistorischen Sammlungen in Dresden reichen bis in das 16. Jahrhundert zurück. Diese Sammlungen gehören damit zu den ältesten naturwissenschaftlichen Sammlungen weltweit.

Genutzt werden die Bestände und das gesammelte Know-how von den Instituten der Senckenberg Gesellschaft in sechs Bundesländern, jährlich kommen aber auch über 500 Gastwissenschaftler, um mit dieser Forschungsinfrastruktur zu arbeiten. Das Zentrum der Senckenberg-Forschung befindet sich dabei mitten in Deutschland und mitten in Europa: In Frankfurt am Main, wo die Senckenberg Gesellschaft auch gegründet wurde, laufen die Fäden zusammen. Denn die verschiedenen Institute und Forschungsstellen bilden mit ihren Schwerpunkten zusammen ein Netzwerk, das die adressierten wissenschaftlichen Fragen interdisziplinär löst.

Senckenberg-Naturmuseen

Dinosaurier, Urmenschen und Riesenwale als Bildungskräfte: Auch dies zeichnet Senckenberg seit fast 200 Jahren aus. Mit seltenen und vielfach spektakulären Ausstellungsstücken und zeitgerechten Bildungskonzepten vermittelt Senckenberg Forschung und Forschungsergebnisse der Öffentlichkeit. Heute besuchen mehr als 400 000 Interessierte aus vielen Ländern und allen Altersgruppen jedes Jahr allein das Museum in Frankfurt am Main, das Millionen Menschen schlicht, aber voller Anerkennung als „das Senckenberg" bezeichnen. Für Generationen von Menschen in Deutschland ist das Haupthaus mit der neo-barocken Fassade ein fester Begriff geworden.

So klassisch der Bau, so modern ist die Wissensvermittlung: Die Museumspädagogik folgt neuesten Bildungserkenntnissen, und moderne Medien wie Computerterminals, Dokumentarfilmkino und Audiotouren ergänzen die Schau- und Infotafeln. Mit zielgruppenspezifischen Führungen, weiteren maßgeschneiderten Veranstaltungen und kleinen und großen Events sprechen die Pädagogen ein breites Publikum an.

Aktuell präsentiert das Senckenberg Naturmuseum in Frankfurt am Main als eines der größten Naturkundemuseen in Europa mehrere tausend Exponate auf einer Fläche von insgesamt 6 000 qm. Vom tropischen Schmetterling bis zum Finnwal (**Bild 3**), von versteinerten Pflanzen bis zu Meteoriten aus dem All und vom Kreislauf des Wassers bis zur Menschheitsentwicklung – Schauobjekte und Themen wie diese veranschaulichen Biodiversität und das System Erde. Besonders beeindruckend ist für viele Museumsbesucher der Dinosauriersaal, und nicht vergessen werden darf die „fesselnde" Riesenanakonda, die ein Wasserschwein verschlingt. Die „Wolfgang-Steubing-Halle" von annähernd 1000 qm ermöglicht darüber hinaus die Präsentation von aktuellen Sonderausstellungen zu Themen der Senckenberg-Forschung. Eine erhebliche Erweiterung des Ausstellungsraums in Frankfurt ist in Planung.

Evolution, Vielfalt des Lebens und Erdgeschichte sind ebenfalls Schwerpunkte in den weiteren Museen der Gesellschaft. Im Senckenberg Museum für Naturkunde in Görlitz erwartet die Gäste unter anderem ein faszinierender Blick in die Lebewelt unter unseren Füßen, nämlich im Boden. Die Senckenberg Naturhistorischen Sammlungen in Dresden zeigen wechselnde Ausstellungen zu aktuellen Themen aus der Lebewelt, der Geologie oder der Mineralogie. So informiert die Senckenberg Gesellschaft für Naturforschung auf ganz verschiedene Weise in Dauerpräsentationen

Bild 3
Walskelette in der Schausammlung des Senckenberg Naturmuseums Frankfurt am Main

und ständig wechselnden Sonderausstellungen über die komplette Bandbreite der belebten Welt und des Systems „Erde-Mensch“.

Klima- und Umweltschutzaktivitäten

Gebäude

Senckenberg bewirtschaftet an insgesamt neun Standorten Gebäude unterschiedlichen Alters und in unterschiedlichen Eigentumsverhältnissen. Dementsprechend heterogen sind Bauzustand und Einflussmöglichkeiten.

Wilhelmshaven: Es werden drei Gebäude aus Marinebesitz genutzt, die mit BMBF-Mitteln saniert wurden. Eine wärmetechnische Überprüfung der Fassade durch Thermographie ergab ausgezeichnete Isolationswerte aufgrund der doppelschaligen Ausführung der Fassade. Ein direkt neben den Gebäuden am Fliegerdeich gelegenes, angemietetes Werft-Gebäude soll im laufenden Jahr eine Photovoltaik-Anlage auf der südlichen Hallendachfläche erhalten.

Weimar: Die Forschungsstation ist in einer ehemaligen Kinderklinik untergebracht. Die Energiebilanz konnte durch Sanierung mit integrierten Wärmeschutzmaßnahmen an etwa einem Drittel der Dachfläche deutlich verbessert werden.

Müncheberg: Am Standort des Deutschen Entomologischen Instituts ist der gesamte, mit EU-Mitteln sanierte und 2004 bezogene Bau nach dem Stand der Technik mit einer energieeffizienten Fassade ausgestattet.

Dresden: Am Senckenberg Standort Dresden erfolgt das Gebäudemanagement durch den Staatsbetrieb Sächsisches Immobilien- und Baumanagement (SIB). Das Hauptgebäude der Senckenberg Naturhistorischen Sammlungen Dresden, der „A.-B.-Meyer-Bau“, wurde 1999 als Neubau fertig gestellt. Der Stahlbetonbau wird mittels Fernwärme beheizt. Der Fernwärme- und Stromanbieter (DREWAG) betreibt hierzu unweit unseres Standortes seit 2010 eine Biogasanlage (Maissilage/Rindergülle) als gekoppelte Anlage zur Strom- und Wärmeproduktion. Auf dem Flachdach des Gebäudes wird seit zwei Jahren eine große Photovoltaikanlage im Pachtbetrieb genutzt. Das erst vor zwei Jahren bezogene Torhaus (saniertes denkmalgeschütztes Gebäude) des Institutsstandortes in Dresden wird über eine moderne Wärmepumpenanlage unter Nutzung von Erdwärme beheizt. In den nächsten Jahren sind einige Sanierungsmaßnahmen geplant, um die Energiebilanz im Gebäudebereich weiter zu verbessern.

Gelnhausen: Im Labortrakt ist eine Anpassung und Optimierung der Raumlufttechnik mit Wärmerückgewinnung vorgesehen.

Weimar: Die begonnene energetische Dachsanierung soll auf alle Dachflächen ausgedehnt werden. Für 2014 ist der Ersatz der 20 Jahre alten Heizkesselanlage durch neueste Brennwerttechnik sowie die Teilerneuerung und -sanierung von Rauminstallationen der Heizanlage geplant.

Frankfurt am Main: Bis Ende 2012 wird für das im Rahmen der LOEWE-Initiative des Landes Hessen 2008 gegründete Biodiversität und Klima Forschungszentrum BiK-F das ehemalige Institut für Pharmazie der Goethe-Universität grundsaniert. Es soll in der Georg-Voigt-Straße 14 - 16 Platz für etwa 120 Forscherinnen und Forscher und technisches Personal bieten. Das Gebäude wurde durch die Architekten F. Kramer und R.-P. Heinrici im Jahre 1957 erbaut und steht unter Denkmalschutz. Im Zentrum der Sanierung steht neben den umweltfreundlich ausgestatteten Büro- und Laborräumen die Neuerrichtung einer Mesokosmenhalle (im Rahmen des Konjunkturprogramms II bereits 2011 fertiggestellt), in der die Auswirkungen der Erderwärmung

Bild 4
Historisches Gebäude-Ensemble in der Senckenberganlage (Alte Physik, links mit Sternwarte, Senckenberg-Haupthaus, Mitte und Universität-Hauptgebäude, rechts) welches spätestens bis zum Jahre 2019 saniert und umgebaut der Senckenberg Gesellschaft für Naturforschung für den Forschungsbetrieb und das Naturmuseum zur Verfügung steht

auf Mikroorganismen, Tiere und Pflanzen systematisch und unter kontrollierten Bedingungen untersucht werden können. Die Sanierung des Hauptgebäudes beinhaltet die nahezu vollständige Erneuerung der Fensterflächen, Innendämmung sowie die komplette Erneuerung der Haus- und Medientechnik. Inbetriebnahme und Bezug des Gebäudes sollen bis Ende 2012 erfolgen.

Bis 2018/2019 erfolgt die Neugestaltung des gesamten Senckenberg-Museums- und Institutskomplexes: Das historisch einmalige Gebäude-Ensemble besteht aus dem heutigen Haupthaus der Senckenberg Gesellschaft für Naturforschung in Frankfurt, dem ehemaligen Universitäts-Hauptgebäude (Jügel-Bau) und der Alten Physik. Die Gebäude sind allesamt in den Jahren 1907–1914 entstanden und sollen mit Mitteln des Bundes und des Landes Hessen grundsaniert werden, um dann für die Forschungs-Aktivitäten und die einmaligen Sammlungen der Senckenberg Gesellschaft für Naturforschung zur Verfügung zu stehen (**Bild 4**).

Soweit möglich, finanzierbar und bautechnisch wie denkmalpflegerisch vertretbar wird im denkmalgeschützten Bestand die Energieeinsparverordnung (**EnEV**) Berücksichtigung erfahren und in den gerade laufenden Planungsprozess Eingang finden.

Energieversorgung

ENTEGA: Der südhessische Konzern und Anbieter CO_2-neutraler Energie ist Stromlieferant der Standorte Messel, Kuhwaldstraße/Frankfurt, Wilhelmshaven, des Senckenberg Naturmuseums Frankfurt sowie der angeschlossenen Cafeteria. Ab 2013 werden die genannten Standorte ausschließlich mit Ökostrom NATURpur (kernenergiefrei erzeugt) beliefert.

Mobilität

Nahverkehr/Fahrten zum Arbeitsplatz: Für Fahrten zwischen den verschiedenen Gebäuden in Frankfurt am Main stehen zum Teil Dienstfahrräder zur Verfügung. Für Dienstgänge können zur Nahverkehrsnutzung nicht personengebundene Monatskarten des Rhein-Main-Verkehrsverbundes genutzt werden.

Seit September 2011 kann am Standort Frankfurt das JobTicket des Rhein-Main-Verkehrsverbundes (RMV) genutzt werden. Von den knapp 400 berechtigten Beschäftigten nutzen rund 100 dieses Angebot.

Reisen: Bei Senckenberg spielen neben klassischen Dienstreisen, Forschungsreisen, Grabungs- und Sammlungsfahrten sowie Expeditionen eine große Rolle.

Tabelle 1: Prozentuale Anteile der für Dienstreisen von Senckenberg Mitarbeiterinnen und Mitarbeitern genutzten Verkehrsmittel.

Verkehrsmittel	Anteil (%)
Bahn	43
Flugzeug	24
Dienstwagen	15
Privatwagen	15
Mietwagen	2
Sonstige	1

Für längere Strecken und auf Fernreisen wird grundsätzlich auf Bahn (43 % aller Reisen) und Flugzeug (24 %) als Verkehrsmittel zugegriffen. Die intensive Nutzung von Kraftfahrzeugen (32 %) ist auf zwei Ursachen zurück zu führen. Zum einen sind eine Reihe von Standorten mit öffentlichen Verkehrsmitteln nur schlecht erreichbar. Zum anderen müssen bei Exkursionen und die für wissenschaftliche Zwecke notwendige Feldarbeit sowie zum Transport von Probenmaterial häufig Kraftfahrzeuge eingesetzt werden.

Forschung und Beratung

Die Senckenberg Gesellschaft für Naturforschung trägt auch durch ihre Forschungsarbeiten im Bereich Klima und Biodiversität zur Erreichung von nationalen und internationalen Schutzzielen bei [1]. Mit innovativen Forschungsansätzen und -methoden werden vergangene und gegenwärtige Wechselwirkungen zwischen Klimawandel und Biodiversität auf der Ebene der Organismen entschlüsselt, um auf dieser Basis verlässliche Projektionen für die Zukunft zu entwickeln. Das Methodenspektrum reicht hierbei von der Molekulargenetik und der Massenspektrometrie bis zur satellitengestützten Fernerkundung von Klima-, Areal- und Ökosystemreaktionen. Auf der Zeit-/Prozess-Achse werden langskalige (Evolution und Klima), mittelskalige (Biodiversitätsdynamik und Klima) und kurzskalige Prozesse (Anpassung und Klima) untersucht. Auf der räumlichen Achse werden marine und terrestrische Systeme in tropisch/subtropischen, gemäßigten und in alpin/polaren Klimazonen unterschieden/betrachtet. Hierdurch werden sowohl auf regionaler, nationaler und europäischer als auch auf globaler Ebene wissenschaftliche Beiträge zum Management klimawandelbedingter, ökologisch oder medizinisch relevanter Biodiversitätsveränderungen sowie zur Erfüllung internationaler Übereinkommen wie der EU-Fauna-Flora-Habitatrichtlinie (EU-FFH), der EU-Wasserrahmenrichtlinie (EU-WRRL), der Biodiversitätskonvention (CBD) und der Klimarahmenkonvention (UNFCCC) [3] geleistet. Direkte wissenschaftliche Politikberatung findet durch die Mitarbeit in nationalen und internationalen Gremien statt. Die Mitarbeit in der Arbeitsgruppe Grundsatzfragen des Projekts „CO_2-neutrale Landesverwaltung" oder die Mitarbeit in der „Ad hoc Expert Working Group on Biodiversity and Climate Change" der Europäischen Kommission sind nur zwei Beispiele [2].

Darüber hinaus bietet die Senckenberg Gesellschaft für Naturforschung durch ihre drei Museen und durch ihre Schriftenreihen ein breites Forum für den Wissenstransfer aus der Wissenschaft in die Gesellschaft und trägt damit auch zur Bildung und Bewusstseinsbildung in Umweltfragen bei. Aktuelles Beispiel ist die Wanderausstellung „PLANET 3.0 – Klima, Leben, Zukunft", die zum Jahresende 2012 in der Sonderausstellungshalle des Senckenberg Naturmuseums in Frankfurt am Main eröffnet und nach etwa einem Jahr in Dresden gezeigt werden wird.

Fazit

Die Senckenberg Gesellschaft für Naturforschung führt vielfältige Aktivitäten im Klima- und Umweltschutz durch und ist bestrebt, diese auch in Zukunft weiter zu intensivieren. Der Weg zu einer CO_2-Neutralität der Gesellschaft mit all ihren Standorten und Forschungsaktivitäten im In- und Ausland ist allerdings noch weit.

Danksagung

Die Hessische Landes-Offensive zur Entwicklung Wissenschaftlich-ökonomischer Exzellenz (LOEWE) hat die vorliegende Veröffentlichung unterstützt.

Literaturhinweise

[1] *Mosbrugger, V.; Brasseur, G.; Schaller, M.; Stribrny, B.* (Hrsg.): Klimawandel und Biodiversität – Folgen für Deutschland. Wissenschaftliche Buchgesellschaft, Darmstadt (im Druck)

[2] *Stribrny, B.*: CO_2-Neutralität – Option für REDD und Post-Kyoto. In: *Korn, H.; Schliep, R.; Stadler, J.* (Hrsg.): Biodiversität und Klima – Vernetzung der Akteure in Deutschland VI. BfN-Skripten 263 (2010), 16–18

[3] *Stribrny, B.*: Internationale Konventionen zum Biodiversitäts- und Klimaschutz: Synergien und Konflikte. In: *Korn, H.; Feit, U.; Schliep. R.* (Hrsg.): Biodiversität und Klima – Vernetzung der Akteure in Deutschland. BfN-Skripten 307 (2012), 59–66

SENCKENBERG
world of biodiversity

Senckenberg Gesellschaft für Naturforschung
LOEWE
Biodiversität und Klima Forschungszentrum (BiK-F)

Senckenberganlage 25
D-60325 Frankfurt am Main

Tel.: 069/7542-1550
Fax: 069/7542-1520
E-Mail: info-bik-f@senckenberg.de
URL: www.bik-f.de

Energiemanagement der Stadt Frankfurt am Main

Mathias Linder | Hochbauamt der Stadt Frankfurt a. M.

Aufgabe und Organisation

Die Abteilung Energiemanagement der Stadt Frankfurt a. M. hat die Aufgabe, die Energie- und Wasserkosten für die ca. 1000 städtisch genutzten Liegenschaften zu minimieren. Gleichzeitig sollen hier vorbildhaft die Klimaschutzziele des Magistrats umgesetzt werden. Die Abteilung wurde in dieser Form im Jahr 1991 gegründet und im Jahr 2010 von 6 auf 10 Mitarbeiter(innen) erweitert.

Erfolgsbilanz 1990 – 2011

Von den 32 Mio. € Energie- und Wasserkosten, die im Jahr 2011 im Bereich der Kernverwaltung entstanden, entfallen ca. 13 Mio. € auf Heizenergie, 13 Mio. € auf Strom und 5 Mio. € auf Wasser und Kanaleinleitung. Ein Großteil der Kosten fällt bei den Schulen und Kindertagesstätten, den Bädern und Sportstätten, den Museen, den Amts- und Dienstgebäuden, sowie bei Zoo und Palmengarten an.

Seit dem Jahr 1990 konnte der Stromverbrauch trotz der vor allem im Bereich der IT rasant zunehmenden technischen Ausstattung im Schnitt um 5 % gesenkt werden.

Der Heizenergieverbrauch sank in dieser Zeit um 31 %, der Wasserverbrauch sogar um 55 %, die Kohlendioxid-Emissionen sanken um 26 % (Bild 1).

Um die Ziele des Energie- und Klimaschutzkonzeptes der Stadt zu erreichen (Verringerung alle 5 Jahre um 10 %) sind künftig jedoch noch verstärkte Anstrengungen nötig.

Den Personalkosten, Sachkosten sowie dem Kapitaldienst für Energiesparinvestitionen in Höhe von ca. 4 Mio. € im Jahr 2011 stan-

Bild 1
Emissionsentwicklung der städtischen Liegenschaften in Frankfurt a. M. von 1990 – 2011

Emissionsentwickung

Emissionen	1990	1991	1992	1993	1994	1995	1996	1997	1998	1999	2000	2001	2002	2003	2004	2005	2006	2007	2008	2009	2010	2011		2011/1990	
SO2-Heiz	35	32	31	25	29	23	18	19	19	19	19	16	15	16	16	15	15	14	14	15	12	13	to	-63	%
SO2-Strom	30	31	28	28	28	27	27	32	27	27	29	31	23	29	30	27	26	29	30	28	28	28	to	-5	%
SO2	64	63	59	53	57	50	45	51	46	46	48	47	38	45	46	43	41	43	44	43	40	41	to	-36	%
NOX-Heiz.	66	62	67	63	65	57	45	45	48	51	47	38	45	43	46	43	39	39	33	35	28	32	to	-52	%
NOX-Strom	64	67	61	60	61	59	59	68	58	59	64	67	50	62	65	59	56	63	66	60	61	61	to	-5	%
NOX	130	129	129	123	125	116	104	113	107	110	110	105	95	105	111	102	96	102	98	95	88	93	to	-29	%
Staub-Heiz.	5	5	5	4	5	4	3	3	4	4	4	3	3	3	4	3	3	3	3	3	2	3	to	-44	%
Staub-Strom	4	4	4	4	4	4	4	4	4	4	4	4	3	4	4	4	4	4	4	4	4	4	to	-5	%
Staub	9	9	9	8	9	8	7	8	7	8	8	7	6	7	8	7	7	7	7	7	6	7	to	-26	%
CO2-Heiz.	97	92	102	97	101	87	73	75	80	85	79	66	73	76	82	77	73	72	64	68	55	63	1.000 to	-35	%
CO2-Strom	44	45	42	41	41	40	40	46	40	40	43	45	34	42	44	40	38	43	45	41	41	41	1.000 to	-5	%
CO2	**141**	**138**	**143**	**138**	**142**	**128**	**113**	**121**	**120**	**125**	**122**	**111**	**108**	**118**	**126**	**118**	**111**	**115**	**109**	**109**	**97**	**104**	1.000 to	**-26**	%

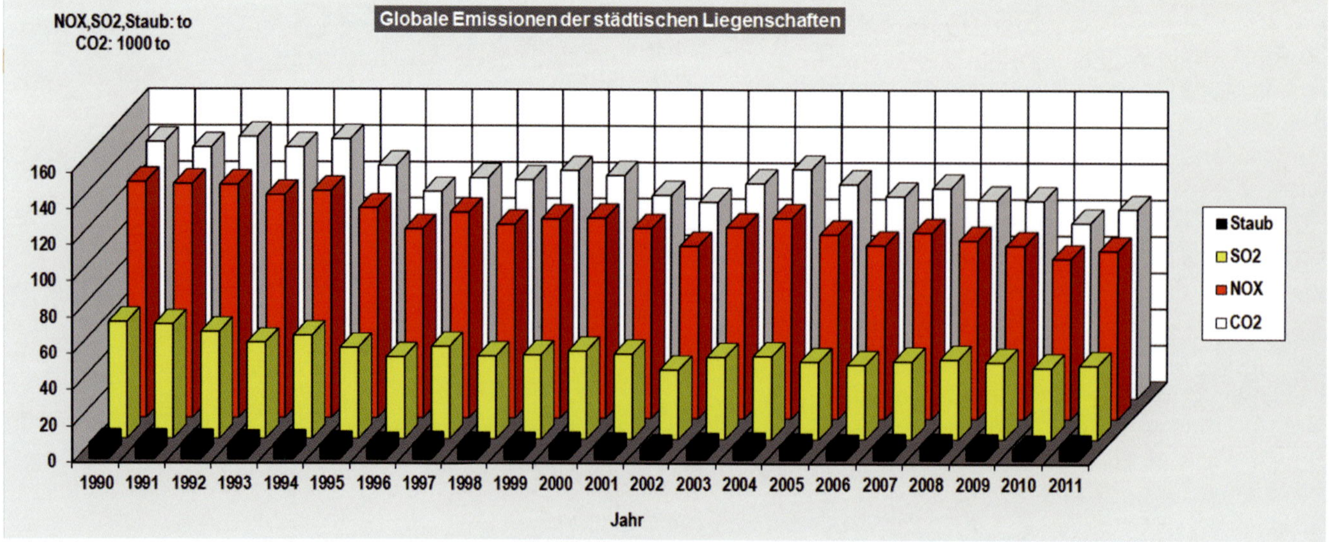

Kosten-Nutzen-Analyse für die Abteilung Energiemanagement

Aufwendungen	1990	1991	1992	1993	1994	1995	1996	1997	1998	1999	2000	2001	2002	2003	2004	2005	2006	2007	2008	2009	2010	2011	
Personalaufwand	-0,13	-0,23	-0,23	-0,24	-0,24	-0,25	-0,26	-0,26	-0,27	-0,28	-0,29	-0,29	-0,30	-0,30	-0,34	-0,35	-0,33	-0,31	-0,41	-0,41	-0,50	-0,61	Mio. €/a
Sachaufwand	-0,03	-0,03	-0,03	-0,03	-0,03	-0,03	-0,03	-0,03	-0,04	-0,04	-0,04	-0,04	-0,04	-0,04	-0,04	-0,04	-0,04	-0,04	-0,04	-0,04	-0,07	-0,10	Mio. €/a
Kapitaldienst Investitionen	-0,05	-0,05	-0,05	-0,05	-0,05	-0,06	-0,14	-0,31	-0,79	-1,14	-1,66	-1,95	-2,20	-2,59	-3,03	-3,13	-3,20	-3,24	-3,16	-3,16	-3,15	-3,23	Mio. €/a
Summe Aufwendungen	**-0,21**	**-0,31**	**-0,31**	**-0,32**	**-0,33**	**-0,35**	**-0,43**	**-0,61**	**-1,10**	**-1,45**	**-1,99**	**-2,28**	**-2,54**	**-2,93**	**-3,41**	**-3,51**	**-3,57**	**-3,60**	**-3,61**	**-3,61**	**-3,72**	**-3,94**	Mio. €/a
Einsparungen	**1990**	**1991**	**1992**	**1993**	**1994**	**1995**	**1996**	**1997**	**1998**	**1999**	**2000**	**2001**	**2002**	**2003**	**2004**	**2005**	**2006**	**2007**	**2008**	**2009**	**2010**	**2011**	
Stromkosteneinsparung	0,0	-0,4	0,6	0,9	0,7	1,1	1,0	-0,6	1,0	0,8	0,1	-0,3	1,9	0,3	-0,1	0,9	1,4	0,2	-0,3	0,9	0,8	0,8	Mio. €/a
Heizkosteneinsparung	0,0	0,5	-0,8	-0,2	-0,9	0,7	2,2	1,6	0,8	0,3	1,3	3,5	2,2	1,8	0,6	2,0	3,5	3,0	6,7	3,5	8,4	5,4	Mio. €/a
Wasserkosteneinsparung	0,0	0,3	0,2	1,1	2,3	2,4	3,4	4,0	3,0	4,5	5,7	6,0	7,0	4,2	4,4	6,2	6,0	5,2	6,1	6,3	6,3	6,2	Mio. €/a
Summe Einsparung	**0,0**	**0,3**	**0,1**	**1,8**	**2,2**	**4,1**	**6,5**	**5,0**	**4,8**	**5,6**	**7,1**	**9,2**	**11,1**	**6,3**	**4,9**	**9,1**	**10,9**	**8,4**	**12,5**	**10,7**	**15,5**	**12,4**	Mio. €/a
Kumulierte Summen	**1990**	**1991**	**1992**	**1993**	**1994**	**1995**	**1996**	**1997**	**1998**	**1999**	**2000**	**2001**	**2002**	**2003**	**2004**	**2005**	**2006**	**2007**	**2008**	**2009**	**2010**	**2011**	
Aufwendungen	-0,2	-0,5	-0,8	-1,2	-1,5	-1,8	-2,3	-2,9	-4,0	-5,4	-7,4	-9,7	-12,2	-15,2	-18,6	-22,1	-25,7	-29,3	-32,9	-36,5	-40,2	-44,1	Mio. €/a
Einsparungen	0,0	0,3	0,4	2,2	4,4	8,5	15,1	20,1	24,8	30,5	37,5	46,7	57,8	64,1	68,9	78,1	88,9	97,3	109,9	120,6	136,1	148,5	Mio. €/a
Gewinn	**-0,2**	**-0,2**	**-0,4**	**1,1**	**3,0**	**6,7**	**12,8**	**17,2**	**20,9**	**25,0**	**30,1**	**37,0**	**45,6**	**48,9**	**50,4**	**56,0**	**63,3**	**68,1**	**77,0**	**84,1**	**95,9**	**104,3**	Mio. €/a
Einsparfaktor	**0,0**	**0,6**	**0,5**	**1,9**	**3,0**	**4,7**	**6,6**	**7,0**	**6,2**	**5,6**	**5,1**	**4,8**	**4,7**	**4,2**	**3,7**	**3,5**	**3,5**	**3,3**	**3,3**	**3,3**	**3,4**	**3,4**	

(Minuszeichen bezeichnet Aufwendungen)

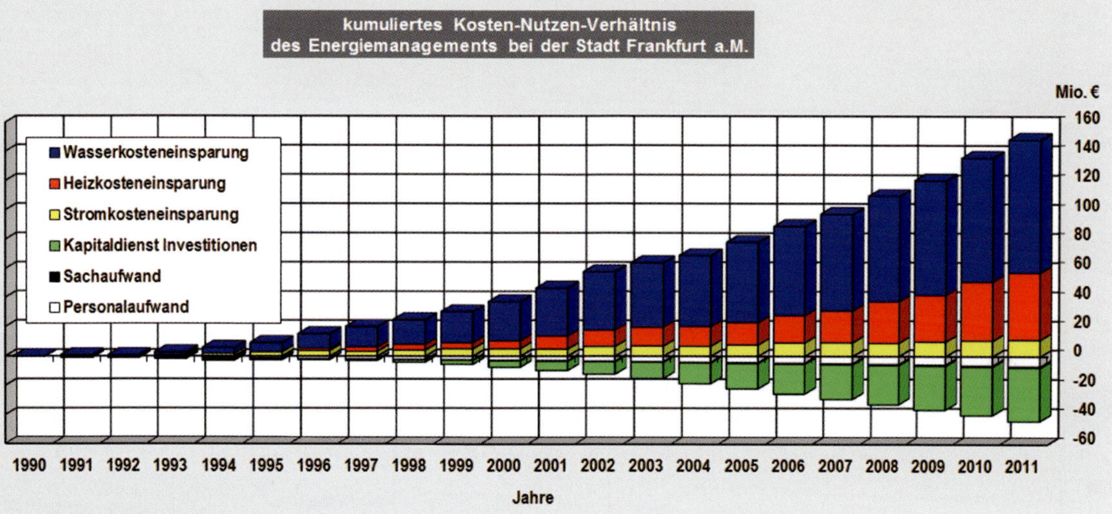

Bild 2
Kosten-Nutzen-Analyse des Energiemanagements in Frankfurt a. M. von 1990 - 2011

den Einsparungen an Energie- und Wasserkosten in Höhe von ca. 12 Mio. € gegenüber. Das Verhältnis zwischen Aufwand und Einsparung liegt also bei ca. 1 : 3. Seit dem Jahr 1990 wurde durch das Energiemanagement ein Gewinn von über 100 Mio. € erwirtschaftet. Eine Zusammenstellung der Zahlen kann Bild 2 entnommen werden.

Wege zum erfolgreichen Energiemanagement

Diese Erfolge wurden mit den drei wesentlichen Instrumenten des kommunalen Energiemanagements erreicht:

Instrumente	Einsparpotential	Kosten : Nutzen
Energiecontrolling	> 5 %	1 : 5 - 1 : 10
Betriebsoptimierung	> 15 %	1 : 3 - 1 : 5
Investive Maßnahmen	> 30 %	1 : 1 - 1 : 3

Energiecontrolling

Grundlage jedes Energiecontrollings ist die Auswertung der Rechnungen der Energieversorgungsunternehmen (EVU). In der Datenbank der Abteilung Energiemanagement sind ca. 350 000 Abrechnungen seit dem Jahr 1993 gespeichert. Mit einer Datenbankanwendung kann die zeitliche Entwicklung der spezifischen Verbrauchswerte und der Kosten für sämtliche städtischen Liegenschaften dargestellt werden. Zur genaueren Analyse sind jedoch mindestens monatliche Verbrauchswerte notwendig. Hierfür steht eine weitere Datenbank zur Verfügung, in der die monatlichen Ablesungen der Hausverwalter vor Ort ausgewertet werden. Gegenwärtig werden 175 Liegenschaften auf diese Weise überwacht. Hier sind Ausreißer schneller erkennbar und können entsprechend verfolgt werden.

Eine noch genauere Analyse des Energieverbrauches erlaubt die automatische Verbrauchserfassung. Hier werden Viertelstunden-Lastprofile in Datenloggern vor Ort gespeichert und einmal täglich in eine zentrale Datenbank eingelesen. Auf diese Weise kann die Übereinstimmung zwischen Nutzungsprofil und Verbrauch sehr zeitnah überwacht werden (Bild 3). Gegenwärtig sind ca. 1000 Zähler in 300 Liegenschaften auf das System aufgeschaltet. Neben den Lastprofilen stehen

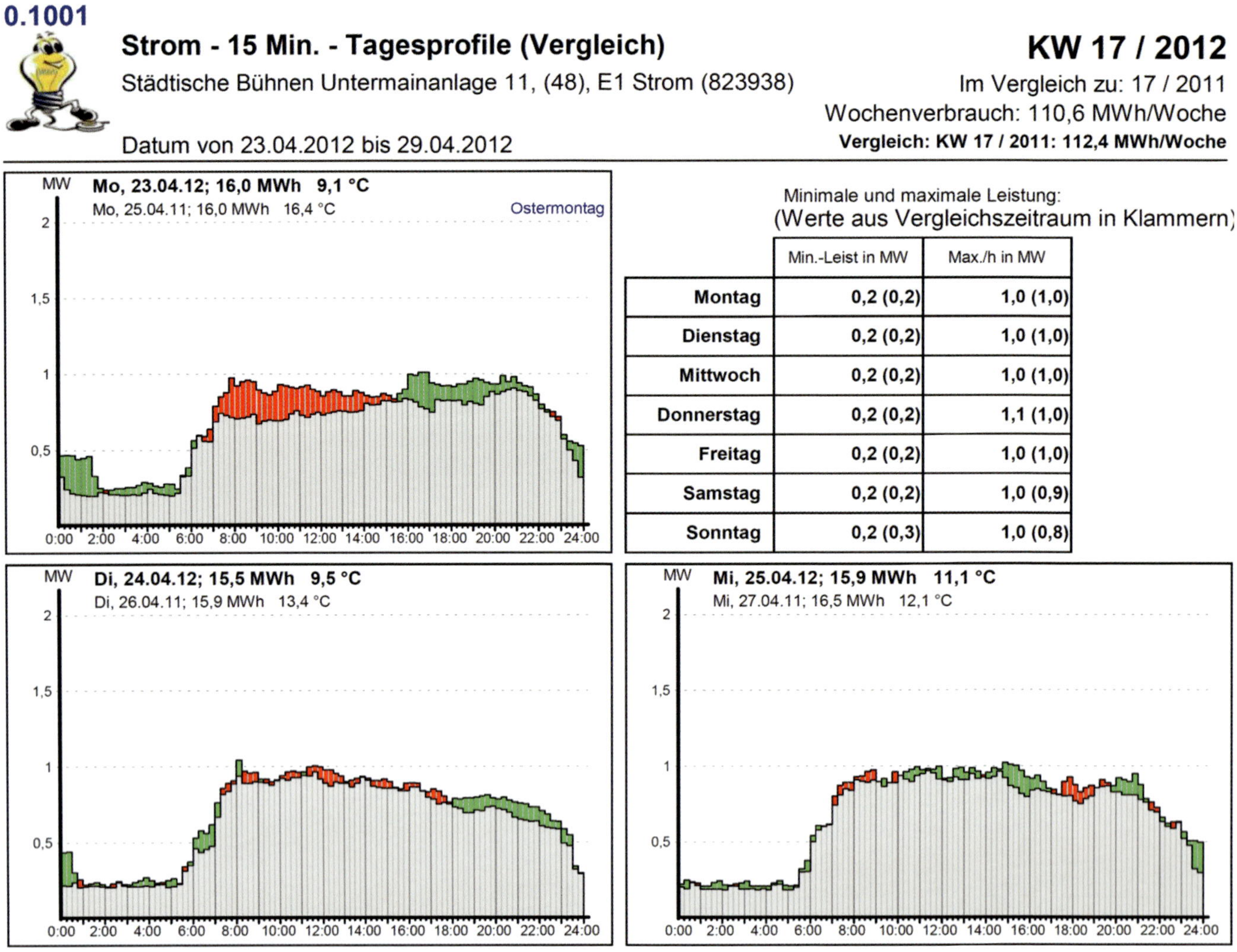

	Min.-Leist in MW	Max./h in MW
Montag	0,2 (0,2)	1,0 (1,0)
Dienstag	0,2 (0,2)	1,0 (1,0)
Mittwoch	0,2 (0,2)	1,0 (1,0)
Donnerstag	0,2 (0,2)	1,1 (1,0)
Freitag	0,2 (0,2)	1,0 (1,0)
Samstag	0,2 (0,2)	1,0 (0,9)
Sonntag	0,2 (0,3)	1,0 (0,8)

Bild 3
Tagesprofile aus der automatischen Verbrauchserfassung

inzwischen auch alle Jahreslastgänge unter www.energiemanagement.stadt-frankfurt.de (Menüpunkt: Automatische Verbrauchserfassung) zur Verfügung.

Im Rahmen der Umsetzung der EU-Gebäuderichtlinie in nationales Recht mussten bis zum 30.06.2009 in allen öffentlichen Gebäuden über 1.000 qm Fläche Energieausweise ausgehängt werden. Die Abteilung Energiemanagement hat bislang 240 Energieausweise ausgestellt und den Liegenschaften zum Aushang zur Verfügung gestellt. Alle Energieausweise stehen auch im Internet zur Verfügung (www.energiemanagement.stadt-frankfurt.de, Menüpunkt: Energieausweise).

Auf dem von der Abteilung Energiemanagement weiterentwickelten Energieausweis werden zusätzlich zu den gesetzlich vorgeschriebenen Daten weitere Angaben gemacht (**Bild 4**). Dazu gehören die Einstufung in eine Energieeffizienzklasse, die absoluten und spezifischen Energiekosten, Wasserverbrauch und Kosten, sowie das Kosten-Nutzen-Verhältnis der vorgeschlagenen Maßnahmen zur kostengünstigen Modernisierung. Ergänzend hinzugefügt wurden Empfehlungen zu Nutzung und Betrieb, incl. des zugehörigen Einsparpotentials.

Betriebsoptimierung

Mit der geringen Personalausstattung kann die Abteilung Energiemanagement den Betrieb nur in einem kleinen Teil der städtisch genutzten Liegenschaften selber optimieren. Daher wird jährlich ein 4-tägiges Seminarprogramm für Energiebeauftragte angeboten, in dessen Rahmen die Mitarbeiter für den energie- und wassersparenden Betrieb der technischen Anlagen geschult werden. Neben umfangreichen Seminarunterlagen stehen Plakate, Faltblätter, Aufkleber, sowie praktische Demonstrationsmodelle und Messgeräte zum Ausleihen zur Verfügung. Dieses Seminarprogramm steht auch externen Interessierten offen.

Wesentlich für die Motivation des Betriebspersonals ist das Programm Erfolgsbeteiligung für Nutzer. Danach kann jede städtische Liegenschaft 50 % der nutzerbedingten Energie- und Wasserkosteneinsparungen behalten. Davon kann wiederum die Hälfte als persönliche

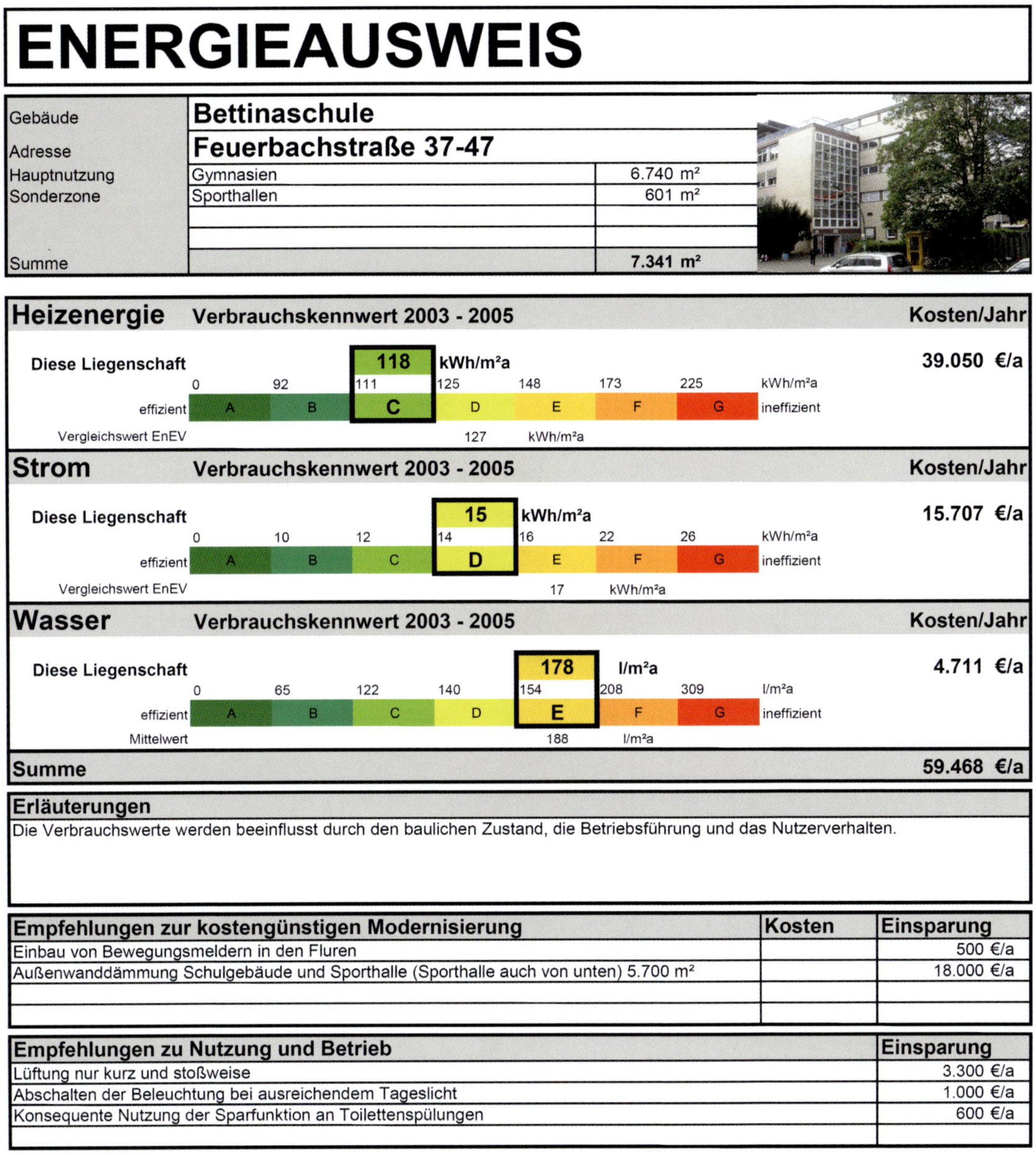

ENERGIEAUSWEIS

Gebäude	**Bettinaschule**	
Adresse	**Feuerbachstraße 37-47**	
Hauptnutzung	Gymnasien	6.740 m²
Sonderzone	Sporthallen	601 m²
Summe		**7.341 m²**

Heizenergie Verbrauchskennwert 2003 - 2005 — Kosten/Jahr

Diese Liegenschaft **118** kWh/m²a — **39.050 €/a**

0 | 92 | 111 | 125 | 148 | 173 | 225 kWh/m²a

effizient A B **C** D E F G ineffizient

Vergleichswert EnEV 127 kWh/m²a

Strom Verbrauchskennwert 2003 - 2005 — Kosten/Jahr

Diese Liegenschaft **15** kWh/m²a — **15.707 €/a**

0 | 10 | 12 | 14 | 16 | 22 | 26 kWh/m²a

effizient A B C **D** E F G ineffizient

Vergleichswert EnEV 17 kWh/m²a

Wasser Verbrauchskennwert 2003 - 2005 — Kosten/Jahr

Diese Liegenschaft **178** l/m²a — **4.711 €/a**

0 | 65 | 122 | 140 | 154 | 208 | 309 l/m²a

effizient A B C D **E** F G ineffizient

Mittelwert 188 l/m²a

Summe **59.468 €/a**

Erläuterungen

Die Verbrauchswerte werden beeinflusst durch den baulichen Zustand, die Betriebsführung und das Nutzerverhalten.

Empfehlungen zur kostengünstigen Modernisierung	Kosten	Einsparung
Einbau von Bewegungsmeldern in den Fluren		500 €/a
Außenwanddämmung Schulgebäude und Sporthalle (Sporthalle auch von unten) 5.700 m²		18.000 €/a

Empfehlungen zu Nutzung und Betrieb	Einsparung
Lüftung nur kurz und stoßweise	3.300 €/a
Abschalten der Beleuchtung bei ausreichendem Tageslicht	1.000 €/a
Konsequente Nutzung der Sparfunktion an Toilettenspülungen	600 €/a

Bild 4
Beispiel eines Energieverbrauchsausweises

Prämie an den oder die Energiebeauftragte(n) ausgezahlt werden. Die verbleibenden 50 % stehen für investive Energie- und Wassersparmaßnahmen zur Verfügung. Im Jahr 2010 wurden in diesem Projekt an Energie- und Wasserkosten insgesamt 725 000 € eingespart (Bild 5). Die Anzahl der an dem Projekt beteiligten Liegenschaften wächst ständig.

Entscheidend für den effizienten Betrieb der technischen Anlagen ist die einfache und intuitive Bedienung. In der Vergangenheit waren als Ergebnis der öffentlichen Ausschreibungen zahllose unterschiedliche Regelungsfabrikate in den städtischen Liegenschaften im Einsatz. Die Bedienung war immer unterschiedlich und nur an einer einzigen Stelle möglich. Daher wurde im Rahmen eines Pilotprojektes eine herstellerunabhängige Leittechniksoftware entwickelt, die inzwischen bei allen neuen städtischen Regelungsanlagen eingesetzt wird. Ein weiterer Vorteil liegt darin, dass die Regelungsanlagen von jedem Computer im städtischen Intranet überwacht und bedient werden können, sofern die entsprechenden Berechtigungen eingerichtet wurden.

Im Berichtszeitraum wurden das Institut für Stadtgeschichte, das Museum für Komische Kunst, die Valentin-Senger-Schule und die Schirn Kunsthalle auf das System aufgeschaltet. Für die Carlo-Mierendorff-Schule, die Klingerschule, die Ludwig-Richter-Schule, die Wilhelm-Merton-Schule und das Gesellschaftshaus Palmengarten befinden sich die Aufschaltungen und damit die einheitliche Bedienbarkeit über den PC kurz vor der Fertigstellung.

Investive Maßnahmen

Bei dem umfangreichen Liegenschaftsbestand der Stadt Frankfurt werden jedes Jahr zahlreiche Neubau- und Sanierungsmaßnahmen

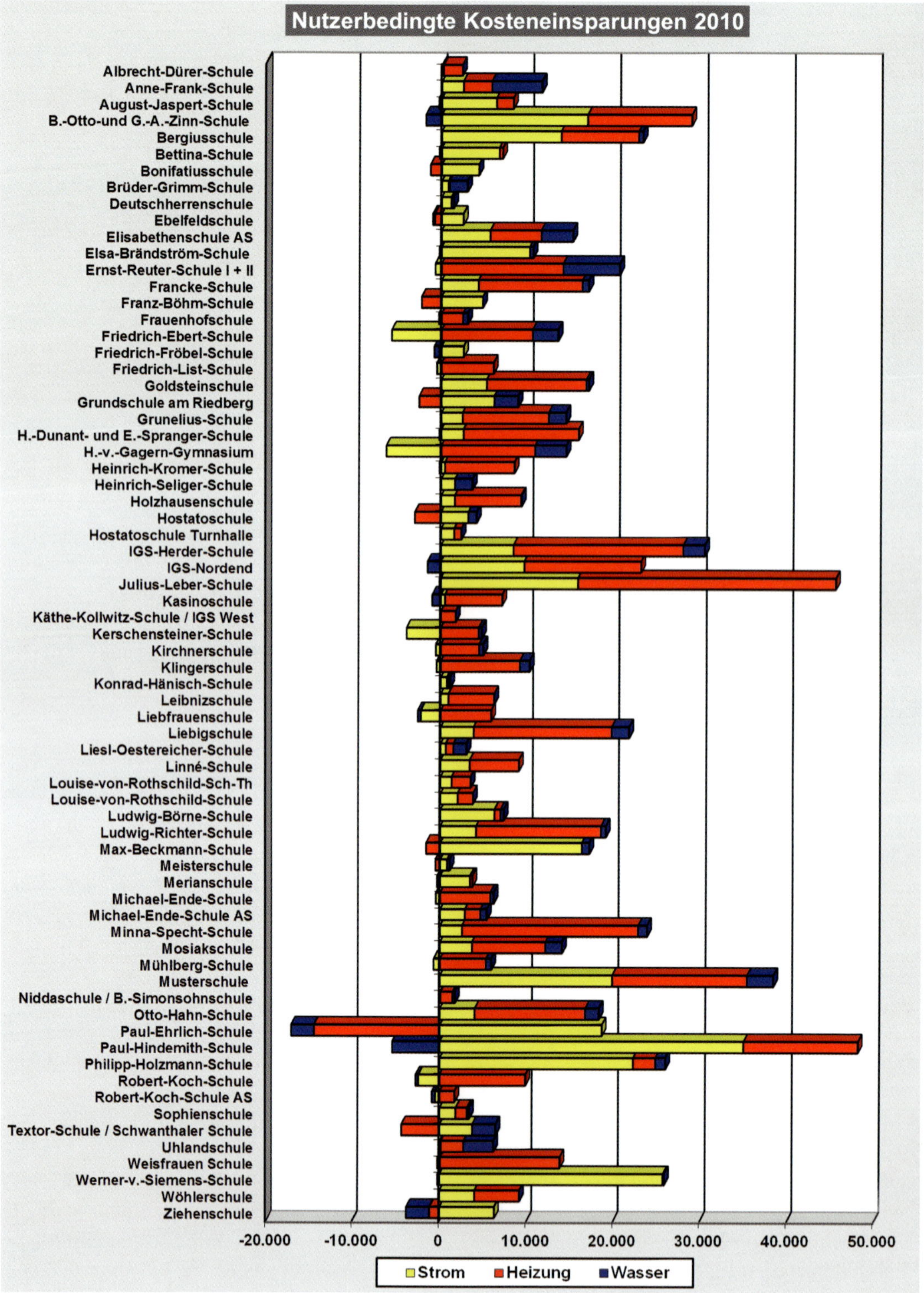

Bild 5
Einsparungen durch das Programm „Erfolgsbeteiligung für Nutzer“

durchgeführt. Wichtig ist, dass bei diesen Maßnahmen auch die künftigen Betriebskosten berücksichtigt werden und jeweils das wirtschaftliche Optimum angestrebt wird. Deshalb hat das Hochbauamt Leitlinien zum wirtschaftlichen Bauen aufgestellt, die die wichtigsten Standards zusammenfassen (Bild 6). Diese Leitlinien liegen allen städtischen Bauvorhaben zugrunde. Sie wurden vom Magistrat der Stadt Frankfurt beschlossen und werden jähr-

Bild 6
Leitlinien zum wirtschaftlichen Bauen 2012

lich fortgeschrieben. Dort ist unter anderem festgelegt, dass neue städtische Gebäude möglichst nur noch in Passivhausbauweise errichtet werden. Dies umfasst im Wesentlichen eine hervorragende Wärmedämmung und eine auf den hygienischen Frischluftbedarf ausgelegte Lüftungsanlage mit hocheffizienter Wärmerückgewinnung. Zur Qualitätssicherung wird die Einhaltung der Leitlinien an vier Meilensteinen (zum Abschluss der Vorplanung, zur Bau- und Finanzierungsvorlage, bei der Abnahme und nach 2 Jahren Betrieb) mit einer Checkliste überprüft.

Abweichungen von den Leitlinien zum wirtschaftlichen Bauen sind möglich. Allerdings muss mit dem von der Abteilung Energiemanagement entwickelten Verfahren zur Gesamtkostenberechnung nachgewiesen werden, dass durch die Abweichung ein wirtschaftlicheres Ergebnis erzielt wird. Das Excel-Tool zur Gesamtkostenberechnung steht ebenso wie die Leitlinien unter www.energiemanagement.stadt-frankfurt.de zur Verfügung. Als Mindeststandard ist die Energiesparverordnung (EnEV 2009) um 30 % zu unterschreiten.

Bislang wurden von der Stadt Frankfurt 2 Feuerwachen, 5 Jugendhäuser, 10 Kindertagesstätten, 10 Schulen bzw. Schulerweiterungen, 12 Schulmensen, 5 Sportfunktionsgebäude und 6 Turnhallen im Passivhausstandard fertiggestellt. Weitere 65 Projekte befinden sich in Planung oder im Bau. Sämtliche Passivhausprojekte sind auf der Internetseite www.energiemanagement.stadt-frankfurt.de (Menüpunkt Passivhausprojekte) dargestellt.

Vor der Sanierung von komplexen Liegenschaften sollten grundsätzlich Energiekonzepte erstellt werden. In den letzten Jahren wurden in der Stadt Frankfurt bereits 28 Energiekonzepte erarbeitet. Darüber hinaus hat sich die Abteilung Energiemanagement an dem Forschungsprojekt Teilenergiekennwerte unter der Federführung des Instituts Wohnen und Umwelt in Darmstadt beteiligt. Im Rahmen dieses Projektes wurden 5 Schulen und 5 Museen der Stadt exemplarisch mit diesem neuen Rechentool untersucht und entsprechende Energieberatungsberichte erstellt. Hinzu kommen vier Wärmeversorgungskonzepte, unter anderem für das Museumsufer und den Zoo. Alle Energiekonzepte stehen unter www.stadt-frankfurt.de/energiemanagement (Menüpunkt Energiekonzepte) zum Download zur Verfügung.

Eine besonders erfolgreiche Methode zur Energieeinsparung und zum Klimaschutz ist der Einsatz von Blockheizkraftwerken. Derzeit sind bei der Stadt Frankfurt 20 Module mit insgesamt 1,2 MW elektrisch in Betrieb. Mit diesen Aggregaten wurden bislang über 25 000 t CO_2 eingespart und gleichzeitig ein Gewinn von 1,5 Mio. € erzielt (**Bild 7**).

Darüber hinaus setzt die Stadt Frankfurt a. M. auch auf regenerative Energiequellen. Seit dem Jahr 2008 stammen im Mainova-Versorgungsgebiet 50 % des Stroms für die städtischen Liegenschaften aus regenerativen Energiequellen (zertifiziert nach Grüner-Strom-Label) und 50 % aus Kraft-Wärme-Kopplung. Die Tarifabnahmestellen im Süwag-Versorgungsgebiet werden zu 100 % aus regenerativen Energiequellen versorgt. Darüber hinaus sind auf den Liegenschaften der Stadt Frankfurt gegenwärtig 27 stadteigene Photovoltaik-Anlagen mit einer elektrischen Gesamtleistung von 218 kW-peak im Betrieb bzw. in Planung. Hinzu kommen 35 fremdfinanzierte Anlagen mit insgesamt 3465 kW-peak. Diese wurden

Blockheizkraftwerke der Stadt Frankfurt a.M. Stand der Betriebsdaten: 31.12.2011

Alle Kosten brutto (incl. MWSt.) sofern nicht anders vermerkt

Name der Liegenschaft	Anzahl Module	Gesamtleistung elektrisch (kW)	Gesamtleistung thermisch (kWth)	Gesamt-Investition (T€)	Förderung (T€)	Eigeninvestition (T€)	Inbetriebnahme	Benutzungs-stunden kumuliert (h)	Stromerzeugung BHKW kumuliert (MWh)	Wärmeerzeugung BHKW kumuliert (MWh)	CO2-Einsparung kumuliert (to)	Überschuß kumuliert (T€)
Berthold-Otto-Schule	2	60	100	169	29	**140**	Okt 00	12.280	598	1.234	247	**-101**
Carl-Schurz-Schule	2	107	205	245	55	**190**	Okt 92	84.703	9.107	17.186	4.175	**281**
Friedrich-Ebert-Schule	1	30	50	87	17	**70**	Okt 00	52.817	1.552	2.634	610	**-42**
Gartenhallenbad Fechenheim	1	14	32	33	20	**13**	Nov 00	67.408	833	2157	413	**31**
Gartenhallenbad Rebstock	2	700	1110	890	0	**890**	Nov 00	47.602	27.184	49.740	13.605	**750**
Helmholtz-Schule	1	5	13	15	15	**0**	Nov 98	87.984	342	1.072	170	**0**
Hermann-Luppe-Haus	1	24	55	72	21	**51**	Jul 09	3.510	84	193	32	**-6**
Kinderkrippe Bornheim	1	6	13	15	6	**10**	Feb 94	114.335	610	1.284	222	**54**
Kinderkrippe Bornheim 2	1	6	13	20	7	**13**	Jan 00	13.704	75	177	34	**14**
Liebig-Schule	1	50	81	109	0	**109**	Mrz 05	34.249	1.467	2.689	624	**0**
Linné-Schule	1	6	13	15	3	**13**	Aug 00	51.954	257	632	116	**15**
Ludwig-Richter-Schule	1	6	13	15	6	**10**	Feb 94	86.673	449	1.064	201	**34**
Schule am Hang	1	6	15	31	7	**23**	Feb 10	10.570	29	149	30	**4**
Sportzentrum Kalbach	1	50	97	221	0	**221**	Feb 09	19.753	630	1.916	468	**-26**
Umweltamt	1	5	12	15	3	**13**	Aug 00	63.283	297	772	149	**19**
Wöhler-Schule	2	107	205	243	55	**188**	Okt 92	94.645	9.951	17.893	4.270	**438**
Summe	**20**	**1.180**	**2.025**	**2.196**	**243**	**1.953**		**845.470**	**53.466**	**100.792**	**25.365**	**1.465**

Bild 7
Betriebsergebnisse der städtischen Blockheizkraftwerke

zum großen Teil im Jahr 2010 errichtet und sind aus einer öffentlichen Ausschreibung der Dachflächen hervorgegangen, welche die Abteilung Energiemanagement im Jahr 2009 durchgeführt hat.

Auf den Liegenschaften der Stadt Frankfurt sind gegenwärtig 8 Solarkollektor-Anlagen mit einer Gesamtfläche von 119 m² im Betrieb. Hinzu kommen 2 Solarabsorber-Anlagen zur Beckenwassererwärmung in Freibädern mit insgesamt 2.012 m².

Außerdem sind gegenwärtig 2 Holzhackschnitzel- und 10 Holzpellet-Heizkessel mit einer thermischen Gesamtleistung von 2 063 kW im Betrieb.

Schließlich sind zwei Geothermie-Anlagen mit einer Wärmeleistung von insgesamt 800 kW und einer Kälteleistung von 600 kW im Betrieb

Ausblick

Um die Ziele der Energiewende der Bundesregierung und des Energie- und Klimaschutzkonzeptes der Stadt zu erreichen (Verringerung der CO_2-Emissionen alle 5 Jahre um 10 %, bis 2050 Halbierung des Energiebedarfs und Deckung ausschließlich aus regenerativen Quellen) sind künftig noch deutlich verstärkte Anstrengungen nötig.

Die technische Lebensdauer aller energetisch relevanten Bauteile (thermische Gebäudehülle und komplette technische Gebäudeausrüstung) beträgt maximal 40 Jahre. Wenn man

STADT FRANKFURT AM MAIN

Stadt Frankfurt a.M.
Hochbauamt
Abteilung Energiemanagement
Gerbermühlstraße 48
D-60594 Frankfurt

Tel.: 069/212.306.52
Fax: 069/212.465.47
E-Mail: energiemanagement@stadt-frankfurt.de
URL: www.energiemanagement.stadt-frankfurt.de

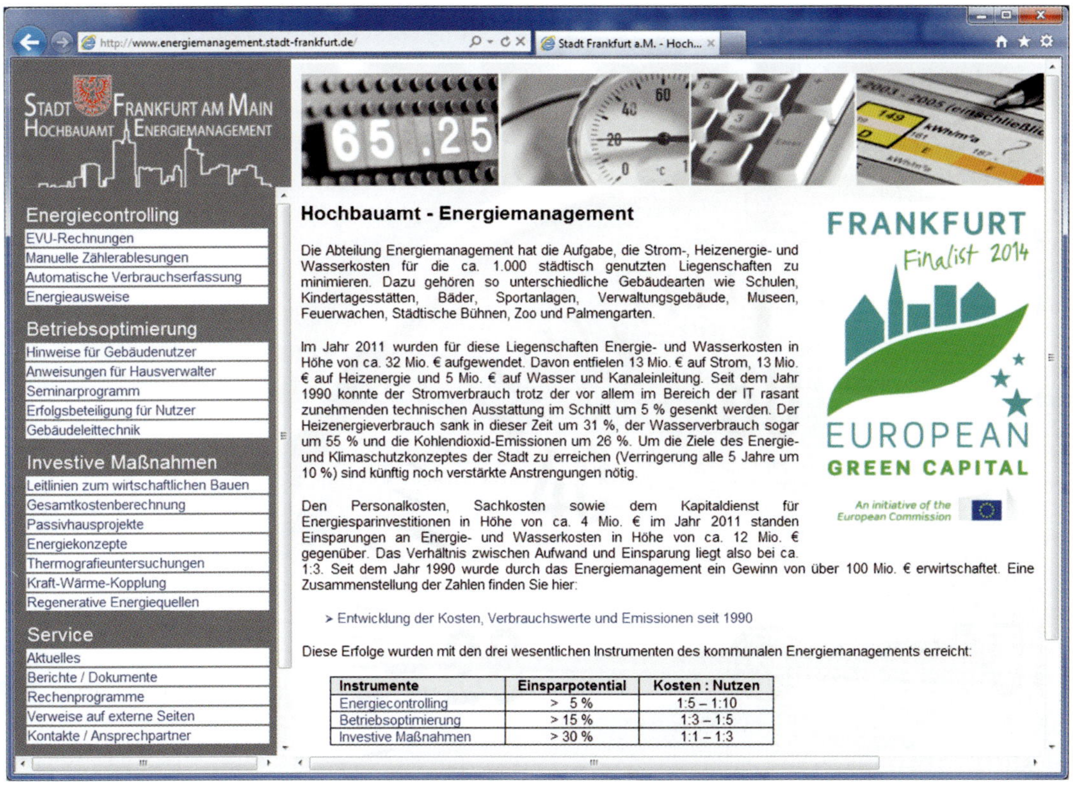

Bild 8
Startseite www.energiemanagement.stadt-frankfurt.de

sämtliche städtischen Gebäude (ca. 2 500 Stück mit 2,5 Mio. m^2 Nettogrundfläche) einmal innerhalb von 40 Jahren nach dem gesetzlichen Standard der Energieeinsparverordnung sanieren will, müssen ca. 90 Mio. € pro Jahr aufwendet werden. Der Mehraufwand für die Sanierung nach den Leitlinien zum wirtschaftlichen Bauen (Passivhauskomponenten) beträgt ca. 5 Mio. € pro Jahr. Dem stehen zusätzliche Energiekosteneinsparungen von ca. 6 Mio. € pro Jahr gegenüber.

Zur Erreichung der Klimaschutzziele müssen weiterhin ca. 4 Mio. € pro Jahr für Photovoltaikanlagen und 1 Mio. € pro Jahr für Kraft-Wärme-Kopplungs-Anlagen aufgewendet werden. Dem stehen Einsparungen von ca. 6 Mio. € pro Jahr an Energiekosten gegenüber.
Die Ziele der Energiewende sind also mit wirtschaftlichen Mitteln erreichbar.

Der Energiewenderechner ist genauso wie alle anderen genannten Informationen auf der neu gestalteten Internetseite der Abteilung Energiemanagement verfügbar (**Bild 8**).

Rüsselsheim baut eigenen Wald klima- und CO_2-gerecht um!

Reinhard Ebert | Bereich Natur und Umweltschutz der Stadt Rüsselsheim

Vorbemerkung

Bis zum Beginn des Kohle- und Erdölzeitalters hatten nachwachsende Rohstoffe enorme, genauer gesagt die entscheidende Bedeutung für die Überlebensfähigkeit der Menschen.

Heute stellen Öl, Gas und Kohle noch für einige Jahre und Jahrzehnte die Energieversorgung insgesamt sicher und zwar auf einem massiv erhöhten Niveau. Dies wird sich allerdings ändern, wobei die erneuerbaren Energien stetig an Raum gewinnen.

Spätestens ab dem Zeitpunkt, an dem die Nachfrage nach fossilen Brennstoffen und den daraus gewonnenen Produkten größer ist als die Förderung, werden die Preise unaufhörlich ansteigen. Deshalb müssen wir gegenwärtig erkennen, dass steigende Kosten bei fossilen Brennstoffen die Nachfrage nach nachwachsenden Rohstoffen automatisch wieder ansteigen lässt. Viele Kommunen sind im Besitz von Waldflächen und können aus dieser Situation heraus unter anderem auch nachwachsende Rohstoffe nutzen und bereitstellen.

Heutige Wälder in Deutschland werden aufgrund der Nutzungsgeschichte der letzten 300 bis 400 Jahre fast ausschließlich als Wirtschaftswälder (Hochwälder) mit starker Ausrichtung auf Massenleistung beim Stammholz bewirtschaftet.

Bild 1
Mindestlichtbedarf für Eichenvoranbau unter aufgelichtetem Altbestand

Die derzeitige Waldwirtschaft ist, jedenfalls aus unserer Sicht, zu kostenaufwändig, zu wenig ökologisch und berücksichtigt nicht in ausreichendem Maße die augenblicklichen Bedürfnisse der im Ballungsraum Rhein-Main lebenden Bevölkerung.

Neuausrichtung

Deshalb hat die Stadt Rüsselsheim bereits im Jahr 2006 eine Neuausrichtung der Waldwirtschaft beschlossen, die eine Stabilisierung und Ökologisierung der Waldbestände im Hinblick auf den Klimawandel bewirken soll. Insbesondere vor dem Hintergrund steigender Temperaturen, einer Zunahme von Stürmen, gegebenenfalls auch Nässeperioden, also extremen Wetterereignissen, soll die Bewirtschaftung der eigenen Waldflächen so ausgerichtet werden, dass die Waldbestände eine möglichst große Überlebensfähigkeit erhalten.

Die naturräumliche Lage des Stadtwaldes Rüsselsheim in der westlichen Untermaineebene mit hohen Jahresmitteltemperaturen und geringen Niederschlägen erforderte aus ökologischen Gründen den verstärkten Anbau von Laubholz, insbesondere der Eiche, die bisher nur mit ca. 12 % an der Baumartenzusammensetzung vertreten war. Ein Umbau der Waldbestände zu Lasten der Douglasie, Strobe, Kiefer und Fichte ist dadurch notwendig geworden. Die Standorte werden der zentralen Eichenmischwaldzone zugeordnet. Die Eiche, als wärmeliebender Baum, wird nach unserer Erfahrung von den heimischen Laubhölzern am ehesten in der Lage sein, den steigende Durchschnittstemperaturen und vor allem den jährlichen Extremereignissen zu widerstehen.

Die Waldflächen des Stadtwaldes Rüsselsheim haben, bedingt durch die geografische Lage im Ballungsraum Rhein-Main, vielfache Funktionen zu erfüllen. Hierbei zu nennen wäre beispielhaft die Erholung, der Wasserschutz, Lärmschutz, Immissionsschutz, der Klimaschutz und nicht zuletzt der Naturschutz mit dem Erhalt der Biodiversität.

Herausragende Bedeutung zur Erfüllung der Erholungsfunktion und für den Austausch von

Luftmassen haben besonders die siedlungsnahen Waldungen, bei denen jedoch die stetige und standortgerechte Bewirtschaftung erst die Voraussetzung hierfür schafft. Die geänderte Art der Bewirtschaftung des Stadtwaldes Rüsselsheim soll dem Interesse der hiesigen Bevölkerung gerecht werden und die o.g. Belange mit einbeziehen.

Hierzu zählt auch die Umweltbildung, die für die jungen Menschen aus Rüsselsheim durchaus integraler Bestandteil einer schulischen Bildung werden könnte.

Von größter Bedeutung sind die Waldflächen im Osten des Stadtwaldes Rüsselsheim, da hier bereits herausragende ökologische Wertigkeiten und noch gute Standortverhältnisse anzutreffen sind. Ein kleiner Teil des Waldes liegt innerhalb des Naturschutzgebietes Mönchbruch von Mörfelden und Rüsselsheim und seit wenigen Jahren wurden dort die beiden FFH-Gebiete „Mark- und Gundwald“ und „Heidelandschaft“ ausgewiesen.

Ferner sind große Flächen des Stadtwaldes Rüsselsheim in das Vogelschutzgebiet „Mönchbruch und Wälder bei Mörfelden-Walldorf und Groß-Gerau“ mit einbezogen worden. Kleinere Waldflächen liegen im Westen des Gemarkungsgebietes innerhalb des Vogelschutzgebietes „Streuobst-Trockenwiesen bei Nauheim und Königstädten“.

Die Stadt Rüsselsheim hatte schon im Jahr 2006 erkannt, dass sich die Situation der Wälder in der Rhein-Main Ebene erheblich verbessern muss, da nach dem sehr trockenen Jahr 2003 erhebliche Absterbeerscheinungen innerhalb der Waldbestände (vorwiegend der Nadelholzbestände) zu erkennen waren. Die neue Konzeption sollte zugleich die Bedürfnisse der Rüsselsheimer Bevölkerung intensiv mit einbeziehen.

Dazu wurden folgende Ziele formuliert:

a) monetäre Einsparpotentiale in der Bewirtschaftung müssen zukünftig stärker gehoben werden damit der Wald seine Leistungsfähigkeit für den Eigentümer, auch in einer Zeit des Klimawandels mit nur zum Teil bekannten Herausforderungen, behält.
b) die naturschutzrechtliche Kompensation, das heißt der Ausgleich für Eingriffe in Natur und Landschaft, wird in den eigenen Wäldern umgesetzt, um den landwirtschaftlichen Flächenverbrauch zu reduzieren, den naturschutzfachlichen Wert der Waldflächen insgesamt anzuheben, die Bestände standortgerechter zu gestalten und sie widerstandsfähiger aufzubauen, damit sie den großen absehbaren Anforderungen der Zukunft gerecht werden können.
c) gleichzeitig sollen Energieholzreserven für Rüsselsheimer Bürger genutzt werden; auch um die Verbundenheit der Bürger mit dem eigenen Wald zu verbessern und Ressourcen vor Ort zu nutzen.
d) die Erlebbarkeit der Landschaft muss durch einen gezielten ökologischen und ästhetischen Umbau der Waldbestände gestärkt werden, damit er seine Wohlfahrtswirkungen voll entfalten kann.
e) in Teilbereichen wird zur Speicherung von Kohlendioxid über mehrere 100 Jahre die Umtriebszeit bis zum natürlichen Untergang der Bestände angehoben.

Bild 2
Mönchbruch: Eichenvoranbau unter alten Eichensolitären

Dies setzt insgesamt voraus, dass

1. schonend mit den Standortpotentialen umgegangen wird,
2. ausschließlich standortgerechte Baumarten der natürlichen Waldgesellschaften; hier

vorwiegend Eiche (zentrale Eichenzone), inklusive der Mischbaumarten Buche und Hainbuche verwandt werden,

3. standortgerechte Baumarten unterschiedlicher Dimension und Alter im Bestand zu mischen sind,
4. vorwaldartig, möglichst über Femel verjüngt und dazu ausreichend Licht in den Beständen geschaffen wird,
5. auch kleinflächige Standortunterschiede durch Förderung entsprechender Baumarten unter permanenter Nutzung der Naturverjüngung berücksichtigt werden,
6. die Biodiversität durch horizontale und vertikale Mischung von Pflanzen auf ganzer Fläche bei Nutzung eines hohen Lichtgenusses verbessert wird,
7. liegendes und stehendes Totholz zu vermehren ist,
8. grundsätzlich kein Biozid angewendet wird,
9. die Bewirtschaftung auf die Vorgaben der FFH- und Vogelschutzrichtlinie auszurichten ist.

Seltene Waldgesellschaften und Biotope, insbesondere die, die den Natura-2000-Gebieten zuzuordnen sind, sind dabei zu sichern. Die Bewirtschaftung ist zukünftig daraufhin abzustimmen.

Die in der Vergangenheit durchgeführte Entnahme von ökologisch bedeutsamen Bäumen, insbesondere alten Eichen und Buchen, wird eingestellt. Dafür erhält die Stadt Rüsselsheim im Gegenzug Ökopunkte, die einem Ökopunktekonto gutgeschrieben und an Dritte verkauft werden.

Historische Waldnutzungsformen, die für den Rüsselsheimer Wald von Bedeutung erscheinen, hier insbesondere Hutewaldungen (Mittelwaldungen), sind aus kultur- und forstgeschichtlichen Gründen zu sichern und gegebenenfalls zu erneuern.

Dort, wo sich die Eiche nicht von selbst verjüngt, ist sie in geringer Stückzahl (50–80 Stück/ha) auf ihr zusagenden Standorten über Heisterpflanzung (mit gut ausgeprägtem Ballen) voranzubauen.

Wo immer möglich, genießt daneben die Naturverjüngung mit langen Verjüngungszeiträumen Vorrang vor anderen Verjüngungsarten; allerdings ohne die Errichtung von Wildschutzzäunen.

Natürlich ankommende Pionierstadien müssen in die waldbauliche Zielhierarchie mit eingebaut werden.

Auf Extremstandorten ist der Anbau von südeuropäischen Eichenarten, die den heimischen Eichen nahestehen, wie Steineiche, Flaumeiche und Ungarische Eiche, unter wissenschaftlicher Begleitung zu fördern.

Grundlegend für das Waldwachstum ist der Erhalt bzw. die Wiederherstellung der natürlichen Ertragskraft der Böden.

Selbstverständlich muss zukünftig die Nutzung der Waldflächen insgesamt und bezüglich der nachwachsenden Rohstoffe nach entsprechenden Nachhaltigkeitskriterien erfolgen. Darunter verstehen wir die Nutzungsfähigkeit der Naturgüter in Gänze, aber auch die Nutzungsmöglichkeit für zukünftige Generationen.

Dabei ist der Begriff der Nachhaltigkeit adäquat zu verwenden. Das beinhaltet, dass darunter auch der Erhalt der biologischen Vielfalt zu verstehen ist, wobei eine Nutzung von Bestandteilen der biologischen Vielfalt möglich erscheint.

Vorteile für die Stadt als Eigentümerin

Die Verbesserungspotenziale liegen darin, dass keine Flächenräumung, keine Bodenvorbereitung, kein Zaunbau, kein Zaunabbau, keine Entsorgung des Altzaunes und keine Zaunkontrolle erforderlich sind. Es müssen nur geringe Stückzahlen in der künstlichen Verjüngung pro Hektar gepflanzt und es muss keine kostenintensive Pflege von Kulturen vorgenommen werden. Ausschließlich die wenigen Einzelschutzeinrichtungen sind nach

10 bis 15 Jahren zu entsorgen. Im Übrigen werden keine defizitären Holzindustriemengen eingeschlagen und keine kostenaufwändigen flächigen Pflanzungen im herkömmlichen Sinne durchgeführt.

Die Nachfrage nach Brennholz steigt derzeit erheblich an, zumal auch in Rüsselsheim Holzheizungen wieder in Mode gekommen sind. Insofern ist Brennholz eine echte Alternative angesichts steigender Heizöl- und Gaspreise. Die Nutzung des Brennholzes pflegt gleichzeitig die eigenen Waldbestände. In den letzten 5 Jahren hat sich der Anteil des Energieholzes am eingeschlagenen Holz aus dem Rüsselsheimer Wald erfreulicherweise mehr als verdoppelt.

Diesem Umstand möchte die Bewirtschaftung des Stadtwaldes Rüsselsheim gerecht werden, indem insbesondere aus Stangenhölzern und schwachen Baumhölzern, Energieholz zur Verfügung gestellt wird. Auch aus Kostengesichtspunkten ist die Nutzung des Energieholzes durch Brennholzselbstwerber sehr interessant, da sie fortlaufend Einnahmen garantiert.

Zum Teil wird über die Rückführung von jüngeren Roteichenbeständen in Niederwald experimentell versucht, die Massenleistung des jeweiligen Standortes zu verbessern und die Energieholzerzeugung anzuheben.

Ansonsten wird z.B. in den Kiefern-Buchenwäldern und reinen Kiefernwäldern die herkömmliche Nutzung weiter betrieben, um daraus eine entsprechende Einnahmesicherung zu gewährleisten und den Markt mit dem notwendigen Rohholz zu versorgen.

Stärken des Modells

Die Stärken des Modells liegen in einer guten politischen Außenwirkung, in der Steigerung der Einnahmesituation, der ökologischen Verbesserung der Waldbestände, der ästhetischen Aufwertung der Wälder insgesamt, der Anpassung an den Klimawandel mit seinen bekannten negativen Folgen und der gleichzeitigen Nutzung von Energie- und Stammholz.

Das Vorhaben deckt sich mit dem landschaftsplanerischen Entwicklungskonzept der Stadt Rüsselsheim aus dem Jahre 2002. In diesem Konzept werden das integrative Leitbild und die örtliche Zielsetzung für Natur und Landschaft dargestellt, dem in einer zukünftigen Waldbewirtschaftung breiter Raum eingeräumt werden muss. Die Nutzungsextensivierung innerhalb der Waldflächen und das Belassen von Alt- und Totholz im Bestand sowie der Umbau von standortfremden Nadel- und Laubholzforsten in standortgerechte Laub- und Laubmischwälder dient im besonderen Maße der Erhaltung der verschiedenen

stadt rüsselsheim

Stadt Rüsselsheim
Bereich Natur- und Umweltschutz

Mainzer Straße 7
D-65428 Rüsselsheim

Tel.: 06142 / 83-25 00
Fax: 06142 / 83-21 90
URL: www.stadt-ruesselsheim.de/rd/2501.htm

Bild 3
Eichenvoranbau mit Heistern unter Kiefern-Eichen-Mischbestand

Waldfunktionen für das gesamte Stadtgebiet. Die Ziele für Natur und Landschaft aus dem landschaftspflegerischen Gutachten werden in ein gesondertes Maßnahmen- und Handlungskonzept gegossen.

Der Stadtwald Rüsselsheim ist PEFC zertifiziert. Seit etwa zwei Jahren laufen Bemühungen, gleichzeitig auch dem FSC (Forest Stewardship Council – FSC Deutschland) beizutreten. FSC stellt erheblich höhere Anforderungen an die Waldbewirtschaftung, die allerdings mit der Neuausrichtung der Waldwirtschaft in Rüsselsheim ohne Probleme zu bewältigen sind.

Mit der Neuausrichtung der Waldwirtschaft im Stadtwald Rüsselsheim ist es nun möglich, großflächig Kompensationsmaßnahmen im Rahmen einer naturschutzfachlichen Aufwertung zur Verfügung zu stellen. Der Umbau der Nadelholzreinbestände in Laubholz-Mischbestände wird auf geeigneten Standorten angegangen.

Die Herstellung der Verkehrssicherheit entlang der (vielbegangenen) Waldwege zum Schutz der Bürger hat natürlich Vorrang vor anderen Ansprüchen.

Ausblick

Mit dem eingeschlagenen Weg soll der Stadtwald Rüsselsheim in die Lage versetzt werden, die vielen an ihn gestellten Anforderungen zu erbringen und gleichzeitig die großen Herausforderungen der Zukunft durch eine hohe Vielfalt an Arten, Mischungen und Schichtungen, sowie einer großen Standortgerechtheit, zu meistern.

Bausteine einer Klimaschutzstrategie in der Immobilienwirtschaft und Stadtentwicklung

Dirk Schumacher | Unternehmensgruppe Nassauische Heimstätte/Wohnstadt

Die Unternehmensgruppe Nassauische Heimstätte/Wohnstadt erbringt seit knapp 90 Jahren umfassende Leistungen in den Bereichen Wohnen, Bauen und Entwickeln. Durch ihre Tätigkeit und ihr Selbstverständnis trägt sie in sozialer, ökologischer und ökonomischer Hinsicht zur nachhaltigen Entwicklung des Landes Hessen und der hessischen Kommunen bei. Die Orientierung der Unternehmensgruppe am Prinzip der Nachhaltigkeit und des dauerhaften Werterhalts schließt den schonenden Umgang mit natürlichen Ressourcen konsequent ein.

Dies konkretisiert sich unter anderem dadurch, dass das Unternehmen in einer ganzen Reihe von Projekten in der Bestandsentwicklung, im Neubau sowie in der Stadt- und Landesentwicklung zum Klimaschutz und zur Anpassung an den Klimawandel beiträgt und sich aktiv an der Entwicklung von Innovationen beteiligt.

Der Verkauf von Wohnungsneubau an Dritte muss aus Verkäufersicht lediglich zum Zeitpunkt des Verkaufs wettbewerbsfähig sein. Private Käufer orientieren sich sehr stark am Kaufpreis und nur nachrangig an den laufenden Kosten beziehungsweise an den zukünftig notwendig werdenden Investitionen am Gebäude. Insofern ist die Orientierung an Nachhaltigkeit und Klimaschutz nicht notwendigerweise ein vorrangiges Ziel der Nachfrageseite am Markt. Nur ein geringer Anteil der Käufer legt explizit Wert auf Klimaschutz oder gar auf bereits antizipierte Anpassungen der Immobilie an den künftigen Klimawandel. Die verantwortliche Projektentwicklung in diesem Marktsegment muss daher preislich wettbewerbsfähige Produkte entwickeln, die Nachhaltigkeit und Klimaschutz sozusagen „kostenfrei" mitliefern.

Immobilien zum Zwecke der Vermietung im eigenen Bestand müssen langfristig am Markt wettbewerbsfähig sein und sind daher prinzipiell auf Werthaltigkeit und Nachhaltigkeit angelegt. Mit Blick auf die langfristig zu erwartende zunehmende Bedeutung der Energiekosten und des Klimaschutzes antizipieren unsere Planungen bereits heute die künftig zu erwartenden Entwicklungen. Hochwertige energetische Standards und geringe Energiebedarfe sowie die Orientierung auf erneuerbare Energien sind marktnotwendige Komponenten aktueller Projektentwicklungen.

Im Arbeitsfeld der Stadt- und Regionalentwicklung - unter der Marke NH ProjektStadt - war und ist die Zielvorstellung der Nachhaltigkeit bereits seit vielen Jahren im Planen und Handeln unseres Unternehmens präsent, lange schon vor der Verabschiedung der Leipzig-Charta zur nachhaltigen europäischen Stadt, die diese Ziele europaweit zum politischen Leitbild erklärt hat.

Neubau

Die aktuellen energetischen Rahmenbedingungen für den Bau von Wohnungen sind im Wesentlichen durch den Gesetzgeber definiert. Diese Rahmenbedingungen werden durch Förderprogramme ergänzt, die zusätzliche Anreize zur Energieeinsparung und zum Klimaschutz geben.

Die Szenarien zu den Auswirkungen des Klimawandels und deren ökologische und wirtschaftliche Konsequenzen sind hinlänglich bekannt und in einer ganzen Reihe qualifizierter Studien belegt.

Auch wenn der Neubau von Wohnungen im Vergleich zu den existierenden Wohnungsbeständen quantitativ nur untergeordnete Bedeutung hat, so eröffnet er gleichwohl in besonderer Weise Handlungsmöglichkeiten für die Entwicklung und Umsetzung zukunftsweisender Innovationen. Insofern ist der Wohnungsneubau mit seiner Rolle als „Zukunftslabor" für die Anwendung und Erprobung neuer Technologien zum Klimaschutz von großer Bedeutung.

Fallbeispiel „Effizienzhaus Plus" mit Elektromobilität, Frankfurt am Main – Riedberg

Vom Beginn an stand ein umfassendes Verständnis von Nachhaltigkeit im Mittelpunkt des Planungs- und Entwurfsprozesses für dieses Projekt. Dieses ganzheitliche Konzept und die

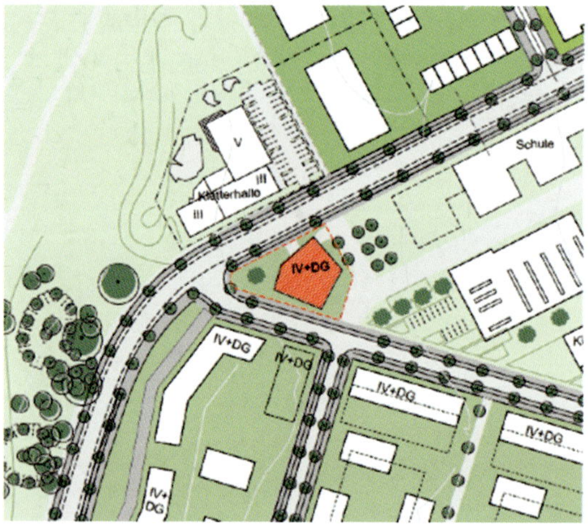

Bild 1
Lage des „Effizienzhaus Plus“ der Nassauischen Heimstätte im Quartier Niederurseler Hang auf dem Frankfurter Riedberg. In unmittelbarer Nähe zu diesem Gebäude entstehen weitere 162 öffentlich geförderte Wohnungen des Unternehmens im Passivhaus-Standard.

Anforderungen des energieeffizienten Bauens und Wohnens spiegeln sich in der Architektur und der Technik des Gebäudes wieder.

Bauherr ist die Nassauische Heimstätte Wohnungs- und Entwicklungsgesellschaft mbH. Das Gebäude ist zur Vermietung im eigenen Bestand vorgesehen. Die Planung erfolgt durch HHS Planer + Architekten AG Kassel, das Energiekonzept wurde durch die Technische Universität Darmstadt, Fachgebiet Entwerfen und Energieeffizientes Bauen, erstellt.

Gebäudeform, Kompaktheit und Ausrichtung sind auf Maximierung der Nutzung von Tageslicht, auf natürliche Lüftung und hohe solare Erträge ausgerichtet. Der Standard der Gebäudehülle (Boden, Wände und Fenster, Dach) orientiert sich an den Anforderungen des Passivhaus-Standards. Eine mechanische Lüftung mit Wärmerückgewinnung reduziert Wärmeverluste im Winter und erhöht den Wohnkomfort. Die natürliche Lüftung über die Fenster bleibt jederzeit möglich.

Zur Gewinnung von Umweltenergien richtet sich das Gebäude mit seinem Pultdach Richtung Süden aus und erreicht über die dachintegrierte Photovoltaikanlage hohe Erträge. Dies schafft in den beiden oberen Geschossen zugleich attraktive Räume mit geneigten Decken und Emporen. Zusätzlich ist in die Süd-Fassade Photovoltaik integriert.

Es entstehen insgesamt 20 Wohneinheiten auf 4 $^1/_2$ Geschossen. Das Wohnraumangebot orientiert sich am so genannten „Mittelstandsprogramm“ der Stadt Frankfurt am Main. Hiermit werden im Stadtgebiet von Frankfurt am Main familienfreundliche und gemeinschaftliche, größengerechte und barrierefrei erreichbare Mietwohnungen mit hohem energetischem Standard geschaffen.

Umweltfreundliche Mobilität ist durch die Nähe des Grundstücks zur U-Bahn gegeben. Um die Zweirad-Mobilität zu fördern, sind pro Wohneinheit zwei leicht erreichbare Stellplätze für E-Bikes nachgewiesen, die sich im Erdgeschoss des Wohngebäudes direkt neben dem Eingang befinden.

Die Pkw-Stellplätze im Untergeschoss sind vorrangig der E-Mobilität vorbehalten, vorzugsweise für Car-Sharing-Fahrzeuge.

Das nach Süden ausgerichtete, geneigte Pultdach wird mit rund 400 m^2 monokristallinen Photovoltaikmodulen belegt, die Südfassade mit rund 100 m^2 amorphen Modulen. Das damit erreichbare, monolithische Erscheinungsbild kommt der angestrebten Wirkung als Solitär an einem Gelenkpunkt der städtebaulichen Struktur des Quartiers entgegen.

Das Gebäude wird als Pilotprojekt des neuen Energiestandards „Effizienzhaus Plus“ der Bundesregierung errichtet. Es nimmt damit eine ab 2020 geltende Regelung der Europäischen Union vorweg, die besagt, dass nur noch Gebäude errichtet werden dürfen, die ihren Energiebedarf im Wesentlichen selbst erzeugen.

Das Plus-Energie-Haus-Niveau wird erreicht, wenn sowohl ein negativer Jahres-Primärenergiebedarf als auch ein negativer Jahres-Endenergiebedarf vorliegen. Dabei sind folgende Energiebedarfe zu berücksichtigen: Heizwärme, Trinkwarmwasser, Hilfsenergie, Beleuchtung und Haushaltsgeräte.

Das Haus ist als sogenanntes „Nur-Stromhaus“ geplant. Entsprechend sind alle energetischen Prozesse stromgeführt. Dies bedeutet eine klare Abwendung von jeglichen CO_2-emittierenden Verbrennungsprozessen.

Bild 2
Das „Effizienzhaus Plus“ aus der Südperspektive mit Photovoltaikmodulen in Dach und Fassade. Der so erzeugte Strom versorgt das komplette Gebäude. Der Überschuss wird in Elektrofahrzeugen gespeichert und steht dann einer umweltfreundlichen Mobilität zur Verfügung. [© HHS Planer + Architekten AG Kassel]

Alle Wohnungen sind mit einer Lüftungsanlage mit Wärmerückgewinnung ausgestattet. Das Gebäude erhält durch thermische Aktivierung von Fußboden und Decke eine extreme Niedertemperaturheizung. Darüber hinaus ist geplant, die Raumtrennwände durch Einbringung von Phasenwechselmaterialien (PCM) passiv zu aktivieren. Die zur Heizung eingesetzte Wärmepumpe könnte dann nachts ausgeschaltet werden.

Längere Perioden ohne direkte Sonneneinstrahlung werden über einen sogenannten Eisspeicher überbrückt, der mit einem Volumen von ca. 80 m^3 ohne Dämmung ins Erdreich eingelegt wird. Er ersetzt eine aufwändigere geothermische Nutzung und lädt sich sowohl über die Erdwärme wie einen kleinen Solarkollektor auf. Diese Technologie lässt sich besonders gut in die Energievorsorgung mit Photovoltaik und die Nutzung einer Wärmepumpe einbinden.

Der hoch wärmegedämmte Trinkwarmwasserspeicher kann den mittleren Tagesertrag der Photovoltaikanlage speichern.

Die Wohnungen werden geräteseitig – auch in den Küchen – voll ausgestattet vermietet. Alle Geräte erfüllen die Anforderungen des Energieeffizienzlabels A++ oder höher. Die Haushaltsgeräte (Waschen, Trocknen, Spülen, Kühlen) sind über ein Stromlast-Management-System gesteuert, das weitestgehend auf die Verfügbarkeit solarer Stromerträge setzt. In dieses Stromlast-Management sind auch die Ladevorgänge der E-Mobile integriert. Für die Beleuchtung und die E-Mobilität steht zusätzlich eine Batterieanlage zur Verfügung.

Das Zusammenwirken dieser Maßnahmen erhöht die Eigenstromnutzung auf über 50 %. Bei einer Gesamtenergieerzeugung von ca. 81 000 kWh entsteht ein bilanzierter Energieüberschuss von ca. 33 000 kWh.

Die ausschließliche Nutzung des Stromüberschusses in Höhe von 33 000 kWh/a für die Elektromobilität würde für ca. 132 000 km Fahrstrecke reichen; das heißt, dass 10 Elektrofahrzeuge rechnerisch mit einer Jahresleistung von ca. 13 200 km pro Fahrzeug betrieben werden könnten.

Wohnungsbestand

Über 70 % des Gebäudebestandes der Unternehmensgruppe sind in den 50er und 60er Jahren

Baualter des Bestandes

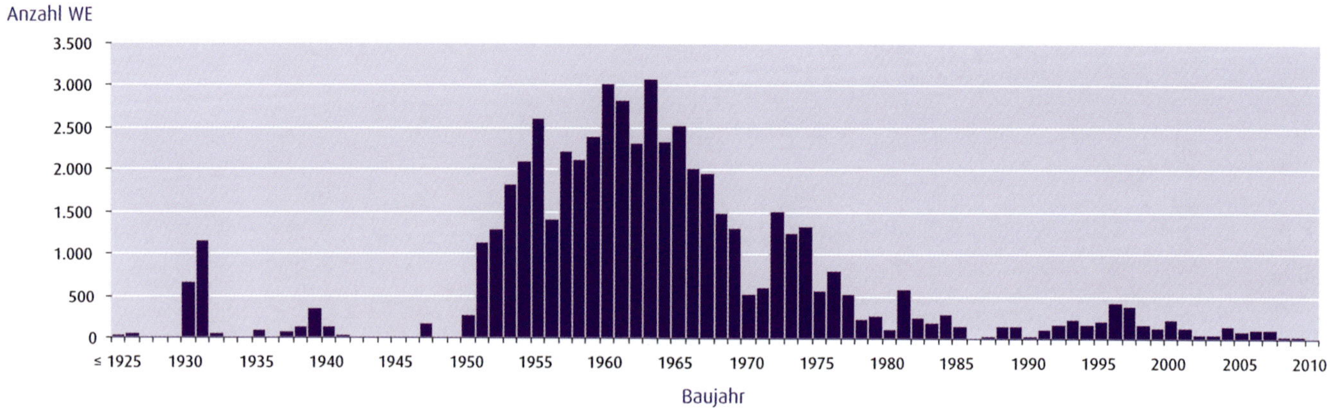

Bild 3
Rund 70 Prozent des Gebäudebestandes der Unternehmensgruppe stammt aus den 50er und 60er Jahren und wurde in unterschiedlicher Ausprägung bereits energetisch qualifiziert. Bei den aktuellen Modernisierungsvolumina werden im Schnitt rund 1 800 Tonnen CO_2-Emissionen pro Jahr eingespart.

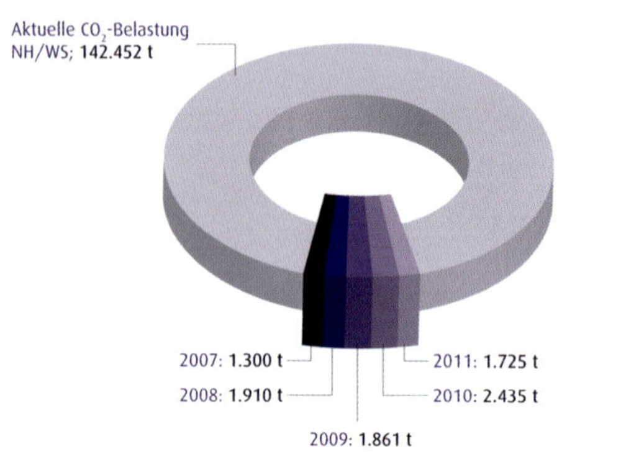

entstanden und stehen – mit unterschiedlichen Standards in Abhängigkeit früherer Modernisierungszyklen – sowohl im Hinblick auf die Wohnstandards als auch im Hinblick auf die energetischen Qualitäten in vielen Fällen zur Modernisierung an. Bereits in den frühen 80er Jahren wurden einfachverglaste Fenster flächendeckend durch Isolierverglasungen ersetzt. Im Rahmen kontinuierlicher Heizungsmodernisierungen sind bisher rund 70 % der Gebäude, die vor der ersten Wärmeschutzverordnung 1977 entstanden sind, an der Gebäudehülle in unterschiedlicher Ausprägung energetisch qualifiziert worden.

Die derzeit in Durchführung befindlichen Maßnahmen erreichen eine jährliche CO_2-Einsparung von durchschnittlich rund 2 Tonnen pro Wohnung. Dies entspricht bei den aktuellen Modernisierungsvolumina der Unternehmensgruppe mit einem Umfang von rund 900 Wohnungen pro Jahr einer Einsparung von zusätzlich rund 1 800 Tonnen CO_2 pro Jahr.

Unsere hausinternen Berechnungen haben ergeben, dass die Ziele der Bundesregierung für das Jahr 2050 selbst mit der höchst möglichen Ausbaustufe zur Dämmung der Gebäudehülle nicht vollständig erreicht werden können. Um die politisch vorgegebenen Ziele zu erreichen, ist die zusätzliche bzw. ergänzende Nutzung regenerativer Energien erforderlich.

Abstimmungen mit Energieversorgern beispielsweise für die Fernwärmenutzung in Form einer Kraft-Wärme-Kopplung, der Aufbau von Nahwärmesystemen oder die Beteiligung an Eigenversorgermodellen unter Einbindung verschiedener erneuerbarer Energieformen sind insofern unausweichlich. Die Konsequenz hieraus ist, dass für aktuelle und künftige Modernisierungsstrategien zunehmend die Betrachtung auf Gebäudeebene verlassen werden muss und eine Gebietsperspektive einzunehmen ist.

Im Interesse bestmöglicher Wirksamkeit und eines effizienten Mitteleinsatzes müssen energetische Bestandsanalysen auf Quartiersebene mit erforderlichen Instandhaltungsmaßnahmen und Modernisierungserfordernissen systematisch abgeglichen und in ihrer zeitlichen Abfolge synergetisch koordiniert werden. Nur durch die Einbindung in die regulären Erfordernisse des Alltagsgeschäfts der Immobilienverwaltung können – unter dem Diktat begrenzter Mittel – maximal wirksame CO_2-Einsparungen erzielt werden.

Die koordinierte und an strategischen Zielsetzungen orientierte energetische Quartiersentwicklung ist für zukünftiges Handeln zum Klimaschutz unerlässlich. Das Ziel der CO_2-Neutralität ist daher nicht nur als planerische Herausforderung zu verstehen, sondern auch als eine systematisch in das Portfoliomanagement integrierte immobilienwirtschaftliche Managementaufgabe.

Fallbeispiel Bestandsqualifizierung von-Gluck-Strasse, Offenbach – Lauterborn

Zwischen 1964 und 1972 sind in der Siedlung Lauterborn in Offenbach 866 Wohnungen in 17 Gebäuden in massiver Bauweise errichtet worden. Die Gebäude haben zwischen 3 und 9 Vollgeschosse, weisen aber ähnliche Grundrisse als Zwei- und Dreispänner mit Flachdach auf. Die beheizte Wohnfläche beträgt insgesamt rund 59 000 m^2.

Bereits bei Erstellung der Liegenschaften wurde die Heizwärmeversorgung der gesamten Siedlung durch Fernwärme der Stadtwerke Offenbach, der heutigen Energieversorgung Offenbach AG (EVO), sichergestellt. Fernwärme gilt aktuell im Rahmen der gesetzlichen Regelungen als Ersatzmaßnahme für den Einsatz von erneuerbaren Energien. Der zertifizierte Primärenergiefaktor der EVO-Fernwärme beträgt 0,47.

Die Siedlung Lauterborn liegt – nach den Festsetzungen des Lärmschutzbereichs für den Flughafen Frankfurt Main – in der Nachtschutzzone. Im Zuge der notwendigen Instandhaltungstätigkeiten und in Kombination mit erforderlichen Schallschutzmaßnahmen gegen Fluglärm standen auch energiesparende Maßnahmen zur Entscheidung an.

Die Bestände weisen bisher einen mittleren – vergleichsweise niedrigen – Primärenergiebedarf von ca. 124 kWh/m^{2}a auf, bei einem hohen Heizenergiebedarf von 171 kWh/m^{2}a. In diesen Kennwerten spiegelt sich die energieeffiziente Versorgung durch Fernwärme.

Das Projekt ist eingebettet in ein Konzept zur übergreifenden Quartiersentwicklung mit stu-

Bild 4
Die Wohnungsbestände der Nassauischen Heimstätte in der Offenbacher Siedlung Lauterborn. In Verbindung mit Lärmschutzmaßnahmen sind hier auch anspruchsvolle energetische Qualifizierungen geplant. Der Heizwärmebedarf könnte damit um den Faktor 3 verringert werden.

fenweisem Vorgehen zur Qualifizierung der Wohnungsbestände des Unternehmens im Stadtteil Lauterborn.

Diese erste Maßnahme im Quartier umfasst 49 Wohneinheiten. Mit neuen Fenstern, die auf die Außenlärmsituation gemäß der Lärmschutzbereiche und der Flughafen-Schallschutzmaßnahmenverordnung bemessen wurden, einem umfassenden Wärmedämmverbundsystem und der nachträglichen Flachdachdämmung im Einblasverfahren, sowie einer starken Kellerdeckendämmung ergibt sich insgesamt ein Primärenergiebedarf von 64,1 kWh/m^{2}a. Der Heizwärmebedarf wird annähernd um den Faktor 3 verringert und liegt bei 61,5 kWh/m^{2}a.

Damit werden in diesem Projekt die energetischen Zielsetzungen für Neubauvorhaben nach EnEV erreicht. Der CO_2-Ausstoß der 49 Wohnungen verringert sich um rund 67 Tonnen pro Jahr und steht damit für eines von vielen Mosaiksteinchen auf dem Weg zur CO_2-Neutralität in Hessen.

Städtebau

Vor dem Hintergrund der handlungsleitenden Maxime umfassender Nachhaltigkeit hat die Unternehmensgruppe unter ihrer Marke NH|Projektstadt über viele Jahre ein praxisrobustes und effizientes Instrumentarium entwickelt, um den Kommunen und Gebietskörperschaften Leistungen anbieten zu können, die die jeweiligen gesetzlichen und fördertechnischen Rahmenbedingungen optimal nutzen.

Hierbei wurde eine Vielzahl innovativer und wegweisender Projekte mit Vorbildfunktion in Hessen konzipiert und realisiert.

Das zugrunde liegende Leitbild bezieht sich umfassend auf die aktuellen Handlungsfelder in der Flächenentwicklung und Konversion, dem Altlasten- und Schadstoffmanagement, dem Grundstücksmanagement, dem Stadtumbau, der Stadtsanierung, den Entwicklungsmaßnahmen der Dorferneuerung, der Sozialen Stadt, für das Kompetenzzentrum Bürgerhäuser, im Programm Aktive Kernbereiche sowie bei der Konzeption und Durchführung von Wettbewerben.

Die auch im Städtebau zunehmende Bedeutung energetischer Quartierskonzepte kommt in neuen, dieses Themenfeld bedienenden Förderprogrammen zum Ausdruck, die von der einzelnen energetischen Maßnahme am Gebäude weg zum integrierten Handeln in größeren räumlichen Gebieten führen: Kommunale Einrichtungen, Gewerbe, Handel, Dienstleistungen, Industrie und private Haushalte stehen genauso im Fokus wie die öffentliche Infrastruktur, die Wärmeversorgung oder das Nutzerverhalten.

Die Unternehmensgruppe arbeitet bereits an mehreren konkreten Vorhaben mit quartiersbezogenen energetischen Konzepten.

In Fulda soll ausgehend vom Wohnungsbestand der Wohnstadt ein Quartier betrachtet werden, in dessen Umfeld diverse öffentliche Einrichtungen, aber auch privater Immobilienbestand sowie ein Blockheizkraftwerk liegen. Die Akteure werden im Rahmen des Konzeptes gemeinsam die zukünftige energetische Qualität des Gebietes und seiner Infrastruktur entwickeln.

In Langen wird in einem Quartier der Nassauischen Heimstätte die Nutzersensibilisierung im Vordergrund stehen. Hier werden mittels eines Partizipationskonzeptes die Mieter in die energetische Optimierung des Bestandes einbezogen.

In Darmstadt wird durch die NH ProjektStadt in einem Innenstadtgebiet mittels neuer Medien die energetische Sanierung mit einer zielgruppenspezifischen Beteiligung verbunden. Neben der Analyse von Baustruktur, Gebäudenutzung, Freiräumen und Infrastruktur werden hier neue Kommunikations- und Informationstechnologien (Apps, QR-Codes, etc.) und ihre potenziellen Anwendungsmöglichkeiten im Themenfeld Energieeffizienz erprobt und umgesetzt.

Fallbeispiel proaktive Bau- und Energieberatung Wald-Michelbach und Grasellenbach-Hammelbach

Ziel dieses Praxisbeispiels aus der Förderkulisse „Aktive Kernbereiche" ist die aktivierende Beratung zur energetischen Optimierung und denkmalgerechten Sanierung von Gebäuden sowie zum barrierefreien und zielgruppenorientierten Umbau von Wohngebäuden.

In den Kernbereichen sind fast alle Häuser in privatem Besitz von lokalen Einzeleigentümern. Es bestehen ein hoher Umbaubedarf und erhebliche energetische Defizite. Die Gemeinden müssen sich daher mit ihren Möglichkeiten, gestalterisch nachhaltig und energetisch zukunftsweisend aktiv zu sein, auf andere Wege als die direkte eigene Bautätigkeit konzentrieren. Beispielsweise initiiert Wald-Michelbach ein aus regenerativen Energien gespeistes Nahwärmenetz, an welches die Gemeinde öffentliche Gebäude des Kernbereiches anschließt, aber auch private Nutzer sucht.

Handlungsspielraum der Gemeinden besteht vor allem in der Beratung zur Aktivierung privaten Kapitals und in der partiellen Anschubfinanzierung wegweisender Projekte. Handlungsleitende Anregungen müssen gegeben und Anreize geschaffen werden, um private Immobilien zu qualifizieren und damit CO_2-Emissionen einzusparen.

Ein Ziel der Eigentümerberatung durch Experten ist daher, fundiert und neutral über technische Möglichkeiten und Finanzierungswege zur energetischen Sanierung von Gebäuden und Anlagen zu informieren.

171 Bürgerberatungen

im Kernbereichsbüro, im Rahmen der E-Coach-Kampagne und auf dem Gassenmarkt 2011

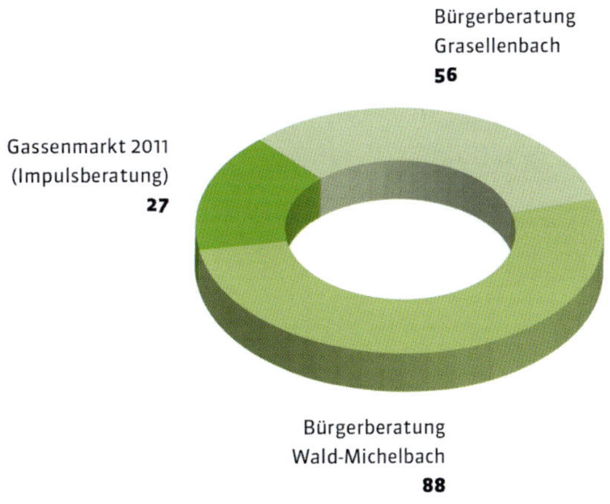

Hitliste der Beratungsthemen

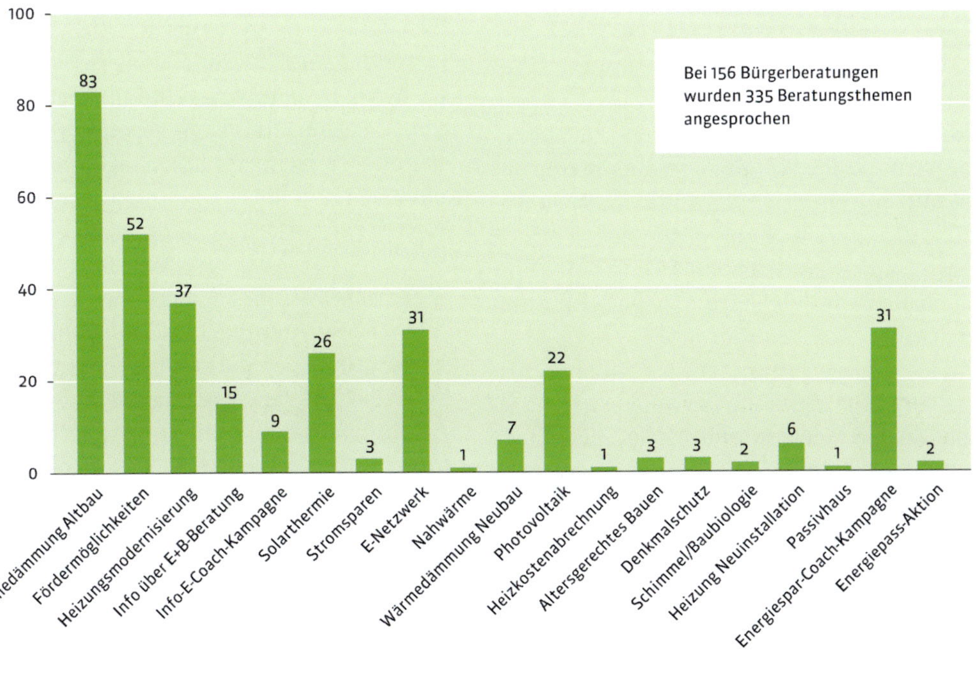

Bild 5
In Stadtentwicklungsprozessen spielt die aktivierende Bürgerberatung zur denkmalgerechten und energetischen Sanierung von Gebäuden eine große Rolle. Die Kommunen selbst können bei Gebäuden in privater Hand nicht mit eigenen Bautätigkeiten aktiv werden und müssen Überzeugungsarbeit leisten.

Aus den Erfahrungen in der „Hessischen Dorferneuerung" in Hammelbach und der „Einfachen Stadterneuerung" in Wald-Michelbach zeigt sich, dass nur durch eine kontinuierliche Arbeit über Jahre wirkungsvoll zum Ziel des Klimaschutzes und der CO_2-Neutralität beigetragen werden kann und dass private Akteure durch qualifizierte und proaktive Beratung zu effizientem und synergetischem Handeln im Quartierszusammenhang motiviert werden können.

Forschung und Entwicklung

Die Unternehmensgruppe Nassauische Heimstätte/Wohnstadt arbeitet seit weit über 20 Jahren in Forschungs- und Entwicklungsprojekten der Bundesrepublik Deutschland wie auch der Europäischen Union.

Aktuell stehen Werkzeuge und Methoden für ein energetisches Asset Management, Konzepte und Verfahren zur integrierten und nachhaltigen Entwicklung von Großwohnsiedlungen, Informations- und Beratungssysteme zur Optimierung des Nutzerverhaltens sowie immobilienwirtschaftliche Strategien zu den Auswirkungen des Klimawandels im Zentrum.

Im Rahmen des Projekts „Energetic Strategic Asset Management" (ESAM) im EU-Förderprogramm „Intelligent Energy for Europe" haben wir im europäischen Verbund Werkzeuge und Methoden zur Bewertung und Priorisierung energetischer Investitionen und zu deren Wirkungsoptimierung entwickelt: SAM|energy» unterzieht die Immobilie zunächst einem energetischen Assessment und definiert unterschiedliche Modernisierungsszenarien. Die Kosten der erforderlichen Maßnahmen werden auf der Grundlage von Maßnahmenpaketen, Ausschreibungsdatenbanken und Gebäudetypologien ermittelt - ergänzt durch die jahrzehntelange Erfahrung in unserem eigenen Wohnungsbestand.

Die Berechnung der Wirtschaftlichkeit erfolgt über die Aufstellung einer Investitionsrechnung mit Optimierung des Fördermitteleinsatzes (KfW, Landesmittel, etc.) einerseits und dem Ausloten der Ertragspotenziale – unter Einbeziehung der mietpreisrechtlichen und sozialen Rahmenbedingungen – andererseits. Dabei gehen eine Vielzahl von Parametern – von den Kosten für Wohnungswechsel, Verwaltungskosten und sonstigen Ertragsschmälerungen bis hin zu Berechnungen der künftigen Instandhaltungskosten – in das Kalkulationsmodell ein.

Ziel ist eine Priorisierung und Optimierung von Maßnahmen zur energetischen Modernisierung unter Einbindung in ein immobilienwirtschaftliches Portfoliomanagement, das auf unternehmerischen Entscheidungen beruht.

Diese „tools and methods" haben wir unter anderem für unserem Beitrag zum Bundeswettbewerb „Energetische Sanierung von Großwohnsiedlungen auf der Grundlage integrierter Stadtentwicklungskonzepte" eingesetzt, für den wir mit einer Silbermedaille ausgezeichnet worden sind.

SAM|energy» kam auch im Rahmen unserer Mitarbeit an einer Studie eines deutsch-russischen Großkonsortiums zur Ausarbeitung von Refinanzierungskonzepten zur umfassenden energetischen Modernisierung von Großsiedlungen in der Russischen Föderation zum Einsatz.

Wesentliches Ziel dieser Projekte war jeweils, im Rahmen komplexer Rahmenbedingungen eine energetische Wirkungsoptimierung bei maximal mobilisierbarem Mitteleinsatz zu erreichen und für den konkreten Fall optimale Maßnahmenpakete zu definieren.

Ergänzend haben wir uns auch „nicht-baulichen" Themen zur Minimierung von Ressourcenverbräuchen und zur Reduzierung des CO_2-Ausstoßes gewidmet. Mit Partnern aus der Europäischen Wohnungswirtschaft haben wir Informations- und Beratungsangebote („Energy Awareness Systems") entwickelt und getestet, die den Nutzerinnen und Nutzern Hilfestellung geben, um selbstbestimmt ihre Ressourcenverbräuche ohne Komfortverlust zu minimieren.

Strategisches Asset Management – Klimawirkung in der Breite

Die Unternehmensgruppe steht durch ihre Aktivitäten in der Stadt- und Landesentwicklung den Kommunen und Gebietskörperschaften mit ihrer Erfahrung und Expertise bei der Umsetzung von Klimaschutz und CO_2-Reduktion in unterschiedlichsten Maßnahmen und Projekten zur Seite. Neben Maßnahmen der öffentlichen Hand selbst stehen dabei die Aktivierung privaten Engagements und privater Investitionen sowie deren effiziente Koordination und deren Wirkungsoptimierung im Vordergrund.

Der Neubau hat wegweisende Bedeutung für Entwicklung und Innovation und wird von der Unternehmensgruppe Nassauische Heimstätte/Wohnstadt auch in diesem Sinne genutzt. Gerade in der Verbindung von Wirtschaftlichkeit und Klimaschutz liegt der zentrale Beitrag für die Breitenwirkung von Innovation. Dies hat das Unternehmen in einer Reihe von Projekten bewiesen - aktuell unter anderem in einem Projekt mit 162 Wohnungen im Passivhausstandard in Frankfurt am Main - Riedberg.

Die CO_2-Gesamtbilanz der Unternehmensgruppe wird jedoch durch den Wohnungsbestand und die Strategien zur Bestandsentwicklung dominiert.

In der immobilienwirtschaftlichen Praxis konkurrieren energetische Investitionen mit der Notwendigkeit, Finanzierungsmittel für laufende Instandhaltung sowie für die Aktualisierung von Ausstattungsstandards und die Modernisierung technischer Infrastruktur bereitstellen zu müssen. Energetische Modernisierungen können daher langfristig nur dann wirtschaftlich durchgeführt werden, wenn sie in einen unternehmerisch legitimierten, ökonomischen und sozialen Gesamtzusammenhang eingebettet sind.

Ein auf energetische Faktoren reduzierter bautechnischer Ansatz wird sowohl den Anforderungen unternehmerischen Handelns als auch den Anforderungen eines wirkungsoptimierten Mitteleinsatzes nicht gerecht.

Die strategische Zielsetzung der Unternehmensgruppe liegt in der maximal möglichen Reduktion des CO_2-Ausstoßes vor dem Hintergrund begrenzter Eigen- und Fördermittel. Bezugsgröße ist dabei die maximale CO_2-Reduktion bezogen auf den Gesamtbestand der Unternehmensgruppe. Dazu müssen die Maßnahmen jeweils so priorisiert und abgestimmt werden, dass auf Unternehmensebene die maximale Wirksamkeit pro eingesetztem Euro erzielt wird.

Dieser wirkungsorientierte Ansatz führt konsequenterweise dazu, dass nicht einzelne „Spitzenleistungen" unsere Projektszenarien pressewirksam dominieren, sondern dass nachhaltig und strategisch konsequent das Ziel der CO_2-Neutralität in pragmatisch optimierten und in der Gesamtwirkung maximierten, systematisch aufeinander bezogenen Schritten verfolgt wird.

Auch wenn dieser Ansatz des strategischen Asset Managements unter Einbeziehung energetischer Faktoren gelegentlich wenig spektakulär erscheint, so hat er doch zu jeder Zeit das große Ziel vor Augen und trägt durch den übergeordneten, wirkungsoptimierten Ansatz mit jeder Maßnahme zur bestmöglichen Gesamtwirkung des Unternehmens zu Klimaschutz und zum Ziel der CO_2-Neutralität bei.

UNTERNEHMENSGRUPPE
NASSAUISCHE HEIMSTÄTTE
WOHNSTADT

Unternehmensgruppe
Nassauische Heimstätte / Wohnstadt

Schaumainkai 47	Wolfsschlucht 18
D-60596 Frankfurt	D-34117 Kassel
Tel.: 069/6069-0	0561/1001-0
Fax: 069/6069-300	0561/1001-1200
E-Mail: post@naheimst.de	mail@wohnstadt.de
URL: www.naheimst.de	www.wohnstadt.de

Die Unternehmensgruppe Nassauische Heimstätte/Wohnstadt

Durch den 2005 erfolgten Zusammenschluss der landesverbundenen Unternehmen Nassauische Heimstätte Wohnungs- und Entwicklungsgesellschaft mbH, Frankfurt, und Wohnstadt Stadtentwicklungs- und Wohnungsbaugesellschaft Hessen mbH, Kassel, entstand eines der zehn führenden deutschen Wohnungsunternehmen: die Unternehmensgruppe Nassauische Heimstätte/Wohnstadt – mit aktuell rund 62 500 Wohnungen an 150 Standorten, über 30 Niederlassungen, Geschäftsstellen und Büros in Hessen und Thüringen sowie rund 700 Mitarbeitern. Beide Unternehmen bieten seit 90 Jahren umfassende Dienstleistungen in den Bereichen Wohnen, Bauen und Entwickeln und haben in dieser Zeit rund 180 000 Wohnungen gebaut – größtenteils für externe Bauherren.

Die Unternehmensgruppe Nassauische Heimstätte/Wohnstadt stellt sich als größter Wohnungsanbieter Hessens mit ihrer Investitions- und Desinvestitionsstrategie den Herausforderungen des demografischen Wandels und der unterschiedlichen wirtschaftlichen Entwicklung in den einzelnen hessischen Regionen. Für eine stetig älter werdende Mieterschaft werden neben Anpassungen des Wohnungsbestandes auch spezielle Angebote im Wohnumfeld geschaffen, um ihnen ein langes Verbleiben im vertrauten Umfeld zu ermöglichen. Eine weitere große Aufgabe stellt die Integration einer wachsenden Zahl von Migranten in die Wohn- und Lebensgemeinschaft ihrer Quartiere dar, die das Wohnungsunternehmen mit einer bewährten Belegungspolitik und differenzierten Angeboten des Sozialmanagements erfolgreich löst. Eine im bundesweiten Vergleich niedrige Fluktuationsrate und geringe markt- und modernisierungsbedingte Leerstände sind Beleg für die hohe Mieterzufriedenheit. Dazu tragen jährliche Investitionen von rund 80 Millionen Euro in Instandhaltung und Modernisierung der Wohnungsbestände ebenso bei wie eine marktgerechte aber gleichzeitig auch sozial treffsichere Mietenpolitik. So kann sie ihren gesellschaftsvertraglichen Auftrag, breite Schichten der Bevölkerung mit bezahlbarem Wohnraum zu versorgen, erfüllen. Weitere rund 80 Millionen Euro fließen jährlich in Neubauprojekte für das Anlage- und Umlaufvermögen. Damit ist die Unternehmensgruppe auch ein wichtiger Auftraggeber für das regionale mittelständische Gewerbe und Handwerk.

Unter ihrer Marke „NH ProjektStadt" werden Kompetenzfelder gebündelt, um nachhaltige Stadt- und Projektentwicklungsaufgaben sowie Forschungs- und Consulting-Aktivitäten im In- und Ausland durchzuführen. Mit einem interdisziplinären Ansatz und breit gefächertem Fachwissen ist die Unternehmensgruppe seit vielen Jahrzehnten ein gefragter Partner für öffentliche, institutionelle und private Auftraggeber und heute der größte Anbieter von Stadtentwicklungsdienstleistungen in Hessen, aktuell in 155 Städten und Gemeinden sowie in 180 Projekten tätig. Aus der Tradition der Landesentwicklungsgesellschaften kommend, betreut sie städtebauliche Aufgaben aus den klassischen und neueren Förderprogrammen wie städtebauliche Sanierungsmaßnahmen, städtebauliche Entwicklungsmaßnahmen, Dorferneuerung, Soziale Stadt, Aktive Kernbereiche und Stadtumbau. Hinzu kommen mit steigender Nachfrage neue fördergeldunabhängige Geschäftsfelder wie der Wettbewerbliche Dialog, die integrierte Stadtentwicklung oder die immobilienwirtschaftliche Beratung von Kommunen.

Energie- und klimapolitische Ziele für 2050 schon heute erreicht

Manfred Greis | Viessmann Werke GmbH & Co. KG

„Effizienz Plus“ – strategisches Nachhaltigkeitsprojekt der Viessmann Group

Als einer der international führenden Heiztechnikhersteller und Familienunternehmen in dritter Generation bekennt sich Viessmann seit jeher zum Prinzip der Nachhaltigkeit und zur Verantwortung für die Zukunftssicherheit kommender Generationen. Im Mittelpunkt seines Engagements steht das strategische Nachhaltigkeitsprojekt „Effizienz Plus“, das mit einem ganzheitlichen Konzept der Ressourceneffizienz, dem Klimaschutz und der Standortsicherung dient.

Energie- und klimapolitische Ziele für 2050 schon heute erreicht

Im Ergebnis wurde der Verbrauch fossiler Energie am Unternehmensstammsitz Allendorf (Eder) um zwei Drittel und der CO_2-Ausstoß um mehr als 80 Prozent gesenkt. Damit zeigt Viessmann am eigenen Beispiel, dass die energie- und klimapolitischen Ziele für 2050 schon heute erreicht werden können. Alle dazu benötigten Technologien sind am Markt verfügbar.

Das Projekt dient als Best-Practice-Beispiel und soll andere Unternehmen, aber auch Entscheider aus Politik und Verwaltung motivieren, ebenfalls Maßnahmen zur Steigerung der Energieeffizienz, Arbeitseffizienz und Materialeffizienz zu ergreifen bzw. zu forcieren.

Energiezentrale der Zukunft mit effizienten und klimaschonenden Technologien

Das Energiekonzept folgt der energiepolitischen Doppelstrategie aus Effizienzsteigerung und Substitution fossiler durch erneuerbare Energien. In der neuen Energiezentrale werden sowohl fossile als auch erneuerbare Energieträger eingesetzt – Öl und Gas genauso wie Biomasse, Sonnenenergie sowie Wärme aus der Luft oder dem Erdreich. Für ihre hocheffiziente Nutzung sorgen innovative Technologien wie Brennwerttechnik und Kraft-Wärme-Kopplung.

Die ebenfalls neu gebaute Akademie grenzt unmittelbar an die Energiezentrale an (**Bild 1**). So kann das Projekt nicht nur zur Schulung von Mitarbeitern und Marktpartnern genutzt werden, sondern auch zur Beratung von Entscheidern aus Politik, Wirtschaft und Kommunen.

Weitere Einsparung fossiler Energie durch Biogasanlage

Zusätzlich liefert eine Biogasanlage jährlich rund 2,7 MWh Strom und Wärme. Als Sub-

Bild 1
Die Energiezentrale ist räumlich direkt an die ebenfalls neu gebaute Akademie angeschlossen, die der Fortbildung der Viessmann Marktpartner sowie der eigenen Mitarbeiter dient.

strat dienen Reststoffe aus der heimischen Landwirtschaft und Landschaftspflege sowie nachwachsende Rohstoffe. Der selbst erzeugte Strom entspricht etwa 12 Prozent des Bedarfs, darüber hinaus wird „grüner Strom" aus deutscher Wasserkraft eingesetzt.

Umweltschonender Anbau von Energiepflanzen

Neben Biogas kommt in der Energiezentrale auch feste Biomasse zum Einsatz. Diese wird in Form von schnell wachsenden Energiepflanzen auf eigenen Plantagen erzeugt. Auf einer Gesamtfläche von 180 Hektar werden im Rahmen eines land- und forstwirtschaftlichen Versuchsbetriebs Pappeln und Weiden angebaut. Geerntet wird im Drei-Jahres-Rhythmus, der Ertrag pro Hektar und Jahr beläuft sich auf bis zu 5 000 Litern Öläquivalent (**Bild 2**).

Langfristiges Ziel: Versorgung des Standorts ausschließlich mit selbst erzeugter Energie

Bioenergie aus eigener Erzeugung deckt schon heute die Hälfte des Wärmebedarfs bei Viessmann. Langfristiges Ziel ist die vollständige Versorgung des Standorts mit diesem klimaschonenden Energieträger. Dabei gilt das Prinzip der Nachhaltigkeit, das heißt: immer nur so viel Biomasse zu nutzen, wie im selben Zeitraum nachwächst.

Höhere Arbeits- und Materialeffizienz trägt zur Standortsicherung bei

Neben der Energieeffizienz wurden auch die Material- und Arbeitseffizienz erhöht. Die Steigerung der Arbeitseffizienz hat vor allem das Ziel, die Wettbewerbsfähigkeit zu erhöhen und trägt damit zur Standortsicherung bei. Mit der Einführung von Lean Production wurden die Strukturen und Prozesse in der Fertigung nach Effizienzgesichtspunkten neu gestaltet, was den kompletten Neuaufbau der Produktion zur Folge hatte. Im Ergebnis wurde die Produktivität um bis zu 20 Prozent gesteigert und die Flächeneffizienz um rund 30 Prozent erhöht (**Bild 3**).

Als weiterer Effizienz-Bereich steht die Materialeffizienz für den möglichst sparsamen Einsatz von Rohstoffen in der Produktion im Blickfeld. Konkret wurden der Stahlverbrauch in der Produktion und der Wasserverbrauch halbiert. Die Recyclingquote liegt inzwischen bei 99 Prozent, sodass kaum noch Abfall entsorgt werden muss.

Bild 2
Die benötigte feste Biomasse wird in Form von schnell wachsenden Energiepflanzen auf eigenen Plantagen erzeugt. Mittelfristiges Ziel ist es, den Bedarf an fester Biomasse komplett selbst abzudecken.

Bild 3
Binnen drei Jahren investierte das Unternehmen 220 Millionen Euro am Standort Allendorf. Damit wurde unter anderem die Produktion völlig neu aufgebaut.

Wichtiger Schritt auf dem Weg zur Nachhaltigkeit

Mit dem strategischen Nachhaltigkeitsprojekt beweist Viessmann, dass sich Umweltschonung und Ressourceneffizienz mit wirtschaftlichem Erfolg und sozialer Verantwortung in Einklang bringen lassen. Das Projekt hat große Resonanz gefunden und wirkt durch seine Vorbildfunktion weit über den Standort Allendorf (Eder) hinaus.

VIESSMANN
climate of innovation

Viessmann Werke GmbH & Co. KG

Viessmannstraße 1
35108 Allendorf (Eder)

Tel.: 06452/70-0
Fax: 06452/70-2780
E-Mail: info@viessmann.com
URL: www.viessmann.de

Die Viessmann Group ist einer der international führenden Hersteller von Heiztechnik-Systemen. Das 1917 gegründete Familienunternehmen beschäftigt rund 9 600 Mitarbeiter, der Gruppenumsatz beträgt 1,86 Milliarden Euro.

Mit 24 Produktionsgesellschaften in 11 Ländern, mit Vertriebsgesellschaften und Vertretungen in 74 Ländern sowie weltweit 120 Verkaufsniederlassungen ist Viessmann international ausgerichtet. 55 Prozent des Umsatzes entfallen auf das Ausland.

Komplettangebot für alle Energieträger und Anwendungsbereiche

Ob für Ein- oder Zweifamilienhäuser, für große Wohngebäude, ob für Gewerbe und Industrie oder für Nahwärmenetze – Viessmann hat für jede Anwendung die passende Systemlösung mit Wärmeerzeugern für alle Energieträger und mit Leistungen von 1,5 bis 116 000 kW.

Zum Viessmann Komplettangebot gehören wandhängende Brennwertgeräte von 1,9 bis 105 kW und bodenstehende Brennwertkessel von 3,8 bis 6 600 kW sowie Blockheizkraftwerke für den Betrieb mit Erd- oder Bioerdgas von 1,0 bis 401 kWel bzw. von 6,0 bis 549 kWth.

Das Angebot an regenerativen Energiesystemen umfasst thermische Solaranlagen mit Flach- und Vakuum-Röhrenkollektoren zur Trinkwassererwärmung, Heizungsunterstützung und Gebäudekühlung, Spezialheizkessel und Feuerungsanlagen von 4 bis 13 000 kW für Scheitholz, Hackschnitzel und Holzpellets, Wärmepumpen von 1,5 bis 2 000 kW zur Nutzung von Wärme aus dem Erdreich, dem Grundwasser oder der Umgebungsluft sowie Photovoltaiksysteme. Daneben verfügt Viessmann über ein komplettes Angebot auf dem Gebiet der Biogastechnologie von der Projektentwicklung über das Engineering, bis hin zum Rohstoffmanagement und der Betriebsführung. Mit einem völlig neuen Konzept bietet das Unternehmen seine Blockheizkraftwerke Vitobloc jetzt auch mit einem Liefervertrag für umweltfreundliches Bio-Erdgas im Paket an. Dabei ist neben der Umweltentlastung der wirtschaftliche Aspekt für den Betreiber besonders lukrativ.

Komponenten der Regelungstechnik und Datenkommunikation sind ebenso im Programm wie die gesamte Systemperipherie von der Brennstofflagerung bis hin zu Heizkörpern und Fußbodenheizungen.

Umfassendes Dienstleistungsangebot

Viessmann bietet seinen Marktpartnern eine umfassende Palette an Dienstleistungen, die ihnen die tägliche Arbeit erleichtern. Das reicht von der Hilfestellung durch den Technischen Dienst, über ein bedarfsgerechtes Softwareangebot, unter anderem für die Planung von Heizungsanlagen, die Unterstützung durch Werbung und Verkaufsförderung, bis hin zu einem bedienungsfreundlichen Informations- und Bestellsystem, das rund um die Uhr per Internet zur Verfügung steht.

Anhang

Nachwort
Autorenverzeichnis
Berliner Apell: Klimaneutral handeln!
Glossar

Nachwort/Danksagung

Nach dem Abschluss aller Arbeiten dieses Buchprojektes „Klimaneutralität – Hessen geht voran" möchte ich als der verantwortliche Projektleiter im Hessischen Ministerium der Finanzen allen herzlich danken, die zum erfolgreichen Gelingen dieses ambitionierten Publikationsvorhabens beigetragen haben. Es dokumentiert die weitgespannten Aktivitäten und das Innovationspotenzial einer Landesregierung im Bereich des Klimaschutzes, der zu den zentralen Herausforderungen unserer Zeit auch für die nachfolgenden Generationen gehört. Mein erster Dank gilt deshalb Herrn Staatssekretär a. D. Rainer Baake, Mitglied des Nachhaltigkeitsbeirats der Hessischen Landesregierung, der mit seiner Idee die Hessische Landesverwaltung CO_2-neutral stellen zu wollen, den Grundstein zur Entstehung des Projekts legte sowie Herrn Professor Dr. Töpfer, der die Schirmherrschaft für dieses Buch übernommen hat und damit die Brisanz dieses Themas unterstreicht.

Die erste Anregung, das Projekt „CO_2-neutrale Landesverwaltung" in seiner ganzen Bandbreite in einem Buchprojekt vorzustellen, geht auf den Stabsstellenleiter des Projekts, Herrn Hans-Ulrich Hartwig, zurück. Als zuständigem Referatsleiter gebührt ihm daher meine Anerkennung für die Konzeption und Durchführung dieses Vorhabens, außerdem den Mitgliedern des Steuerungsgremiums, die diese Idee tatkräftig unterstützen. Ihre Fachbeiträge liefern insgesamt ein umfangreiches Bild von der Umsetzung unserer landesweiten Strategie, die auf eine CO_2-neutrale Landesverwaltung bis 2030 zielt. Neben strategischen Ansätzen geht es dabei auch um die wissenschaftliche Einordnung und konkretes Verwaltungshandeln. Mein Lob gilt Frau Kornelia Helbig für die umsichtige und kompetente Redaktion der teilweise sehr unterschiedlichen Textbeiträge und für die Korrekturarbeiten. Erwähnen möchte ich außerdem Frau Regina Förster und Frau Susanne Stroh, die das Projekt überaus engagiert im Rahmen der Öffentlichkeitsarbeit begleiten.

Mit Herrn Professor Dr. Dr. Franz Josef Radermacher, seit 1987 Ordinarius für Datenbanken und Künstliche Intelligenz an der Universität Ulm sowie Leiter des Forschungsinstituts für anwendungsorientierte Wissensverarbeitung/n (FAW/n) in Ulm konnten wir einen international ausgewiesenen Fachmann als Co-Herausgeber gewinnen, der dieses Projekt von Anfang an mit Begeisterung und Erfahrung konstruktiv begleitet hat. Ihm verdankt der vorliegende Band nicht nur fachliche Beiträge, sondern auch zahlreiche Impulse, Anregungen und inhaltliche Vorschläge, die ganz entscheidend zum Gelingen beitrugen. Für die stets angenehme und konstruktive Zusammenarbeit sei ihm daher herzlich gedankt, ebenso auf der inhaltlichen Seite Herrn Dr. Thomas Kämpke (FAW/n) aus seinem wissenschaftlichen Umfeld sowie Herrn Michael Gerth (FAW/n), der uns in allen Phasen des Entstehungsprozesses dieser Publikation (insbesondere auch des Glossars) nachhaltig unterstützt hat, und für eine rasche Abklärung inhaltlicher und technischer Fragen hilfreich zur Seite stand.

Ein herzliches Dankeschön geht ebenso an alle Autorinnen und Autoren des Lernnetzwerkes, die mit ihren fachlichen Beiträgen an diesem Buch mitgearbeitet haben. Erst diese verschiedenen Perspektiven ergeben ein abgerundetes Bild des aktuellen Standes, verweisen aber auch auf zukünftige Entwicklungen. Die Autorinnen und Autoren sind dabei für den Inhalt ihrer Beiträge selbst verantwortlich.

Wir haben mit dem Verlag Springer Fachmedien Wiesbaden GmbH einen hervorragenden Partner für unser Vorhaben gefunden. Mein abschließender Dank gilt hier insbesondere Herrn Dipl.-Ing. Ralf Harms für die angenehme Zusammenarbeit und die stets kompetente verlegerische Betreuung dieses Buchprojekts, das auf eine gute Resonanz in der Fachwelt, aber auch bei einem breiteren Publikum hoffen lässt.

Wiesbaden, 7. August 2012

Elmar Damm

Autorenverzeichnis

Peter Altmaier, Bundesminister für Umwelt, Naturschutz und Reaktorsicherheit, Bundesministerium für Umwelt, Naturschutz und Reaktorsicherheit, Berlin/Bonn

Rainer Baake, Staatssekretär a.D., Direktor Agora Energiewende, bis März 2012 Bundesgeschäftsführer Deutsche Umwelthilfe e.V., Berlin

Manfred Balg, Baudirektor, Referat: Investitionen, Bau- und Liegenschaftsangelegenheiten im Bereich der Hochschulen, Zuwendungsbau für außeruniversitäre Forschungseinrichtungen, Hessisches Ministerium für Wissenschaft und Kunst, Wiesbaden

Volker Bouffier, Ministerpräsident des Landes Hessen, Hessische Staatskanzlei, Wiesbaden

Jennifer Braun, Pop- und Rocksängerin, Finalistin der deutschen Vorentscheidung zum Eurovision Song Contest 2010, n6limited, Frankfurt am Main

Dr. **Christoph Brüßel**, Vorstand der Akademie des Senates der Wirtschaft, Vorstand des IGP Institut für gemeinwohlorientierte Politikberatung e.V., Senat der Wirtschaft, Institut für gemeinwohlorientierte Politikberatung e.V., Bonn

Elmar Damm, Ministerialdirigent, Leiter der Abteilung: Staatsvermögens- u. -schuldenverwaltung, Kommunaler Finanzausgleich, Bau- und Immobilienmanagement, Hessisches Ministerium der Finanzen, Wiesbaden

Dr. **Gerhard Dieterle**, Forests Advisor, Leader of the Forestry Team at the World Bank, World Bank, Washington, D.C.

Markus Döhn, Senior Experte GoGreen, Deutsche Post AG, Bonn

Dr. **Sören Dürr**, Leitung Kommunikation, Senckenberg Gesellschaft für Naturforschung, Frankfurt am Main

Reinhard Ebert, Leiter Bereich Umwelt und Naturschutz, Stadt Rüsselsheim, Rüsselsheim

Peter Eichler, Leiter Technik, Hessisches Baumanagement, Frankfurt am Main

Georg Engel, Stv. Geschäftsbereichsleiter Portfolio- und Standortmanagement, Hessisches Immobilienmanagement, Wiesbaden

Dr. **Klaus Engelhardt**, Unternehmensberatung & Projektmanagement Dr. K. Engelhardt, Waldmohr, Wissenschaftlicher Beirat 1-Global Climate Cent e.V., Wiesbaden

Felix Finkbeiner und Freunde von der Plant-for-the-Planet Kinder- und Jugendbewegung, Tutzing am Starnberger See

Regina Förster, Baurätin, Referat: Staatliches Bauverfahren, Bauangelegenheiten des Bundes und der Gaststreitkräfte, Energieeffizientes Bauen, Hessisches Ministerium der Finanzen, Wiesbaden

Manfred Greis, Generalbevollmächtigter und Verantwortlicher Unternehmenskommunikation, Viessmann Werke GmbH & Co KG, Allendorf (Eder)

Hans-Ulrich Hartwig, Ministerialrat, Leiter des Referats: Staatliches Bauverfahren, Bauangelegenheiten des Bundes und der Gaststreitkräfte, Energieeffizientes Bauen, Hessisches Ministerium der Finanzen, Wiesbaden

Wolfgang Hasper, Dipl.-Ing., Wissenschaftler, Passivhaus Institut, Darmstadt

Bernd Haug, Geschäftsführer der Ingenieurkammer Hessen, Wiesbaden

Dr. **Johannes Heilmann**, Administrativer Direktor, Senckenberg Gesellschaft für Naturforschung, Frankfurt am Main

Dr. **Estelle L.A. Herlyn**, Mitglied des Vorstandes, Ökosoziales Forum Deutschland e.V., Bonn

Rolf Hocke, Vizepräsident Vereinsmanagement, Landessportbund Hessen e. V., Frankfurt, Vizepräsident für Integration, Breiten- und Freizeitsport, Deutscher Fußball-Bund e. V., Frankfurt, Präsident Hessischer Fußball-Verband e. V., Frankfurt

Prof. Dr. **Luise Hölscher**, Staatssekretärin, Hessisches Ministerium der Finanzen, Wiesbaden

Michael Hörner, Dipl. Phys., Wissenschaftlicher Mitarbeiter Arbeitsbereich Energie, Institut Wohnen und Umwelt GmbH, Darmstadt

Dr. **Ottmar Kayser**, Director, Deputy Head Group Sustainability, Deutsche Bank AG, Frankfurt am Main

Dipl. Biol. **Bettina Klump-Bickert**, Nachhaltigkeits-Managerin, Deutsche Amphibolin-Werke von Robert Murjahn Stiftung & Co KG, Ober-Ramstadt

Dipl.-Ing. **Mathias Linder**, Abteilungsleiter Energiemanagement, Hochbauamt der Stadt Frankfurt am Main, Frankfurt am Main

Sarah Maier, Nachhaltigkeits- und Umweltinformation, DB Umweltzentrum, Deutsche Bahn AG, Berlin

Tilo Maier, M. A., Senior PR-Redakteur, Mainova AG, Frankfurt am Main

Anke Merziger, Projektmanagerin, B.& S.U. Beratungs- und Service-Gesellschaft Umwelt mbH, Berlin

Prof. Dr. Dr. h. c. **Volker Mosbrugger**, Generaldirektor, Senckenberg Gesellschaft für Naturforschung, Frankfurt am Main

Dr. **Hannes Petrischak**, Geschäftsführer Forum für Verantwortung, Seeheim-Jugenheim /Nonnweiler-Otzenhausen

Thomas Platte, Direktor (technischer Bereich), Hessisches Baumanagement, Frankfurt am Main

Lucia Puttrich, Hessische Ministerin für Umwelt, Energie, Landwirtschaft und Verbraucherschutz, Hessisches Ministerium für Umwelt, Energie, Landwirtschaft und Verbraucherschutz, Wiesbaden

Prof. Dr. Dr. **Franz Josef Radermacher**, Professor für Informatik an der Universität Ulm, Mitglied des Club of Rome, Vizepräsident des Ökosozialen Forum Europa, Präsident des Senats der Wirtschaft e. V., Leiter des Forschungsinstituts für anwendungsorientierte Wissensverarbeitung/n, Ulm

Dr. **Gerd Rosenkranz**, Leiter Politik & Presse, Deutsche Umwelthilfe e. V., Berlin

Michael Sahm, Director Public Relations, Forest Carbon Group AG, Frankfurt am Main

Dr. **Thomas Schäfer**, Hessischer Minister der Finanzen, Hessisches Ministerium der Finanzen, Wiesbaden

Georg Schattney, Executive Board Member, Forest Carbon Group AG, Frankfurt am Main

Peter Schmidt, Leiter der Jugendherberge, Jugendherberge Marburg, Marburg

Dirk Schumacher, Geschäftsführer, Unternehmensgruppe Nassauische Heimstätte/Wohnstadt, Frankfurt am Main, Kassel

Dr. **Bernd Schuster**, Referent, Referat: Mobilität, Logistik, Nachhaltigkeit, Hessisches Ministerium für Wirtschaft, Verkehr und Landesentwicklung, Wiesbaden

Ralf Schwarzer, Ministerialrat, Leiter des Referats: Analyse, Revision, Beratung und Service der internen Dienstleister, Beschaffungswesen, Hessisches Ministerium der Finanzen, Wiesbaden

Peter Starfinger, Geschäftsführer der Ingenieur-Akademie Hessen GmbH, stellvertretender Geschäftsführer Ingenieurkammer Hessen, Wiesbaden

Prof. Dr. **Bernhard Stribrny**, Projektgruppenleiter: Transfer und Kommunikation, Biodiversität – und Klima Forschungszentrum, Frankfurt am Main

Marlehn Thieme, Vorsitzende des RNE, Rat für Nachhaltige Entwicklung, Berlin, Mitglied des Rates der Evangelischen Kirche in Deutschland, Direktorin der Deutsche Bank AG im Bereich Corporate Social Responsibility

Prof. Dr. Dr. h. c. mult. **Klaus Töpfer**, Bundesminister a. D., Exekutivdirektor des Umweltprogramms der Vereinten Nationen (UNEP) und Unter-Generalsekretär der Vereinten Nationen 1998 – 2006, Mitglied und zeitweise Stellvertretender Vorsitzender im Rat für Nachhaltige Entwicklung 2001 – 2010, seit 2008 Vizepräsident der Welthungerhilfe (usw.), Exekutivdirektor, Institute for Advanced Sustainability Studies (IASS), Potsdam

Bernd Zahn, ehem. Direktor des Hessischen Immobilienmanagements i. R., Hessisches Immobilienmanagement, Wiesbaden

Berliner Appell: Klimaneutral handeln!

Klimaneutral handeln!

Angesichts der nur allzu schleppend vorankommenden Klimaschutzpolitik appellieren die Unterzeichner an Private, Unternehmen und sonstige Organisationen, mit eigenem Handeln der Öffentlichkeit und den Politikern zu signalisieren: „Wir sind bereit, die Konsequenzen dringend erforderlicher Klimaschutzmaßnahmen mitzutragen". Die manchmal zögerliche Politik braucht zusätzlichen Anschub, vor allem aber Ermutigung. Den politisch Verantwortlichen muss der Rücken gestärkt werden, notwendige, aber leider unbequeme Regelungen zu beschließen. Deshalb:

Übernehmen Sie – freiwillig, souverän – in Ihrem Zuständigkeitsbereich Verantwortung für die dort anfallenden CO_2-Emissionen,

- indem Sie sich um eine weitgehende (für Sie finanziell tragbare) **Reduzierung Ihrer CO_2-Emissionen** bemühen **und**
- indem Sie zusätzlich, im Sinne des Verursacherprinzips, für die technische und/oder biotische **Kompensation der nicht vermiedenen Emissionen** sorgen – beispielgebend dafür, wie eigentlich alle energieaufwendig Lebenden und Arbeitenden handeln müssten, damit nicht andere die Folgen der verursachten CO_2-Emission erleiden müssen!

Wir hoffen, mit Unterstützung all derer, die seit Jahren vergeblich einen effektiven globalen Klimaschutz fordern, einen Bewusstseinswandel bei Bürgern und Politikern in Gang zu bringen, demzufolge es für jedermann selbstverständlich wird, für die ökologischen Konsequenzen der jeweils eigenen Energienutzung bzw. für die Kosten der „Entsorgung" eigener nicht vermiedener CO_2-Emissionen einzustehen – so wie es die Politik schnellstens im großen Maßstab allgemein verbindlich durchsetzen muss.

Berlin, den 28. März 2012

Erläuterungen:

Es steht außer Frage: Die weltweite ungebremste Nutzung der Atmosphäre als „wilde" Deponie für Treibhausgase (insbesondere CO_2) kann effektiv nur durch eine international wirkende Politik eingeschränkt werden. Und eine solche Politik wird nur dann für den Klimaschutz global erfolgreich sein, wenn sie, statt auf die Durchsetzung eigener kurzfristiger Vorteile zu zielen, sich am Gemeinwohl aller orientiert – auch der armen Menschenmit (noch) niedrigem Energieverbrauch und auch künftiger Generationen – und wenn dabei die Belange der durch den Klimawandel ggf. besonders betroffenen Regionen angemessen berücksichtigt werden.

Wir, die Unterzeichner, wissen allerdings, dass einer solchen Politik vielfältige anders ausgerichtete Interessen und Zwänge entgegenstehen. Es ist noch immer nicht allgemeiner Konsens, dass die erforderliche Klimaschutzpolitik dem Einzelnen und den jeweiligen nationalen Gesellschaften bedeutsame Restriktionen auferlegen muss – differenziert nach der jeweiligen Situation der Länder. Dabei ist es unumgänglich, angesichts der Klimaveränderungen und deren Folgen alle CO_2-Emittenten mit dem Verursacherprinzip zu konfrontieren.

Grundsätzlich trägt jeder für die negativen ökologischen Folgen seiner Energienutzung Verantwortung. Er ist deshalb primär aufgefordert, die von ihm verursachten Treibhausgasemissionen auf ein nachhaltiges Maß zu reduzieren (z. Zt. z. B. ca. 2 t CO_2 pro Einwohner und Jahr). Derjenige, der weiterhin Emissionen über dieser Schwelle zu verantworten hat und dadurch an der Verschärfung des Klimawandels und seiner Folgen ursächlich beteiligt bleibt, ist außerdem aufgefordert, für die anteilige Wiedergutmachung des Schadens oder – vorrangig – für die Verhinderung einer tatsächlich eintretenden schädigenden Wirkung der Emissionen durch technische und/ oder biotische Kompensationsmaßnahmen zu sorgen, unabhängig von den dadurch entstehenden Kosten.

Aus entwicklungspolitischen Gründen kann die Beachtung des Verursacherprinzips allerdings nicht von allen erwartet werden. Auf hochtechnisiertem Niveau lebende Menschen sollten deshalb diejenigen, die noch auf dem Entwicklungsweg dahin sind, bei ihren Bemühungen um das Erreichen der Klimaschutzziele entlasten. Eine Möglichkeit dazu ist, die jeweils eigene CO_2-Bilanz durch Emissions-Vermeidung und -Kompensation sogar unter den Wert von z. B. 2 t CO_2 pro Einwohner und Jahr zu, bringen oder, mit anderen Worten, klimaneutral zu handeln und zu leben (netto betrachtet).

Um sich in diesem Sinne gegen anders lautende, insbesondere wirtschaftliche/finanzielle Interessen durchsetzen zu können, benötigt die Politik die Rückendeckung vieler souveräner Bürger.

Deshalb fordern wir dazu auf, dass möglichst viele Privatpersonen, Unternehmen und sonstige Organisationen beispielgebend vorangehen, indem sie in ihrem Verantwortungsbereich – wenn nicht schon geschehen – in den nächsten Jahren nicht nur eine deutliche Verminderung der CO_2-Emissionen realisieren, sondern Verantwortung auch für die dennoch nicht vermiedenen CO_2-Emissionen übernehmen und diese freiwillig kompensieren, um *künftig mit dem eigenen Verantwortungsbereich nicht mehr* zur Verschärfung der Klimaproblematik beizutragen.

Die positive Wirkung solch individueller Anstrengungen auf die CO_2-Konzentration der Luft wird zwar angesichts einer jährlichen globalen CO_2-Emissionsmenge von über 30 Mrd. Tonnen, pro Einzelfall betrachtet nur verschwindend gering sein. Doch das mit solchem Handeln verbundene Signal ist politisch überaus wichtig.

Die Botschaft unseres individuellen Handelns an die Politik lautet:

„Wir, die Erstunterzeichner und alle, die mit Wort und Tat diesen Appell unterstützen, übernehmen – schon vor einer hoffentlich bald kommenden gesetzlichen Regelung – freiwillig und souverän Verantwortung im Sinne des Verursacherprinzips. Wir werden unsere Treibhausgasemissionen verringern und wir sorgen für die Kompensation der von uns trotz aller Reduktionsbemühungen nicht vermiedenen CO_2-Emissionen. Wir selbst stehen so für die sonst anderen aufgebürdeten Lasten unseres Energieverbrauchs ein. Die Politik hat uns an ihrer Seite, wenn sie (nach entwicklungspolitischen Rücksichtnahmen) das Verursacherprinzip als Grundorientierung der Klimapolitik zur Geltung bringt: Wie bei der Müll- oder Abwasserverursachung muss es selbstverständlich werden, dass jeder CO_2-Emittent für die technische und/oder biotische Kompensation seiner nicht vermiedenen CO_2-Emissionen (zumindest oberhalb einer klimaverträglichen Menge) sorgt bzw. bezahlt.“

[Initiator und Texter: Horst Emse]

Horst Emse, Theologe (Initiator und Hauptverantwortlicher); ***Prof. Dr. Dieter Birnbacher***, Philosoph/Ethiker, Univ. Düsseldorf; Themenbereich u.a. Angew. Ethik; ***Prof. Dr. Drs. h. c. Peter Burschel***, emerit. Ordinarius für Waldbau und Forsteinrichtung an der TU München; Schwerpunktthema u.a.: die Rolle der Wälder für den Kohlenstoffkreislauf der Erde; ***Prof. Dr. Bernward Gesang***, Philosoph/Ethiker, Univ.

Mannheim; Themenbereich u.a.: Klimaethik; ***Prof. Dr. Hartmut Graßl***, em. Professor für Allgemeine Meteorologie an der Univ. Hamburg; ehemaliger Direktor am Max-Planck-Institut für Meteorologie; Arbeitsschwerpunkt im Bereich der Klimaforschung; ***Prof. Dr. Vittorio Hösle***, Philosoph/Ethiker, University of Notre Dame, Indiana, USA; Themenbereich u.a.: Ökologie und Ethik; ***Prof. Dr. Christoph Kähler***, Theologe, Landesbischof i.R. der Evangelischen Kirche in Mitteldeutschland, Mitglied des Deutschen Ethikrats; ***Prof. Dr. Christoph Lumer***, Philosoph/Ethiker, Univ. Siena, Italien; Themenbereich u.a. Allgemeine u. angewandte Ethik, insbes. Klimaethik; ***Prof. Dr. Julian Nida-Rümelin***, Philosoph/Ethiker, LMU München, Themenbereiche u.a. Fragen der praktischen Vernunft, der Ethik und der politischen Philosophie; ***Prof. Dr. Konrad Ott***, Philosoph/Ethiker, Univ. Greifswald; Themenbereich u.a. Umweltethik; ***Prof. Dr. Dr. F. J. Radermacher***, Vorstand des Forschungsinstituts für anwendungsorientierte Wissensverarbeitung/n (FAW/n), Ulm; u.a. Präsident des Senat der Wirtschaft e.V., Mitglied des Club of Rome; ***Dr. Julius Schälike***, Philosoph/Ethiker, Univ. Konstanz, Themenbereiche u.a. Angew. Ethik, Handlungstheorie, Politische Philosophie; ***Prof. Dr. Eberhard Schockenhoff***, Theologe, Univ. Freiburg, Schwerpunkt: Moraltheologie; Mitglied des Deutschen Ethikrats; ***Prof. em. Dr. Christian-D. Schönwiese***, Meteorologe; bis 2006 Leiter der Arbeitsgruppe Klimaforschung am Institut für Atmosphäre und Umwelt der Goethe Univ. Frankfurt; in verschiedenen nationalen und internationalen Gremien zur Klimathematik engagiert; Senat der Wirtschaft e.V., Bonn; ***Prof. Dr. Christoph Stückelberger***, Ethiker, Univ. Basel, Direktor von Globethics. net, Genf; früher: Leiter des Instituts für Theologie und Ethik des Schweizerischen Evangelischen Kirchenbundes; ***Prof. Dr. Ernst Ulrich von Weizsäcker***, u.a. ehem. Präsident des Wuppertal Instituts für Klima, Umwelt, Energie (1991-2000), Autor von „Faktor Fünf - Die Formel für nachhaltiges Wachstum“, Mitglied des Club of Rome.

Glossar

Das Glossar dient dem besseren Verständnis des Textes. Die Informationen sind Überarbeitungen von Wikipedia-Einträgen, sofern keine anderen Quellangaben angegeben sind.

2-Grad-Ziel: Das 2-Grad-Ziel beschreibt das Ziel der internationalen Klimapolitik, die globale Erwärmung auf weniger als zwei Grad gegenüber dem Niveau vor Beginn der Industrialisierung zu begrenzen. Das Ziel ist eine politische Festsetzung, die auf Grundlage wissenschaftlicher Erkenntnisse über die wahrscheinlichen Folgen der globalen Erwärmung erfolgte.

Afrikas Grüne Mauer im Sahel: Afrikas Grüne Mauer (engl. Great Green Wall) im Sahel ist ein im Juli 2005 von der Afrikanischen Union (AU) beschlossenes Projekt gegen Desertifikation in der Sahelzone. Die Grüne Mauer in der Sahelzone soll mindestens 5 km breit und 7.775 km lang sein und damit etwa von Dakar im Westen nach Dschibuti im Osten Afrikas reichen. Es sollen etwa 11,7 Millionen Hektar Wald gepflanzt werden.

AgBB: Gesundheitliche Bewertung der Emissionen von flüchtigen organischen Verbindungen (VOC und SVOC) aus Bauprodukten (2012*) [Quelle: http://www.wissenwiki.de/AgBB]

Agenda 21: Die Agenda 21 ist ein entwicklungs- und umweltpolitisches Aktionsprogramm für das 21. Jahrhundert, ein Leitpapier zur nachhaltigen Entwicklung, beschlossen von 172 Staaten auf der Konferenz für Umwelt und Entwicklung der Vereinten Nationen (UNCED) in Rio de Janeiro (1992). An dieser Konferenz nahmen neben Regierungsvertretern auch viele nichtstaatliche Organisationen teil. Nachhaltige Entwicklung – und damit die Agenda 21 – ist vielerorts zur Leitlinie öffentlichen Handelns geworden. Ihre kommunale Umsetzung ist die Lokale Agenda 21.

Agroforstwirtschaft: Agroforstwirtschaft oder Agrarforstwirtschaft (engl. Agroforestry oder Agroforesting) bezeichnet ein Produktionssystem, das Elemente der Landwirtschaft mit denen der Forstwirtschaft kombiniert.

Amorphes Modul: Ein amorphes Modul bezeichnet ein Solarmodul, hergestellt aus amorphen Silizium-Solarzellen (a-Si). Diese Zellen werden auch Dünnschichtzellen genannt. Die Modulwirkungsgrade liegen normalerweise zwischen 5 und 7 %. Der große Vorteil von Dünnschichtmodulen ist, dass es keine Material-Engpässe gibt. [Quelle: http://www.solaranlagen-portal.de/glossar-photovoltaik/amorphes-modul.html]

Anthropogen: Der Begriff anthropogen (von griechisch ánthropos „Mensch" und dem Verbalstamm gen- mit der Bedeutung „entstehen") bezeichnet alles durch den Menschen Entstandene, Verursachte, Hergestellte oder Beeinflusste. So sind z. B. Kunststoffe anthropogen, da sie nur vom Menschen hergestellt werden.

Anthroposphäre: Anthroposphäre ist der vom Menschen geschaffene Lebensraum, in welchem seine von ihm gebauten und betriebenen biologischen und technischen Prozesse stehen (zum Beispiel landwirtschaftliche Betriebe, Kraftwerke, Häuser, Transportnetze) und in dem seine Aktivitäten stattfinden (beispielsweise Ernähren, Wohnen, Arbeiten, Kommunizieren). Beispiele dafür sind Agrar-, Kultur- und Industrielandschaften in Städten und Dörfern. Dieser Lebensraum kann auch als ein komplexes System von Energie-, Material- und Informationsflüssen verstanden werden.

App: App (als deutsche Kurzform für Applikation; als Kurzform für englisch application) bezeichnet im Allgemeinen jede Form von Anwendungsprogrammen. Im Sprachgebrauch sind damit mittlerweile jedoch meist Anwendungen für Smartphones und Tablet-Computer gemeint, die über einen in das Betriebssystem integrierten Onlineshop bezogen und so direkt auf dem Smartphone installiert werden können. Das Prinzip ähnelt der aus der Linux-Welt bekannten Paketverwaltung.

Aquifer: Ein Grundwasserleiter, ehemals auch Grundwasserhorizont oder Grundwasserträger, ist ein Gesteinskörper mit Hohlräumen, der zur Leitung von Grundwasser geeignet ist.

Atmosphäre: Die Erdatmosphäre, die Atmosphäre der Erde, ist die gasförmige Hülle oberhalb der Erdoberfläche. Sie stellt eine der Geosphären dar und ihr Gasgemisch ist durch einen hohen Anteil an Stickstoff und Sauerstoff und somit oxidierende Verhältnisse geprägt.

A/V-Verhältnis: Das Oberfläche-zu-Volumen-Verhältnis (A/V-Verhältnis) ist der Quotient aus der Oberfläche A und dem Volumen V eines geometrischen Körpers. Es hat die Dimension 1/Länge.

Bewertungssystem Nachhaltiges Bauen für Bundesgebäude (BNB): Das Bundesministerium für Verkehr, Bau und Stadtentwicklung (BMVBS), wissenschaftlich begleitet durch das Bundesinstitut für Bau-, Stadt- und Raumforschung (BBSR), hat in einer zweijährigen kooperativen Zusammenarbeit mit der Deutschen Gesellschaft für Nachhaltiges Bauen e. V. (DGNB) einen ersten

Kriterienkatalog zur ganzheitlichen Betrachtung und Bewertung von Nachhaltigkeitsaspekten für Gebäude insbesondere beim Neubau von Büro- und Verwaltungsgebäuden entwickelt. [Quelle: http://www.nachhaltigesbauen.de/bewertungssystem-nachhaltiges-bauen-fuer-bundesgebaeude-bnb.html]

Biodiversität: Biodiversität oder biologische Vielfalt bezeichnet gemäß der Biodiversitäts-Konvention (Convention on Biological Diversity, CBD) „die Variabilität unter lebenden Organismen jeglicher Herkunft, darunter unter anderem Land-, Meeres- und sonstige aquatische Ökosysteme und die ökologischen Komplexe, zu denen sie gehören; dies umfasst die Vielfalt innerhalb der Arten und zwischen den Arten und die Vielfalt der Ökosysteme". Nach dieser Definition besteht die Biodiversität neben der Artenvielfalt auch aus der genetischen Vielfalt und der Vielfalt von Ökosystemen. Die Reichweite der Biodiversität schließt daher alle Aspekte der Vielfalt in der lebendigen Welt ein.

Biogasanlage: Eine Biogasanlage ist eine technische Einrichtung zur Erzeugung von Biogas durch Vergärung von Biomasse. In landwirtschaftlichen Biogasanlagen werden meist tierische Exkremente (Gülle, Festmist) und Energiepflanzen als Substrat eingesetzt. In nicht-landwirtschaftlichen Anlagen wird Material aus der Biotonne verwendet. Als Nebenprodukt wird ein als Gärrest bezeichneter Dünger produziert. Bei den meisten Biogasanlagen wird das entstandene Gas vor Ort in einem Blockheizkraftwerk (BHKW) zur Strom- und Wärmeerzeugung genutzt.

Biologische Sequestrierung: Die bisherigen Forschungen oder Vorhaben zur Sequestrierung (Festhalten) von CO_2 beschäftigen sich in der Regel nur mit der Lagerung von flüssigem oder gasförmigem CO_2 oder in Form von Trockeneis. Daneben gibt es aber auch die Möglichkeit, das CO_2 als Biomasse zu binden und als daraus gewonnenen Kohlenstoff zu speichern, also z. B. als pyrogenen Kohlenstoff in Form von Biokoks oder Schwarzerde (→ Terra preta: Schwarzerde in Amazonien). Eine weitere mögliche Sequestrierung bietet Aufforstung, die laut der Gesellschaft Deutscher Chemiker (Mai 2004) sinnvoller und wesentlich preiswerter zu realisieren sei als die Abtrennung von CO_2 aus Abgasen. Allerdings wird nur dann CO_2 dauerhaft gebunden, wenn das erzeugte Holz nicht verbrannt wird oder verrottet, sondern zu Häusern oder Möbeln verbaut wird.

Biom: Der Begriff Biom bezeichnet meistens die Biozönose (Gemeinschaft von Organismen verschiedener Arten in einem abgrenzbaren Lebensraum (Biotop) bzw. Standort; Biozönose und Biotop bilden zusammen das Ökosystem) einer Ökoregion oder einer Ökozone. Der Biom-Begriff wurde für terrestrische Biozönosen entwickelt und wird bis heute hauptsächlich in diesem Zusammenhang verwendet.

Biomassekraftwerk: Ein Biomasseheizkraftwerk (BMHKW) und ein Biomassekraftwerk (BMKW) erzeugen mit gleichen oder ähnlichen Verfahren durch die Verbrennung fester Biomasse elektrische Energie. Ein Biomasseheizkraftwerk stellt darüber hinaus Wärme bereit, die als Fern- oder Nahwärme oder als Prozesswärme genutzt werden kann. Bei reiner Wärmebereitstellung spricht man von einem Biomasseheizwerk (BMHW).
Als Rohstoff werden feste Brennstoffe (Biogener Festbrennstoff) wie z. B. Reste aus der Holzverarbeitung, nicht als Nutzholz geeignetes Waldholz, Stroh und Altholz eingesetzt. Ein Holz(heiz)kraftwerk (H(H)KW) ist ein mit Holz betriebenes Biomasse(heiz)kraftwerk.

Biosphäre: Die Biosphäre bezeichnet den Raum mit Leben eines Himmelskörpers. Es ist derjenige Raum, in dem Leben vorkommt. Der Begriff der Biosphäre hat im Verlauf des vergangenen Jahrhunderts zwei Bedeutungswandlungen erfahren. Heute wird er innerhalb der Biowissenschaften vor allem in einer ökologischen Bedeutung verstanden. Dadurch wird Biosphäre synonym mit den Begriffen Biogeosphäre, Geobiosphäre und Ökosphäre. Die Biosphäre wird sich als dünne Hülle (Sphäre) gedacht, die einen äußeren Bereich der Erde durchwirkt. Sie reicht ungefähr von 60 km über bis 5 km unter die Erdoberfläche, vom unteren Saum der Mesosphäre bis in die obere Lithosphäre. Dabei werden ihre Außengrenzen ausschließlich von Mikroorganismen bewohnt.

Biosphärenreservat: Ein Biosphärenreservat ist eine im Allgemeinen von der UNESCO anerkannte Modellregion, in der nachhaltige Entwicklung in ökologischer, ökonomischer und sozialer Hinsicht exemplarisch verwirklicht werden soll. Biosphärenreservate sind zwar auch Schutzgebiete, d. h. sie schützen die Biodiversität, die Vielfalt der Arten, der Ökosysteme, ihre Funktionen und die genetischen Ressourcen. Besonderes Merkmal ist aber, dass dieser Schutz vor allem auch durch wirtschaftliche Nutzung durch den Menschen erreicht werden soll.

Blended Learning: Der Begriff integriertes Lernen oder englisch Blended Learning bezeichnet die Lernform, bei der die Vorteile von Präsenzveranstaltungen und E-Learning kombiniert werden.

Blockheizkraftwerk: Ein Blockheizkraftwerk (BHKW) ist eine modular aufgebaute Anlage zur Gewinnung elektrischer Energie und Wärme, die vorzugsweise am Ort des Wärmeverbrauchs betrieben wird, aber auch Nutzwärme in ein Nahwärmenetz einspeisen kann. Sie setzt dazu das Prinzip der Kraft-Wärme-Kopplung ein.
Als Antrieb für den Stromerzeuger können Verbrennungsmotoren, d. h. Diesel- oder Gasmotoren, aber auch Gasturbinen verwendet werden.
Der höhere Gesamtnutzungsgrad gegenüber der herkömmlichen Kombination von lokaler Heizung und zentralem Kraftwerk resultiert daraus, dass die Abwärme der Stromerzeugung direkt am Ort der Entstehung genutzt wird.

Borealer Wald: Der boreale Nadelwald, auch borealer Wald oder (in Nordeurasien) Taiga genannt, ist der nördlichste Waldtypus der Erde. Er entsteht in der kaltgemäßigten Klimazone (daher ausnahmslos auf der Nordhalbkugel); dies ist die nördlichste Vegetationszone, in der das Wachstum von Wäldern möglich ist.
Nördlich der borealen Nadelwaldzone befindet sich die Tundra, im Süden schließen sich kühlgemäßigte sommergrüne Laubwälder oder Waldsteppen an. Das Ökosystem der borealen Nadelwaldzone bildet die größten zusammenhängenden Wälder der Erde.

BREEAM: BRE Environmental Assessment Method ist eine international verbreitete Zertifizierungsmethode für Gebäude. [Quelle: http://www.breeam.org/page.jsp?id=176]

Brundtland-Bericht: Als Brundtland-Bericht wird ein Bericht mit dem Titel „Our Common Future" („Unsere gemeinsame Zukunft") bezeichnet, den 1987 die Weltkommission für Umwelt und Entwicklung („Brundtland-Kommission") veröffentlichte. Die ehemalige norwegische Ministerpräsidentin Gro Harlem Brundtland hatte in dieser Kommission den Vorsitz. Der Bericht ist für seine Definition des Begriffs Nachhaltige Entwicklung bekannt.

Bumerang-Effekt: Der Bumerang-Effekt (oder auch „Rebound-Effekt") bezeichnet die gegenteilige Wirkung eines erwarteten Erfolges. Auswirkungen sind beispielsweise der direkte Bumerang-Effekt, der bei effizienterer Technik häufig zu niedrigeren Preisen und damit zur Stimulation der Nachfrage führt oder auch der indirekte Bumerang-Effekt, bei dem verbesserte Effizienz zu verstärktem Konsum führt. Teilweise führt so effizientere Technologie zur höherem und nicht niedrigerem Ressourcenverbrauch. Beispiel: das vermeintliche „papierlose Büro" erweist sich als der Ort des größten Papierverbrauchs aller Zeiten.

Bundesministerium für Bildung und Forschung (BMBF): Das Bundesministerium für Bildung und Forschung (BMBF) ist ein Bundesministerium der Bundesrepublik Deutschland. Der Hauptsitz des Bundesministeriums befindet sich in den so genannten Kreuzbauten in Bonn, ein zweiter Dienstsitz in Berlin. Die Aufgaben des BMBF sind vielfältig. Zum einen ist das BMBF maßgeblich für die Gesetzgebung in verschiedenen Bereichen. Dazu gehört primär der Bereich der außerschulischen beruflichen Bildung und Weiterbildung und der Ausbildungsförderung. Zum anderen fördert das BMBF durch finanzielle Mittel Forschung in allen Bereichen der Wissenschaft. Daneben werden der wissenschaftliche Nachwuchs sowie der internationale Austausch in der Ausbildung oder Weiterbildung oder dem Studium gefördert. Nicht zuletzt finanziert das BMBF das BAföG.

Cap: Mit Cap wird die Emissionsobergrenze oder das Emissionsziel im Emissionshandel für die nationale Ebene bezeichnet sowie analog die einzelnen Ziele für alle Makro-Sektoren (Energiewirtschaft, Industrie, Gewerbe/Handel/Dienstleistungen, Verkehr und Haushalte). [Quelle: Bundesumweltamt http://www.dehst.de - Glossar]

Carbon Accounting: Carbon Accounting bezeichnet das systematische Erfassen von CO2 und anderen Treibhausgas Emissionen einer Organisation, zumeist eines Unternehmens zur Erstellung einer Treibhausgasbilanz. Diese kann sowohl dem Zweck einer Offenlegung in einer Form des externen Berichtswesens, als auch zum Management von Emissionen vor dem Hintergrund von Emissions (-reduktions-) zielen erfolgen. Carbon Accounting lässt sich somit als Teildisziplin des Rechnungswesens ansehen. Gleichzeitig lässt sich Carbon Accounting als Teil eines Umwelt- oder Nachhaltigkeitsmanagements verstehen.
Während Scope 1 alle direkt selbst, durch Verbrennung in eigenen Anlagen erzeugten Emissionen umfasst, umfasst Scope 2 Emissionen die mit eingekaufter Energie (z. B. Elektrizität, Fernwärme) verbunden sind. Scope 3 wiederum umfasst die Emissionen aus durch dritte erbrachte Dienstleistungen und erworbenen Vorleistungen.

Carbon leakage: Als „carbon leakage" (CO_2-Leck) wird das Problem der Verlagerung von CO_2-Emissionen in Drittländer durch Abwanderung der heimischen Produktion bezeichnet. Durch den Gesetzentwurf des EU-Emissionshandels sollen künftig CO_2-Zertifikate teurer werden, was zu einer Standortverlagerung der energieintensiven

Industrien in Schwellenländer führen kann. Durch diesen Effekt würden sich zwar die europäischen CO_2-Emissionen verringern, jedoch die globalen Emissionen unverändert bleiben bzw. steigen. [Quelle: Energielexikon: http://www.energie.de/lexikon/erklaerung/carbon-leakage.html]

Carbon offsetting (Freiwillige Kompensation): Bei der freiwilligen Kompensation von Treibhausgasemissionen gleichen Einzelpersonen, Unternehmen oder Organisationen die bei einer bestimmten Tätigkeit freigesetzten Treibhausgase durch die finanzielle Förderung von Klimaschutzprojekten aus, ohne dass sie hierzu verpflichtet wären. (Bundesumweltamt http://www.dehst.de - Glossar)

Car2Car Communication: Mit Car-to-Car Communication (Car2Car oder C2C) - im englischen Sprachraum unter Vehicle-to-Vehicle (V2V) geläufig - bezeichnet man den Austausch von Informationen und Daten zwischen Kraftfahrzeugen mit dem Ziel, dem Fahrer frühzeitig kritische und gefährliche Situationen zu melden. Hierzu gibt es verschiedene Projekte in Europa, die letztlich alle die Erhöhung der Sicherheit im Verkehr sowie die Optimierung des Verkehrsflusses anstreben.

CDM: → Mechanismus für umweltverträgliche Entwicklung

CDM Gold Standard: Der CDM Gold Standard ist eine Art Gütesiegel mit einer Reihe von freiwilligen Vorgaben für CDM-Projekte, die eine hohe Qualität des Projektes beim Erreichen von Umwelt- und Entwicklungszielen im Gastland sicherstellen sollen. Bei der Implementierung eines Projektes in den sensiblen Ökonomien von Entwicklungsländern sollten auch ökologische und soziale Kriterien berücksichtigt werden, um eine nachhaltige Entwicklung zu fördern. Da dies nicht immer gewährleistet ist, wurde von einer Reihe von Umweltorganisationen, Unternehmen und Regierungen der CDM Gold Standard entwickelt, der für CDM-Projekte besonders hohe Standards anlegt.

CFD - Strömungssimulation: Die numerische Strömungsmechanik (englisch: computational fluid dynamics, CFD) ist eine etablierte Methode der Strömungsmechanik. Sie hat das Ziel, strömungsmechanische Probleme approximativ mit numerischen Methoden zu lösen. Die numerische Strömungsmechanik bietet eine kostengünstige Alternative zu Windkanal-Versuchen.

Climate, Community and Biodiversity Standard (CCBS): Der CCB (Climate, Community and Biodiversity Project Design) Standard wurde von der Climate, Community and Biodiversity Alliance (CCBA) konzipiert. Die CCBA ist ein Zusammenschluss von Umweltgruppen, Forschungsinstituten und Unternehmen. Der CCB Standard verfügt als Antwort auf den FSC Standard über ausgedehnte Richtlinien im Bereich Aufforstung. Ähnlich dem CarbonFix Standard zeichnen sich Aufforstungsprojekte mit CCB Standard dadurch aus, dass sie das Klima schützen, Artenvielfalt erhalten und eine nachhaltige soziale Entwicklung fördern. [Quelle: http://www.natureoffice.com/de/klimaschutz/hintergruende/klimaschutz-standards.php]

Club of Rome: Der Club of Rome ist eine nichtkommerzielle Organisation, die einen globalen Gedankenaustausch zu verschiedenen internationalen politischen Fragen betreibt. Mit dem 1972 veröffentlichten Bericht „Die Grenzen des Wachstums" erlangte er große weltweite Beachtung. Die Organisation hatte ihren Sitz seit ihrer Gründung in Hamburg und verlegte ihn am 1. Juli 2008 nach Winterthur.

CO_2-Abscheidung und -Speicherung (CCS): CO_2-Abscheidung und -Speicherung (engl. Carbon Dioxide Capture and Storage, kurz CCS) ist eine Technik mit dem Ziel der Reduzierung von CO_2-Emissionen in die Atmosphäre durch deren Abfangen und Injektion in unterirdische Gesteinsschichten auf unbegrenzte Zeit (CO_2-Sequestrierung siehe auch Biologische Sequestrierung). CO_2 wirkt in der Atmosphäre als Treibhausgas und ist die Hauptursache der globalen Erwärmung.

CO_2-Bilanz: Der CO_2-Fußabdruck (engl. Carbon footprint), auch CO_2-Bilanz genannt, ist ein Maß für den Gesamtbetrag von Kohlendioxid-Emissionen, der, direkt und indirekt, durch eine Aktivität verursacht wird oder über die Lebensstadien eines Produkts entsteht.

CO_2-Fußabdruck: Der CO_2-Fußabdruck hat in den letzten Jahren an Bedeutung gewonnen, da er ein hilfreiches Mittel werden könnte, um die Klimaauswirkungen von Produkten, Dienstleistungen und anderen Geschehnissen im Alltag eines jeden Menschen zu ermitteln. Nur mit diesen Informationen lassen sich die Klimaauswirkungen derselben wirksam minimieren, was wiederum nötig ist, um angestrebte Klimaziele - zum Beispiel das Begrenzen der globalen Erwärmung auf 2 °C - zu erreichen.

Compliance: Compliance bzw. Regeltreue (auch Regelkonformität) ist in der betriebswirtschaftlichen Fachsprache der Begriff für die Einhaltung von Gesetzen und Richtlinien in Unternehmen, aber auch von freiwilligen Kodizes. Die Gesamtheit der Grundsätze und Maßnahmen eines Unternehmens, zur Einhaltung bestimmter Regeln und damit zur Vermeidung von Regelverstößen in einem Unternehmen wird als Compliance Management System bezeichnet.

Corporate Social Responsibility (CSR): Der Begriff Corporate Social Responsibility (CSR) bzw. Unternehmerische Gesellschaftsverantwortung (oft auch als Unternehmerische Sozialverantwortung bezeichnet), umschreibt den freiwilligen Beitrag der Wirtschaft zu einer nachhaltigen Entwicklung, die über die gesetzlichen Forderungen (Compliance) hinausgeht. CSR steht für verantwortliches unternehmerisches Handeln in der eigentlichen Geschäftstätigkeit (Markt), über ökologisch relevante Aspekte (Umwelt) bis hin zu den Beziehungen mit Mitarbeitern (Arbeitsplatz) und dem Austausch mit den relevanten Anspruchs- bzw. Interessengruppen (Stakeholdern).

Cradle to Cradle, Ökoeffektivität: Ökoeffektivität ist ein Begriff der Umwelt- und Wirtschaftswissenschaften. Er gilt für einen bestimmten nachhaltigen Herstellungsprozess. In einem erweiterten Sinn wird auch von Konsistenz gesprochen.
Den Begriff der Ökoeffektivität prägten der deutsche Chemiker Michael Braungart und der US-amerikanischen Architekt William McDonough in ihrem Buch „Cradle to Cradle" (C2C, Von der Wiege bis zur Wiege). Darin stellen sie den Begriff in Kontrast zu der betriebswirtschaftlichen Kennzahl Ökoeffizienz, bzw. zur Ökobilanz, die den Stoffkreislauf und dessen Umweltwirkungen von der Wiege bis zur Bahre analysiert.

Curriculum: Mit Curriculum (Plural Curricula; aus lateinisch: Wettlauf, Umlauf, Kreisbahn, Lauf) wird ein Lehrplan oder Lehrprogramm z.B. in der Universitätsausbildung bezeichnet.

Desertec: DESERTEC ist ein Konzept zur Erzeugung von Ökostrom durch Sonnenwärmekraftwerke, Windkraftanlagen oder Photovoltaik in Wüsten und zur Übertragung zu den weiter entfernten Verbrauchszentren.
Die DESERTEC Foundation, ehemals Trans-Mediterranean Renewable Energy Cooperation (TREC), ist eine gemeinnützige Stiftung, die sich weltweit für die DESERTEC.Vision einsetzt.
Die Dii GmbH (von Desertec Industrial Initiative) ist eine Industrie-Initiative, die sich die Realisierung der DESERTEC-Vision für die EUMENA-Region (Europe, Middle East, North Africa - Europa, Naher Osten und Nordafrika) vorgenommen hat. Sie will helfen, die rechtlichen, politischen, finanziellen und sozi-ökonomischen Bedingungen zu schaffen, damit nachhaltiger Wüstenstrom zu Energieversorgungssicherheit, zu weiterer Entwicklung und zur friedlichen Zusammenarbeit in Nordafrika, dem Nahen Osten und Europa beitragen kann.

Desertifikation: Desertifikation, fortschreitende Wüstenbildung, oder Sahel-Syndrom bezeichnet die Verschlechterung des Bodens in relativ trockenen (ariden, semiariden und trocken subhumiden) Gebieten, die durch unterschiedliche Faktoren einschließlich Klimawandel und menschlicher Aktivitäten herbeigeführt wird. Diese Bodendegradation bewirkt die Ausbreitung bzw. Entstehung von Wüsten oder wüstenähnlichen Verhältnissen. Die meist vorgelagerte Entwicklungsstufe der Steppenbildung wird als Versteppung bezeichnet. Jedes Jahr verliert die Erde dadurch momentan etwa 12 Millionen weitere Hektar fruchtbaren Bodens (entspricht etwa der Ackerfläche Deutschlands), Tendenz weiter steigend.

Deutsche Gesellschaft für Nachhaltiges Bauen (DGNB): Die Deutsche Gesellschaft für Nachhaltiges Bauen e.V. (DGNB), englisch German Sustainable Building Council, ist eine Non-Profit- und Nichtregierungsorganisation, die sich die Aufgabe gestellt hat, Wege und Lösungen für nachhaltiges Planen, Bauen und Nutzen von Bauwerken zu entwickeln und zu fördern. Im Zentrum ihrer Arbeit stehen der Auf- und Ausbau eines Zertifizierungssystems für nachhaltige Bauten sowie die Vergabe eines Zertifikats in den Qualitätsstufen Gold, Silber und Bronze. Die Gesellschaft wurde 2007 von 40 Organisationen aus der Bau- und Immobilienwirtschaft gegründet. Nach eigenen Angaben hat die Gesellschaft im Februar 2012 rund 1050 Mitglieder bzw. Mitgliedsorganisationen.

Deutscher Nachhaltigkeitskodex (DNK): Der Deutsche Nachhaltigkeitskodex (DNK) ist eine Empfehlung des Rates für Nachhaltige Entwicklung (RNE) an die Politik und Wirtschaft. Er wurde im Oktober 2010 zur freiwilligen Anwendung empfohlen. Der Transparenzstandard erhöht die Transparenz, Verbindlichkeit und Vergleichbarkeit der Nachhaltigkeitsleistungen von Unternehmen. Er ist international anwendungsfähig für Unternehmen und Organisationen jeder Größe und Rechtsform.

Deutsches Zentrum für Marine Biodiversitätsforschung (DZMB): Das Deutsche Zentrum für Marine Biodiversitätsforschung DZMB wurde im Jahre 2001 als neue Abteilung des Forschungsinstituts Senckenberg gegründet. Ziel des international tätigen DZMB ist es, die taxonomische und systematische Forschung an Meeresorganismen zu stärken und die Erfassung der Lebensvielfalt in den Ozeanen voranzutreiben. [Quelle: http://www.senckenberg.de/root/index.php?page_id=158]

E-Bike: Ein Elektrorad (in Schweizerdeutsch: „Elektrovelo"), auch Elektrofahrrad, E-Fahrrad, E-Rad, E-Bike oder eBike genannt, ist ein Fahrrad, das zur Gänze oder tretunterstützend von einem Elektromotor angetrieben wird. Der Motor kann wahlweise im Vorderrad oder im Hinterrad als Nabenmotor oder im Tretlager als sogenannter Mittelmotor angebracht sein. Die Versorgung des Elektromotors mit Energie erfolgt durch einen – oft abnehmbaren – Akku.

Einblasverfahren: Beim Einblasverfahren wird Wärmedämmstoff mittels einer Einblasmaschine in Bauteile von Gebäuden eingebaut, man spricht auch von der Einblasdämmung. Der Wärmedämmstoff wird der Maschine zugeführt. Die von einem Kompressor gespeiste Einblasmaschine bricht den im Liefergebinde verdichteten Wärmedämmstoff in Stücke und lockert ihn anschließend weiter auf. Der aufgelockerte Wärmedämmstoff wird zusammen mit Luft über einen Schlauch in die zu dämmenden Bauteile transportiert. Im Bauteil verteilt sich der Wärmedämmstoff raumfüllend, wird durch den Druck verdichtet und wird damit zur Wärmedämmung.

Empowerment: Mit Empowerment bezeichnet man Strategien und Maßnahmen, die geeignet sind, den Grad an Autonomie und Selbstbestimmung im Leben von Menschen oder Gemeinschaften zu erhöhen und die es ihnen ermöglichen, ihre Interessen (wieder) eigenmächtig, selbstverantwortlich und selbstbestimmt zu vertreten und zu gestalten. Empowerment bezeichnet dabei sowohl den Prozess der Selbstbemächtigung als auch die professionelle Unterstützung der Menschen, ihr subjektives Gefühl der Macht- und Einflusslosigkeit (powerlessness) zu überwinden und ihre Gestaltungsspielräume und Ressourcen wahrzunehmen und zu nutzen. Wörtlich aus dem Englischen übersetzt bedeutet Empowerment „Ermächtigung" oder Bevollmächtigung.

Endenergie: Die beim Endverbraucher ankommende Energie bezeichnet man als Endenergie. Es ist derjenige Teil der Primärenergie, welcher dem Verbraucher nach Abzug von Transport- und Umwandlungsverlusten für Heizung, Warmwasser und Lüftung zur Verfügung steht (z.B. Heizöl im Öltank, Gas oder Strom aus dem Hausanschluss, Holz für den Kamin). Der Endenergiebedarf wird im EnEV-Energieausweis angegeben.

Energieausweis: Der Energieausweis ist ein Dokument, das ein Gebäude energetisch bewertet. Ausstellung, Verwendung, Grundsätze und Grundlagen der Energieausweise werden in Deutschland in der Energieeinsparverordnung (EnEV) geregelt, in Österreich durch die jeweiligen Landesgesetze und das Energieausweis-Vorlage-Gesetz (EAVG).

Energieeffizienz: Die Energieeffizienz ist ein Maß für den Energieaufwand zur Erreichung eines festgelegten Nutzens. Im Gegensatz zum Wirkungsgrad bedarf der Nutzen hier keiner energetischen Definition. Ein Vorgang ist dann effizient, wenn ein bestimmter Nutzen mit minimalem Energieaufwand erreicht wird. Dies entspricht dem ökonomischen Prinzip (namentlich dem Minimalprinzip).

Energieeffizienzklasse: Die Energieeffizienzklasse betrifft eine Bewertungsskala für das europäische Energie-Label. Dieses soll den Absatz von besonders energiesparenden Elektrogeräten in der EU fördern. Die Bewertungsskala gibt über den Energiebedarf (Strom und andere Energieträger) und über zusätzliche Gebrauchseigenschaften des Gerätes Auskunft. Die Einteilung erfolgte in Abwandlung des englischen und amerikanischen Schulnotensystems in Wertungsklassen von A bis G, wobei A die beste Klasse (niedriger Bedarf) darstellt und G die schlechteste (hoher Bedarf).

Energieeinsparverordnung (EnEV): Die Energieeinsparverordnung (EnEV) ist ein Teil des deutschen Wirtschaftsverwaltungsrechtes. In ihr werden vom Verordnungsgeber auf der rechtlichen Grundlage der Ermächtigung durch das Energieeinsparungsgesetz (EnEG) Bauherren bautechnische Standardanforderungen zum effizienten Betriebsenergieverbrauch ihres Gebäudes oder Bauprojektes vorgeschrieben. Sie gilt für Wohngebäude, Bürogebäude und gewisse Betriebsgebäude.

Energiewende: Als Energiewende wird die Realisierung einer Nachhaltigen Energieversorgung in den Sektoren Strom, Wärme und Mobilität mit Erneuerbaren Energien bezeichnet. Hierzu zählen die Windenergie, Biomasse (Bioenergie, einschließlich Deponiegas und Klärgas), Wasserkraft, Sonnenenergie (Solarthermie, Photovoltaik), Geothermie und Meeresenergie, die als Alternative zu fossilen Energieträgern (Öl, Kohle, Erdgas) und Kernbrennstoffen (Uran) dienen sollen. Mit Energiewende wird der Teil der Rohstoffwende bezeichnet, der die Energierohstoffe betrifft.

EnOB - Forschung für Energieoptimiertes Bauen: „Gebäude der Zukunft" ist das Leitbild von EnOB

– Forschung für Energieoptimiertes Bauen. In den vom Bundesministerium für Wirtschaft und Technologie geförderten Forschungsprojekten geht es um Gebäude mit minimalem Primärenergiebedarf und hohem Nutzerkomfort – und das bei moderaten Investitions- und deutlich reduzierten Betriebskosten. [Quelle: http://www.enob.info/]

Enquête-Kommission: Enquête-Kommissionen (von französisch enquête, „Untersuchung") sind vom Deutschen Bundestag oder von einem Landesparlament eingesetzte überfraktionelle Arbeitsgruppen, die langfristige Fragestellungen lösen sollen, in denen unterschiedliche juristische, ökonomische, soziale oder ethische Aspekte abgewogen werden müssen.

Eozän: Das Eozän ist in der Erdgeschichte eine chronostratigraphische Serie (= Zeitintervall) innerhalb des Paläogens. Das Eozän begann vor etwa 55,8 Millionen Jahren und endete vor etwa 33,9 Millionen Jahren und ist die zweite Serie des Paläogens. Dem Eozän folgte das Oligozän und ging das Paläozän voraus.

Erneuerbare Energien: Als erneuerbare Energien, regenerative Energien oder alternative Energien werden Energieträger bezeichnet, die im Rahmen des menschlichen Zeithorizonts praktisch unerschöpflich zur Verfügung stehen oder sich verhältnismäßig schnell „erneuern". Damit grenzen sie sich von fossilen Energien ab, die sich erst über den Zeitraum von Millionen Jahren regenerieren. Erneuerbare Energien gelten, neben höherer Energieeffizienz, als wichtigste Säule einer nachhaltigen Energiepolitik (englisch: sustainable energy) und der Energiewende. Zu ihnen zählen Wasserkraft, Windenergie, solare Strahlung, Erdwärme und nachwachsenden Rohstoffe.

Erneuerbare-Energien-Gesetz (EEG): Das deutsche Gesetz für den Vorrang Erneuerbarer Energien (Kurztitel Erneuerbare-Energien-Gesetz, EEG) regelt die bevorzugte Einspeisung von Strom aus erneuerbaren Quellen ins Stromnetz und garantiert deren Erzeugern feste Einspeisevergütungen. Der Fördermechanismus des deutschen EEG diente bis zum Jahr 2011 für mindestens 61 Staaten sowie 26 Bundesstaaten bzw. Provinzen als Vorlage für ähnliche Gesetze.

Ethikkommission für eine sichere Energieversorgung: Die Ethikkommission für eine sichere Energieversorgung wurde am 22. März 2011 von der deutschen Bundeskanzlerin Angela Merkel eingesetzt, um technische und ethische Aspekte der Kernenergie zu prüfen, einen gesellschaftlichen Konsens zum Atomausstieg vorzubereiten und Vorschläge für den Übergang zu erneuerbaren Energien zu erarbeiten.
Anlass dafür war die ab dem 11. März 2011 eingetretene Nuklearkatastrophe von Fukushima, auf die die Bundeskanzlerin am 14. März mit einem dreimonatigen Atom-Moratorium für die sieben ältesten deutschen Kernkraftwerke reagierte.
Die 17-köpfige Kommission wird von Klaus Töpfer, ehemaliger deutscher Bundesumweltminister und ehemaliger Exekutivdirektor des Umweltprogramms der Vereinten Nationen (UNEP) und Matthias Kleiner, Präsident der Deutschen Forschungsgemeinschaft, geleitet.

EU Fauna-Flora-Habitat-Richtlinie (EU-FFH): Die Richtlinie 92/43/EWG oder Fauna-Flora-Habitat-Richtlinie, kurz FFH-Richtlinie oder Habitatrichtlinie, ist eine Naturschutz-Richtlinie der Europäischen Union (EU), die von den damaligen Mitgliedstaaten der EU im Jahre 1992 einstimmig beschlossen wurde. Sie dient gemeinsam mit der Vogelschutzrichtlinie im Wesentlichen der Umsetzung der Berner Konvention; eines ihrer wesentlichen Instrumente ist ein zusammenhängendes Netz von Schutzgebieten, das Natura 2000 genannt wird. In den Jahren 1994 und 2003 haben weitere Mitgliedsstaaten der EU die Richtlinie anerkannt.

Europäische Wasserrahmenrichtlinie (EU-WRRL): Die Richtlinie 2000/60/EG (Wasserrahmenrichtlinie) ist eine Richtlinie, die den rechtlichen Rahmen für die Wasserpolitik innerhalb der EU vereinheitlicht und bezweckt, die Wasserpolitik stärker auf eine nachhaltige und umweltverträgliche Wassernutzung auszurichten.

Europäischer Fonds für regionale Entwicklung (EFRE): Der Europäische Fonds für regionale Entwicklung (EFRE, umgangssprachlich auch EU-Regionalfonds) ist ein wichtiger Strukturfonds der Europäischen Union, der für den wirtschaftlichen Aufholprozess der ärmeren Regionen sorgen soll.

Fauna Europaea: Das EU-Projekt Fauna Europaea wurde innerhalb des Fünften Rahmenprogramms (5. RP) über einen Zeitraum von vier Jahren (März 2000 bis Feb. 2004) von der Europäischen Kommission gefördert. Fauna Europaea wurde als Datenbank aufgebaut, die die wissenschaftlichen Namen und Verbreitung aller lebenden vielzelligen europäischen Land- und Süßwasser-Tiere enthält. Klassifizierungsexperten stellten die Daten aller zu der Zeit in Europa bekannten Gattungen zur Verfügung, die zusammen eine riesige Datenbank bildeten, die jedermann zugänglich gemacht wurde. [Quelle: http://www.faunaeur.org]

Femel: Die männliche Pflanze des Hanfs heißt „Femel". Der „Femel" reift früher und ist von schwächerem Wuchs als die weibliche Pflanze.

FFH-Gebiete: Besondere Schutzgebiete nach der FFH-Richtlinie (EU-FFH) werden auf der Basis „Natürlicher Lebensräume von gemeinschaftlichem Interesse" beziehungsweise „Arten von gemeinschaftlichem Interesse" von den Mitgliedstaaten der EU nominiert. Eine erstmalige Veröffentlichung einer Liste erfolgte im Amtsblatt der EU im Jahr 2004. Die Mitgliedstaaten sind seither verpflichtet, diese Gebiete innerhalb von sechs Jahren als besondere Erhaltungsgebiete (BEG), Special Areas of Conservation (SAC) endgültig unter Schutz zu stellen.

fiduziär: Der Begriff fiduziär leitet sich vom lateinischen Wort fides = Vertrauen ab. (Latein-Wiki)

Föderalismus in Deutschland: Föderalismus ist ein bestimmtes Prinzip, einen Staat zu organisieren. In der Bundesrepublik Deutschland ist er Teil des politischen Systems.Die Bundesrepublik besteht aus kleineren Einheiten, teilsouveränen Gliedstaaten, die ihrerseits eigene staatliche Aufgaben erfüllen. Sie sind zu einem übergeordneten Ganzen zusammengeschlossen, dem Bund, dessen Staatsqualität mit der föderalen Vereinigung seiner Länder (Bundesländer) begründet wird.
Im föderalen Bundesstaat sind die staatlichen Aufgaben zwischen Bund und Gliedstaaten so aufgeteilt, dass beide politischen Ebenen für bestimmte (verfassungsgemäß festgelegte) Aufgaben selbst zuständig sind.

Forest Stewardship Council (FSC): Der Forest Stewardship Council (FSC) ist eine internationale Non-Profit-Organisation. (stewardship = Verantwortung; Verwalteramt). Das Council (Kollegium, Rat; Ratsversammlung) schuf das erste System zur Zertifizierung nachhaltiger Forstwirtschaft, betreibt es und entwickelt es weiter. Der Ausdruck „FSC" wird auch benutzt: für das FSC-Zertifizierungssystem und für das FSC-Zeichen, auch FSC-Logo, FSC-Zertifikat oder FSC-Gütesiegel genannt.

Fossile Energie: Fossile Energie wird aus fossilen Brennstoffen gewonnen, die wie Braunkohle, Steinkohle, Torf, Erdgas und Erdöl in geologischer Vorzeit aus Abbauprodukten von toten Pflanzen und Tieren entstanden sind. Diese fossilen Energieträger basieren auf dem Kohlenstoffkreislauf und ermöglichen damit gespeicherte (Sonnen) energie vergangener Zeiten heute zu verwerten. Im Jahr 2005 wurden 81 % des weltweiten Energiebedarfs aus fossilen Quellen gedeckt.

Generalversammlung der Vereinten Nationen: Die Generalversammlung der Vereinten Nationen (englisch United Nations General Assembly, UNGA) ist die Vollversammlung der Mitgliedstaaten der Vereinten Nationen. Sie tritt jährlich im September am UN-Hauptquartier in New York zusammen. Jeder Mitgliedstaat darf durch bis zu fünf Personen in einer Sitzung vertreten sein.

Generationengerechtigkeit: Im Kontext des Begriffes Generationengerechtigkeit (oder unter dem Synonym intergenerative Gerechtigkeit) werden derzeit eine Vielzahl politischer und gesellschaftlicher Themen kontrovers diskutiert – darunter die Forderung nach einer Rentenreform oder gar nach einer möglichen Bevölkerungspolitik, die Tatsache einer Altersdiskriminierung in den westlichen Gesellschaften, z. B. bei der Jobsuche, ebenso wie die hohe Jugendarbeitslosigkeit sowie auch die Problembereiche Umweltschutz und Staatsverschuldung.

Gentechnisch veränderter Organismus (GMO): Gentechnisch veränderte Organismen (GVO), auch Gentechnisch modifizierter Organismus, englisch genetically modified organism (GMO), seltener genetically engineered organism (GEO), sind Organismen, deren Erbanlagen mittels gentechnischer Methoden gezielt verändert worden sind. Diese Methoden unterscheiden sich von Kreuzen, Mutation, Rekombination und anderen Methoden herkömmlicher Züchtung. Der Begriff „gentechnisch veränderter Organismus" wird in Deutschland durch das Gentechnikgesetz (GenTG) definiert.

Geothermie: Die Geothermie oder Erdwärme ist die im zugänglichen Teil der Erdkruste gespeicherte Wärme. Sie umfasst die in der Erde gespeicherte Energie, soweit sie entzogen und genutzt werden kann, und zählt zu den regenerativen Energien. Sie kann sowohl direkt genutzt werden, etwa zum Heizen und Kühlen im Wärmemarkt (Wärmepumpenheizung), als auch zur Erzeugung von elektrischem Strom oder in einer Kraft-Wärme-Kopplung.

Gesetz vom abnehmenden Grenznutzen: Das erste Gossensche Gesetz (auch Gesetz vom abnehmenden Grenznutzen oder Sättigungsgesetz) lautet: „Die Größe eines und desselben Genusses nimmt, wenn wir mit Bereitung des Genusses ununterbrochen fortfahren, fortwährend ab, bis zuletzt Sättigung eintritt." Das Gesetz besagt also, dass der Konsum eines Gutes mit zunehmender Menge einen immer geringeren Zusatznutzen (Grenznutzen) stiftet.

Global Marshall Plan Initiative: Die Global Marshall Plan Initiative versteht sich als integrative Plattform für eine Welt in Balance. Bestehend aus einem Netzwerk aus mehr als 5000 Unterstützern aus allen Ebenen der Gesellschaft, versammelt sie Politik, Wirtschaft und Zivilgesellschaft hinter fünf Kernforderungen zu einer gerechteren Globalisierung. Das Ziel der Global Marshall Plan Initiative ist u. a. die Durchsetzung der Millenium-Entwicklungsziele der Vereinten Nationen und die Etablierung eines mit Nachhaltigkeit kompatiblen Ordnungsrahmens für die Weltwirtschaft: Eine weltweite Ökosoziale Marktwirtschaft.

Global Marshall Plan: Im Zentrum der Logik eines Plans wie er von der Global Marshall Plan Initiative vorgeschlagen wird, steht folgender Grundsatz: Investitionen, abgestimmte Marktöffnungen und Co-Finanzierungen in vielen Bereichen werden im Gegenzug für die Angleichung sozialer und ökologischer Standards geleistet. Auf diese Weise soll eine Form der gezielten globalen Armutsüberwindung entstehen, die sehr starke neue Wirtschaftsimpulse für die betreffende Region wie auch die gesamte Weltwirtschaft freisetzten soll. Durch die Koppelung des neuen Wachstums mit klaren ökologischen Standards soll gleichzeitig eine starke Ökologisierung des Wirtschaftens gefördert werden.

Globale Erwärmung: Als globale Erwärmung bezeichnet man den in den vergangenen Jahrzehnten beobachteten Anstieg der Durchschnittstemperatur der erdnahen Atmosphäre und der Meere sowie deren künftig erwartete Erwärmung. Oft wird der damit einhergehende Klimawandel synonym verwendet. Zwischen 1906 und 2005 hat sich die durchschnittliche Lufttemperatur in Bodennähe um 0,74 °C (± 0,18 °C) erhöht. Das Jahrzehnt von 2000 bis 2009 war mit Abstand das wärmste je gemessene, gefolgt von den 1990er Jahren, die wiederum wärmer waren als die 1980er Jahre.

Globale öffentliche Güter: Globale öffentliche Güter (englisch Global Public Goods, kurz GPGs, auch Global Commons) sind öffentliche Güter, die sich nicht auf nationalstaatliche Grenzen beschränken, sondern weltweit gültig sind.
Der Konsum von globalen (reinen) öffentlichen Gütern verfügt über folgende zwei charakteristische Merkmale:

- Nicht-Ausschließbarkeit: Niemand kann von dem Konsum des globalen öffentlichen Gutes ausgeschlossen werden.
- Nicht-Rivalität: Das globale öffentliche Gut kann zur gleichen Zeit von verschiedenen Individuen konsumiert werden, es besteht keinerlei Rivalität bezüglich des GPGs.

Governance: Governance – oft übersetzt als Regierungs-, Amts- bzw. Unternehmensführung –, auch Lenkungsform, bezeichnet allgemein das Steuerungs- und Regelungssystem im Sinn von Strukturen (Aufbau- und Ablauforganisation) einer politisch-gesellschaftlichen Einheit wie Staat, Verwaltung, Gemeinde, privater oder öffentlicher Organisation. Häufig wird es auch im Sinne von Steuerung oder Regelung einer jeglichen Organisation (etwa einer Gesellschaft oder eines Betriebes) verwendet. Der Begriff Governance wird häufig unscharf verwendet.

Green Building: Als grünes Gebäude (engl. green building) wird ein Gebäude bezeichnet, das unter dem Leitgedanken der Nachhaltigkeit entwickelt wurde. Diese Gebäude zeichnen sich unter anderem durch eine hohe Ressourceneffizienz in den Bereichen Energie, Wasser und Material aus, während gleichzeitig schädliche Auswirkungen auf die Gesundheit und die Umwelt reduziert werden. Der Leitgedanke wird dabei idealerweise über alle Phasen des Gebäude-Lebenszyklus von der Projektentwicklung, der Planung und der Konstruktion über den Betrieb, die Wartung und die Demontage verfolgt.

Green Economy: Als Green Economy wird eine an ökologischer Nachhaltigkeit, wirtschaftlicher Profitabilität und sozialer Inklusion ausgerichtete Wirtschaftsweise verstanden. Der Begriff wird vor allem im internationalen Nachhaltigkeitsdiskurs verwendet und ergänzt dort das Konzept der nachhaltigen Entwicklung. Auf der für 2012 angesetzten Konferenz der Vereinten Nationen über nachhaltige Entwicklung (UNCSD) dient die Green Economy neben den institutionellen Rahmenbedingungen nachhaltiger Entwicklung als eines von zwei Leitthemen.

Green IT: Unter dem Stichwort Green IT (seltener auch Green ICT) versteht man Bestrebungen, die Nutzung von Informations- und Kommunikationstechnologie (IKT) über deren gesamten Lebenszyklus hinweg umwelt- und ressourcenschonend zu gestalten. Dies beinhaltet die Optimierung des Ressourcenverbrauchs während der Herstellung, des Betriebs und der Entsorgung der Geräte (Green in der IT).

Greenhouse Gas Protocol (GHG Protocol): Das Greenhouse Gas Protocol (GHG Protocol) ist 1998 auf Grundlage des Treibhausgas-Berichtsprotokolls des Mineralöl- und Energie-Unternehmens BP entstanden und ist eine Bilanzierungsrichtlinie für unternehmerische Treibhausgase.
Das World Resources Institute (WRI) und das World Business Council for Sustainable Develop-

ment (WBCSD) haben Ende 2008 eine Initiative angestoßen, um das GHG Protocol um den Bereich „Treibhausgasemissionen entlang von Wertschöpfungsketten" zu erweitern. Ergebnis sind die zwei neuen GHG-Protocol-Standards „PDF Product Life Cycle Accounting and Reporting Standard" und „PDF Scope 3 (Corporate Value Chain) Accounting and Reporting Standard". [Quelle: http://www.stop-climate-change.de/unsere-standards/ghg-protocol/]

Grüner Strom: Grüner Strom bezeichnet alle ökologisch vertretbaren Arten von Stromproduktion aus erneuerbaren Energien. Die Bedeutung des Begriffs „Grüner Strom" ähnelt der Definition von Ökostrom und ist ebenso wie dieser quasi ein Oberbegriff für alle Arten der Stromproduktion aus erneuerbaren Energiequellen. Allerdings wird der Begriff auch im Sinne eines Produktlabels verwendet, wobei bei diesem keine genauen Zahlen- und Wertemaßgaben vorliegen, welche ein Stromerzeuger nachweisen muss, um dieses Label zu erhalten.
[Lexikon der Nachhaltigkeit: http://www.broker-test.de/finanzwissen/investmenttrends/erneuerbare-energien/gruener-strom/]

Grüne Energie: In Anlehnung an „Grünen Strom" bezeichnet Grüne Energie alle ökologisch als vertretbar angesehenen Arten erneuerbarer Energien.

Heister: Heister (abgeleitet vom mittelhochdeutschen heister = junger Buchenstamm) ist eine in der Fachsprache der Forstwirtschaft und im Gartenbau verwendete Pflanzenklassifizierung. Sie steht für (meistens in Baumschulen herangezogene) junge, jedoch bereits zweimal verpflanzte, 1,25 bis 2,50 m hohe Laubbäume.

Hybridkraftwerk: Ein Hybridkraftwerk ist eine Hybridanlage, welche als Kraftwerk zur bedarfsgerechten Energiegewinnung von Strom, Treibstoff und/oder Wärme ausgelegt ist. Im allgemeinen Fall werden mehrere Stromerzeuger mit Speichern und Energieabnehmern wie Wärmenetzen, Tankstellen oder Gasnetzen sowie dem Versorgungsnetz verbunden und untereinander optimiert geregelt.

Hydrosphäre: Die Hydrosphäre ist eine Teilhülle der Geosphäre der Erde und umfasst deren ober- und unterirdische Wasservorkommen.

Hydrothermale Karbonisierung: Die hydrothermale Karbonisierung (etwa: „wässrige Verkohlung bei erhöhter Temperatur") ist ein chemisches Verfahren zur einfachen Herstellung von Braunkohle, Synthesegas, flüssigen Erdöl-Vorstufen und Humus aus Biomasse unter Freisetzung von Energie. Der Prozess, der die in der Natur in 50.000 bis 50 Millionen Jahren ablaufende Braunkohle-Entstehung („Inkohlung") innerhalb weniger Stunden technisch nachahmt, wurde von Friedrich Bergius erforscht und erstmals im Jahre 1913 beschrieben. [Wikipedia]

Indigene Völker: Indigene Völker oder autochthone Völker sind nach einer international gebräuchlichen Definition marginalisierte Bevölkerungsgruppen, die Nachkommen einer Bevölkerung sind, die vor der Eroberung, Kolonisation oder der Gründung eines Staates durch andere Völker in einer Region lebte, die sich bis heute als eigenständiges Volk verstehen und ihre eigenen sozialen, wirtschaftlichen und kulturellen Institutionen beibehalten haben. [Wikipedia]

Intergovernmental Panel on Climate Change (IPCC): Das Intergovernmental Panel on Climate Change (IPCC; Zwischenstaatlicher Ausschuss für Klimaänderungen), im Deutschen oft als Weltklimarat bezeichnet, wurde im November 1988 vom Umweltprogramm der Vereinten Nationen (UNEP) und der Weltorganisation für Meteorologie (WMO) ins Leben gerufen. Hauptaufgabe des der Klimarahmenkonvention (UNFCCC) beigeordneten Ausschusses ist es, Risiken der globalen Erwärmung zu beurteilen sowie Vermeidungs- und Anpassungsstrategien zusammenzutragen. Der Sitz des IPCC-Sekretariats befindet sich in Genf (Schweiz). Die Organisation wurde 2007, gemeinsam mit dem ehemaligen US-Vizepräsidenten Al Gore, mit dem Friedensnobelpreis ausgezeichnet. Seit 2002 ist der indische Ökonom Rajendra Kumar Pachauri Vorsitzender des IPCC.

Institute for Advanced Sustainability Studies: Das Institute for Advanced Sustainability Studies (IASS) in Potsdam ist ein Institut, an dem sich Wissenschaftler international und transdisziplinär mit Spitzenforschung zu den Themen Klimawandel, Nachhaltigkeit und Energiesicherheit befassen. Das Institute for Advanced Sustainability Studies e.V. wurde am 2. Februar 2009 in Potsdam gegründet. Gründungsdirektor ist Klaus Töpfer.

Karbonatsedimentation: Die mineralogische Zusammensetzung von Karbonatplattformen ist entweder kalzitisch oder aragonitisch. Meerwasser ist übersättigt mit Karbonat ($CaCO_3$), so dass bei geeigneten Bedingungen die Ausfällung von $CaCO_3$ möglich ist. Karbonatausfällung ist bei erhöhten Temperaturen und geringem Druck thermodynamisch begünstigt. Treffen die für die

Ausfällung notwendigen Bedingungen zusammen, so kommt durch das Ineinandergreifen der Bildungfaktoren eine Produktion von Kalksediment in Gang, die enorme Mengen von Karbonatablagerungen erzeugen kann („carbonate factory").

KfW: Die KfW (zuvor: KfW Bankengruppe; vollständiger Name gemäß § 1 Abs. 1 S. 1 KfW-Gesetz: Kreditanstalt für Wiederaufbau) ist eine Anstalt öffentlichen Rechts (AöR). Die Gründung der KfW erfolgte auf der Grundlage des „KfW-Gesetzes". Die Rechtsaufsicht hat das Bundesministerium der Finanzen.

Klimaneutralität: Mit dem Begriff der Klimaneutralität werden Prozesse bezeichnet, bei denen das atmosphärische Gleichgewicht nicht verändert wird und in deren Verlauf es nicht zu einem Netto-Ausstoß von Treibhausgasen kommt. Grundlage für die Beurteilung sind die Ausstöße klimarelevanter Gase, insbesondere CO_2. Prozesse werden also als klimaneutral bezeichnet, wenn keine klimarelevanten Gase entweichen, oder ausgestoßene Gase an anderer Stelle wieder eingespart werden. Unterschiede in der weiträumig horizontalen, kleinräumig horizontalen, vertikalen und zeitlichen Verteilung klimarelevanter Gase in der Atmosphäre werden dabei vereinfachend vernachlässigt.
Klimaneutralität kann durch treibhausgasfreie Energieträger oder Ersatzstoffe erreicht werden. So sind pflanzliche, nicht-fossile Brennstoffe (z. B. Bioethanol, Rapsöl, Holz etc.) theoretisch klimaneutral, da das bei ihrer Verbrennung frei werdende CO_2 nicht die aktuelle globale CO_2-Bilanz ändert. Bei sorgfältiger Ökobilanzierung können jedoch auf den ersten Blick klimaneutrale Prozesse als durchaus mit erheblichen Treibhausgas-Emissionen einhergehend erkannt werden.
Da allein der Gesamtgehalt an Treibhausgasen in der Atmosphäre für das Ausmaß der globalen Erwärmung entscheidend ist, können durch Ausgleichsmaßnahmen an anderer Stelle ebenfalls rechnerisch klimaneutrale Prozesse verwirklicht werden. Auch hier sind allerdings eine umfassende Bilanzierung und Kontrolle notwendig, um sicherstellen zu können dass Emissionen an einem Ort tatsächlich Einsparungen in gleicher Menge an einem anderen Ort entsprechen.

Klimarahmenkonvention der Vereinten Nationen (UNFCCC): Das Rahmenübereinkommen der Vereinten Nationen über Klimaänderungen (englisch United Nations Framework Convention on Climate Change, UNFCCC) ist ein internationales Umweltabkommen mit dem Ziel, eine gefährliche anthropogene Störung des Klimasystems zu verhindern und die globale Erwärmung zu verlangsamen sowie ihre Folgen zu mildern (Artikel 2). Gleichzeitig umfasst diese Bezeichnung auch das Sekretariat, das die Umsetzung der Konvention begleitet und seinen Sitz in Bonn hat. Die wichtigste Verpflichtung der Konvention ist, dass alle Vertragspartner regelmäßige Berichte zu veröffentlichen haben, in denen Fakten zur aktuellen Treibhausgasemission und Trends enthalten sein müssen. Die Klimarahmenkonvention wurde am 9. Mai 1992 in New York City verabschiedet und im selben Jahr auf der Konferenz der Vereinten Nationen über Umwelt und Entwicklung (UNCED) in Rio de Janeiro von 154 Staaten unterschrieben. Sie trat zwei Jahre darauf, am 21. März 1994, in Kraft.

Kommission der Vereinten Nationen für Nachhaltige Entwicklung (CSD): Die Kommission der Vereinten Nationen für Nachhaltige Entwicklung (englisch Commission on Sustainable Development, CSD) ist das wichtigste Organ diesen Bereich betreffend innerhalb des UN-Systems. Sie ist eine Plattform für Fachwissen und gilt als Zugpferd für die Nachhaltige Entwicklung.

Konferenz der Vereinten Nationen über die Umwelt des Menschen: Die Konferenz der Vereinten Nationen über die Umwelt des Menschen oder auch Weltumweltkonferenz, kurz UNCHE (engl. United Nations Conference on the Human Environment), fand vom 5. bis 16. Juni 1972 in Stockholm statt und war die erste Konferenz der Vereinten Nationen zum Thema Umwelt und gilt als Beginn der internationalen (globalen) Umweltpolitik.
Zur Erarbeitung einer „Erklärung der Konferenz der Vereinten Nationen über die Umwelt des Menschen" trafen sich mehr als 1200 Vertreter aus 113 Staaten. Die verabschiedete Deklaration beinhaltet 26 Prinzipien für Umwelt und Entwicklung. Darüber hinaus wurde ein Aktionsplan mit 109 Empfehlungen verfasst, der Maßnahmen des internationalen Umweltmanagements expliziter ausführt.

Konferenz der Vereinten Nationen über nachhaltige Entwicklung (Rio+20): Die Konferenz der Vereinten Nationen über nachhaltige Entwicklung (englisch United Nations Conference on Sustainable Development, kurz UNCSD) fand vom 20. bis 22. Juni 2012 in Rio de Janeiro statt. Kurz als Rio 2012 bezeichnet, oder in Anspielung auf die 1992 durchgeführte Konferenz der Vereinten Nationen über Umwelt und Entwicklung auch Rio+20 genannt, sollte die UNCSD die drei folgenden Ziele erreichen:

- Sicherstellung erneuerten politischen Engagements für nachhaltige Entwicklung

- Erfassung des Fortschritts sowie anhaltender Probleme bei der Umsetzung bereits beschlossener Ziele
- Adressierung neuer und entstehender Herausforderungen.

Thematisch sollten auf der UNCSD zwei Schwerpunkte verfolgt werden:

- die Green Economy im Kontext nachhaltiger Entwicklung und Armutsbekämpfung
- die institutionellen Rahmenbedingungen nachhaltiger Entwicklung.

An der Konferenz nahmen rund 190 Staaten teil.

Konferenz der Vereinten Nationen über Umwelt und Entwicklung (UNCED): Die Konferenz der Vereinten Nationen über Umwelt und Entwicklung (englisch United Nations Conference on Environment and Development, UNCED; häufig als Erdgipfel oder Rio-Konferenz bezeichnet) fand vom 3. bis 14. Juni 1992 in Rio de Janeiro statt. Sie gilt als Meilenstein für die Integration von Umwelt- und Entwicklungsbestrebungen und war seit der Konferenz der Vereinten Nationen über die Umwelt des Menschen in Stockholm (1972) die erste größere internationale Konferenz, die Umweltfragen in einem globalen Rahmen diskutierte.

Kryosphäre: Als Kryosphäre bezeichnet man den Bereich der Oberfläche eines Planeten, der von Eis bedeckt ist. Dazu gehören: Meereis, Inlandeis, Schelfeis, Gebirgsgletscher, Eis in Permafrostböden, mit Schnee bedeckte Flächen und Eis in Eishöhlen. Die Kryosphäre ist ein Bereich der Hydrosphäre, einer Teilhülle in der Geosphäre der Erde. Die Kryosphäre ist von entscheidender Bedeutung für das Klimasystem eines Planeten, da sie ein großes Reflexionsvermögen (Albedo) hat.

Kyoto-Protokoll: Das Kyoto-Protokoll (benannt nach dem Ort der Konferenz Kyoto in Japan) ist ein am 11. Dezember 1997 beschlossenes Zusatzprotokoll zur Ausgestaltung der Klimarahmenkonvention der Vereinten Nationen (UNFCCC) mit dem Ziel des Klimaschutzes. Das am 16. Februar 2005 in Kraft getretene Abkommen legt erstmals völkerrechtlich verbindliche Zielwerte für den Ausstoß von Treibhausgasen in den Industrieländern fest, welche die hauptsächliche Ursache der globalen Erwärmung sind. Bis Anfang Dezember 2011 haben 193 Staaten sowie die Europäische Union das Kyoto-Protokoll ratifiziert. Die USA sind dem Protokoll nie beigetreten, und Kanada hat am 13. Dezember 2011 seinen Ausstieg aus dem Abkommen bekannt gegeben.

Leapfrogging: Leapfrogging, auch Leap-Frogging, (engl. leap frogging: Bockspringen) ist zunächst ein allgemeiner Begriff der Wirtschaftswissenschaften und bezeichnet im Allgemeinen ein gezieltes „Überspringen" einzelner Stufen im Laufe eines Entwicklungsprozesses.
Das Prinzip kann im Großen auf ganze Wirtschaftssektoren oder Nationalwirtschaften (z.B. Entwicklungsländer) angewandt werden, oder im Kleinen z.B. im Marketing oder in der Marktforschung.

LEED: Die Leadership in Energy and Environmental Design (LEED) (übersetzt etwa: Führerschaft in energie- und umweltgerechter Planung) ist ein System zur Klassifizierung für Ökologisches Bauen, das vom U.S. Green Building Council 1998 entwickelt wurde. Es definiert eine Reihe von Standards für umweltfreundliches, ressourcenschonendes und nachhaltiges Bauen. (Wikipedia)

Leuchtturmprojekt: Leuchtturmprojekt wird ein vorbildliches Vorhaben genannt, das neben dem eigentlichen Zweck auch eine Signalwirkung für zahlreiche Folgevorhaben haben soll. Neben dem Erfolg ist daher auch ein großer Bekanntheitsgrad beabsichtigt. In Unternehmen wird dies gerne bei Richtungsänderungen oder Neuausrichtungen verwendet (Change Management).

Lithosphäre: Die Lithosphäre (feste Gesteinshülle) umfasst die Erdkruste und den lithosphärischen Mantel.

Lochfassade: Als Lochfassade bezeichnet man eine in Massivbauweise erstellte Wand mit einzelnen, klar abgegrenzten Fenster- und Türöffnungen.

Lufttechnik: Die Lufttechnik dient der Versorgung bestimmter Bereiche mit Luft. Nach diesen Bereichen erfolgt eine Gliederung in Raumlufttechnik (RLT) und Prozesslufttechnik.

Massenspektrometrie: Als Massenspektrometrie werden Verfahren zum Messen der Masse von Atomen oder Molekülen bezeichnet.

Mechanismus für umweltverträgliche Entwicklung (CDM): Der Mechanismus für umweltverträgliche Entwicklung oder englisch Clean Development Mechanism (CDM) ist einer der vom Kyoto-Protokoll vorgesehenen flexiblen Mechanismen. Ziel ist es, die den Industrieländern entstehenden Kosten zum Erreichen der vertraglich festgelegten Reduktionsziels zu senken und Entwicklungsländern eine ökologisch nachhaltige wirtschaftliche Entwicklung durch einen Zufluss an Geld und Technologie zu ermöglichen. Ein Reduktionsverpflichtungen unterliegendes

Industrieland, das im Anhang B des Kyoto-Protokolls aufgeführt wird, kann bei einem Land, welches dort nicht aufgeführt wird, certified emission reductions (CERs) einkaufen. Eine CER belegt eine Emissionsreduktion um eine Tonne CO_2-Äquivalente. Damit besteht die Möglichkeit, Treibhausgas-Emissionen in Entwicklungsländern zu verringern, wo dies häufig günstiger möglich ist als im Investorland.

Menetekel: geheimnisvolles Anzeichen eines drohenden Unheils; Warnung (Duden)

Mitigation: Mitigation beschreibt die aktive Verringerung der Treibhausgasemissionen, um die Auswirkungen auf den Klimawandel zu steuern (vgl. Bundesministerium für Bildung und Forschung 2007, S. 11 - Gabler Wirtschaftslexikon).

Molekulargenetik: Die Molekulargenetik beschäftigt sich als Wissenschaftszweig mit der Erbinformation und deren Weitergabe. Diese Erbinformation ist als DNA oder RNA verschlüsselt, man spricht auch von Kodierung des Erbgutes.
Da sich DNA und RNA in unterschiedlichsten Lebensformen finden, beschränkt sich das Arbeitsfeld der Molekulargenetik nicht nur auf Tiere, sondern umfasst auch Viren, Bakterien, Einzeller, Tiere und Pflanzen. Wo immer Erbgut vorhanden ist, kann es analysiert, erforscht und nutzbar gemacht werden. [Quelle: http://flexikon.doccheck.com/de/Molekulargenetik]

Monokristalline Photovoltaikmodule: Monokristalline PV-Module zählen zu den Solarmodulen, die sehr aufwändig hergestellt werden. Wegen des sehr hohen Siliziumgehalts der Solarzellen sind diese Module (im Vergleich zu polykristallinen Photovoltaikmodulen) sehr effektiv, was sich auf den Wirkungsgrad auswirkt und eine höhere „Solarernte" zur Folge hat. Aus diesem Grund sind monokristalline Solarmodule auch sehr gut für Dachflächen geeignet, bei denen nur eine geringe Fläche zur Verfügung steht, um eine PV-Anlage zu installieren. Die PV Module haben eine Lebensdauer von etwa dreißig Jahren, von denen die Hersteller etwa zwei Drittel Hersteller-Leistungsgarantie übernehmen. Man erkennt monokristalline PV Module an ihrer meist dunkelblauen bis schwärzlichen Färbung. [Quelle: http://www.solarstromerzeugung.de/monokristalline-pv-module.html]

Mulchen: Als Mulchen (mnd. mul, „zerfallende Erde, Staub"; siehe Mull) wird in Gartenbau und Landwirtschaft das klein- oder großflächige Bedecken des Bodens mit unverrotteten organischen Materialien (Mulch) bezeichnet.

Nichtregierungsorganisation (NGO): Eine Nichtregierungsorganisation (NRO respektive NGO non-governmental organisation (BE: british english) bzw. organization (AE: american english)), auch nichtstaatliche Organisation, ist eine Bezeichnung für einen zivilgesellschaftlich zustande gekommenen Interessenverband. Der Begriff wurde im Englischen von den Vereinten Nationen eingeführt, um die zivilgesellschaftlichen Vertreter, die sich an den politischen Prozessen der UNO beteiligen, von den staatlichen Vertretern abzugrenzen. Er wird von und für Vereinigungen benutzt, die sich sozial- und umweltpolitisch engagieren, unabhängig von einer Beziehung zur UN.

Niedrigstenergiegebäude (Fast-Nullenergiegebäude): Der Begriff Niedrigstenergiegebäude wird in der EU-Richtlinie über die Gesamtenergieeffizienz von Gebäuden (EPBD 2010, RL 2010/31/EU) definiert. In den Entwürfen zu dieser Richtlinie wurde auch der Begriff Fast-Nullenergiegebäude benutzt. Danach ist ein „Niedrigstenergiegebäude ein Gebäude, das eine sehr hohe ... Gesamtenergieeffizienz aufweist. Der fast bei Null liegende oder sehr geringe Energiebedarf sollte zu einem ganz wesentlichen Teil durch Energie aus erneuerbaren Quellen – einschließlich Energie aus erneuerbaren Qeullen, die am Standort oder in der Nähe erzeugt wird – gedeckt werden."
Ab 2021 sollen alle Neubauten als Niedrigstenergiegebäude gebaut werden. Gebäude, die von Behörden als Eigentümer gebaut werden, sollen bereits ab Anfang 2019 diesen Standard einhalten. [Quelle: http://www.energie-m.de/info/niedrigstenergiegebaeude.html]

Offshore: Das Adjektiv offshore (deutsch „außerhalb der Küstengewässer liegend", auch „küstennah") beschreibt ursprünglich die zu einem Land gehörenden Hochseeinseln, daraus abgeleitet neben weiteren Bedeutungen die Windenergienutzung durch im Meer errichtete Windparks.

Ökodiktatur: zentrale Institution, die ökologische Erfordernisse umfassend und autoritär und gegebenenfalls zu Lasten der sozial schwachen Mitglieder einer Gesellschaft durchsetzt. [Quelle: Enzyklopädie der Wirtschaft: http://www.economia48.com/deu/d/oekodiktatur/oekodiktatur.htm]

Ökologische Landwirtschaft: Die Begriffe ökologische Landwirtschaft, biologische Landwirtschaft oder Ökolandbau bezeichnen die Herstellung von Nahrungsmitteln und anderen landwirtschaftlichen Erzeugnissen auf der Grundlage möglichst naturschonender Produktionsmethoden unter Berücksichtigung von Erkenntnissen der Ökologie und des Umweltschutzes. Die ökologische Landwirtschaft verzichtet auf den Einsatz bestimmter Pflanzenschutzmittel und Mineraldünger sowie auf Wachstumsförderer und Gentechnik, wie sie zum Teil in der konventionellen Landwirtschaft zum Einsatz kommen. Den Erzeugnissen der ökologischen Landwirtschaft dürfen vor dem Verkauf als Bio-Lebensmittel keine Geschmacksverstärker, künstliche Aromen oder Farb- und Konservierungsstoffe zugefügt werden.

On Shore: Der Begriff On Shore kommt aus dem englischen und bedeutet „an Land".

Opportunitätskosten: Opportunitätskosten (manchmal auch Alternativkosten, Verzichtskosten, oder Schattenpreis) sind entgangene Erlöse (allgemeiner: entgangener Nutzen), die dadurch entstehen, dass vorhandene Möglichkeiten (Opportunitäten) zur Nutzung von Ressourcen nicht wahrgenommen werden.

P+M: Ein P+M-Parkplatz (auch: P&M-Parkplatz) ist ein Parkplatz, der dem Bilden von Fahrgemeinschaften dient. P+M steht dabei für parken und mitfahren oder parken und mitnehmen. Im Gegensatz zum Park-and-ride- oder P+R-Parkplatz dient der P+M-Parkplatz nicht dem Umsteigen auf öffentliche Verkehrsmittel, sondern dem Umsteigen auf einen gemeinsam genutzten Pkw. Die Ziele von P+M ähneln dabei denen von Park-and-ride.

P+R: Park and ride (englisch: park = „parken" und ride = „fahren"), zu Deutsch: Parken und Reisen oder kurz: P + R, P & R, P+R oder P&R, bezeichnet ein Prinzip der Verkehrsplanung, in dem in der Nähe von Haltestellen des öffentlichen Nahverkehrs (ÖPNV) Abstellmöglichkeiten für Pkw, teilweise auch Motorräder und Busse, zur Verfügung gestellt werden.

Paläontologie: Die Paläontologie ist die Wissenschaft von den Lebewesen vergangener Erdzeitalter (z. B. Kreidezeit). Gegenstand paläontologischer Forschung sind in Sedimentgesteinen vorkommende Organismenreste und Hinweise aller Art auf vorzeitliche Lebewesen, die als Fossilien (vom lateinischen fossilis „ausgegraben") bezeichnet werden. Der französische Zoologe und Anatom Henri de Blainville führte 1825 den Begriff „Paläontologie" ein, der allmählich die älteren Bezeichnungen Oryktologie (gr. oryktós – „ausgegraben") und Petrefaktenkunde (gr. Petrefakt „Versteinerung") ersetzt hat.

Paretoprinzip: Das Paretoprinzip, benannt nach Vilfredo Pareto (1848–1923), auch Pareto-Effekt, 80-zu-20-Regel, besagt, dass 80 % der Ergebnisse in 20 % der Gesamtzeit eines Projekts erreicht werden. Die verbleibenden 20 % der Ergebnisse benötigen 80 % der Gesamtzeit und verursachen die meiste Arbeit.

Pedosphäre: Die Pedosphäre (Bodenhülle) ist ein Teil der Geosphäre und bezeichnet die Trennschicht zwischen Atmosphäre und Lithosphäre.

Permakultur: Permakultur ist ein Konzept, das auf die Schaffung von dauerhaft funktionierenden (nachhaltigen), naturnahen Kreisläufen zielt. Ursprünglich für die Landwirtschaft entwickelt, ist sie inzwischen ein Denkprinzip, das auch Bereiche wie Energieversorgung, Landschaftsplanung und die Gestaltung sozialer (Infra-)Strukturen umfasst.
Grundprinzip ist ein ökologisch, ökonomisch und sozial nachhaltiges Wirtschaften mit allen Ressourcen.

Phasenwechselmaterial (PCM): Elemente aus Phasenwechselmaterial (technische Bezeichnung PCM = phase change material) sind Latentwärmespeicher, die einen hohen Anteil von Wärme- und Kälteenergie speichern und als Wärme je nach Bedarf phasenverschoben wieder abgeben. Als Speichermedium werden Salze (z. B. Glaubersalz, Natriumacetat) oder organische Verbindungen (z. B. Paraffine, Fettsäuren) verwendet. Diese verändern unter Wärmelasten ihren Aggregatzustand (flüssig-fest) und nehmen dabei Wärmeenergie auf bzw. geben sie ab. [Quelle: http://www.baunetzwissen.de/index/Nachhaltig-Bauen-Glossar-A-Z_648491.html]

Photovoltaik: Unter Photovoltaik (auch Fotovoltaik) versteht man die direkte Umwandlung von Lichtenergie, meist aus Sonnenlicht, in elektrische Energie mittels Solarzellen. Seit 1958 wird sie in der Raumfahrt genutzt. Inzwischen wird sie überwiegend auf der Erde zur Stromerzeugung eingesetzt und findet unter anderem Anwendung auf Dachflächen, bei Parkscheinautomaten, in Taschenrechnern, an Schallschutzwänden und auf Freiflächen. Besonders interessant ist der Einsatz dort, wo es kein Stromnetz gibt.

Post-Kyoto-Prozess: Der Post-Kyoto-Prozess beschreibt die gegenwärtig laufenden Verhandlungen zur zukünftigen Klimaschutzpolitik, die eine über das Jahr 2012 hinausgehende völkerrechtlich verbindliche Regelung zur Reduktion von Treibhausgasen zum Ziel haben. 2012 läuft die erste Verpflichtungsperiode des Kyoto-Protokolls aus.

PPP: Als Public Private Partnership (PPP), auch Öffentlich-Private Partnerschaft (ÖPP), wird die

Mobilisierung privaten Kapitals und Fachwissens zur Erfüllung staatlicher Aufgaben bezeichnet. Im weiteren Sinn steht der Begriff auch für andere Arten des kooperativen Zusammenwirkens von Hoheitsträgern mit privaten Wirtschaftssubjekten. PPP geht in vielen Fällen mit einer teilweisen Privatisierung von öffentlichen Aufgaben einher. Abgeleitet vom PPP ist das Public Social Private Partnership.

Primärenergie: Als Primärenergie bezeichnet man in der Energiewirtschaft die Energie, die mit den natürlich vorkommenden Energieformen oder Energiequellen zur Verfügung steht, etwa als Kohle, Gas oder Wind. Im Gegensatz dazu spricht man von Sekundärenergie oder Energieträgern, wenn diese erst durch einen (mit Verlusten behafteten) Umwandlungsprozess aus der Primärenergie gewandelt werden. Die nach eventuellen weiteren Umwandlungs- oder Übertragungsverlusten vom Verbraucher nutzbare Energiemenge bezeichnet man schließlich als Endenergie. (siehe auch Sekundär- und Endenergie)

Primärenergieverbrauch: Primärenergieverbrauch (PEV) ist der Verbrauch von Primärenergie, den ein Vorgang erfordert. Der Primärenergieverbrauch ergibt sich aus dem Endenergieverbrauch und den Verlusten, die bei der Erzeugung der Endenergie aus der Primärenergie auftreten.

Pumpspeicherkraftwerk: Ein Pumpspeicherkraftwerk (auch Pumpspeicherwerk (PSW) oder, insbesondere in der Schweiz, Umwälzwerk genannt) ist eine besondere Form eines Speicherkraftwerkes und dient der Speicherung von elektrischer Energie durch Hinaufpumpen von Wasser. Dieses Wasser lässt man später wieder bergab fließen und erzeugt dabei mittels Turbinen und Generatoren wieder elektrischen Strom.

Pyrolyse: Die Pyrolyse bzw. pyrolytische Zersetzung ist eine thermo-chemische Spaltung organischer Verbindungen, wobei durch hohe Temperaturen (500–900 °C) ein Bindungsbruch innerhalb großer Moleküle in kleinere erzwungen wird. Im Gegensatz zur Vergasung und zur Verbrennung geschieht dies ausschließlich unter der Einwirkung von Wärme und ohne zusätzlich zugeführten Sauerstoff.

QR-Code: Der QR-Code (englisch Quick Response, „schnelle Antwort“, als Markenbegriff „QR Code“) ist ein zweidimensionaler Code, der von der japanischen Firma Denso Wave im Jahr 1994 entwickelt wurde. Weiterentwicklungen sind der „Micro-QR-Code“, der „Secure-QR-Code“ (SQRC) und der „iQR-Code“.

Rat für Nachhaltige Entwicklung: Der Rat für Nachhaltige Entwicklung (RNE) berät die deutsche Bundesregierung in Fragen der Nachhaltigkeit und soll mit Beiträgen und Projekten die deutsche Nachhaltigkeitsstrategie fortentwickeln helfen. Der RNE wurde erstmals im Februar 2001 von der Bundesregierung berufen. Ihm gehören zurzeit 15 Persönlichkeiten aus den Bereichen Wirtschaft, Umweltschutz, Landwirtschaft, Sozialpolitik, Wissenschaft und Entwicklungszusammenarbeit sowie Vertreter von Gewerkschaften und Kirchen an. Seine Geschäftsstelle ist in Berlin bei der Deutschen Gesellschaft für Internationale Zusammenarbeit (GIZ) angesiedelt.

Raumlufttechnik (RLT): →Lufttechnik

REDD: REDD (Reducing Emissions from Deforestation and Degradation, dt. etwa „Verringerung von Emissionen aus Entwaldung und zerstörerischer Waldnutzung“) ist ein theoretisches Modell, das auf der Funktion von Wäldern als Kohlenstoffspeicher in den globalen Stoffkreisläufen basiert. Dem in den Wäldern gespeicherten Kohlenstoff wird im REDD-Modell ein monetärer Wert gegeben. Dadurch sollen Wälder bei wirtschaftlichen Entscheidungsprozessen eine Gewichtung bekommen. Der REDD-Prozess sieht vor, Emissionen aus der Entwaldung zu messen bzw. zu errechnen und anschließend zu bewerten. Die Befürworter des REDD-Prozesses hoffen dadurch Anreize für einen Stopp weiterer Rodung zu schaffen. Vor allem sollen boreale Wälder und Regenwälder der südlichen Hemisphäre erhalten werden.

REDD+: Die Einbeziehung der Klimarelevanz der Wälder in ein UN-Klimanachfolgeabkommen wurde durch die UN-Vertragsstaatengemeinschaft unter der Klimarahmenkonvention im Jahr 2007 beschlossen und seitdem verhandelt. Schritt für Schritt wird nun ein Mechanismus entwickelt, der finanzielle Anreize schafft, Wälder zu erhalten und dadurch Emissionen zu vermindern. Dieser Mechanismus heißt „Reducing Emissions from Deforestation and Degradation“ (Reduktion von Emissionen aus Entwaldung und Schädigung von Wäldern), kurz REDD+. Doch REDD+ bietet nicht nur Klimaschutz durch Waldschutz. Gut durchdacht, transparent und verantwortungsbewusst umgesetzt, kann REDD+ einen echten Beitrag leisten, das Klima, die Natur und die Rechte der Menschen zu schützen und die Situation vieler Menschen zu verbessern. [Quelle: http://www.wwf.de/themen-projekte/waelder/wald-und-klima/redd-politik/]

Resilienz (Ökosystem): Der Begriff der Resilienz bezeichnet in der Ökosystemtheorie die Fähigkeit eines Ökosystems, angesichts von ökologischen Störungen seine grundlegende Organisationsweise zu erhalten anstatt in einen qualitativ anderen Systemzustand überzugehen. Als Schlagwort mit unterschiedlichen theoretischen Definitionen und Deutungen zum Thema Ressourcennutzung ist Resilienz zu einem Stabilitätskonzept in der Ökologie, Ökosystemtheorie und vor allem der Umweltforschung geworden.

Rio Deklaration über Umwelt und Entwicklung: Die Deklaration von Rio über Umwelt und Entwicklung wurde 1992 auf der Rio-Konferenz („Erdgipfel") verabschiedet und besagt, dass ein wirtschaftlicher Fortschritt langfristig einzig und allein in Verbindung mit Umweltschutz möglich sei. Dies könne nur gehen, wenn die Staaten weltweit eine neue und gerechte Partnerschaft unter Beteiligung der Regierungen, des Volkes und der Schlüsselelemente der Gesellschaften eingehe. So müssten die Staaten internationale Vereinbarungen zum Schutz der Umwelt und des Entwicklungssystems treffen. Dabei darf die Umweltpolitik jedoch nicht in ungerechtfertigter Weise zu Einschränkungen des internationalen Handelns missbraucht werden. [Quelle: Lexikon der Nachhaltigkeit: http://www.nachhaltigkeit.info/artikel/rio_deklaration_950.htm]

Sekundärenergie: Als Sekundärenergie werden in der Energiewirtschaft Energieträger bezeichnet, die nach einer Umwandlung der Primärenergie zur Verfügung stehen. Die Primärenergie (z. B. Steinkohle, Kernbrennstoffe, Sonnenstrahlung, Geothermie) ist vielfach nicht direkt nutzbar, sondern muss, um in geeigneter Form zum Endnutzer zu kommen, in eine andere Energieform überführt werden (z. B. elektrische Energie, thermische Energie). Die Endenergie, die der Endverbraucher erwirbt, besteht zumeist aus Sekundärenergie, da die Umwandlung von thermischer in elektrische Energie meist mit hohen Verlusten behaftet ist.

Semiarides Klima: In einem semiariden Klima (von lateinisch aridus = trocken, dürr) übersteigt in einer Region die Verdunstung den Niederschlag pro Jahr in sechs bis neun Monaten.

Solitärpflanze: Als Solitärpflanze (aus französisch „solitaire" für „Einzelgänger") bezeichnet man in der Gartenkunst und in der Aquaristik solche Pflanzen, die als einzelnes Exemplar eine Bepflanzung optisch dominieren. Sie unterscheiden sich von den Pflanzen in ihrer Nachbarschaft meist durch besondere Höhe, Blattfärbung oder Blattform. Frei stehende Solitärpflanzen kommen besonders gut zur Geltung.

Stakeholder: Als Stakeholder (engl.) wird eine Person oder Gruppe bezeichnet, die ein berechtigtes Interesse am Verlauf oder Ergebnis eines Prozesses oder Projektes hat. Vor allem in betriebswirtschaftlicher Hinsicht wird der Begriff häufig verwendet. In der Öffentlichkeitsarbeit und dem Marketing setzt sich langsam der Begriff Anspruchsgruppen durch.

Subsahara-Afrika: Als Subsahara-Afrika, subsaharisches Afrika, Afrika südlich der Sahara oder Schwarzafrika bezeichnet man den südlich der Sahara gelegenen Teil des afrikanischen Kontinents.

TEEB-Studie: TEEB (The Economics of Ecosystems and Biodiversity) ist ein großes internationales Forschungsvorhaben, das einen Überblick über bestehende Ansätze zur ökonomischen Bewertung von biologischer Vielfalt und Ökosystemdienstleistungen aufzeigt. Erklärtes Ziel der Studie ist es, den ökonomischen Wert der Dienstleistungen von Ökosystemen und der Biodiversität erfassbar zu machen, um diese effektiver vor Zerstörung und Raubbau zu schützen.

Teilenergiekennwerte von Nichtwohngebäuden (TEK): Im Forschungsprojekt Teilenergiekennwerte von Nichtwohngebäuden, kurz TEK, wird eine speziell auf die energetische Analyse von bestehenden Nichtwohngebäuden zugeschnittene Methodik mit zugehörigem EXCEL-Tool - TEK-Tool - entwickelt und erprobt. [Quelle: http://www.iwu.de/index.php?id=286]

Terra preta: Terra preta (portugiesisch für „schwarze Erde") bzw. Terra preta do indio wird ein anthropogener Boden, genauer ein Hortic Anthrosol in Amazonien genannt. Der Boden besteht aus einer Mischung von Holzkohle, Dung und Kompost durchsetzt mit Tonscherben und gelegentlich auch Muschelschalen.

Treibhauseffekt: Mit dem Treibhauseffekt von Treibhausgasen einschließlich Wasserdampf in der Atmosphäre wird die Tatsache beschrieben, dass die Oberflächentemperatur eines Planeten bei vermehrter Treibhausgaskumulation höher ist, als sie ohne diese strahlungsaktiven Gase wäre. Die Treibhausgase reflektieren abstrahlende Emissionen der Erde zurück und erzeugen dadurch eine Treibhaussituation.
Der Treibhauseffekt wurde 1824 von Joseph Fourier entdeckt und 1896 von Svante Arrhenius erstmals quantitativ genauer beschrieben. Die systematische Erforschung des atmosphärischen Treibhauseffekts begann 1958 durch Charles D. Keeling.

Tundra: Die Tundra (kildin-samisch: baumlos) ist eine Vegetationsform der Subpolargebiete (Übergang zwischen polarer und gemäßigter Klimazone) und bildet einen (häufig) durch Permafrost gekennzeichneten Landschaftsgürtel zwischen den arktischen Kältewüsten und dem borealen Nadelwald. Die Vegetationsperiode beträgt 2 bis 4 Monate, und das wärmste Monatsmittel liegt zwischen +6 °C und +10 °C. Typische Gewächse sind Moose und Flechten sowie mit der Alpenflora verwandte höhere Pflanzen und Zwergsträucher.

Übereinkommen über die biologische Vielfalt (CBD): Die Biodiversitäts-Konvention (offiziell Übereinkommen über die biologische Vielfalt, englisch Convention on Biological Diversity, CBD) ist ein auf der Konferenz der Vereinten Nationen zu Umwelt und Entwicklung (UNCED) am 5. Juni 1992 in Rio de Janeiro ausgehandeltes internationales Umwelt-Vertragswerk. Es trat am 29. Dezember 1993 in Kraft. Die CBD hat inzwischen (Dezember 2011) 193 Vertragspartner und wurde von 168 Staaten sowie der EU unterzeichnet.

Umweltprogramm der Vereinten Nationen (UNEP): Das Umweltprogramm der Vereinten Nationen (englisch: United Nations Environment Programme, UNEP; französisch: Programme des Nations unies pour l'environnement, PNUE) hat seinen Hauptsitz in Nairobi, Kenia. Es ist das erste Organ der Vereinten Nationen mit Hauptsitz in einem Entwicklungsland. Vorsitzender des UNEP war von 1998 bis Ende März 2006 der ehemalige deutsche Bundesumweltminister Klaus Töpfer. Sein Nachfolger ist Achim Steiner, ehemaliger Vorsitzender der IUCN, der das Amt am 15. Juni 2006 übernahm.

Umweltverträglichkeitsprüfung (UVP): Die Umweltverträglichkeitsprüfung (UVP) ist ein gesetzlich vorgesehenes, systematisches Prüfungsverfahren, mit dem die unmittelbaren und mittelbaren Auswirkungen von Vorhaben bestimmten Ausmaßes auf die Umwelt (Natur, Gesellschaft, Wirtschaft) im Vorfeld der Entscheidung über die Zulässigkeit des Vorhabens festgestellt, beschrieben und bewertet werden. Die Ergebnisse der im Rahmen der UVP durchgeführten Umweltverträglichkeitsuntersuchung werden als Umweltverträglichkeitsstudie bezeichnet und sind zusammen mit den weiteren Projektunterlagen Grundlage für die UVP.

UN Dekade Bildung für nachhaltige Entwicklung: Am 20. Dezember 2002 beschloss die Vollversammlung der Vereinten Nationen auf Empfehlung des Weltgipfels für nachhaltige Entwicklung in Johannesburg, für die Jahre 2005 bis 2014 eine Weltdekade „Bildung für nachhaltige Entwicklung" (Education for sustainable Development - ESD) auszurufen. Ihr Ziel ist es, durch Bildungsmaßnahmen zur Umsetzung der in Rio beschlossenen und in Johannesburg bekräftigten Agenda 21, Kapitel 36, beizutragen und die Prinzipien nachhaltiger Entwicklung weltweit in den nationalen Bildungssystemen zu verankern.
Die UNESCO wurde als „lead agency" mit der Koordination der Weltdekade beauftragt. Die Deutsche UNESCO-Kommission (DUK) hat bei ihrer 63. Hauptversammlung im Juli 2003 mit der „Hamburger Erklärung" weitreichende Empfehlungen für einen nationalen Aktionsplan zur Weltdekade beschlossen. [Lexikon der Nachhaltigkeit: http://www.nachhaltigkeit.info/artikel/bildung_fuer_nachhaltige_entwicklung_1021.htm]

UN Entwicklungsprogramm (UNDP): United Nations Development Programme –Das Entwicklungsprogramm der Vereinten Nationen (UNDP) wurde 1965 gegründet und gilt als zentrale Koordinierungsorganisation der UN-Entwicklungsfonds und –programme, die fünf Bereich umfassen. Querschnittsaufgaben in allen Programmen ist dabei der Schutz der Umwelt, der Menschenrechte sowie die Gleichbehandlung von Frauen.

- Armutsreduktion
- demokratische Regierungsführung
- Konfliktprävention/Wiederaufbau
- AIDS/HIV
- Umweltschutz/Energie
- Gleichbehandlung von Frauen

[Lexikon der Nachhaltigkeit: http://www.nachhaltigkeit.info/artikel/leitideen_uno_entwicklungsprogr_542.htm]

UN Global Compact: Der Global Compact der Vereinten Nationen (UN) ist ein freiwilliges Übereinkommen zwischen den UN sowie Tausenden von Unternehmen sowie verschiedenen Nichtregierungsorganisationen. In dem Pakt verpflichten sich die Mitglieder zu zehn Prinzipien, darunter zur Einhaltung der Menschenrechte und bestimmter Arbeitsnormen, zum Umweltschutz und zur Korruptionsbekämpfung. Dem Netzwerk gehören (Juni 2011) mehr als 6000 meist multinational agierende Unternehmen aus mehr als 130 Staaten an. Ziel sind 20.000 Mitstreiter bis 2020. [Lexikon der Nachhaltigkeit: http://www.nachhaltigkeit.info/artikel/un_global_compact_1559.htm]

UN Vereinte Nationen: Die Vereinten Nationen als internationale, staatliche Organisation mit derzeit 193 Mitgliedern bildete sich in der Absicht und gegenseitigen Verpflichtung zur weltweiten Friedenserhaltung und zur Gewährleistung humaner Lebensbedingungen. Wichtige

Ziele sind z. B. Friedenssicherung, Stärkung der Menschenrechte, Bewältigung globaler Umweltprobleme und Kampf gegen den internationalen Terrorismus. Auf internationaler Ebene waren die Vereinten Nationen der Hauptinitiator und Motor einer nachhaltigen Entwicklung. Viele ihrer heute aktiven Organe dienen der Umsetzung der Rio-Beschlüsse. Teils gab es sie schon vorher, teils wurden sie zur Umsetzung erst in Folge der Rio-Konferenz 1992 ins Leben gerufen. [Lexikon der Nachhaltigkeit: http://www.nachhaltigkeit.info/artikel/vereinte_nationen_united_nations_organisation_uno_1403.htm]

Verified Carbon Standard: Der Verified Carbon Standard (VCS) wurde von zahlreichen Umweltorganisationen wie der World Business Council for Sustainable Development und OC sowie weiteren Wirtschaftsorganisationen entwickelt. Erklärtes Ziel ist es den Klimaschutz und Energieeffizienzprojekte zu fördern, zu überwachen und die gemäß Kyoto Protokoll gewonnenen CO_2-Minderungsrechte zu prüfen. Jedes Verified Carbon Standard Projekt muss den strengen Vorgaben des Klimaschutzsekretariats der Vereinten Nationen (UNFCCC) folgen. Somit führt der Erwerb eines CO_2-Minderungsrechts neben der Verbesserung von Klima und Umwelt gleichsam zu einer Unterstützung der Wirtschaft im Projektland und zur Verbesserung der sozialen Situation der Bevölkerung am Projektstandort.

Vorfluter: Mit Vorfluter wird in der Hydrologie (Wissenschaft, die sich mit dem Wasser über, auf und unter der Landoberfläche der Erde befasst) jegliche Art von Gerinne, zum Beispiel Gewässer und Bodendrainagen, bezeichnet, in denen Wasser in Form von Abwasser, Regenwasser oder Drainagewasser in ein Gewässer abfließen kann. Natürliche Vorfluter sind offene Fließgewässer, z. B. Flüsse, die Wasser aus anderen Gewässern, aus Grundwasserkörpern oder Abfluss-Systemen aufnehmen und ableiten.

Walddegradation: (vom lateinischen degradare: herabsetzen, herabstufen) Verminderung der Biodiversität und Waldqualität; allmähliches Auflösen eines natürlichen Waldes zugunsten anderer Waldformen und zunehmende Auflichtung einer ursprünglich dichten Waldbedeckung. (Klett Lexikon Geographie Infothek)

Waldforum der Vereinten Nationen (UNFF): Das Waldforum der Vereinten Nationen (engl. United Nations Forum on Forests, UNFF) ist ein im Oktober 2000 vom ECOSOC, dem Wirtschafts- und Sozialrat der Vereinten Nationen gegründetes und ihm untergeordnetes Organ mit dem Ziel, Grundsätze für eine nachhaltige Waldnutzung auf weltweiter Ebene zu erarbeiten. Das UNFF ist eine ständige Einrichtung. Deshalb wird für das Forum ein Sekretariat in New York unterhalten.

Wärmebrücke: Eine Wärmebrücke (oft fälschlicherweise als Kältebrücke bezeichnet) ist ein Bereich in Bauteilen eines Gebäudes, durch den die Wärme schneller nach außen transportiert wird als durch die anderen Bauteile. Man unterscheidet konstruktive, geometrische und stoffliche Wärmebrücken.

Weltgemeinschaft: Gemeinschaft der Völker, der Staaten der Erde [Duden]

Welthandelsorganisation (WTO): Die Welthandelsorganisation (englisch World Trade Organization, WTO; französisch Organisation mondiale du commerce, OMC; spanisch Organización Mundial de Comercio, OMC) ist eine internationale Organisation mit Sitz in Genf, die sich mit der Regelung von Handels- und Wirtschaftsbeziehungen beschäftigt. Sie wurde am 15. April 1994 aus dem General Agreement on Tariffs and Trade (GATT) in der Uruguay-Runde nach siebenjähriger Verhandlungszeit gegründet. Am 1. Januar 1995 nahm sie ihre Arbeit in Genf auf. Die WTO ist neben dem IWF und der Weltbank eine der zentralen internationalen Organisationen, die Handels- und Wirtschaftspolitik mit globaler Reichweite verhandelt.

Win-Win: Eine Win-Win-Strategie (englisch win für ‚Gewinn'), auch als Doppelsieg-Strategie bekannt, hat das Ziel, dass beide Beteiligten einen Nutzen erzielen. Jeder Verhandlungspartner respektiert auch sein Gegenüber und versucht, dessen Interessen ausreichend zu berücksichtigen. Es wird von gleichwertigen Partnern um einen für beide Seiten positiven Interessenausgleich gerungen.
Diese Strategie ist eher auf langfristigen Erfolg und an langfristiger Zusammenarbeit als auf kurzfristigen Gewinn ausgerichtet.

Wissenschaftliche Beirat der Bundesregierung Globale Umweltveränderungen (WBGU): Der WBGU (Wissenschaftliche Beirat der Bundesregierung Globale Umweltveränderungen) wurde 1992 von der Bundesregierung als unabhängiges Beratergremium zu Fragen des Globalen Wandels per Errichtungserlass eingerichtet. Seine neun Mitglieder, die gemeinsam mit einem begleitenden, interministeriellen Ausschuss 11 mal jährlich zusammentreten, werden vom Bildungs- und vom Umweltminister dem Bundeskabinett vorgeschlagen und von diesem dann für 4 Jahre berufen. Das BMBF und das BMU finanzieren den Beirat.

World Meteorological Organization (WMO): Die Weltorganisation für Meteorologie (englisch World Meteorological Organization, kurz WMO; oder französisch Organisation météorologique mondiale, kurz OMM) ist eine Sonderorganisation der Vereinten Nationen. Sie ist deren wichtigstes Organ, was den Zustand und das Verhalten der Erdatmosphäre, ihre Interaktionen mit den Ozeanen, das durch sie entstehende Klima und die resultierende Verteilung der Wasserressourcen anbelangt. Die WMO hat 189 Mitglieder, in Form von Staaten und Territorien. Ihr Hauptsitz ist in Genf in der Schweiz.

World Resources Institute (WRI): Das World Resources Institute (WRI, auf Deutsch: Weltressourceninstitut) ist eine Umwelt-Denkfabrik mit Sitz in Washington (D.C.). Die Non-Profit-Organisation wurde 1982 von James Gustave Speth gegründet.

World Wide Fund For Nature (WWF): Der WWF, der World Wide Fund For Nature, ist eine der größten internationalen Naturschutzorganisationen der Welt. Sie wurde 1961 als World Wildlife Fund in der Schweiz gegründet.

Zertifizierungssystem für nachhaltige Waldbewirtschaftung PEFC: Das „Programme for the Endorsement of Forest Certification Schemes“ (PEFC) (deutsch: Zertifizierungssystem für nachhaltige Waldbewirtschaftung PEFC) ist ein internationales Waldzertifizierungssystem. PEFC International ist die weltweit größte unabhängige Organisation zur Sicherstellung und kontinuierlichen Verbesserung einer nachhaltigen Waldbewirtschaftung unter Gewährleistung ökologischer, sozialer und ökonomischer Standards. Ein wichtiges alternatives Zertifizierungssystem ist dasjenige des Forest Stewardship Council (FSC).